国家科学技术学术著作出版基金资助出版

固态离子元素传感及应用

王常珍　编著

北　京

冶金工业出版社

2014

内 容 简 介

本书主要内容包括：原子的电子分布、键的性质和晶体缺陷；固态离子导体用阻抗谱方法测量的各种串并联线路、分支型传输线、等效电路、离子迁移数的测定，基于对电磁波反映的各种结构研究方法，原电池及准确测定电动势的各种影响因素，离子导体制备的一般方法和性能测定，氧离子导体在二元合金、复合化合物、金属间化合物、非化学计量氧化物、非氧化物、含氧酸盐、金属熔体等热力学、动力学研究中的应用，氧离子导体传感器在钢铁冶炼过程的应用，在气体分离、汽车尾气控制、燃料电池、功率电池中的应用，氧离子、质子、氟离子性质及传感器，硫、磷、氮、碳、铝、硅、稀土、碱金属、碱土金属传感器，辅助电极型副族金属传感器等。附录中给出了若干有用数据、公式、图、表。

本书可供高等院校冶金和材料以及相关专业的教师、研究生参考，也可供科研院所、工厂的科研和工程技术人员参考。

图书在版编目（CIP）数据

固态离子元素传感及应用/王常珍编著. —北京：冶金工业
出版社，2014.8
ISBN 978-7-5024-6633-6

Ⅰ.①固…　Ⅱ.①王…　Ⅲ.①固体物理学　Ⅳ.①O48

中国版本图书馆 CIP 数据核字（2014）第 193612 号

出 版 人　谭学余
地　　　址　北京市东城区嵩祝院北巷 39 号　邮编　100009　电话　(010)64027926
网　　　址　www.cnmip.com.cn　电子信箱　yjcbs@cnmip.com.cn
责任编辑　李 臻　美术编辑　彭子赫　版式设计　孙跃红
责任校对　李 娜　责任印制　牛晓波
ISBN 978-7-5024-6633-6
冶金工业出版社出版发行；各地新华书店经销；北京佳诚信缘彩印有限公司印刷
2014 年 8 月第 1 版，2014 年 8 月第 1 次印刷
169mm×239mm；24 印张；1 插页；471 千字；367 页
79.00 元
冶金工业出版社　投稿电话　(010)64027932　投稿信箱　tougao@cnmip.com.cn
冶金工业出版社营销中心　电话　(010)64044283　传真　(010)64027893
冶金书店　地址　北京市东四西大街 46 号(100010)　电话　(010)65289081(兼传真)
冶金工业出版社天猫旗舰店　yjgy.tmall.com
（本书如有印装质量问题，本社营销中心负责退换）

前　言

如果固态离子导体两侧，相应元素的化学位不同，各建立不同的平衡电极电位，如用导线相连，则产生元素传感而迁移。如果只利用电池电动势，则可用于热力学、动力学、电化学研究或制作化学传感器；如果利用电池发电，则形成燃料电池、功率电池等；如果连通外电源供电则形成电解池，用于元素分离、催化合成等。

早在 1933 年，C. Wagner 就推导出气相浓差电池的电动势与气相元素化学位之间的关系

$$E = \frac{1}{nF}\int_{\mu_{x_2}^{I}}^{\mu_{x_2}^{II}} t_i \mathrm{d}\mu_{x_2}$$

1957 年 C. Wagner 等发表了用浓差电池法测定一系列化合物热力学性质的文章，引起了国际上有关学科研究者极大的兴趣，迅速发展至许多学科领域，如固态物理、缺陷物理、固态化学、物理化学、电化学、陶瓷学、高分子多聚物、冶金学、化学工程及器件研究等，定期召开国际会议。也相继有了一些专著，例如：*Physics of Electrolytes*, Vol. 2（J. Hladik，1972）；*Metallurgische Elektrochemie*（W. A. Fischer, D. Janke，1975）；*Solid Electrolytes and Their Applications*（E. C. Subbarao，1980）；《快离子导体物理》（M. B. 萨拉蒙，王刚等译，1984）；《固体电解质，一般原理，特征和应用》（哈根穆勒等，陈立泉等译，1984）；《快离子导体——基础、材料、应用》（林祖镶，郭祖昆等，1983）；《固体电解质和化学传感器》（王常珍，2000）；《Physical Chemistry of Ionic Materials》（Joachim Maier，2004）。这些书对我国固态离子材料的教学、科研和应用起到了启蒙和引导的作用。

　　20 世纪末我国多个高等院校和科研院所的有关教师和研究人员投入这方面的工作。事隔多年，老一辈的研究者多已退休，而上述那些书，除 J. Maier 的以外，全成绝版，书店和出版社难以觅到。再说受出版年代所限，书中内容多显零碎和深度不够，尤其应用叙述得更少。J. Maier 的书为 2004 年出版，但必须预订。笔者是从学校图书馆借来复印的。J. Maier 为世界著名的 Max-Planck-Institut für Festkörperforschung. Heisenbergstraβe, Stuttgart Germany 的学者，他的书基础性、理论性很强，从物理化学本质对材料进行讨论，例子多为简单的化合物，一些例子具有解惑的作用。现尚无译本，所以难以推广应用。

　　关于氧离子导体传感器在冶金中的应用，在美国、日本等国早已普及，而在我国因老一辈研究者退休或转营他职，不再从事氧离子导体的研究和推广应用工作，国内某大钢铁厂居然购买日本或贺利氏的氧传感探头。最近得知，北京自动化研究设计院万雅竞等在从事钢液和铜液定氧的研究工作，并出版专著《现代冶金传感器》（机械工业出版社，2009），该书对转炉钢液氧传感器的制作给予了详细的介绍，其他应用未提及。

　　本科研组多年从事固态离子导体的制备、性质和某些应用的研究工作，为在生产中应用提供理论和实验依据。多次获国家自然科学基金资助，曾研究过氧、硫、磷、硅、氟、稀土、碱土等离子导体及有关的传感器，近两年在研究 H^+（质子）导体和氢传感器及辅助电极法副族元素传感器等。

　　由于指导本科生、硕士生和博士生论文工作的需要及国家科技发展和生产的需要，笔者和冶金工业出版社共议着手编写了《固态离子元素传感及应用》一书。

　　本书的编写参阅了已出版的专著和截至 2013 年国际著名期刊杂志刊登的文章，并结合总结了多年来的教学和科研实践经验。全书共分 19 章，前几章为各类离子导体的共性专述，后些章按周期表主族、半金属、副族金属的顺序叙述，以显示总的规律性和各自的特性。书中有几处为解惑、去疑的问题，现以三处为例说明。第一是用交流阻抗谱方法测定离子电导率的问题，在实际的研究中常发现在谱中第一、第四象限有感应弧存在，由于时间常数的问题，两半圆部分相截而不是相切，另外半圆弧下降。笔者根据史美伦专著《交流阻抗谱原理及应用》（2001），说明了各参数元件电阻、电容和电感的不同串并联方式的阻抗谱图形式及等效电路。根据分支线传输图解说明了（RQ）（RQ）（RQ）的等效电路，对实际电导率测定的组件安排起了指导作用。第二个例子是关于对质子导体 $BaCe_{0.9}Y_{0.1}O_{3-\alpha}$ 质子导电的实质认识。$BaCe_{0.9}Y_{0.1}O_{3-\alpha}$ 是已研究的质子导体中电导率最高的之一，工作温度较低，人们期望将其作为固体电解质应用于燃料电池以代替 $ZrO_2(Y_2O_3)$ 电解质。但实践证明，在燃料电池工作过程中 $BaCe_{0.9}Y_{0.1}O_{3-\alpha}$ 不稳定，强度渐差，为此研究者从不同角度对该材料进行了多方面的研究。本书作者认为 Ce 为镧系元素的特类，其原子的外层电子排布为 $4f^1 5d^1 6s^2$，涉及三个电子层，易形成多种杂化轨道。Ce-O 体系有数十个非化学计量的氧化物，其存在形式依气相的氧分压而定。在形成 $BaCe_{0.9}Y_{0.1}O_{3-\alpha}$ 后，Ce 的本性仍要有所反映。燃料电池从空气极至燃料极，气相氧分压变化 20 多个数量级，所以用 $BaCe_{0.9}Y_{0.1}O_{3-\alpha}$ 作为电解质，它要反复地分解和化合，因此强度渐减，以致不能应用。第三个例子是不管氧离子导体还是质子导体，其掺杂量不是越多离子电导率越大，以 $CaZr_{0.9}In_{0.1}O_{3-\alpha}$ 为例，最适宜的掺杂量为 $In_{0.1}$，至 $In_{0.15}$ 以后离子电导率渐小，掺杂量越多，效果越差，书上皆以形成离子簇来解释，但离子簇的实质又是什么呢？J. Maier 的书谈到掺杂量对材料热力学性质的影响，给出图示，曲线居然出现最小值、最大值，和金属熔体元素之间的相互作用相似，变化率还有变化率，即变化率的变化率，还有变化率的变化率的变化率等，服从 Taylor 展开式的规律，为自然的规律。

　　还有一些为本科研组创新性的工作，如用质子导体给铝液脱氢，可使铝中氢含量达 0.08mL H_2/100gAl，达到超低氢的要求，此为超强、超塑铝合金所要求的，为航空、航天、高速装置所需要。根据钙钛矿型化合物有催化作用，本组用 $BaCe_{0.9}Y_{0.1}O_{3-\alpha}$ 和 $Ba_3Ca_{1.18}Nb_{1.82}O_{9-\alpha}$ 的小管组成氢传感器测定了室温钢样和铝样的氢含量，和另外两种方法相比较是相符的。

　　本书力求文字精炼、言简意赅、逻辑严密，但受水平所限，定有很多不足之处，敬请读者指正。

王常珍

2014 年 5 月

目　录

1　原子的电子分布、键性质和晶体缺陷 ································· 1

1.1　原子的电子分布 ··· 1

1.2　电子云和价键 ··· 1

1.3　键的杂化，σ 键和 π 键 ··································· 2

1.4　统计量子化学概念 ······································· 2

1.5　薛定格（Schröndinger）方程式 ···························· 5

1.6　用计算机模拟化学现象 ··································· 7

1.7　固态离子导体的点阵结构 ································· 7

　　1.7.1　点阵结构 ··· 8

　　1.7.2　离子的点阵能 ····································· 8

　　1.7.3　离子半径 ··· 8

1.8　晶体中的缺陷 ··· 9

　　1.8.1　晶体缺陷的类型 ··································· 9

　　1.8.2　对点缺陷的讨论 ································· 10

1.9　缺陷平衡的能带理论 ··································· 13

1.10　晶体中元素的扩散 ····································· 13

　　1.10.1　Fick 第一定律 ··································· 13

　　1.10.2　Fick 第二定律 ··································· 14

　　1.10.3　扩散的热力学解释 ······························· 14

1.11　固态离子导体中的电荷迁移 ····························· 16

　　1.11.1　缺陷和电导率 ··································· 17

　　1.11.2　电导率与气相分压的关系 ························· 18

　　1.11.3　过剩电子和电子空位导电的特征氧分压 ··········· 19

参考文献 ·· 22

2　固态离子导体电性质的研究 ······························ 23

2.1　交谱阻抗法研究离子电导率 ······························· 23

　　2.1.1　正弦交流电路的基本知识 ··························· 23

2.1.2　集中参数元件 ··· 23

2.1.3　复合元件和电路 ··· 24

2.1.4　两个时间常数的电路 ·· 28

2.2　分布参数的等效元件 ··· 31

2.2.1　传输线 ·· 31

2.2.2　分支型传输线 ··· 31

2.3　等效电路 ··· 31

2.4　离子迁移数（t_i） ··· 32

2.4.1　离子迁移数及其相应的气相分压范围 ···················· 32

2.4.2　用不同的混合气体建立所需气相的化学位 ·············· 33

2.4.3　离子迁移数的测定 ··· 33

2.5　固态离子导体电子导电性的测定 ·· 34

2.5.1　直流极化法 ·· 34

2.5.2　抽氧法 ·· 35

参考文献 ··· 36

3　固体离子导体结构的研究方法 ··· 38

3.1　基于对不同电磁波的反映 ·· 38

3.2　新一代材料模拟软件（Materials Studio） ····························· 40

参考文献 ··· 40

4　固体离子导体原电池及准确测量的条件 ································· 43

4.1　电动势法在测定热力学函数上的应用 ······································· 43

4.2　固体离子导体原电池的工作原理 ··· 45

4.3　参比电极 ··· 48

4.3.1　气体参比电极 ··· 48

4.3.2　共存相参比电极 ·· 49

4.4　电极引线 ··· 56

4.5　影响电动势值准确测量的制约因素 ·· 57

4.5.1　电子电导的影响 ·· 57

4.5.2　副反应的影响 ··· 59

4.5.3　电极组分的平衡 ·· 63

4.5.4　温度梯度产生的热电势的影响 ·· 63

4.5.5　由于氧通过固体电解质的迁移所产生的误差 ·············· 65

4.5.6　电极和电解质界面的化学稳定性 ··· 67

4.5.7 电池电动势的测量 ·· 69

参考文献 ··· 69

5 固体离子导体制备的一般方法和离子导体性能 ·················· 71

5.1 直接合成法的反应原理 ·· 71

5.2 固体离子导体的制备方法 ······································ 72

5.2.1 配料、制粉 ··· 72

5.2.2 成型 ··· 74

5.2.3 煅烧和烧成 ··· 76

5.3 固体电解质的致密性 ·· 78

5.3.1 密度和气孔率 ··· 78

5.3.2 物理比渗透性 ··· 79

5.4 固体电解质的抗热震性 ·· 79

参考文献 ··· 80

6 固体离子导体材料和氧离子导体 ································· 82

6.1 晶体化学数据 ·· 84

6.2 ZrO_2-CaO 电解质 ·· 86

6.3 ZrO_2-MgO 电解质 ·· 86

6.4 ZrO_2-Y_2O_3 电解质 ···································· 87

6.5 ZrO_2-Ln_2O_3 电解质 ·································· 90

6.6 $CaZrO_3$ 基电解质 ·· 91

6.7 ThO_2 基电解质 ·· 91

6.8 HfO_2(CaO)电解质 ··· 92

6.9 Bi_2O_3 基电解质 ·· 92

6.10 β-Al_2O_3 和 β''-Al_2O_3 电解质 ······· 94

参考文献 ··· 97

7 氧离子导体原电池在化合物热力学研究中的应用 ················· 99

7.1 氧化物的热力学研究 ·· 99

7.1.1 单一氧化物的热力学研究 ································· 99

7.1.2 复合氧化物的热力学研究 ································ 104

7.1.3 非化学计量氧化物的热力学研究 ·························· 109

7.2 非氧化物体系的热力学研究 ··································· 113

7.2.1 硫化物、硫酸盐的热力学研究 ···························· 113

7.2.2　金属硅化物的热力学研究 ················· 116

7.3　合金体系的热力学研究 ················· 117

7.3.1　二元合金的热力学研究 ················· 117

7.3.2　金属间化合物的热力学研究 ················· 119

参考文献 ················· 120

8　氧离子导体传感法测金属熔体中氧活度 ················· 121

8.1　金属熔体中氧活度研究 ················· 121

8.1.1　金属熔体中氧活度和氧溶解度的测定 ················· 121

8.1.2　金属熔体中元素原子之间的相互作用 ················· 126

8.1.3　含合金元素金属熔体中氧活度的研究 ················· 129

8.1.4　以 Fe-V-O 体系为例说明 ················· 131

8.2　M-X-O 熔体中氧化物的溶解度曲线的理论判断 ················· 137

8.3　有色金属熔体中组分和氧的活度 ················· 140

8.4　用氧浓差电池测定有色金属熔体中合金元素的活度 ················· 144

8.5　坩埚材料的选择 ················· 146

参考文献 ················· 148

9　氧离子导体传感法对炉渣的热力学研究 ················· 149

9.1　炉渣结构 ················· 149

9.2　炉渣活度 ················· 153

9.3　炉渣中 FeO 和 Fe_xO 的活度 ················· 154

9.3.1　炉渣中 FeO 活度的测定 ················· 154

9.3.2　炉渣中 Fe_xO 活度的测定 ················· 156

9.3.3　工厂中应用的炉渣氧活度测定装置 ················· 160

9.4　炉渣的透气性 ················· 164

参考文献 ················· 165

10　氧离子导体传感器在冶金中的应用 ················· 166

10.1　在炼钢、炼铁中的应用 ················· 166

10.1.1　氧传感器的有关问题 ················· 166

10.1.2　在推定转炉吹炼终点和调质上的应用 ················· 169

10.1.3　在 RH 真空处理中的应用 ················· 175

10.1.4　在钢包和钢锭模中的应用 ················· 176

10.1.5　在不锈钢冶炼中的应用 ················· 176

10.1.6　在转炉熔钢、炉渣和气相氧位的测定上的应用 ················ 177

10.1.7　在钢液连铸中的应用 ····························· 178

10.1.8　在高炉中的应用 ······························· 178

10.1.9　在球墨铸铁中的应用 ··························· 179

10.1.10　长寿命氧传感器 ····························· 180

10.2　在气体测氧中的应用 ······························· 183

10.2.1　气体氧传感器的电池形式 ······················· 184

10.2.2　燃烧过程控制 ······························· 185

10.2.3　转炉内氧分压的测定 ··························· 185

10.2.4　连铸中间包气氛的氧分压测定 ····················· 185

10.2.5　在热处理等中的应用 ··························· 185

10.2.6　在有色金属冶炼气相中的应用 ····················· 187

参考文献 ····································· 188

11　氧离子导体在气体分离、汽车尾气控制和燃料电池中的应用 ············ 191

11.1　氧离子导体在氧泵中的应用 ························· 191

11.1.1　气体分离的原理 ····························· 191

11.1.2　适用于气体分离的固体氧离子导体 ·················· 193

11.2　氧传感器在汽车尾气控制中的应用 ···················· 193

11.3　固体氧化物燃料电池 ····························· 195

11.3.1　燃料电池的工作原理 ··························· 196

11.3.2　适合的氧离子导体 ··························· 197

11.3.3　空气电极 ······························· 198

11.3.4　燃料电极 ······························· 198

11.3.5　相互连接材料 ····························· 198

11.3.6　电压电流特性 ····························· 199

参考文献 ····································· 200

12　氧离子导体传感法对动力学的研究 ······················· 202

12.1　扩散系数 ································· 202

12.2　固态和液态金属中氧的扩散 ························· 203

12.2.1　直流电压法 ······························· 204

12.2.2　恒电流法 ······························· 204

12.3　液态金属中氧的扩散研究 ························· 205

12.4　溶质对金属熔体扩散系数的影响 ····················· 209

12.5　固态金属中氧扩散的测量 ⋯⋯⋯⋯⋯⋯⋯⋯⋯⋯⋯⋯⋯⋯ 209

12.6　气-固相及气-液相反应的动力学研究 ⋯⋯⋯⋯⋯⋯ 212

参考文献 ⋯⋯⋯⋯⋯⋯⋯⋯⋯⋯⋯⋯⋯⋯⋯⋯⋯⋯⋯⋯⋯⋯⋯⋯ 217

13　二元化合物气体传感器 ⋯⋯⋯⋯⋯⋯⋯⋯⋯⋯⋯⋯⋯⋯⋯ 218

13.1　水蒸气传感器 ⋯⋯⋯⋯⋯⋯⋯⋯⋯⋯⋯⋯⋯⋯⋯⋯⋯⋯ 218

13.2　SO_x(SO_2 和 SO_3)传感器 ⋯⋯⋯⋯⋯⋯⋯⋯⋯⋯ 219

13.3　NO_x(NO 和 NO_2)传感器 ⋯⋯⋯⋯⋯⋯⋯⋯⋯⋯ 221

13.3.1　10 余年前的研究工作 ⋯⋯⋯⋯⋯⋯⋯⋯⋯⋯ 221

13.3.2　最近的研究工作 ⋯⋯⋯⋯⋯⋯⋯⋯⋯⋯⋯⋯ 225

13.4　CO_2 传感器 ⋯⋯⋯⋯⋯⋯⋯⋯⋯⋯⋯⋯⋯⋯⋯⋯⋯⋯ 225

13.5　NH_3 传感器 ⋯⋯⋯⋯⋯⋯⋯⋯⋯⋯⋯⋯⋯⋯⋯⋯⋯⋯ 228

13.6　含砷气体传感器及其他传感器 ⋯⋯⋯⋯⋯⋯⋯⋯⋯⋯ 229

13.7　极限电流型氧传感器 ⋯⋯⋯⋯⋯⋯⋯⋯⋯⋯⋯⋯⋯⋯ 229

参考文献 ⋯⋯⋯⋯⋯⋯⋯⋯⋯⋯⋯⋯⋯⋯⋯⋯⋯⋯⋯⋯⋯⋯⋯⋯ 230

14　氟离子导体及应用 ⋯⋯⋯⋯⋯⋯⋯⋯⋯⋯⋯⋯⋯⋯⋯⋯⋯ 232

14.1　碱土金属氟化物和稀土氟化物的固溶体 ⋯⋯⋯⋯⋯ 232

14.2　CaF_2 单晶在化合物热力学研究中的应用 ⋯⋯⋯⋯ 234

14.3　CaF_2 单晶在金属体系研究中的应用 ⋯⋯⋯⋯⋯⋯ 238

14.4　氟离子导体在碳、硫、硼、磷化合物热力学研究中的应用 ⋯ 244

14.4.1　碳化物的热力学研究 ⋯⋯⋯⋯⋯⋯⋯⋯⋯⋯ 244

14.4.2　硫化物的热力学研究 ⋯⋯⋯⋯⋯⋯⋯⋯⋯⋯ 246

14.4.3　硼化物和磷化物的热力学研究 ⋯⋯⋯⋯⋯⋯ 247

参考文献 ⋯⋯⋯⋯⋯⋯⋯⋯⋯⋯⋯⋯⋯⋯⋯⋯⋯⋯⋯⋯⋯⋯⋯⋯ 248

15　硫、磷、氮、碳、铝、硅传感器 ⋯⋯⋯⋯⋯⋯⋯⋯⋯⋯⋯ 250

15.1　硫离子导体及硫传感器 ⋯⋯⋯⋯⋯⋯⋯⋯⋯⋯⋯⋯ 250

15.1.1　硫离子导体 ⋯⋯⋯⋯⋯⋯⋯⋯⋯⋯⋯⋯⋯⋯ 250

15.1.2　硫传感器 ⋯⋯⋯⋯⋯⋯⋯⋯⋯⋯⋯⋯⋯⋯⋯ 253

15.2　磷传感器 ⋯⋯⋯⋯⋯⋯⋯⋯⋯⋯⋯⋯⋯⋯⋯⋯⋯⋯⋯ 255

15.3　氮化物导体和氮传感器 ⋯⋯⋯⋯⋯⋯⋯⋯⋯⋯⋯⋯ 256

15.3.1　氮化物的性质 ⋯⋯⋯⋯⋯⋯⋯⋯⋯⋯⋯⋯⋯ 256

15.3.2　氮传感器 ⋯⋯⋯⋯⋯⋯⋯⋯⋯⋯⋯⋯⋯⋯⋯ 256

15.4　碳传感器 ⋯⋯⋯⋯⋯⋯⋯⋯⋯⋯⋯⋯⋯⋯⋯⋯⋯⋯⋯ 257

15.5　硅传感器 ····· 258

15.5.1　以 $SiO_2\text{-}CaF_2$ 为辅助电极的硅传感器 ····· 258

15.5.2　以 $ZrO_2 + ZrSiO_4$ 为辅助电极的硅传感器 ····· 261

15.5.3　三相固体电解质硅传感器 ····· 264

15.5.4　莫来石（mullite）固体电解质硅传感器 ····· 265

15.6　铝传感器 ····· 268

15.6.1　ZrO_2 基固体电解质铝传感器 ····· 268

15.6.2　莫来石固体电解质铝传感器 ····· 269

15.6.3　$\beta\text{-}Al_2O_3$ 固体电解质铝传感器 ····· 270

参考文献 ····· 273

16　氢离子(质子)导体及其应用 ····· 274

16.1　500～1000℃质子导体 ····· 274

16.1.1　发现钙钛矿型质子导体 ····· 274

16.1.2　钙钛矿型材料产生质子导电的条件 ····· 275

16.1.3　质子导体 H^+ 迁移性质的研究和原因 ····· 280

16.2　对近期研究最多的几种质子导体的讨论 ····· 281

16.2.1　$BaCeO_3$ 基材料 ····· 281

16.2.2　$CaZrO_3$（掺 In）材料 ····· 282

16.2.3　$Ba_3Ca_{1.18}Nb_{1.82}O_{9-\delta}$（又称 BCN18）材料 ····· 283

16.2.4　其他高温质子导体材料 ····· 284

16.3　高温质子导体的制备 ····· 284

16.4　质子导体材料的应用 ····· 284

16.4.1　质子膜燃料电池中应用 ····· 284

16.4.2　质子导体用于催化合成 ····· 285

16.4.3　质子导体氢泵用于铝液脱氢 ····· 285

16.4.4　混合气体中氢的分离 ····· 286

16.4.5　监测样品热处理过程中 H_2 的行为 ····· 288

16.4.6　监测室温金属样品的氢含量 ····· 289

16.4.7　最新报道的氢传感器 ····· 289

参考文献 ····· 289

17　碱金属离子导体和银离子导体及应用 ····· 292

17.1　碱金属离子导体 ····· 292

17.2　骨架结构 ····· 294

17.3 非晶态电解质 ································ 296
17.4 非晶态银的快离子导体 ···················· 297
17.5 聚合物电解质 ·························· 297
17.6 银离子导体的结构特征 ···················· 298
17.7 碱金属离子和银离子导体在电池中应用示例 ············· 298
　17.7.1 微功率电池 ······················· 298
　17.7.2 高能量密度电池 ····················· 300
　17.7.3 在电化学器件中的应用 ·················· 301
参考文献 ····························· 302

18 稀土金属、碱金属、碱土金属传感器和锑传感器 ··········· 303

18.1 稀土金属传感器 ························ 303
　18.1.1 La-β-Al_2O_3 固体电解质的制备和性质 ·········· 303
　18.1.2 La-β-Al_2O_3 固体电解质稀土传感器 ··········· 306
　18.1.3 REF_3(CaF_2) 固体电解质的制备和性质 ·········· 310
　18.1.4 CeF_3(CaF_2) 固体电解质的性质 ············ 313
　18.1.5 YF_3(CaF_2) 多晶固体电解质的制备和性质 ········ 313
　18.1.6 LaF_3(CaF_2) 镧传感器 ················ 315
　18.1.7 YF_3(CaF_2) 钇传感器 ················ 320
18.2 碱金属、碱土金属传感器 ···················· 321
18.3 锑传感器 ·························· 325
参考文献 ····························· 326

19 辅助电极传感器测定副族金属的活度 ··············· 328

19.1 需要研究的成分传感器 ····················· 328
19.2 辅助电极型（auxiliary electrodes）成分传感器 ········· 329
　19.2.1 辅助电极型 Cr 传感器 ·················· 330
　19.2.2 辅助电极型 Mn 传感器 ·················· 332
参考文献 ····························· 333

附 录 ······························ 334

附录1 元素周期表 ························· 334
附录2 原子的电子能级 ······················ 334
附录3 无机化合物的颜色和离子的电子层结构等因素的关系 ········ 334
附录4 元素的电负性 ······················· 335

附录5　离子半径 ································· 335

附录6　常用的几种化学位 ························· 338

附录7　C. H. P. Lupis 等人对铁液中元素之间相互作用系数的推荐值 ······ 344

附录8　G. K. Sigworth 和 J. F. Elliott 等人对稀液态铜合金的
　　　　热力学数据的精选值 ······················ 356

附录9　偏摩尔性质和过剩热力学性质 ··················· 356

附录10　正规溶液（或规则溶液）··················· 358

附录11　标准态的转换 ························· 360

参考文献 ······························· 361

主要符号表 ···························· 363

索　引 ···························· 365

1　原子的电子分布、键性质和晶体缺陷

1.1　原子的电子分布[1]

固态离子晶体原子中的电子在自旋中绕原子核运转，有两个自旋取向，所以原子中的电子运动状态，就应由 4 个量子数 n、l、m、s 来确定。

在多电子原子中，电子的分布是分层次的。对应于主量子数 n，又分为 s、p、d、f 分壳层。由于原子中电子只能处于一系列特定的运动状态，所以在每一壳层上就只能容纳一定数量的电子，其电子数的分布遵循 3 个原理。

（1）泡利（Pauling）不相容原理。在一个原子中不可能有 4 个量子数完全相同量子态的电子存在。能级 n 上允许容纳的电子数为 $2n^2$ 个；s，p，d，f 的轨道数分别为 1，3，5，7，所能容纳的电子数分别为 2，6，10，14。

（2）能量最小原理。在原子中，每个电子趋向于占有最低的能级，根据能量最小原则，当形成元素时，随着原子序数的增加，按量子态的顺序，电子的排布为：1s，2s，2p，3s，3p，4s，3d，4p，5s，4d，5p，6s，4f，5d，6p，7s，5f，6d，7p。至 103 号元素 Lr（铹），锕系 5f 充满。原子序数再增加，则为人造元素，寿命极短。

在电子排布顺序中，3d 和 4p，4d 和 5p，4f、5d 和 6p 等的能级交叉。这是因为核对电子的引力小于同层电子的斥力。虽然内层有空位，也被同层电子排斥到外层，待随着原子序数的增加，核电荷增加，核对新来电子的引力大于同层电子的斥力时，则新来电子填充在内层。

（3）洪特（Hund）原理。在等价轨道，如 3 个 p 轨道、5 个 d 轨道、7 个 f 轨道。在全充满和半充满时，更稳定，例如 Cu、Ag、Au 的外层电子排布不是 s^2d^9，而是 s^1d^{10}。因此，Cu、Ag、Au 是稳定的，而 Au 在自然界则以元素状态存在，不易氧化。

1.2　电子云和价键

s 电子的电子云是球形对称分布的，任何方向均可与其他原子的电子云相叠合；p，d，f 的电子云是有方向性的，在空间各呈一定角度分布。电子层重叠越多，形成的共价键越牢固。在主量子数相同的电子轨道中，s，p，d，f 轨道相对成键能力依次为：1、$\sqrt{3}$、$\sqrt{5}$、$\sqrt{7}$。关于 4f 电子是否参与成键是一个有争论的问

题。徐光宪等[1]对镧系化合物进行了量子力学计算，结果表明，4f 轨道的成键能力很小，成键能力最大的为 5d。在锕系元素中，有迹象表明，在氧化态为 +6 的铀氧化合物中，5f 轨道可能参与成键。2012 年美国化学学会杂志（Journal of the Americal Chemistry Society）报道，用 X 光吸收光谱研究了 M(Ti, Zr, Hf)O-Cl 体系的共价键中 f 和 d 电子轨道的分配，对 U（铀）说明 5f 轨道能量低于 6d 轨道。

1.3   键的杂化，σ 键和 π 键

实验数据指出，共价键构成的分子中，键与键之间均有一定的角度，例如 H_2O 分子中，两个 O—H 键之间的键角为 105°；CH_4 中，4 个 C—H 键角接近 109°28′，因为键有一定的方向性，故分子往往有其特殊的形状。这是因为为了使分子形成时能量低，键要进行杂化，例如 CH_4，碳原子的一个 2s 电子及 3 个 2p 电子在成键时电子云要发生调整，每个键均有 s 及 p 电子参加一部分，而形成 sp^3 杂化。键的杂化也可以发生在 1 个 d 电子，1 个 s 电子及 2 个 p 电子之间而形成 dsp^2 键，如此等等各种杂化键。

在多价键中还有 σ 键和 π 键的区别，例如在 N_2 分子中，原子的电子排布为 $1s^2 2s^2 2p^3$，每个原子外层有 3 个未成对的 p 电子，p 电子的电子云几乎以直角三者互相垂直，其中只有一对电子沿着两核的连接线上有最大程度的重叠。这个键称为 σ 键，其余两个 p 电子的电子云便形成两个补充键，称为 π 键。在乙炔 HC≡CH 中则有 3 个 σ 键和 2 个 π 键，在乙烯 CH_2＝CH_2 分子中，则有 3 个 σ 键和 1 个 π 键。

在尖晶石、钙钛矿及一些含氧酸盐的分子中均有 σ 键、π 键的存在。σ 键的重叠程度大于 π 键，所以 σ 键的键强大于 π 键。因此 π 键更易受外界影响而变形，此即为双键及三键化合物易极化的原因。实际上键的性质还要受更多因素的影响，固体表面原子要形成不饱和键，原子的电子云之间常呈吊挂状，呈现吸附性等。

1.4   统计量子化学概念[2~4]

以上所讨论的仅限于原子、分子的结构和性质。但物质是由无数的原子或分子等质粒构成的，物质的热力学性质均为无数质粒性质的统计结果。欲计算这些热力学性质，常需应用统计量子力学。按照量子学说，分子有移动能 ε_{tr}，转动能 ε_r，分子内原子基团的转动能（也称内转动能）ε_r，原子的各种振动能 ε_v 及电子能 ε_{el}。这些能量均有一定的能级，因而分子或原子可处于不同的情态中。无数的质点中究竟有多少百分数的质点处于某一情态，按照概率论，物质当以那种概率最大的情态存在时，物质所表现的这些性质也自然是概率最大的组合情态的性质。Maxwell-Boltzmann 分配定律（distribution law）即为统计量子力学的计

算结果。

常称的 Boltzmann 分配定律为

$$n_i = p_i c e^{\frac{-\varepsilon_i}{kT}} \tag{1-1}$$

式中，n_i 为 i 能态的质粒数；p_i 为该能态所有的情态数；c 为常数；k 为 Boltzmann 常数（8.616×10^{-5} eV/K）。

1 克分子物质（1mol）各能阶的分子数总和为 N，即阿伏伽德罗常数（6.023×10^{23} mol^{-1}）。则

$$N = p_0 c + p_1 c e^{\frac{-\varepsilon_1}{kT}} + p_2 c e^{\frac{-\varepsilon_2}{kT}} + \cdots = c\Sigma p_i e^{\frac{-\varepsilon_i}{kT}} \tag{1-2}$$

令

$$Q = \Sigma p_i e^{\frac{-\varepsilon_i}{kT}} \tag{1-3}$$

称为配分函数（partition function），由光谱数据或分子常数可以计算出 Q 值。

在物理化学研究中，常需要知道物质的内能、焓、熵、自由能、热容等数据，其中有很多数据是由物质的光谱数据再加量子统计学方法计算而得的。这些数据多为理想气体状态的数据，加以若干校正即可转化为真实气体、液体及固体时的性质。下面仅给简单计算示例。

对于理想气体，一克分子物质的内能 E° 为各分子能量的总和

$$E^\circ = 0 \times p_0 c + \varepsilon_1 p_1 c e^{\frac{-\varepsilon_1}{kT}} + \varepsilon_2 p_2 c e^{\frac{-\varepsilon_2}{kT}} + \cdots = c\Sigma \varepsilon_i p_i e^{\frac{-\varepsilon_i}{kT}}$$

假定零度（0K）能阶的能量为零。

因为

$$Q = \Sigma p_i e^{\frac{-\varepsilon_i}{kT}}$$

所以

$$\frac{dQ}{dT} = \Sigma \frac{\varepsilon_i}{kT^2} p_i e^{\frac{-\varepsilon_i}{kT}} = \frac{1}{kT^2} \Sigma \varepsilon_i p_i e^{\frac{-\varepsilon_i}{kT}}$$

$$\frac{d\ln Q}{dT} = \frac{1}{Q} \times \frac{dQ}{dT} = \frac{1}{kT^2} \times \frac{\Sigma \varepsilon_i p_i e^{\frac{-\varepsilon_i}{kT}}}{\Sigma p_i e^{\frac{-\varepsilon_i}{kT}}}$$

故

$$E^\circ = RT^2 \frac{d\ln Q}{dT} = RT \frac{d\ln Q}{d\ln T} \tag{1-4}$$

同理推得

$$H^\circ = E^\circ + pV = E^\circ + RT = RT^2 \frac{d\ln Q}{dT} + RT \tag{1-5}$$

$$C_V^\circ = \left(\frac{\partial E^\circ}{\partial T}\right)_V = \frac{1}{T} \times \frac{\partial E^\circ}{\partial \ln T} = \frac{1}{T} \times \frac{\partial}{\partial \ln T}\left(RT \frac{d\ln Q}{d\ln T}\right) = R\frac{d\ln Q}{d\ln T} + R\frac{d^2\ln Q}{d(\ln T)^2}$$

$$C_p^\circ = \left(\frac{\partial H^\circ}{\partial T}\right)_p = R\frac{d\ln Q}{d\ln T} + R\frac{d^2\ln Q}{d(\ln T)^2} + R \tag{1-6}$$

因为

$$S^\circ - S_0^\circ = \int_0^T \frac{C_V^\circ dT}{T}$$

故 $S^\circ - S_0^\circ = \int_0^T \frac{1}{T} \times \frac{\partial}{\partial T}\left(RT^2\frac{\mathrm{d}\ln Q}{\mathrm{d}T}\right)_V \mathrm{d}T = RT\left(\frac{\mathrm{d}\ln Q}{\mathrm{d}T}\right) + R\ln Q - R\ln Q_0$ (1-7)

式中，S_0° 为绝对零度时理想气体状态物质的熵值。

又因为理想气体的熵值与概率 W 有下列关系

$$S = k\ln W \tag{1-8}$$

在绝对零度时，N 个分子分配在零度能阶的 p_0 个情态的概率为

$$W = \frac{p_0^N}{N_0!} \tag{1-9}$$

故 $\qquad S_0^\circ = k\ln\frac{p_0^N}{N_0!} = kN\ln p_0 - k\ln N_0!$ (1-10)

自由能也可用函数 Q 表示。

因为 $\qquad G^\circ = H^\circ - TS^\circ$

所以 $\qquad G^\circ = RT - RT\ln Q + kT\ln N_0!$ (1-11)

要注意，以上所写的 E°、H°、G° 均为假定 $E_0^\circ = 0$ 时的相对值，计算它们的绝对值时均需再加一项 E_0°，例如

$$G_{(绝对)}^\circ = E_0^\circ + RT - RT\ln Q + kT\ln N_0! \tag{1-12}$$

由以上所述，E°、H°、S°、G° 等值均可由配分函数 Q 来表征。根据分子常数结合不同的光谱所得数据，就可以计算 Q 值、$\ln Q$、$\dfrac{\mathrm{d}\ln Q}{\mathrm{d}T}$ 等数值。

又 $\qquad Q = \sum p_i \mathrm{e}^{-\frac{\varepsilon_i}{kT}} = \sum p_i \mathrm{e}^{\frac{-\varepsilon_{tr}-\varepsilon_r-\varepsilon_{r'}-\varepsilon_v-\varepsilon_{el}}{kT}}$

$\qquad\qquad = \sum p_i \mathrm{e}^{-\frac{\varepsilon_{tr}}{kT}} \times \mathrm{e}^{-\frac{\varepsilon_r}{kT}} \times \mathrm{e}^{-\frac{\varepsilon_{r'}}{kT}} \times \mathrm{e}^{-\frac{\varepsilon_v}{kT}} \times \mathrm{e}^{-\frac{\varepsilon_{el}}{kT}}$ (1-13)

而 $\qquad p_i = p_{tr}p_r p_{r'} p_v p_{el}$ (1-14)

故 $\quad Q = \left(\sum \mathrm{e}^{-\frac{\varepsilon_{tr}}{kT}}\right)\left(\sum p_r \mathrm{e}^{-\frac{\varepsilon_r}{kT}}\right)\left(\sum p_{r'} \mathrm{e}^{-\frac{\varepsilon_{r'}}{kT}}\right)\left(\sum p_v \mathrm{e}^{-\frac{\varepsilon_v}{kT}}\right)\left(\sum p_{el} \mathrm{e}^{-\frac{\varepsilon_{el}}{kT}}\right)$

令 $\qquad Q_{tr} = \sum \mathrm{e}^{-\frac{\varepsilon_{tr}}{kT}}$ (1-15)

$\qquad Q_r = \sum p_r \mathrm{e}^{-\frac{\varepsilon_r}{kT}}$ (1-16)

$\qquad Q_{r'} = \sum p_{r'} \mathrm{e}^{-\frac{\varepsilon_{r'}}{kT}}$ (1-17)

$\qquad Q_v = \sum p_v \mathrm{e}^{-\frac{\varepsilon_v}{kT}}$ (1-18)

$\qquad Q_{el} = \sum p_{el} \mathrm{e}^{-\frac{\varepsilon_{el}}{kT}}$ (1-19)

则 $\qquad Q = Q_{tr}Q_r Q_{r'} Q_v Q_{el}$ (1-20)

$$\ln Q = \ln Q_{tr} + \ln Q_r + \ln Q_{r'} + \ln Q_v + \ln Q_{el} \tag{1-21}$$

各种 ε 及 p 值均可由相应的光谱数据中得到。方法详见第 3 章。

1.5 薛定格（Schröndinger）方程式

普朗克提出光有二重性，即粒子性与波动性；斗布洛依提出每颗物质的质粒也都有二重性，适合于电子、原子、分子等构成的有粒子性的物质。若质粒的动量为 mv，则认为与此物质结合的物质波的波长 λ 为

$$\lambda = \frac{h}{mv} \tag{1-22}$$

式中，h 为普朗克常数。

当一电子绕核作圆周旋转时，要使连续发生的波不互相干涉，则圆周之长 $2\pi r$ 必须是波长 λ 的整倍数 n，即

$$2\pi r = n\lambda = \frac{nh}{mv} \tag{1-23}$$

或

$$mvr = \frac{nh}{2\pi}$$

式中，m 为电子的质量。

因为 mvr 为电子运动的角动量，所以角动量也为 $\frac{h}{2\pi}$ 的整倍数。对于每种波均有一种表示波动情态的方程式。

拨动琴弦，投石于水面均可产生波动，表示质粒在某空间某时的位移状态的波动方程式，可由牛顿力学求出，研究波动时不仅需考虑搅动的力，还需考虑使它恢复的力。每处质粒恢复至原状之力 F 与位移 ψ 成正比，即

$$F = -k\psi \tag{1-24}$$

使质点发生位移之力，按牛顿运动公式为

$$F = ma = m\frac{\partial^2\psi}{\partial t^2} \tag{1-25}$$

m 为移动质点质量，故

$$m\frac{\partial^2\psi}{\partial t^2} = -k\psi \tag{1-26}$$

此为简谐振动波，波形为正弦或余弦曲线。此波动方程式的 ψ 可写为

$$\psi = A\sin(\omega t + \phi)$$

或

$$\psi = A\sin 2\pi\nu(t + \tau) \tag{1-27}$$

ν 为波的频率。令 u 为波前进的速度，则 $\tau = \frac{x}{u}$，故上式即为

$$\psi = A\sin 2\pi\nu\left(t + \frac{x}{u}\right) \tag{1-28}$$

此式已表示出各时间各位置 x 上质点的振幅。

因为
$$\frac{\partial^2\psi}{\partial t^2} = -A(2\pi\nu)^2\sin 2\pi\nu\left(t + \frac{x}{u}\right)$$

所以
$$\frac{\partial^2\psi}{\partial t^2} = -(2\pi\nu)^2\psi$$

$(2\pi\nu)^2$ 即等于式（1-26）中的 k/m。

使 ψ 对 x 偏微分及二次偏微分得

$$\frac{\partial^2\psi}{\partial x^2} = -\left(\frac{2\pi\nu}{u}\right)^2\psi \tag{1-29}$$

或
$$\psi = -\frac{u^2}{(2\pi\nu)^2}\frac{\partial^2\psi}{\partial x^2} \tag{1-30}$$

因为波速 u 为波长 λ 与频率的乘积，故

$$\frac{\partial^2\psi}{\partial x^2} = -\frac{4\pi^2}{\lambda^2}\psi \tag{1-31}$$

对于三度空间的波动，则

$$\frac{\partial^2\psi}{\partial x^2} + \frac{\partial^2\psi}{\partial y^2} + \frac{\partial^2\psi}{\partial z^2} = \frac{1}{u^2} \times \frac{\partial^2\psi}{\partial t^2} \tag{1-32}$$

或
$$\frac{\partial^2\psi}{\partial x^2} + \frac{\partial^2\psi}{\partial y^2} + \frac{\partial^2\psi}{\partial z^2} = -\frac{4\pi^2}{\lambda^2}\psi$$

这些光波等波动方程式也可用来表示电子、原子、分子等各种质点运动的物质波。今有一个质粒，质量为 m，在力场中以 v 的速度运动，产生物质波的波长为

$$\lambda = \frac{h}{mv}$$

代入以上有关公式，则得

$$\frac{\partial^2\psi}{\partial x^2} + \frac{\partial^2\psi}{\partial y^2} + \frac{\partial^2\psi}{\partial z^2} = -\frac{4\pi^2 m^2 v^2}{h^2}\psi \tag{1-33}$$

在力场中运动的总能量 E 为位能 V 和动能 $\frac{1}{2}mv^2$ 之和，故

$$\frac{1}{2}mv^2 = E - V \tag{1-34}$$

代入上式即得

$$\frac{\partial^2 \psi}{\partial x^2} + \frac{\partial^2 \psi}{\partial y^2} + \frac{\partial^2 \psi}{\partial z^2} = -\frac{8\pi^2 m}{h^2}(E - V)\psi \tag{1-35}$$

或
$$\frac{\partial^2 \psi}{\partial x^2} + \frac{\partial^2 \psi}{\partial y^2} + \frac{\partial^2 \psi}{\partial z^2} + \frac{8\pi^2 m}{h^2}(E - V)\psi = 0 \tag{1-36}$$

此即薛定格的波幅方程式。电子的绕核运动、原子的振动、分子的转动等均可借解此方程式而获知有关信息。

为便于书写和运算，常用∇²代表如下意义

$$\nabla^2 = \frac{\partial^2}{\partial x^2} + \frac{\partial^2}{\partial y^2} + \frac{\partial^2}{\partial z^2} \tag{1-37}$$

∇²称为拉普拉斯算符（Laplace operator），所以薛定格波幅方程式也可写成

$$\nabla^2 + \frac{8\pi^2 m}{h^2}(E - V)\psi = 0 \tag{1-38}$$

1.6 用计算机模拟化学现象

瑞典皇家科学院 2013 年 10 月 9 日宣布，将 2013 年诺贝尔化学奖授予三名美国科学家马丁·卡普拉斯、迈克尔·赖韦特和阿列·沃什尔，以表彰他们在开发多尺度复杂化学系统方面所做的贡献。

他们是通过建立计算机上的复杂模型使之能方便直接地模拟化学现象，打通传统力学和量子力学及化学的通道。在 20 世纪 70 年代，他们三人奠定了用于了解和预测化学反应历程的计算机程序的基础。反映真实情况的计算机模型已经成为了现在化学界大多数新进展的关键。

化学反应从微观上看，可能在百万分之一秒之内反应，用计算机可以揭示其反应的真实情况。拉普拉斯等将牛顿的经典物理和量子力学联系起来，但只能在小分子上应用。今年诺贝尔化学奖的获得者将两个物理体系的精华结合在一起，并提取了在经典物理和量子物理领域都适用的研究方法，运用计算机模拟化学反应过程，如药物如何在人体内和蛋白质相互作用等，得到了准确的预测传统的实验结果。研究原子和分子之间的反应离不开原子结构、电子层排布、波函数和薛定格方程等。经典研究方法太慢，而现在有了这项发明就可以直接用计算机快速、准确地模拟结果了。

1.7 固态离子导体的点阵结构

固体状态的物质按其原子、离子的空间排列分有序和无序两大类。有序是指原子、离子在微观空间呈周期性的、有规律的排列。晶体的性质是由其化学组成及空间结构决定的。从晶体的结构看，每一种物质的组成质点在空间呈连续的结构。例如 ZrO_2 只能称化学式而不是分子式，也不是结构式。单晶在外形上较齐

整和规则，而多晶实际由大量细小晶体组成，宏观上不显示对称性，由 X 射线衍射（XRD）可证明此点。固态离子导体主要是由人工合成的多晶物质。

1.7.1 点阵结构

晶胞是晶体结构中最小的单位，如果了解晶胞中原子、离子的分布情况就知道晶体中所有的原子、离子是怎样分布的。

空间点阵的单位（即平行六面体）可用三边之长 a、b、c 及交角 α、β、γ 来表示。根据边长和交角的不同，空间点阵的单位可分为 7 种，相应的晶胞也就有 7 种。因此晶体分为 7 类，称为 7 个晶系。每个晶系的点阵又可分为一种或几种晶胞形式，或为面心或为体心的复单位。

1.7.2 离子的点阵能

点阵能也称晶格能。点阵能的大小可以反映离子化合物的稳定性及物理性质，对于固态离子导体，可以根据实际应用的要求设计、合成所需性质的物质。

波恩和朗德（Lande）根据静电吸引理论导出了计算离子化合物的点阵能的公式。两个相距 R 的点电荷 $+Z_{1e}$ 和 $-Z_{2e}$ 间的势能是

$$V_{吸引} = \frac{Z_1 Z_2 e^2}{4\pi\varepsilon_0 R} \tag{1-39}$$

实际上离子并非理想的点电荷，当两个离子靠近时，它们的电子云之间将互相排斥，当 R 接近平衡距离 R_0 时排斥则迅速增加。波恩假定此势能与 R 的 n 次方成反比。

1.7.3 离子半径

离子导体性质与离子半径有密切的关系。离子半径应该是指离子电子云分布的范围，但是根据量子力学计算，离子的电子云分布很广，很难从某处划分所属离子。一般认为离子晶体中正负离子中心之间的距离是正负离子的半径之和。此值可通过 XRD 方法求得。晶体的构型不同，正负离子中心间距也不同，所以提到某一离子半径时，还要说明是什么构型时的离子半径。一般常以 NaCl 构型的半径作为标准，对其余构型的离子半径给予一定的修正。求取离子半径的方法有两种：一种为根据球形离子间堆积的观点来计算的哥希密特（Goldschmidt）法；另一种是考虑核对外层电子吸引力的泡利（Pauling）法，用得较多的是 Pauling 法求得的离子半径。一般正离子半径小于 0.1nm，负离子半径大于 0.1nm。

半径比不同时的接触情况。以 NaCl 型考虑，球形正负离子因为半径比不同而接触的情况有三种[1]，见图 1-1。

按 Goldschmidt 法求得的各种离子半径的数值略有出入。Pauling 认为离子半

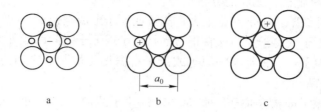

图 1-1　NaCl 型正负离子半径比与正离子接触情况

a—$R^+/R^- < 0.414$；b—$R^+/R^- = 0.414$；c—$R^+/R^- > 0.414$

径主要由外层电子的分布决定，相同电子层的离子则与有效核电荷成反比，因此离子半径为

$$R_1 = \frac{C_n}{Z - \sigma} \tag{1-40}$$

式中，R_1 是单价离子半径；C_n 是由外层电子的主量子数 n 决定的常数；Z 是原子序数，故 $Z - \sigma$ 是有效核电荷。

由高分辨的 XRD 实验数据得到的离子半径表示，对于同一金属离子，配位数不同，半径也不同。若以配位数为 6（八面体构型）的离子半径为基准，配位数为其他值时的离子半径应乘以研究所示的近似系数值。例如 Cs 晶体配位数为 8，Cs^+ 与 I^- 的 Pauling 离子半径的和为 385pm，乘以 1.03 后为 397pm，与实验测得的 CsI 晶体的离子间距离 396pm 基本一致。配位数与离子半径的关系，按配位数 12，8，6，4 的顺序，离子半径系数分别为 1.12，1.03，1.00（标准）和 0.94。

1.8　晶体中的缺陷[5~14]

理想的晶体结构具有完整的离子、原子排列的周期性，但这种理想晶体只有纯物质在 0K 时且与环境无交换作用的体系中才能存在。实际晶体就是在 0K 时也不能让所有的离子、原子都严格地按照周期性规律进行排列。这样就构成了晶体缺陷，实际晶体的很多性质，例如光、电、磁、力学等性质都与缺陷结构有关。因此，控制了材料的缺陷浓度，就可以控制材料的性质。烧结等许多高温物理化学过程都与晶体缺陷密切相关。

1.8.1　晶体缺陷的类型

可以按纯几何的特征对点阵缺陷进行分类，具体如下：

（1）点缺陷（零维缺陷）。这种缺陷在各个方向上的延伸都很小，仅发生在晶格中的一个原子尺寸范围，如空位、间隙离子或原子、置换离子或原子等。点缺陷在晶体中呈随机、无序的分布状态。分为：

1）原子性缺陷：正常晶格上失去离子或原子形成空位；

2）间隙原子或离子：填充在正常晶格离子或原子之间的额外离子或原子；

3）错位原子：一种类型的原子或离子占据正常情况下应为另一类原子或离子所占据的位置；

4）杂质原子或掺杂原子：此为外来的原子或离子，既可以处于间隙位置，也可以取代正常晶格中的固有粒子；

5）电子性缺陷（电子缺陷）：导带中的电子载流子或价带中的电子空位载流子，分别称为 e' 和 $h^{\cdot}$；

6）声子和激子。

温度升高时原子或离子的振动频率随之增大，其运动能量呈现量子化，单位能量子称为声子。电子可以激发到较高能级，并在通常充满电子的能带上留下电子空穴。如果该激发电子仍与电子空穴紧密结合，则这个"电子-电子空穴对"就称为激子。

点缺陷浓度较高时，如摩尔分数在 10^{-3} 及其以上，则点缺陷就可能发生缔合而形成更稳定的缺陷簇。一对缺陷的能量要低于两个分离缺陷的能量。在某些结构中，还可能形成缺陷集合体。

（2）线缺陷（一维缺陷）。晶体中沿某一条线附近的原子或离子排列偏离了理想晶体的点阵结构，这种缺陷只在一个方向上延伸。位错就是线缺陷，有刃型位错、螺型位错、点缺陷链等。

（3）面缺陷（二维缺陷）。这种缺陷在二维方向上构成了一定尺度的结构偏离。表面、界面、晶界、相界等是典型的面缺陷。

（4）体缺陷（三维缺陷）。这种缺陷在三维方向上都有较大的缺陷。例如，固体中的沉淀相、空洞（气泡、气孔）、有序-无序区、镶嵌结构等。

以上这些缺陷对晶体的性质有很大的影响。例如，晶体的物理性质（如电导率、扩散系数等）、化学性质（如耐蚀性）和冶金性能（如固态相变）等。

点缺陷是固态离子导体中最基本也是最重要的缺陷，以下将较详细讨论。

1.8.2 对点缺陷的讨论

点缺陷是热平衡缺陷，在一定温度下都存在着点缺陷的不断生成和消失的过程，在达到平衡时，单位时间内产生和消失的缺陷数相等。J. Frenkel 首先指出晶体中的某个原子或离子由于热振动的晶格变形，可以被挤进点阵的间隙位置，形成间隙原子或离子，而产生一个空位。这种由于热振动而产生的热缺陷，通称 Frenkel 缺陷。W. Schottky 进而指出，晶体表面上的一个原子，由于获得足够大的能量而移到表面上另外一个新的位置上，因而在表面上形成空位，而附近的原子或离子又可以由于热运动而占据这个空位，又留下一个空位，如此传递，逐渐扩散到晶体内部，而形成内部的空位，这种缺陷通称为 Schottky 缺陷。有时两种缺陷同时产生。这种缺陷也可以由杂质或外来掺杂造成。

为了用方程式表示晶体中各种点缺陷，通常采用 F. A. Kröger 和 H. J. Vink 提出的标记符号：电子缺陷（自由电子）用 e′ 表示，电子空穴用 h· 表示，离子空位用 V 表示，所有的质点缺陷仍用元素的化学符号表示，右下角标表示缺陷所在的位置。其中 i 表示间隙位置，右上角标表示缺陷所带的有效电荷。"·"表示正电荷，"′"表示负电荷，中性质点用"X"表示或不写。

温度在 0K 以上时，由于热运动，晶体形成晶格缺陷所引起晶体内能的变化包括两部分：一部分是在晶格中产生缺陷所需要的能量；一部分是靠近缺陷的原子振动能量的变化，晶体的熵变也分为两部分，一部分是由原子振动频率变化而引起的热熵变；另一部分是与空位在晶格结点上的配置方式数有关的位形熵变，由此两概念可计算晶体热平衡时的缺陷数。

1.8.2.1 电子缺陷

在化学计量组成化合物中，如果金属离子可能有不同价态，则在一定条件下就可发生价态的转变，而出现电子缺陷。例如，Cr_2O_3 在氧离子点阵不受干扰的情况下，可能发生如下反应

$$Cr_{Cr} + V_i === V'''_{Cr} + Cr_i^{\cdot\cdot} + h^{\cdot}$$

或

$$Cr_{Cr} + V_i === V'''_{Cr} + Cr_i^{\cdot} + 2h^{\cdot}$$

所以 Cr_2O_3 在高温时有电子空位导电性。

对于非化学计量组成的化合物，常发生金属缺量或非金属过剩和金属过剩或非金属缺量的情况。

金属缺量可以在阴离子晶格不受扰动的情况下由于金属离子的离开而产生，此时，形成金属离子空位以及为保持晶体的电中性而出现等量的电子空位，可以产生电荷迁移，如

$$M_M + \frac{1}{2}O_2 === V''_M + 2h^{\cdot} + MO$$

与大气发生氧交换，而呈现空位导电或 p 型导电。$Fe_{1-x}O$，$Co_{1-x}O$，$Ni_{1-x}O$ 等都属于 p 型导电的金属氧化物。

非金属过剩则可以在阳离子晶格不受扰动的情况下由额外的非金属离子进入晶格间而引起，在晶格中出现电子空位，而呈现 p 型导电。

假如阴离子晶格未受扰动而有额外的金属离子嵌入到晶格结点间，则产生晶体的金属过剩，为了保持晶体的电中性，则出现相当数目的自由电子或过剩电子，而呈现 n 型导电，如下面的缺陷反应所示

$$MO + V_i === M_i^{..} + 2e' + \frac{1}{2}O_2$$

对于非金属缺量的化合物 MO_{1-x}，可以在产生氧离子空位的情况下，产生如下反应

$$O_O === V_O^{..} + 2e' + \frac{1}{2}O_2$$

产生氧，呈现 n 型导电。属于此种类型的氧化物有 $Zn_{1+x}O$，$Ti_{1+x}O_2$，$V_{2+x}O_5$，$Nb_{2+x}O_5$，$W_{1+x}O_3$，$Sn_{1+x}O_2$，$Ag_{2+x}S$ 和 $Ni_{1+x}S$ 等。

某些化合物晶体根据环境的非金属分压的不同，既可金属过剩又可非金属过剩，而表现出 n 型导电或 p 型导电。

1.8.2.2　掺杂缺陷[4]

对于二元化合物，掺杂另一种价态阳离子的化合物时，其离子导电性或电子导电性将发生改变，对固体电解质的设计和应用有重要意义，以下述几例说明：

（1）对于化学计量组成化合物，如 KCl，属于 Schottky 型的阴、阳离子导电的化合物，缺陷生成的反应为

$$K_K + Cl_{Cl} === V_K' + V_{Cl}^. + KCl$$

假如掺杂具有较高价的化合物例如 $SrCl_2$ 时，则按照以下方程产生嵌入反应

$$SrCl_2 + 2K_K === Sr_K^. + V_K' + 2KCl$$

增加了 K^+ 离子的空位数，从而发生混合离子导电向有利于阳离子导电占优势的趋势转变。

与上述情况类似，这类掺杂也能影响化学计量组成化合物中阴离子的缺陷数，例如具有 Frenkel 型的碱土金属氟化物，有以下缺陷反应

$$F_F + V_i === F_i' + V_i^.$$

当将 CaF_2 掺杂高价阳离子的 YF_3 时，存在的 F^- 离子空位被填充

$$YF_3 + (V_F^. - F_F) === (Y_{Ca}^. - Ca_{Ca}) + CaF_2$$

同时，F'^- 离子嵌入到晶格结点间

$$YF_3 === (Y_{Ca}^. - Ca_{Ca}) + (F_i' - V_i) + CaF_2$$

当用含有低价阳离子的 NaF 掺杂时，则反之，晶格结点间的 F'^- 离子被消耗，形成 F^- 离子空位，嵌入反应为

$$NaF + (F_i' - V_i) === (Na_{Ca}' - Ca_{Ca}) + CaF_2$$

和

$$NaF === (Na_{Ca}' - Ca_{Ca}) + (V_F^. - F_F) + CaF_2$$

对于重要的固体电解质，如 ZrO_2 掺杂低价离子氧化物时也有类似的情况。

（2）对电子缺陷占优势的化学计量组成化合物，借助掺杂可变成 p 型导电或 n 型导电。例如，对 Cr_2O_3 掺杂低价阳离子化合物 Cu_2O 时，嵌入反应为

$$Cu_2O + O_2 === 2(Cu''_{Cr} - Cr_{Cr}) + 4h\cdot + Cr_2O_3$$

促成空位导电；而添加高价阳离子化合物，如 TiO_2 时，则嵌入反应为

$$TiO_2 === (Ti\dot{_{Cr}} - Cr_{Cr}) + e' + \frac{1}{2}Cr_2O_3 + \frac{1}{4}O_2$$

促成过剩电子导电。

（3）对于非化学计量的二元化合物，掺杂后，可导致电子缺陷浓度和导电类型 n 或 p 的变化。

1.9 缺陷平衡的能带理论

固体能带理论对揭示晶体中缺陷平衡的普遍规律有其独特的意义。原子中电子的状态由 4 个量子数确定，遵守 Pauling 不相容原理，当原子互相靠近时，原子的电子轨道的电子云将相互重叠，能级分裂形成能带。能带中能级间的距离随着相邻原子数的增加而减小。能带的宽度为 1eV 的数量级，能带中能量差为 10^{-22} eV 的数量级。能带之间可以相互重叠，也可以由能隙隔开，能隙为禁带，电子不可能处在禁带中。电子缺陷的平衡取决于晶体中允许能级中的电子分布，它服从于费米（Femi）分布，即在能级 i 具有能量是 E_i 的电子数为

$$N_i = \frac{g_i}{1 + \exp[(E_i - E_F)/(kT)]} \tag{1-41}$$

式中，g_i 为具有同样能量的状态数；E_F 为 Femi 能级，它等于电子的化学位。

当 $E_F = E_i$ 时，根据上式

$$N_i = \frac{1}{2}g_i \tag{1-42}$$

即在温度 T 时具有能量 E_i 的一半状态被电子占据。

1.10 晶体中元素的扩散

晶体中原子（或离子）由于热运动而导致的迁移过程称为扩散，固体电解质的离子导电性的大小取决于扩散速度的大小。早在 19 世纪中叶就由大量的实验总结出扩散的两个定律，下面分别叙述。

1.10.1 Fick 第一定律

固体（或液体）中某组元在单位时间内通过单位面积扩散流的量与其浓度梯度成正比，其数学形式为

$$J = -D\mathrm{d}c/\mathrm{d}x \tag{1-43}$$

称为 Fick 第一定律。负值表示扩散流的方向和浓度梯度向量方向相反，比例常数 D 称为扩散系数，其物理意义是在一定的外界条件下，某一组元在扩散介质

中，在组元浓度梯度等于 1 时的扩散质流，单位为 cm²/s。第一定律可用于稳态扩散或非稳态扩散。

1.10.2　Fick 第二定律

实际上固体中某扩散组元的浓度梯度随着扩散距离而变化，所以扩散质流也随着距离而变化。这种浓度梯度及扩散质流随时间与距离变化的非稳态扩散方程可以用以下偏微分方程表示

$$\frac{\partial c}{\partial t} = \frac{\partial \left(D \dfrac{\partial c}{\partial x} \right)}{\partial x} \tag{1-44}$$

此式称为 Fick 第二定律。当 D 不随扩散距离、浓度变化时，为一常数，则有

$$\frac{\partial c}{\partial t} = D \frac{\partial^2 c}{\partial x^2} \tag{1-45}$$

上式是指扩散组元只沿 x 轴方向有浓度梯度的一维扩散方程，当组元在三维空间都有浓度梯度时，组元将向三维空间扩散，则

$$\frac{\partial c}{\partial t} = D \left(\frac{\partial^2 c}{\partial x^2} + \frac{\partial^2 c}{\partial y^2} + \frac{\partial^2 c}{\partial z^2} \right) \tag{1-46}$$

为了简单，对固体电解质等的研究，在制定研究方案时，近似地设计成一元扩散，在特定边界条件下求解。对于 Fick 第二定律，当扩散达稳态时，则 $\frac{\partial c}{\partial t} = 0$，将式（1-46）对 x 积分，得 $D \frac{\partial c}{\partial x} =$ 常数，即 Fick 第一定律，所以 Fick 第一定律可以看做第二定律在特定条件下的解。大量的研究表明，Fick 定律仅适用于浓度极稀的溶液，对于浓度稍高的溶液，D 值可能不是常数。浓度改变时，扩散粒子与其周围粒子的相互作用力会发生变化，因而 D 值可能不同。另外，固体的微观结构变化也可导致 D 值的变化。

1.10.3　扩散的热力学解释[10]

Fick 定律是对稀的液态和固态中组元的扩散研究得出的规律，以后很多扩散研究发现违反这一规律。如对二元和三元合金的扩散研究发现，某组元原为均匀分布，扩散后反而变得不均匀了；对某些溶渣体系的扩散研究发现，扩散组元浓度也常由均匀变为不均匀，而有些由浓度低处向浓度高处扩散，形成逆扩散。其原因可从热力学角度解释。

根据热力学，任何过程总是沿着体系自由能降低的方向进行。在具有缺陷的晶体中，颗粒 i 扩散的推动力决定于其化学位 μ_i 的梯度，如某个颗粒 i 所受的驱

动力为 f_i，则沿 x 方向扩散时

$$f_i = -\frac{1}{N_A} \times \frac{\partial \mu_i}{\partial x} \tag{1-47}$$

式中，N_A 为阿伏伽德罗常数，6.02×10^{23}。

颗粒 i 的扩散速度 v_i 正比于驱动力 f_i

$$v_i = B_i f_i = -B_i \frac{1}{N_A} \times \frac{\partial \mu_i}{\partial x} \tag{1-48}$$

式中，B_i 是颗粒 i 的淌度，即在单位作用力下的扩散速度。v_i 是一个 i 颗粒的扩散速度，当晶体缺陷中 i 的浓度为 c_i 时，则通过单位面积 i 的扩散质流 J_i 为

$$J_i = c_i v_i = -B_i c_i \frac{1}{N_A} \times \frac{\partial \mu_i}{\partial x} \tag{1-49}$$

将此式与 Fick 第一定律 $J_i = -D_i \frac{\partial c_i}{\partial x}$ 对比，则

$$\left.\begin{array}{l} D_i \dfrac{\partial c_i}{\partial x} = B_i c_i \dfrac{1}{N_A} \times \dfrac{\partial \mu_i}{\partial x} \\[2mm] D_i = \dfrac{B_i c_i}{N_A} \times \dfrac{\partial \mu_i}{\partial c_i} \end{array}\right\} \tag{1-50}$$

如将 c_i（%，质量分数，以后未经注明的百分浓度均为质量分数）换算成 x_i（%，摩尔分数）表示，则

$$D_i = \frac{B_i x_i}{N_A} \times \frac{\partial \mu_i}{\partial x_i} \tag{1-51}$$

而

$$\mu_i = \mu_i^\ominus + RT\ln a_i \tag{1-52}$$

式中，$\mu_i^\ominus$ 为 i 在纯物质状态的化学位；a_i 为 i 的活度。

按 $\quad a_i = \gamma_i x_i$

$$\mathrm{d}\mu_i = RT\partial\ln a_i = RT(\partial\ln\gamma_i + \partial\ln x_i)$$

所以

$$D_i = \frac{B_i x_i}{N_A} \times \frac{RT(\partial\ln\gamma_i + \partial\ln x_i)}{\partial x_i} = \frac{B_i RT}{N_A} \times \frac{\partial\ln\gamma_i + \partial\ln x_i}{\dfrac{\partial x_i}{x_i}}$$

$$D_i = kTB_i \times \frac{\partial\ln\gamma_i + \partial\ln x_i}{\partial\ln x_i} \tag{1-53}$$

式中，k 为玻耳兹曼常数。整理上式得

$$D_i = kTB_i\left(1 + \frac{\partial\ln\gamma_i}{\partial\ln x_i}\right) \tag{1-54}$$

如果晶体中尚有另一种颗粒的缺陷，对该种颗粒的扩散也遵循上式类似关系。上式说明，晶体中缺陷组元的扩散系数 D 不仅与动力学性质组元的淌度 B 有关，而且和热力学性质组元的活度系数 γ 也有关。γ 值代表晶体中原子间作用力的大小，所以 γ 也影响 i 的迁移速度。当 $\frac{\partial \ln \gamma_i}{\partial \ln x_i} < -1$ 时，则 $D_i < 0$，扩散流将沿着浓度梯度增加的方向流动，即产生逆扩散现象。

1.11 固态离子导体中的电荷迁移[1,6,11]

对于离子晶体，离子 i 在晶体中的扩散推动力为化学位 μ_i 的梯度 $\mathbf{grad}\mu_i$；在电场中，离子 i 在晶体中的扩散，其推动力为电化学位 η_i 的梯度 $\mathbf{grad}\eta_i$。电化学位和化学位的关系为

$$\eta_i = \mu_i + nFE$$

式中 n——离子的电荷数；

F——法拉第常数；

E——电势，V。

对此，离子 i 的迁移电流密度 j_i 可表示为

$$j_i = -c_i u_i \mathbf{grad}\eta_i \tag{1-55}$$

或

$$j_i = -c_i u_i(\mathbf{grad}\mu_i + nF\mathbf{grad}E) \tag{1-56}$$

式中 c_i——离子 i 的浓度；

u_i——离子 i 的迁移率（每单位场强的离子速度）。

式(1-55)和式(1-56)的 c_i 只适用于稀固体溶液，对浓溶液要用活度 a_i 代替 c_i。

离子电导率 σ_i 的表示式为

$$\sigma_i = c_i u_i nF \tag{1-57}$$

结合式(1-55)～式(1-57)，可以确定离子的电流密度、离子电导率和电化学位梯度间的关系为

$$j_i = -\frac{\sigma_i}{nF}\mathbf{grad}\eta_i \tag{1-58}$$

此式不仅可应用于离子电导，也可应用于电子电导。

对于晶体中的电子电流密度，根据式(1-58)可得关系式

$$j_e = j_{e'} + j_{h·} = \frac{\sigma_{e'}}{F}\mathbf{grad}\eta_{e'} - \frac{\sigma_h}{F}\mathbf{grad}\eta_{h·} \tag{1-59}$$

在电子 e′和电子空位 h·间的热力学平衡不被电流通过扰动的情况下，则

$$\mathbf{grad}\eta_{e'} = -\mathbf{grad}\eta_h. \tag{1-60}$$

如果固体中某一种离子的导电占优势，另外还有电子电流，在此情况下，离子和电子电流密度的总和，按照式(1-58)，式(1-59)可表示为

$$j = j_i + j_e = -\frac{\sigma_i}{nF}\mathbf{grad}\eta_i - \frac{\sigma_e}{F}\mathbf{grad}\eta_e \tag{1-61}$$

1.11.1　缺陷和电导率

点缺陷是固体电解质电导的主要响应部分。离子电导源于离子缺陷，电子电导源于过剩电子或电子缺陷。纯离子固体只含有很少的电子空位，有较宽的禁带能隙，一般大于 3eV。在高温时，价带电子由于吸热跃至高能级的导带，在导带产生自由电子，在价带留下电子空位，这是本征性质。如果有掺杂物、夹杂物或非化学计量化合物生成的附加离子或电子缺陷则为非本征的。对给定的组成、温度和气氛，或是离子缺陷所形成的离子电导占优势，或是电子缺陷所形成的电子电导占优势。

由实验发现，离子的电导率并非随掺杂物的增加一直呈线性增加，而是有极限值。例如，掺杂了 CaO 或者 MgO 的 ZrO_2，由于 Ca^{2+} 或 Mg^{2+} 占据了 Zr^{4+} 的离子位置，形成 Ca''_{Zr} 或 Mg''_{Zr}，携带了净有效电荷 -2，同时，相应地形成了氧离子空位 $V_O^{\cdot\cdot}$，有了净有效电荷 $+2$，正负电荷间有静电吸引力，可以促使形成空位对或者大的群簇，使得自由的或半自由的离子空位的浓度不能随着实际空位浓度的增加而线性地增加，从而也反映在离子电导率随组成的变化上。阴离子空位增至一定浓度后，阴离子电导率出现极大值，然后逐渐减小。

在离子晶体中，缺陷复合的形成，是由于两种电荷间的吸引力，因此缺陷的复合是电中性的，每一种都不能单独地产生导电过程，而是相当于偶极子，由于热活性改变它们原来的位置而产生跳跃。在低于某一温度时，达不到应有的激活能，复合的缺陷将不能移动，相当于在晶体中冻结。

固体电解质的电导率的测定和实际使用必须在足够高的温度下进行，以保证达到晶体缺陷的热力学平衡。电导率与温度的关系服从以下关系式

$$\sigma = \sigma^{\circ}\exp\left(-\frac{Q_{\sigma}}{kT}\right) \tag{1-62}$$

式中，σ 和 σ° 分别为实际晶体和纯晶体的电导率；Q_{σ} 为电导过程的激活能，包括晶格缺陷的生成能和移动能；k 为玻耳兹曼常数 $8.616\times10^{-5}\,\mathrm{eV/K}$，将上式取对数，得

$$\lg\sigma = -\frac{Q_{\sigma}}{2.303k}\times\frac{1}{T} + \lg\sigma^{\circ} \tag{1-63}$$

将 $\lg\sigma$ 对 $1/T$ 作图得一条直线，由其斜率可计算电导激活能。如果晶体结构改变，线性关系将出现转折，两段各有其激活能，反映了不同的导电机理或其他不同点。如果测量数据准确，离子电导率可看做是用来表征物质特性的。

用离子迁移数 t_i 表示离子电导率在总电导率中占的份数。表达式为

$$t_i = \frac{\sigma_i}{\sigma_i + \sigma_{e'} + \sigma_{h\cdot}} \tag{1-64}$$

1.11.2　电导率与气相分压的关系[13,14]

最早被应用的氧化物固体电解质为 Y_2O_3 稳定的 ZrO_2（yttria stabilized zirconia，YSZ），继之为 CaO 稳定的（CSZ），以其为例，该种电解质有三种离子：O^{2-}，Ca^{2+}，Zr^{4+}，对于 $0.85ZrO_2$-$0.15CaO$，在 1000℃ 时三种离子的电导率分别为 $\sigma_{O^{2-}} = 4.0 \times 10^{-2} S/cm$，$\sigma_{Zr^{4+}} = 1.0 \times 10^{-12} S/cm$，$\sigma_{Ca^{2+}} = 1.1 \times 10^{-13} S/cm$，后两者很小可忽略，所以 O^{2-} 离子迁移数可表示为

$$t_{O^{2-}} = \frac{\sigma_{O^{2-}}}{\sigma_{O^{2-}} + \sigma_{e'} + \sigma_{h\cdot}} \tag{1-65}$$

在化学计量化合物中是满价的化学键，不容易由氧化还原阳离子形成非稳定的价态，但电子在热激发下可由价带至导带产生电子导电。例如 $ZrO_2(CaO)$，在较高温度下氧离子由于极化变形，2p 满带电子跃至导带，形成自由电子，或与 Zr^{4+} 结合形成非稳定态的 Zr^{3+}。氧原子的 p 轨道未被充满为非稳定态，两个氧原子立即结合形成氧分子，而同时形成氧离子空位。从热力学考虑，每一种形式的粒子或点缺陷都可看成一个独立的化学物质，相关的反应都可用化学方程式表示，并遵循质量作用定律。按照 Kröger 和 Vink 提出的符号，这种自由电子和离子空位形成的反应为

$$O_O - 2e' \Longrightarrow \frac{1}{2}O_{2(g)} + V_O^{\cdot\cdot} \quad \text{或} \quad \frac{1}{2}O_O \Longrightarrow \frac{1}{4}O_{2(g)} + \frac{1}{2}V_O^{\cdot\cdot} + e' \tag{1-66}$$

对于纯 ZrO_2，在高温低氧分压时，也有上述反应，上式反应的平衡常数可表示为

$$K = \frac{p_{O_2}^{\frac{1}{4}}[V_O^{\cdot\cdot}]^{\frac{1}{2}}[e']}{[O_O]^{\frac{1}{2}}} \tag{1-67}$$

因为固体中氧离子浓度很大，所以 $[O_O]$ 可视为常数，则

$$[e'] = K_1'[V_O^{\cdot\cdot}]^{-\frac{1}{2}}p_{O_2}^{-\frac{1}{4}}$$

因为

$$\left[V_O^{\cdot\cdot}\right] = \frac{1}{2}\left[e'\right]$$

所以

$$\left[e'\right] = K_1'\left(\frac{1}{2}\left[e'\right]\right)^{-\frac{1}{2}}p_{O_2}^{-\frac{1}{4}}$$

$$\left[e'\right] = K_1''p_{O_2}^{-\frac{1}{6}} \tag{1-68}$$

所以在 p_{O_2} 很小时，$\left[e'\right]$ 很大，可认为 $t_{e'}\approx1$，成为 n 型半导体，因此，纯 ZrO_2 不能用作固体电解质。

对于 $ZrO_2(CaO)$ 固体电解质，由于 ZrO_2 中掺杂了 CaO，形成了相当数量的氧离子空位，$\left[V_O^{\cdot\cdot}\right]$ 和 $\left[O_O\right]$ 皆接近定值，不随 p_{O_2} 而变，根据式(1-67)得

$$\left[e'\right] = K_1'''p_{O_2}^{-\frac{1}{4}}$$

p_{O_2} 越小，电子浓度越大，所以

$$\sigma_{e'} = K_1'''F\mu_{e'}p_{O_2}^{-\frac{1}{4}}$$

可写成

$$\sigma_{e'} = K_{e'}p_{O_2}^{-\frac{1}{4}} \tag{1-69}$$

在高氧分压时，在固体电解质界面，氧分子离解为氧原子，为达到 p 副层的全充满，而从邻近获得电子形成氧离子，占据了固体中的氧离子空位，同时邻近产生电子空位 $h^{\cdot}$，不断交替传递而形成 p 型导电。反应方程式为

$$\frac{1}{4}O_{2(g)} + \frac{1}{2}V_O^{\cdot\cdot} = \frac{1}{2}O_O + h^{\cdot} \tag{1-70}$$

按前述方法处理得

$$\sigma_{h^{\cdot}} \propto p_{O_2}^{\frac{1}{4}} \tag{1-71}$$

p_{O_2} 越大，$\left[h^{\cdot}\right]$ 越大，成为 p 型导电。

ThO_2 掺杂 Y_2O_3 的固体电解质为 p 型导电，可做类似的分析。ZrO_2 和 ThO_2 基固体电解质各有其离子导电性占优势的氧分压范围。

1.11.3 过剩电子和电子空位导电的特征氧分压[1,8]

由前述可知，对于 ZrO_2 基固体电解质，气相氧分压的变化对氧离子空位浓度影响很小，但随着氧相氧分压的降低，电子电导率逐渐增大，因此，当气相氧分压降至某一值时，电子电导率和离子电导率变为相等，即 $\sigma_i = \sigma_{e'}$

$$\sigma_{e'} = K_{e'}p_{O_2}^{-\frac{1}{4}} = K_{e'}p_{e'}^{-\frac{1}{4}} = \sigma_i, 即 K_{e'} = \frac{\sigma_i}{p_{e'}^{-\frac{1}{4}}} \tag{1-72}$$

这一特定氧分压 $p_{e'}$ 称为过剩电子导电特征氧分压，$p_{e'}$ 与固体电解质的性质有关，可用以表征固体电解质电子导电性的大小。同理，在某一较高的特定氧分压下，σ_i 和 $\sigma_{h·}$ 相等

$$\sigma_{h·} = K_h p_{O_2}^{-\frac{1}{4}} = K_h p_{h·}^{-\frac{1}{4}} = \sigma_i, 即 K_{h·} = \frac{\sigma_i}{p_{h·}^{-\frac{1}{4}}} \tag{1-73}$$

而这一特定氧分压 $p_{h·}$ 称为电子空位导电特征氧分压。$p_{h·}$ 也与固体电解质性质有关，用以表征固体电解质电子空位导电性的大小。

将式(1-72)代入式(1-69)得

$$\sigma_{e'} = \frac{\sigma_i}{p_{e'}^{-\frac{1}{4}}} p_{O_2}^{-\frac{1}{4}} \tag{1-74}$$

同样可证明

$$\sigma_{h·} = \frac{\sigma_i}{p_{h·}^{\frac{1}{4}}} p_{O_2}^{\frac{1}{4}} \tag{1-75}$$

将式(1-74)、式(1-75)代入式(1-64)得离子迁移数 t_i 与气相特征分压和 p_{O_2} 的关系

$$t_i = \frac{\sigma_i}{\sigma_i + \dfrac{\sigma_i}{p_{e'}^{-\frac{1}{4}}}p_{O_2}^{-\frac{1}{4}} + \dfrac{\sigma_i}{p_{h·}^{\frac{1}{4}}}p_{O_2}^{\frac{1}{4}}} = \left(1 + \frac{p_{O_2}^{-\frac{1}{4}}}{p_{e'}^{-\frac{1}{4}}} + \frac{p_{O_2}^{\frac{1}{4}}}{p_{h·}^{\frac{1}{4}}}\right)^{-1} \tag{1-76}$$

如果将一具有混合导电性质的固体电解质置于氧分压 $p_{O_2}^{I}$ 与 $p_{O_2}^{II}$ 之间，假设 $p_{O_2}^{II} > p_{O_2}^{I}$，则产生电池电动势。C. Wagner 在 1933 年就已推导出这种氧浓差电池的电动势和气相氧的化学位之间的关系为

$$E = \frac{1}{4F}\int_{\mu_{O_2}^{I}}^{\mu_{O_2}^{II}} t_i \mathrm{d}\mu_{O_2} \tag{1-77}$$

假定氧是理想气体，则

$$\mu_{O_2} = \mu_{O_2}^{\ominus} + RT\ln p_{O_2} \tag{1-78}$$

将式(1-76)和式(1-78)代入式(1-77)，积分整理后得到

$$E = \frac{RT}{F}\left[\ln\frac{(p_{O_2}^{II})^{\frac{1}{4}} + p_{e'}^{\frac{1}{4}}}{(p_{O_2}^{I})^{\frac{1}{4}} + p_{e'}^{\frac{1}{4}}} + \ln\frac{(p_{O_2}^{I})^{\frac{1}{4}} + p_{h·}^{\frac{1}{4}}}{(p_{O_2}^{II})^{\frac{1}{4}} + p_{h·}^{\frac{1}{4}}}\right] \tag{1-79}$$

对于一定固体电解质，在一定温度下，除离子导电占优势外，余下的电子导

电或者主要为过剩电子导电，或者主要为电子空位导电，由此可将式（1-79）简化。对于主要为过剩电子导电的，上式变为

$$E = \frac{RT}{F}\left[\ln \frac{(p_{O_2}^{II})^{\frac{1}{4}} + p_{e'}^{\frac{1}{4}}}{(p_{O_2}^{I})^{\frac{1}{4}} + p_{e'}^{\frac{1}{4}}}\right] \qquad (1\text{-}80')$$

此式适用于 ZrO_2 基固体电解质。对于主要为电子空位导电的，式（1-79）变为

$$E = \frac{RT}{F}\left[\ln \frac{(p_{O_2}^{I})^{\frac{1}{4}} + p_{h\cdot}^{\frac{1}{4}}}{(p_{O_2}^{II})^{\frac{1}{4}} + p_{h\cdot}^{\frac{1}{4}}}\right] \qquad (1\text{-}80'')$$

此式适用于 ThO_2 基固体电解质。

以上概念和处理方式也适用于其他阴离子导电固体电解质。

图 1-2 示出了 σ_i、$\sigma_{e'}$、$\sigma_{h\cdot}$ 与气相分压的关系以及作为固体电解质时对离子迁移数 t_i 的要求，以 ThO_2（Y_2O_3）为例说明。

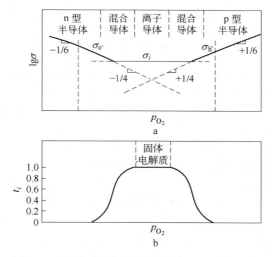

图 1-2　固体电解质离子、自由电子和电子空位
电导率及离子迁移数与气相氧分压的关系
a—分电导率；b—离子迁移数

在 $t_i \approx 1$ 或 $t_i > 0.99$ 时的气相分压范围可用作固体电解质。

固体离子导体常在不同温度下使用，而 t_i 是所测元素化学位和温度的复合函数，设 x_2 为双原子气体，如 O_2，S_2，Cl_2 等，气体 x_2 的化学位 μ_{x_2} 与气相分压 p_{x_2} 和绝对温度 T 的关系为[8]

$$\mu_{x_2} = \mu_{x_2}^{\ominus} + 2.303RT\lg p_{x_2} \qquad (1\text{-}81)$$

式中，R 为气体常数；$\mu_{x_2}^{\ominus}$ 为气体 x_2 在标准状态下的化学位。由此式可知，在任何温度下都可用 $\lg p_{x_2}$ 或 p_{x_2} 代替 μ_{x_2} 说明气体的反应趋势。

已知对一固体离子导体，总电导率和各分电导率的关系为

$$\sigma_T = \sigma_i + \sigma_{e'} + \sigma_{h\cdot}.$$

而

$$\sigma_i = \sigma_i^{\circ} \exp\left(-\frac{Q_i}{RT}\right) \tag{1-82}$$

$$\sigma_{e'} = \sigma_{e'}^{\circ} p_{x_2}^{-\frac{1}{n}} \exp\left(-\frac{Q_{e'}}{RT}\right) \tag{1-83}$$

$$\sigma_{h\cdot} = \sigma_{h\cdot}^{\circ} \cdot p_{x_2}^{\frac{1}{n}} \exp\left(\frac{Q_{h\cdot}}{RT}\right) \tag{1-84}$$

式（1-82）~式（1-84）中，σ_i°，$\sigma_{e'}^{\circ}$，$\sigma_{h\cdot}^{\circ}$，n，Q_i，$Q_{e'}$ 和 $Q_{h\cdot}$ 都与 p_{x_2} 和 T 无关。

在一定 T 和 p_{x_2} 下只有一种导电方式占优势。空间曲面说明，对于固体电解质，温度越高，离子导电占优势的 p_{x_2} 范围越小，至一定温度后，就不宜选作固体电解质用。

参 考 文 献

［1］徐光宪，王祥云. 物质结构［M］. 北京：科学出版社，2010.

［2］金松寿. 量子化学应用简程［M］. 上海：中国科学图书仪器公司，1955.

［3］唐有祺. 统计力学及其在物理化学中的应用［M］. 北京：科学出版社，1964.

［4］Fischer W A，Janke D. 冶金电化学［M］. 吴宣方，译. 沈阳：东北工学院出版社，1991.

［5］刘培生. 晶体点缺陷基础［M］. 北京：科学出版社，2010.

［6］莫特 N F，格尼 R W. 离子晶体中的电子过程［M］. 潘金声，李文雄，译. 北京：科学出版社，1959.

［7］Fischer W A，Janke D. Metallurgische Elektrochemie. Springer，Verlag Berlin，Heidelberg，1975.

［8］Subbarao E C. Solid Electrolytes and Their Applications［M］. New York：Plenum Press，1980.

［9］萨拉蒙 M B. 快离子导体物理［M］. 王刚，刘长乐，译. 北京：科学出版社，1984.

［10］苟清泉. 固体物理学简明教程［M］. 北京：人民教育出版社，1978.

［11］B. Henderson. 晶体缺陷［M］. 范印哲，译. 北京：高等教育出版社，1972.

［12］哈根穆勒，等. 固体电解质，一般原理、特征、材料和应用［M］. 陈立泉，等译. 北京：科学出版社，1984.

［13］J. Hladik. Physics of Electrolytes Vol. 2［M］. London，New York：Academic Press，1972.

［14］J. W Patterson. Journal of the Electrochemical Society，1971（7），1033.

2 固态离子导体电性质的研究

2.1 交谱阻抗法研究离子电导率[1~16]

20 世纪 60 年代初 J. H. Sluyters 实现了交流阻抗方法在电化学研究中的应用[15]。

2.1.1 正弦交流电路的基本知识

对一个有离子存在的物体施以小振幅的正弦波电压扰动信号时

$$V = V_m \sin 2\pi f t \tag{2-1}$$

则该物体将产生一个相同频率的正弦波电流响应

$$I = I_m \sin(2\pi f t + \theta) \tag{2-2}$$

式中　V_m——电压信号的振幅，V；

I_m——电流响应的振幅，A；

f——频率，Hz/s。

令 $2\pi f = \omega$，称为角频率。只要振幅足够小，电流响应和电压扰动的频率是相同的，它们的相位差用相角 θ 来表示。比值 V_m/I_m 表示为 $|Z|$。为了使 Z 的复平面表示能取在第一象限，采用与电工学不同的表示方法，令

$$Z = Z' - jZ''(j \text{ 为虚数单位} \sqrt{-1}) \tag{2-3}$$

$$Z' = |Z|\cos\theta \tag{2-4}$$

$$Z'' = |Z|\sin\theta \tag{2-5}$$

$$|Z| = \sqrt{Z'^2 - jZ''^2} \tag{2-6}$$

$$\tan\theta = \frac{Z''}{Z'} \tag{2-7}$$

交流阻抗的复平面表示见图 2-1[15]。

2.1.2 集中参数元件

一般交流电通过的元件为电阻 R，电容 C 和电感 L。当对它们施以小振幅正弦波电压扰动信号 $V = V_m \sin\omega t$ 后，其电流响应的相位各不相同。

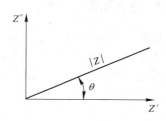

图 2-1　交流阻抗 Z 的复平面表示

（1）对于电阻 R

$$I = \frac{V_m}{R}\sin\omega t \tag{2-8}$$

电流和电压的相位相同。

（2）对于电容 C

$$I = C\frac{dV}{dt} = \omega CV_m\sin\left(\omega t + \frac{\pi}{2}\right) \tag{2-9}$$

电流的相位超前电压 $\frac{\pi}{2}$。

其阻抗 Z 则为

$$Z' = \theta, \ Z'' = \frac{1}{\omega C}$$

$$|Z| = \frac{1}{\omega C}, \ \theta = \frac{\pi}{2} \tag{2-10}$$

Z 称为容抗。

（3）对于电感 L

$$V = L\frac{dI}{dt}$$

$$I = \frac{V_m}{L}\int\sin\omega t dt = \frac{V_m}{\omega L}\sin\left(\omega t - \frac{\pi}{2}\right) \tag{2-11}$$

即电流的相位落后于电压 $\frac{\pi}{2}$。

其阻抗为

$$Z' = 0, \ Z'' = \omega L$$

$$|Z| = \omega L, \ \theta = -\frac{\pi}{2} \tag{2-12}$$

Z 称为感抗，电容和电感合称电抗。

2.1.3　复合元件和电路

电阻、电容和电感等串联或并联在一起，构成简单的交流电路。

2.1.3.1　R 和 C 串联电路

如果一个电路由一个电阻 R_S 和一个电容 C_S 串联而成，则整个电路的阻抗为

$$Z = Z_R + Z_C$$

又

$$Z = R_S - j\frac{1}{\omega C_S}$$

$$Z' = R_S, \quad Z'' = \frac{1}{\omega C_S} \tag{2-13}$$

由此得 $\quad |Z| = \sqrt{R_S^2 + \left(\frac{1}{\omega C_S}\right)^2} = \frac{\sqrt{1 + (R_S C_S \omega)^2}}{\omega C_S} \tag{2-14}$

$$\tan\theta = \frac{1}{R_S C_S \omega} \tag{2-15}$$

由以上两式可见：

（1）在高频时，由于 ω 很大，$R_S C_S \omega \gg 1$，于是 $|Z| \approx R_S$，$\tan\theta \approx 0$，即 $\theta = 0$。电流与电压的相位接近相等。整个电路相当于仅由电阻 R_S 组成。

（2）在低频时，由于 ω 很小，$R_S C_S \omega \ll 1$，于是 $|Z| \approx \frac{1}{\omega C_S}$，$\tan\theta \approx \infty$，亦即 $\theta \approx \frac{\pi}{2}$，电流的相位比电压的相位接近于超前 $\frac{\pi}{2}$。整个电路相当于由电容 C_S 组成。

处于高频和低频之间有一个特殊频率 ω_C，其值为

$$\omega_C = \frac{1}{R_S C_S} \tag{2-16}$$

当 $\omega = \omega_C$ 时，$\tan\theta = 1$，$\theta = \frac{\pi}{4}$，$|Z| = \sqrt{2} R_S$，特征频率的倒数 $\omega_C^{-1} = \tau = R_S C_S$，称为这一电路的时间常数。

将式(2-14)两边取对数，得

$$\lg|Z| = \frac{1}{2}\left[1 + (R_S C_S \omega)^2\right] - \lg\omega - \lg C_S \tag{2-17}$$

在高频区，$R_S C_S \omega \gg 1$，所以

$$\lg|Z| \approx \lg R_S$$

以 $\lg\omega$ 为横坐标，以 $\lg|Z|$ 为纵坐标作图，此图称为 Bode 模图。在 Bode 模图中，在高频区 $\lg|Z|$ 与频率无关，得一纵坐标为 R_S 的水平直线。

在低频区，$R_S C_S \omega \ll 1$

$$\lg|Z| \approx -\lg\omega - \lg C_S \tag{2-18}$$

故在 Bode 图上得一斜率为 -1 的直线。

相角 θ 随 $\lg\omega$ 变化的图形称为 Bode 相角图。在高频处 $\theta \approx 0$，在低频处 $\theta = \frac{\pi}{2}$，在 ω_C 处，$\theta = \frac{\pi}{4}$。由 ω_C 和 R_S 的值可确定 C_S。

还有一种常用的表示阻抗的图称为复平面图。它把阻抗的实部用复面的实轴来表示，虚部用复平面的虚轴来表示。由于该图早期由 Argand 和 Nyquist 首先应

用，故又称为 Nyquist 图。它的优点是从图上曲线的形状可以直观地了解电路的性质。

2.1.3.2　R 和 C 并联电路

电路中的阻抗为

$$Z = \frac{R_P}{1 + j\omega R_P C_P} = \frac{R_P}{1 + (\omega R_P C_P)^2} - j\frac{\omega R_P^2 C_P}{1 + (\omega R_P C_P)^2} \tag{2-19}$$

阻抗的实部和虚部分别为

$$\left.\begin{array}{l} Z' = \dfrac{R_P}{1 + (\omega R_P C_P)^2} \\[3mm] Z'' = \dfrac{\omega R_P^2 C_P}{1 + (\omega R_P C_P)^2} \end{array}\right\} \tag{2-20}$$

因此

$$|Z| = \sqrt{Z'^2 + Z''^2} = \frac{R_P}{\sqrt{1 + (\omega R_P C_P)^2}} \tag{2-21}$$

$$\tan\theta = \frac{Z''}{Z'} = \omega R_P C_P \tag{2-22}$$

由以上两式可以看到，对于 R 和 C 并联电路来说：

（1）在很低频率，$\omega R_P C_P \ll 1$ 时，$|Z| \approx R_P$，$\lg|Z| \approx \lg R_P$，与频响无关。此时 $\theta \to 0$，电路的阻抗相当于电阻 R_P 的阻抗。

（2）在很高频率，$\omega R_P C_P \gg 1$，$|Z| \approx \dfrac{1}{\omega C_P}$，$\lg|Z| \approx -\lg\omega - \lg C_P$，在高频

与低频之间的特征频率 ω_C 处，$\omega_C R_P C_P = 1$，$\theta = \dfrac{\pi}{4}$。时间常数 $\tau = R_P C_P$。在 $\omega = \omega_C$ 时

$$|Z| = \frac{R_P}{\sqrt{2}}$$

R 和 C 并联电路由 Nyquist 图表示，如图 2-2 所示。

$$Z'^2 - Z'R_P + Z''^2 = 0$$

在上式两边各加上 $\left(\dfrac{R_P}{2}\right)^2$，上式成为

$$\left(Z' - \frac{R_P}{2}\right)^2 + Z''^2 = \left(\frac{R_P}{2}\right)^2 \tag{2-23}$$

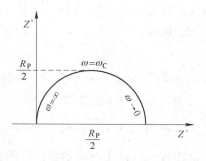

图 2-2　R 和 C 并联电路的 Nyquist 图

这是一个圆的方程式，其圆心在实轴上，坐标为 $\left(\dfrac{R_P}{2}, 0\right)$，半径为 $\dfrac{R_P}{2}$。由于 $Z'' > 0$，式(2-23)实际上只代表第一象限的一个半圆。在 $\omega \to 0$ 时，半圆与实轴相交于 $Z' = R_P$ 处；在 $\omega \to \infty$ 时，半圆与实轴相交于原点。在半圆的最高点，$Z'' = Z'$，$\tan\theta = 1$，$\theta = \dfrac{\pi}{4}$，该点相应于 $\omega = \omega_C$。从半圆确定了 R_P 和 ω_C 后即可根据关系式

$$C_P = \frac{1}{\omega_C R_P} \tag{2-24}$$

求出 C_P。

如果将 R_P 与 C_P 并联电路再串联一个电阻 R_S，其电路的阻抗为

$$Z = R_S + \frac{R_P}{1 + j\omega R_P C_P} \tag{2-25}$$

其 Nyquist 图仍为以 $\dfrac{R_P}{2}$ 为半径的半圆，圆心坐标为 $\left(R_S + \dfrac{R_P}{2}, 0\right)$。

2.1.3.3 R 和 L 串联电路

整个电路的阻抗为

$$Z = Z_R + Z_L = R_S + j\omega L \tag{2-26}$$

$$|Z| = \sqrt{R_S^2 + \omega^2 L^2} \tag{2-27}$$

$$\tan\theta = -\frac{\omega L}{R_S} \tag{2-28}$$

在高频时，ω 很大，$\tan\theta \approx -\infty$，即 θ 为 $-\dfrac{\pi}{2}$。此时，整个电路相当于仅由电感组成。在低频时，ω 很小，$\tan\theta \approx 0$，即 $\theta \approx 0$。此时，整个电路相当于仅由纯电阻 R_S 组成。

在高频极限和低频极限的中间情况，有特征频率 ω_C，其值为 $\dfrac{R_S}{L}$，此时 $\theta = \dfrac{\pi}{4}$，$|Z| = \sqrt{2} R_S$。特征频率的倒数为这个电路的时间常数

$$\tau = \frac{L}{R_S} \tag{2-29}$$

2.1.3.4 R 和 L 并联电路

R_P 和 L_P 并联电路的阻抗 Z 为

$$Z = \left(\frac{1}{R_P} + \frac{1}{j\omega L_P}\right)^{-1} = \frac{R_P}{1 + \left(\dfrac{R_P}{\omega L_P}\right)^2} + j\frac{\dfrac{R_P^2}{\omega L_P}}{1 + \left(\dfrac{R_P}{\omega L_P}\right)} \tag{2-30}$$

$$Z' = \frac{R_P}{1 + \left(\dfrac{R_P}{\omega L_P}\right)^2} \tag{2-31}$$

$$Z'' = \frac{-\dfrac{R_P^2}{\omega L_P}}{1 + \left(\dfrac{R_P}{\omega L_P}\right)^2} \tag{2-32}$$

$$|Z| = \frac{R_P}{\sqrt{1 + \left(\dfrac{R_P}{\omega L_P}\right)^2}} \tag{2-33}$$

$$\tan\theta = \frac{Z''}{Z'} = \frac{-R_P}{\omega L_P} \tag{2-34}$$

关于 Nyquist 图，将式(2-34)代入式(2-31)，经整理和配方后得

$$\left(Z' - \frac{R_P}{2}\right)^2 + Z''^2 = \left(\frac{R_P}{2}\right)^2 \tag{2-35}$$

这是一个以 $\left(\dfrac{R_P}{2}, 0\right)$ 为圆心，以 $\dfrac{R_P}{2}$ 为半径的圆的方程。

对于这种 R_P 和 L_P 并联电路，$Z' > 0$，$Z'' < 0$，所以这个半圆为在第四象限的半圆。

2.1.4　两个时间常数的电路

如果电路中两个组成部分或它所代表的两个过程的时间常数相差很大，在 Nyquist 图中就会在不同频率出现两个半径不同和圆心不同的半圆，它们可能是相切或相割的。

2.1.4.1　复合的阻容并联电路

复合的阻容并联电路，如图 2-3 所示。

令 Z_F 表示由 C_A 和 R_A 并联后再与 R_B 串联组成的复合元件，则

$$Z_F = R_B + \frac{R_A}{1 + j\omega R_A C_A} \tag{2-36}$$

整个电路总的 Z 为

$$Z = R_S + \frac{Z_F}{1 + j\omega Z_F C_B} \tag{2-37}$$

将式(2-36)代入式(2-37)得

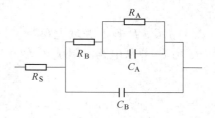

图 2-3　复合的阻容并联电路图

$$Z = R_S + \frac{R_A + R_B + j\omega R_A R_B C_A}{1 + j\omega R_A (C_A + C_B) + j\omega R_B C_B + (j\omega)^2 R_A R_B C_A C_B} \quad (2\text{-}38)$$

令 $\tau_A = R_A C_A$，$\tau_B = R_B C_B$，若 $C_A \gg C_B$，即 $R_A C_A \gg R_B C_B$，$\tau_A \gg \tau_B$，则上式可简化为

$$Z = R_S + \frac{R_A + R_B + j\omega R_A R_B C_A}{1 + j\omega R_A C_A + (j\omega)^2 R_A R_B C_A C_B} \quad (2\text{-}39)$$

在高频下，ω 很大。忽略不含 ω 的项，可得到

$$Z_{\text{高频}} \approx R_S + \frac{R_B}{1 + j\omega R_B C_B} \quad (2\text{-}40)$$

在低频下，ω 很小。忽略含 ω^2 的项，可得到

$$Z_{\text{低频}} \approx R_S + R_B + \frac{R_A}{1 + j\omega R_A C_A} \quad (2\text{-}41)$$

因此，在两个时间常数相差很大的情况下，Nyquist 图由两个表示容抗的半圆组成，第一个半圆的圆心在实轴上 $R_S + \frac{R_B}{2}$ 处，半径为 $\frac{R_B}{2}$；第二个半圆的半径为 $\frac{R_A}{2}$，圆心在实轴上 $R_S + R_B + \frac{R_A}{2}$ 处，如图 2-4 所示。

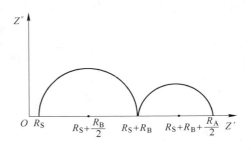

图 2-4　复合的阻容并联
电路的 Nyquist 图

2.1.4.2　电容和电感并联的复合电路

电阻、电容和电感并联的复合电路的总阻抗为

$$Z = R_S + \frac{R_A (R_B + j\omega L)}{R_A + R_B + j\omega (L + R_A R_B C) - \omega^2 L R_A C} \quad (2\text{-}42)$$

令 $\tau_A = R_A C$，$\tau_B = L/R_B$，若 $\tau_B \gg \tau_A$，上式可简化为

$$Z - R_S = \frac{R_A (R_B + j\omega L)}{R_A + R_B + j\omega L - \omega^2 L R_A C} \quad (2\text{-}43)$$

在高频条件下，ω 很大，忽略不含 ω 项，得

$$Z - R_S \approx \frac{j\omega L R_A}{j\omega L - \omega^2 L R_A C} = \frac{R_A}{1 + j\omega R_A C} \quad (2\text{-}44)$$

其 Nyquist 图是在第一象限的半径为 $\frac{R_A}{2}$ 的半圆，圆心坐标为 $\left(R_S + \frac{R_A}{2}, 0\right)$，见图 2-5。

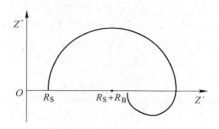

图 2-5   电阻、电容和电感并联复合电路的 Nyquist 图

在低频情况下，ω 很小，忽略 ω^2 项，得

$$Z - R_S \approx \frac{R_A(R_A + R_B + j\omega L) - R_A^2}{R_A + R_B + j\omega L} \tag{2-45}$$

令 $Z - R_S$ 的实部为 Z'，虚部为 Z''，则

$$Z' = R_A - \frac{R_A^2(R_A + R_B)}{(R_A + R_B)^2 + \omega^2 l^2} \tag{2-46}$$

$$Z'' = - \frac{\omega L R_A^2}{(R_A + R_B)^2 + \omega^2 L^2} \tag{2-47}$$

由以上两式可得

$$\omega = \frac{Z''}{Z' - R_A} \times \frac{R_A + R_B}{L}$$

代入式 (2-46) 后经整理可得

$$(Z' - R_A)^2 + \frac{R_A^2}{R_A + R_B}(Z' - R_A) + Z''^2 = 0 \tag{2-48}$$

在等式两边加上 $\dfrac{1}{4}\left(\dfrac{R_A^2}{R_A + R_B}\right)^2$，上式可写成

$$\left\{Z' - \left[R_A - \frac{R_A^2}{2(R_A + R_B)}\right]\right\}^2 + Z''^2 = \left[\frac{R_A^2}{2(R_A + R_B)}\right]^2 \tag{2-49}$$

这是圆心在实轴上 $R_A - \dfrac{R_A^2}{2(R_A + R_B)}$ 处，半径为 $\dfrac{R_A^2}{2(R_A + R_B)}$ 的半圆的方程式，但由于 $Z'' < 0$，故此式是第四象限的半圆方程式。

多于两个时间常数的电路也可如上讨论。如果两个时间常数比较接近，则两个半圆弧不能完全分开，实际观察的材料的阻抗谱往往是这种情况。

2.2 分布参数的等效元件

在对阻抗谱研究时常可看到压扁的半圆或转向的半圆，半圆的圆心移向实轴的下方，这是下面讨论的常相角元件（CPE）的情况。

2.2.1 传输线

分布参数电路是指电阻、电容和电感沿整个导线分布的情况。对于分布参数电路，还要考虑导线间的电容和电导。

对于一条传输线，导线内的电压和电流，各线路各不同点上在每一时刻都是不同的，就像输电网线各用户用电情况不同一样。假如在某一时刻，在离始点距离为 x 的某点上，电压和电流分别为 u 和 i。那么在同一时刻，在与始点相距 $x +$ $\mathrm{d}x$ 的某点上，电压和电流将分别为 $u + \frac{\partial u}{\partial x}\mathrm{d}x$ 和 $i + \frac{\partial i}{\partial x}\mathrm{d}x$。

2.2.2 分支型传输线

Scheider 提出的分支型传输线，见图 2-6，其分支程度可以是无限的。

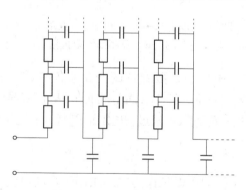

图 2-6 分支型传输线

各种分支型传输线相当于一个相角一定的电路元件，称为常相角元件（constant phase element，CPE）。令 Q 表示常相角元件。

2.3 等效电路

交流阻抗谱的实际应用在于把实测的结果绘成 Nyquist 图，与参数元件组成的电路相比较，便可把被测物体的电过程用各种元件串并联组成的电路来模拟，这种模拟的电路称为等效电路，如图 2-7 所示。

近年来的研究发现，导电物体因微观结构的不均匀性，所以传输电流在扩散过

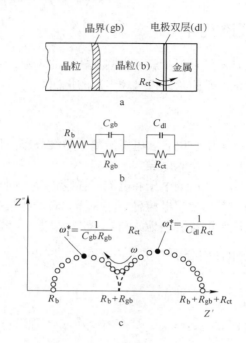

图 2-7　固态离子导体半电池示意图（a）、
等效电路图（b）及测得的阻抗谱（c）

程中，还要伴随有扩散阻抗和扩散容抗的变化，各有其恒相角，其等效电路用 $(R_bQ_b)(R_{gb}Q_{gb})(R_{ct}Q_{dl})$ 表示，R_b 代表晶粒电阻；Q_b 代表晶粒容抗；R_{gb} 代表晶界电阻；Q_{gb} 代表晶界容抗；R_{ct} 代表电极过程电阻；Q_{dl} 代表双电层电容和扩散容抗[17]。

2.4　离子迁移数（t_i）

固态离子导体最主要的用途是作为电解质用于燃料电池，组成各种类型的化学传感电池以用于热力学、动力学、电化学、相平衡的研究以及应用于生产中各相关部门。为此要求[18]该固态离子导体在使用条件下 $t_i > 0.99$，$t_e < 0.01$；电子迁移的禁带宽度大于 3eV；离子迁移激活能远小于电子和电子正孔（h·）迁移的激活能；金属元素和非金属元素的电负性差应大于 2；相变能要小；离子不易变价，在使用条件下热力学性质稳定，力学强度较高等。当从理论上计算，一种离子导体可能用作某种离子导体后，就要测定离子迁移数及其适用的相应的气相分压的范围[19]。

2.4.1　离子迁移数及其相应的气相分压范围

对于不同离子导体材料，其正孔导电、离子导电、电子导电各有其占优势的气相分压范围。

图 2-8 示出了 J. Maier[20] 转载的 $SrTiO_3 + 10\%\ Fe_2O_3$ 和 $BaCeO_3 + 7.5\%\ Gd_2O_3$ 两种材料在不同温度下离子、电子、电子正孔的电导率和气相氧分压的关系[20]。

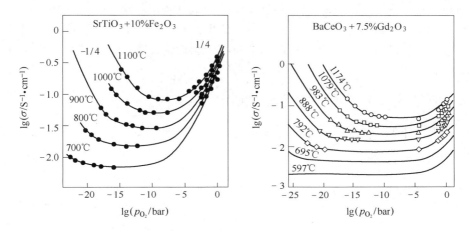

图 2-8　$SrTiO_3 + 10\%\ Fe_2O_3$ 和 $BaCeO_3 + 7.5\%\ Gd_2O_3$ 在不同
温度下离子、电子、电子正孔的电导率和 p_{O_2} 关系

($1bar = 10^5 Pa$)

2.4.2　用不同的混合气体建立所需气相的化学位

由图 2-8 可知，气相 p_{O_2} 的范围接近 25 个数量级，实验需要在不同混合气体的不同比例下来完成。用混合气体建立所需的气相化学位有如下三种原因[21]：

（1）气体反应的热力学数据是根据气体分子的光谱数据计算得到的，比较可信，不同研究者所得数据接近。

（2）在高温冶金反应的条件下，气体混合物压力接近 $10^5 Pa$（1atm），气体分子间影响较小，接近理想气体。

（3）气体混合物较易配制。

2.4.3　离子迁移数的测定

由在不同 p_{O_2} 下离子导体电导率的实验得知，离子导体仅在一定的 p_{O_2} 范围保持其离子电导率不变，即出现水平线段，这种离子导电占优势的范围随着温度的升高而变窄。

在离子导体中，除 O^{2-} 和 H^+ 外，其他金属离子的电导率都极低，可以忽略不计，所以氧离子的离子迁移数可表示为

$$t_{O^{2-}} = \frac{\sigma_{O^{2-}}}{\sigma_{O^{2-}} + \sigma_e + \sigma_n} = \frac{\sigma_{O^{2-}}}{\sigma_总}$$

对于 $\sigma_{总}$ 的测定，可以用该离子导体作为固体电解质，用热力学数据准确已知的两种金属和其低价氧化物的高纯混合粉末作为两极，组成传感电池测定电池电动势，求得 $E_{测}$，再用两个电极的理论 p_{O_2} 值计算 E，则 $t_{O^{2-}} = E_{测量}/E_{计算}$。H. Schmalzried 用此法算得的 $t_{O^{2-}}$ 和真实测得的电动势值的比一致，说明方法的可用性。他用此法求得了几种材料的 $t_{O^{2-}}$。依据此法可以求出质子导体材料 H^+ 的迁移数，可用两种不同浓度的标准氢进行实验和理论计算。其他非金属离子导体可试用。

2.5　固态离子导体电子导电性的测定

常被采用的是直流极化法和抽氧法。

2.5.1　直流极化法

直流极化法只对一个电极相对于离子导体的导电离子是不可逆的，电池形式为

可逆电极｜离子导体｜不可逆电极

$X = 0$　　　$X = L$

施以低于离子导体分解电压的直流电压，一般不大于 2.5 ~ 3.0V，开始时，瞬时间离子在离子导体内从 $X = L$ 至 $X = 0$ 有迁移，因为电池的一侧为不可逆阻塞电极，所以离子流很快趋于 0，在稳态时，离子导体中离子流是阻塞的，电流仅由过剩电子和电子空位供给。假定电子迁移数与浓度无关，则电子的导电性与稳态电流密度 I_{∞} 的关系方程为：

（1）当迁移电荷为正离子时

$$I_{\infty} = \left(\frac{RT}{FL}\right)\{\sigma_{e'}[1 - \exp(-u)] + \sigma_{h\cdot}(\exp u - 1)\} \tag{2-50}$$

（2）当迁移电荷为负离子时

$$I_{\infty} = \left(\frac{RT}{FL}\right)\{\sigma_{h\cdot}[1 - \exp(-u)] + \sigma_{e'}(\exp u - 1)\} \tag{2-51}$$

式（2-50）和式（2-51）中 $u = \dfrac{|E|F}{RT}$，$\sigma_{e'}$ 和 $\sigma_{h\cdot}$ 分别为过剩电子和电子空位的分电导率。

对式（2-50）和式（2-51）分别移项，由实验结果可分别求得 $\sigma_{e'}$ 和 $\sigma_{h\cdot}$。以式（2-51）为例，两侧分别被 $[1 - \exp(-u)]$ 除，得到

$$\frac{I_{\infty}}{[1 - \exp(-u)]} = \left(\frac{RT}{FL}\right)(\sigma_{h\cdot} + \sigma_{e'}\exp u) \tag{2-52}$$

按式（2-52）将 $\dfrac{I_{\infty}}{[1 - \exp(-u)]}$ 对 $\exp u$ 作图，可得到直线的斜率 $(RT/FL)\sigma_{e'}$ 和截

距 $(RT/FL)\sigma_{h\cdot}$。这种情况多用于处理正离子导电的离子导体。电动势为负值时，则将 $\dfrac{I_\infty}{\exp u - 1}$ 对 $\exp(-u)$ 作图，得直线斜率为 $(RT/FL)\sigma_{h\cdot}$，截距为 $(RT-FL)\sigma_{e'}$。所以由电池的极化电动势就可以求出在实验温度下电解质的 $\sigma_{e'}$ 和 $\sigma_{h\cdot}$。

片状试样，在一端表面涂 Au，按不对称的极化电极形式，可逆电极可采用 Cu_2O-CuO，Cu-Cu_2O，Co-CoO，Fe-FeO，Cr-Cr_2O_3 等的两相混合粉末，它们在不同温度的平衡氧分压已准确测得。在非可逆电极侧，使焊有 Pt 丝的 Pt 片与涂 Au 的离子导体表面紧密接触，以引出电流。

在极化试验中，用恒电位仪作为直流电源，直流电压约为 600mV，稳态电流约为 $0.1\sim100\mu A$。

2.5.2 抽氧法[22,23]

如前所述，对于 ZrO_2 基离子导体，在一较宽广的 p_{O_2} 范围内可不考虑电子空位所产生的影响，电池电动势 E 与固体电解质两侧的氧分压 $p_{O_2}^{I}$、$p_{O_2}^{II}$ 的关系为

$$E = \frac{RT}{F}\ln\frac{(P_{O_2}^{II})^{\frac{1}{4}} + p_{e'}^{\frac{1}{4}}}{(p_{O_2}^{I})^{\frac{1}{4}} + p_{e'}^{\frac{1}{4}}} \tag{2-53}$$

当 $p_{O_2}^{II} \gg p_{e'} \gg p_{O_2}^{I}$ 时，可简化为

$$E = \frac{RT}{4F}\ln\frac{p_{O_2}^{II}}{p_{e'}}$$

知 E 和 $p_{O_2}^{II}$ 后，可算出 $p_{e'}$。

由实验测定 $p_{e'}$ 时，电池设计应满足上述条件，如此，可设计如下形式电池

$$W\mid[O]_{Ag或Sn}\mid ZrO_2\ 基电解质\mid 空气\mid PtPh10\%\ 中的\ Pt\ 丝$$

外加电压，对电池通以直流电，将金属液中的溶解氧抽至空气电极一侧而逸出，此时相当于电解池，电池反应为

阴极 $\qquad\qquad\qquad [O]_{Ag或Sn} + 2e = O^{2-}_{(电解质)}$

阳极 $\qquad\qquad\qquad O^{2-}_{(电解质)} - 2e = \frac{1}{2}O_{2(空气)}$

电池反应为 $\qquad\qquad\qquad [O]_{Ag或Sn} = \frac{1}{2}O_{2(空气)}$

随着抽氧电流增大，Ag 或 Sn 中的含氧量迅速降低，当抽氧电流达一定值后，抽氧速度将大于反向扩散及氧重新溶解的速度，这时金属液中的氧含量达到极低的数值，造成了 $p_{O_2}^{I} \ll p_{e'}$ 的条件，而空气侧，$p_{O_2} = 0.021MPa$，具有 $p_{O_2}^{II} \gg p_{e'}$ 的条

件。这时，测定电池电动势可计算 $p_{e'}$。在测量时电池相当于原电池，电池反应为

正极 $\qquad\qquad\qquad \frac{1}{2}O_{2(空气)} + 2e === O^{2-}_{(电解质)}$

负极 $\qquad\qquad\qquad O^{2-}_{(电解质)} - 2e === [O]_{Ag或Sn}$

电池反应为 $\qquad\qquad\qquad \frac{1}{2}O_{2(空气)} === [O]_{Ag或Sn}$

由于 Sn 比 Ag 的熔点低，所以可以用其测定固体电解质的起始工作温度。几种固体电解质的起始工作温度测定结果示于表 2-1。

表 2-1   几种固体电解质的起始工作温度

电 解 质	起始工作温度/℃
$ZrO_2(Y_2O_3)$ 半稳定	350
$ZrO_2(6.4\% CaO)$	530
$(Bi_2O_3)_{0.725}(Y_2O_3)_{0.275}$	430

Sn 在使用前应除去氧化膜，可在石墨模中熔铸或在高纯石墨坩埚中熔化，用石英管抽取备用。

参 考 文 献

[1] Macdonald J R. Impedance Spectroscopy. Chapel Hill. North Carolina. 1987.

[2] Macdonald J R. The Journal of Chemical Physics, 1974, 61(10): 3977.

[3] Buckley R G. Clare J L. Solid State Ionics-87 Proceedings of the 6th International Conference on Solid State Ionics, North Holland, 1988: 245.

[4] 赵宗源, 陈立泉. 快离子导体的阻抗谱研究[J]. 物理, 1981(6): 348.

[5] Sasaki J, Mizusaki J, Yamauchi S, et al. Solid State Ionics, 1981(3~4): 531.

[6] Bruce P G. J. Electroanal Chem., 1984(181): 289.

[7] Schouler E J L, Mesbahi N, Vitter G. Solid State Ionics, 1983(9~10): 989.

[8] Hurt R L, Macdonald J R. Solid State Ionics, 1986(20): 114.

[9] Fleig J, Maier J. Solid State Ionics, 1996(85): 17.

[10] Hsied G, Ford S J, Mason T O, et al. Solid State Ionics, 1996(91): 191.

[11] Hsied G, Mason T O, Pederson L R. Solid State Ionics, 1996(91): 203.

[12] Bay L, Jacobsen T. Solid State Ionics, 1997(93): 201.

[13] Fleig J, Maier J. Solid State Ionics, 1997(94): 199.

[14] Patterson J W, Bogren E C, Rapp R A. J. Electrochem. Soc., 1967(7): 752.

[15] 史美伦. 交流阻抗谱原理及应用[M]. 北京: 国防工业出版社, 2001.

[16] 孙会元. 固体物理基础[M]. 北京：科学出版社，2010.

[17] 厉英，逯圣路，王常珍. 无机材料学报，2012，27(4)：427.

[18] 王常珍. 固体电解质和化学传感器[M]. 北京：冶金工业出版社，2000.

[19] 李福燊，等. 非金属导电功能材料[M]. 北京：化学工业出版社，2007.

[20] Maier J. Physical Chemistry of Ionic Materials：Ions and Electrons in Solids［M］. London：John Wiley & Sons，Ltd.，2004.

[21] 王常珍. 冶金物理化学研究方法[M]. 4版. 北京：冶金工业出版社，2013.

[22] 李福燊，刘庆国. 北京钢铁学院学报，1980(2)：80.

[23] 徐秀光，王常珍，张贺林. 东北工学院学报，1983，37(4)：29.

3　固体离子导体结构的研究方法

固态离子导体的结构研究方法归属于固态物理、固态化学领域的研究。固态离子的电子层结构、原子的组合排列、杂质和缺陷的存在形式等决定了物质的性质。对一种材料的精细结构研究，需要综合运用多种技术，但是基本方法都基于不同的电磁波或者不同的外来粒子对其作用后的反映。外来粒子的品种、入射方向、入射能力和动能等不同，研究对象对其响应也不相同，通过对响应信号的理论分析，可以了解物质的结构和某些性质[1~3,42]。

3.1　基于对不同电磁波的反映

构成物质原子的基本质点为电子和原子核，是带电质点，所以在某些特定条件下有吸收、发射、衍射或散射、反射不同能量形式电磁波的能力，而且都是特征性的。电磁波有宽广的频率（或波长）范围，一定范围涉及不同的光谱技术和研究方法。电磁波的主要分区和有关的光谱技术见表 3-1。

表 3-1　电磁波的主要分区和有关的光谱技术

光谱技术	频率①/Hz	入射线 出射线	涉及的微观现象	用于的研究方面
X 射线衍射	$10^{16} \sim 10^{20}$	X 射线 散射 X 线	内层电子跃迁	原子间距离，配位数，结构分析
X 射线 荧光分析	$10^{18} \sim 10^{20}$	X 线 特征 X 线	内层电子跃迁	元素分析，状态分析，化学位移
软 X 射线吸收		X 线 X 线	内层电子跃迁	状态分析，化学位移
俄歇谱分析	$< 10^{17}$	X 线 二次电子	内层电子跃迁	表面状态分析，成键和能带结构，化学位移
紫外分光	$10^{14} \sim 10^{16}$	紫外线 光电子	价层电子跃迁	价电子分析，吸收峰及结构分析
可见光分光	$4 \times 10^{14} \sim$ 8×10^{14}	可见光 可见光	d、f 副层电子跃迁	d、f 副族元素离子价数的变化及规律
红外光分光	$10^{12} \sim$ 8×10^{14}	红外线 红外线	离子振动，转动能级跃迁	吸收带位移，导电离子的频率特性，键的特性

光谱技术	频率[①]/Hz	入射线 出射线	涉及的微观现象	用于的研究方面
拉曼散射	$10^{10} \sim 10^{13}$	单色可见光 散射光	振动, 转动 能级跃迁	振动离子的能量变化, 振动模型, 键的特性, 离子移动
微波分光	$10^8 \sim 10^{10}$	微波 微波	振动, 转动 能级跃迁	诱电率
电子顺磁共振		微波 微波	电子自旋跃迁	晶体缺陷, 基体掺杂, 精细结构
核磁共振	$10^5 \sim 10^8$	高周波磁场 微波	核自旋跃迁	离子扩散, 弛豫, 化学位移和不等效位置
穆斯堡尔效应	$10^{18} \sim$ 4×10^{19}	γ 射线 γ 射线	γ 射线共振荧光	超精细结构, 离子扩散特性, 缺陷, 振动模式, 弛豫
中子衍射	10^{11} 或相近 X 射线的频率	中子 散射中子	原子核表面散射	磁性结构, 识别相近元素原子的结构特征, 晶格动力学

注: 资料来源于后藤和弘的报告。

①频率范围的划分, 不同资料常有不同, 频率段多有交叉, 也常与被研究物体有关。

按电磁波的能量大小顺序讨论电磁波的主要分区。原子或离子内层的电子跃迁涉及的能量很大, 进入 X 射线波段。其后, 在较高的能量频率, 涉及外层电子的跃迁, 处于可见光区和紫外线区, 常与颜色有关, 如过渡金属化合物中的 d-d 和 f-f 跃迁; 重金属化合物中的外层电子跃迁; 俘获电子或空位与色心相关联的跃迁; 电荷转移过程等。再低一些的能量频率, 涉及离子振动、晶格振动、转动能级变化, 可以通过吸收或发射红外辐射而改变; 拉曼光谱也属于这个波段或接近微波区。电子顺磁共振和核磁共振属于低频率区。采用声学的相互作用, 可以在 $10^{-4} \sim 10^{-8}$ Hz 频率范围内研究实验现象。与中子相互作用相应的频率大约为 10^{11} Hz。穆斯堡尔 (Mössbauer) 利用 γ 射线作为入射线。

为了研究入射电磁波和研究对象相互作用的时间和频率依赖性, 采用了两种不同的方法, 一种是当变化频率时, 用基本上为单色的光子扫描; 另一种方法是在一个脉冲中提供出所有可能的频率, 研究反应与时间的依赖关系, 频率和时间之间的关系通过傅里叶变换联系起来。

3.2 新一代材料模拟软件（Materials Studio）

Accelrys（美国）公司是世界领先的计算科学公司，是科学数据的挖掘、整合、分析模拟等的智能软件的开发者，能够提供分子模拟、材料设计、化学信息的全面解决方案，可以帮助研究者构建、显示和分析固体表面和界面的结构模型，并预测材料的结构与相关性质。Accelrys 的软件是高度模块化的集成产品，用户可以自由定制、购买自己的软件系统，以满足研究工作的不同需要。

Accelrys 软件用于材料科学研究的主要产品是 Studio 分子模拟软件，它可以运行在台式机、各类型服务器和计算集群等软件平台上。

Materials Studio 分子模拟软件采用了先进的模拟计算思想和方法，如量子力学、分子力学、分子动力学、介观动力学和耗散粒子动力学、统计方法（定量结构-活度关系）等多种先进算法和 X 射线衍射分析等仪器分析方法，模拟的内容包括固体表面、界面、缺陷、化学反应、催化作用等各种课题的性质及相关过程，得到了切实可靠的数据。

对于固态离子导体，可以采用量子力学方法研究分子、原子或离子在固体材料表面或本体中的扩散过程，研究缺陷和掺杂的性质，研究材料的光、电、磁性质及吸收光谱等实验数据。

Discover Studio 使用多种成熟的分子力学和分子动力学方法准确地计算材料的最低能量构象，并可给出不同体系结构的动力学轨迹，从而得到各类结构参数、热力学性质、力学性质、动力学量。

Amorphous Cell 允许对复杂的无定形体系建立有代表性的模型，并对主要性质进行预测，通过体系结构和性质的关系可以对体系的一些重要性质有更深入的了解，从而设计出更好的新化合物和新配方。可以研究的性质有：内聚能密度、状态方程行为、局部链运动、回旋半径、X 光或中子衍射曲线、扩散系数、红外光谱和偶极相关函数等。可用于质子导体质子传输的解释。

MS GULP 是一个基于分子力场的晶格模拟程序，可以进行几何结构和过渡态的优化，离子极化率的预测以及分子动力学计算。可以处理离子材料的性质、点缺陷、掺杂和空隙、表面性质、离子迁移等，可用于气体传感器、燃料电池、汽车尾气催化等多种领域。

除上述外，还有其他新一代材料模拟软件。

参 考 文 献

[1] Hagenmuller P, Gool W V. Solid Electrolytes [M]. New York：Academic Press，1978.

[2] Subbarao E C. Solid Electrolytes and Their Applications [M]. New York and London：Plenum Press，1980.

［3］萨拉蒙 M B. 快离子导体物理[M]. 王刚，刘长乐，译. 北京：科学出版社，1984.

［4］季达依哥罗茨基 A И. X 射线结构分析[M]. 龚尧圭，等译. 北京：科学出版社，1958.

［5］徐毓龙，阎西林. 固体物理[M]. 西安：西安电子科技大学出版社，1990.

［6］West A R. 固体化学及其应用[M]. 苏勉曾，谢高阳，申译文，等译. 上海：复旦大学出版社，1989.

［7］培根 G E. 中子衍射[M]. 谈洪，乐英，译. 北京：科学出版社，1980.

［8］Graneli B, Dahlborg U, Fischer P. Solid State Ionics, 1988(28～30)（Ⅰ）：284.

［9］Hull S, T W D, Hackett M A, et al. Solid State Ionics, 1988(28～30)（Ⅰ）：488.

［10］Laborde P, Villeneneure G, Reau J M, et al. Solid State Ionics, 1988(28～30)（Ⅰ）：560.

［11］Lucazeau G, Dohy D, Fanjat N, et al. Solid State Ionics, 1988(28～30)（Ⅱ）：1611.

［12］Colomban P, Fillaux F, Tomkinson J, et al. Solid State Ionics, 1995(77)：45.

［13］Kawamura J, Arakawa K, Kamiyama T, et al. Solid State Ionics, 1995(79)：264.

［14］Rousselot C, Malugani J P, Mercier R, et al. Solid State Ionics, 1995(28)：211.

［15］Ralsys R J, Davis R L. Solid State Ionics, 1994(69)：69.

［16］Hoser A, Marlin M, et al. Solid State Ionics, 1994(72)：72～78.

［17］Fontana A, Rocca F, Tomasi A. Solid State Ionics, 1988(28～30)：722.

［18］Paulmer R D A, Kulkarni A R. Recent Advances in Fast Ion Conducting Materials and Devices [M]. Singapore, New Jersey, London, Hong Kong World Scientifie, 1990：301～305.

［19］Ishigame M, Shin S, Suemoto J. ibid 18. 1990：559～575.

［20］Studenyak I P, Stefanovieh V O, Kranjcec M, et al. Solid State Ionics, 1997(95)：221.

［21］Liu C, Teeters D, Potter W, et al. Solid State Ionics, 1996(86～88)：431.

［22］朱明华. 仪器分析[M]. 2 版. 北京：高等教育出版社，1995.

［23］Slade R C, Barker J, Pressman H A. Solid State Ionics, 1988(28～30)（Ⅰ）：594.

［24］Balasubramanyam D R, Bhat S V, Mohan M, et al. Solid State Ionics, 1988(28～30)（Ⅰ）：664.

［25］Schirmer A, Heitjans P, Ackermann H, et al. Solid State Ionics, 1988(28～30)（Ⅰ）：717.

［26］Pradel A, Ribes M, Maurin M. Solid State Ionics, 1988(28～30)（Ⅰ）：762.

［27］Junke K D, Mali M, Roos J, et al. Solid State Ionics, 1988(28～30)（Ⅱ）：1287.

［28］Junke K D, Mali M, Roos J, et al. Solid State Ionics, 1988(28～30)（Ⅱ）：1329.

［29］Takahashi M, Toyuki H, Samisago M Tat, et al. Solid State Ionics, 1996(86～88)：223.

［30］Adler S B, Reimer J A. Solid State Ionics, 1996(91)：175.

［31］Snnz J, Herrero P, Rojas R. Solid State Ionics, 1995(82)：139.

［32］Wasmus S, Valeriu A, Mateescu G D, et al. Solid State Ionics, 1995(80)：87.

［33］Michihiro Y, Yamanishi T, Kanashiro T, et al. Solid State Ionics, 1995(79)：40.

［34］Stebbins J F, Xu Z, Vollath D. Solid State Ionics, 1995(78).

［35］Küchler W, Heitjans P, Payer A, et al. Solid State Ionics, 1994(69)：434.

［36］史美伦. 交流阻抗谱原理及应用[M]. 北京：国防工业出版社，2001.

［37］复旦大学，等. 物理化学实验[M]. 北京：人民教育出版社，1979.

［38］夏元复，叶纯灏，张健. 穆斯堡尔效应及其应用[M]. 北京：原子能出版社，1984.

[39] Saltzberg M A, Thomas J O, Wäppling R. Solid State Ionics, 1988(28~30)(Ⅱ): 1563.

[40] 马如璋, 徐应廷. 穆斯堡尔谱学[M]. 北京: 科学出版社, 1996.

[41] 周清. 电子能谱学[M]. 天津: 南开大学出版社, 1995.

[42] 王建祺, 吴文辉, 冯大明. 电子能谱学[M]. 北京: 国防工业出版社, 1992.

[43] 卡尔森 T A. 光电子和俄歇能学[M]. 王殿勋, 郁向荣, 译. 北京: 科学出版社, 1985.

[44] 刘培生. 晶体点缺陷基础[M]. 北京: 科学出版社, 2010.

4 固体离子导体原电池及准确测量的条件

固态离子导体的应用主要为三个方面：

（1）用作固体电解质组成可逆原电池，测定开路时电解质和两个电极间的电极电位差，即电动势。回路无电流通过，要求用补偿法或输入阻抗很大（大于 $10^9\Omega$）的数字电压表测定。根据电动势值算出有关的热力学和动力学量，以应用于理论研究或在工业上作为化学传感器使用，检测和控制冶金及材料制备过程。

（2）用作离子导体组成电池，利用外部回路电流，如燃料电池、能源电池等。

（3）用作离子导体组成电解池，如水蒸气的电解、氧泵等。

在冶金和材料制备中，目前应用最广泛的为用固态离子导体组成可逆原电池，利用电动势值，进行物理化学研究和作为化学传感器应用。有关理论分述如下[1~12]。

4.1 电动势法在测定热力学函数上的应用

电动势法是设计一个可逆电池，通过电化学反应实现所要研究的化学反应的方法。例如，$a\mathrm{A} + b\mathrm{B} = c\mathrm{C} + d\mathrm{D}$，根据电池电动势计算有关的热力学量[1,2]，此法如用得适当可得到比其他方法更准确的数值。各有关的热力学量与电动势（E）的关系为：

（1）ΔG 与 E 的关系。热力学上一切可逆的推导都可以用于研究可逆电池。

$$\mathrm{d}G = -S\mathrm{d}T + V\mathrm{d}p - \Delta W \tag{4-1}$$

在恒温恒压下

$$\mathrm{d}G = -\Delta W$$

$$\Delta G = -W \tag{4-2}$$

即对于一个可逆反应，在恒温恒压下，体系自由能的减小值等于体系对环境所做的最大有用功。反应在电池中进行，有用功即电功，电功等于输出的电量与电动势的乘积，即 $W = EQ$，所以

$$\Delta G = -EQ = -nFE \tag{4-3}$$

当有 1mol 的物质参加反应时，所携带的电量为

$$F = Ne = (6.02252 \times 10^{23})(1.6021 \times 10^{-19})$$

$$= 96487\text{C/mol}$$

式中，F 为法拉第常数；n 为发生化学反应物质的量，即化学反应式中的得失电子数；E 为电池电动势，V。如为生成反应，所求的 G 即为化合物的标准生成自由能 $\Delta G^{\ominus}$。

（2）ΔS 与 E 的关系。

因为
$$\Delta G = -nFE$$

所以
$$\left(\frac{\mathrm{d}\Delta G}{\mathrm{d}T}\right)_p = -nF\left(\frac{\mathrm{d}E}{\mathrm{d}T}\right)_p \tag{4-4}$$

而
$$\left(\frac{\mathrm{d}\Delta G}{\mathrm{d}T}\right)_p = -\Delta S \tag{4-5}$$

所以
$$\Delta S = nF\left(\frac{\mathrm{d}E}{\mathrm{d}T}\right)_p \tag{4-6}$$

$(\mathrm{d}E/\mathrm{d}T)_p$ 可用图解法求出，即可由 $E\text{-}T$ 曲线上某点 T 的斜率求得。当测定的温度范围小于 100℃ 时，电动势温度系数接近常数，则

$$\Delta S_T = nF\frac{E_1 - E_2}{T_1 - T_2} \tag{4-7}$$

（3）ΔH 与 E 的关系。

因为
$$\Delta G = \Delta H - T\Delta S \tag{4-8}$$

$$-nFE = \Delta H - TnF\left(\frac{\mathrm{d}E}{\mathrm{d}T}\right)_p$$

所以
$$\Delta H_T = -nFE + nFT\left(\frac{\mathrm{d}E}{\mathrm{d}T}\right)_p$$

$$= nF\left[T\left(\frac{\mathrm{d}E}{\mathrm{d}T}\right)_p - E\right] \tag{4-9}$$

同样 $(\mathrm{d}E/\mathrm{d}T)_p$ 可用图解法求得。

（4）K 及 a 与 E 的关系。设化学反应为

$$a\text{A} + b\text{B} = c\text{C} + d\text{D}$$

则
$$\Delta G = \Delta G^{\ominus} + RT\ln\frac{a_{\text{C}}^c a_{\text{D}}^d}{a_{\text{A}}^a a_{\text{B}}^b} \tag{4-10}$$

而
$$\Delta G^{\ominus} = -RT\ln K_p \tag{4-11}$$

又
$$\Delta G = -nFE$$

$$\Delta G^{\ominus} = -nFE^{\ominus} \tag{4-12}$$

所以
$$E = E^{\ominus} - \frac{RT}{nF}\ln\frac{a_C^c a_D^d}{a_A^a a_B^b} \tag{4-13}$$

根据式(4-13)，如已知三个组分的活度或分压值就可求出另一组分的活度或分压值。

对反应
$$A_{(纯)} \Longrightarrow A_{(合金)}$$

$$\Delta G = \Delta G^{\ominus} + RT\ln a_A \tag{4-14}$$

如以纯物质 A 为标准态，则 $\Delta G^{\ominus} = 0$。

如此
$$\Delta G = -nFE = RT\ln a_A \tag{4-15}$$

所以，根据电池电动势可求合金中组元 A 的活度。

（5）偏摩尔热力学量与 E 的关系。

$$\Delta G_A = -nFE_A = RT\ln a_A \tag{4-16}$$

$$\Delta S_A = nF\left(\frac{\partial E}{\partial T}\right)_p \tag{4-17}$$

$$\Delta H_A = -nF\left[E - T\left(\frac{\partial E}{\partial T}\right)_p\right] \tag{4-18}$$

（6）过剩热力学量与 E 的关系。

$$G_A^{过剩} = RT\ln\gamma_A = -(n_A EF + RT\ln x_A) \tag{4-19}$$

$$S_A^{过剩} = \left[n_A F\left(\frac{\partial E}{\partial T}\right)_p + R\ln x_A\right] \tag{4-20}$$

用电动势法研究热力学问题，电池反应必须是可逆的，即电池中物质变化为可逆的；电池工作时，要求能量的变化也为可逆的，即在几乎无电流通过的条件下进行测量。为此要求电解质和电极物质间，电极、电解质、容器间和各材料及气氛间没有副反应产生。

电池设计和测量需符合上述条件。

4.2 固体离子导体原电池的工作原理

以氧浓差电池为例，示意于图 4-1[3]。O_2、固体离子导体、电极引线三者之

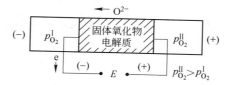

图 4-1 氧浓差电池工作原理示意图

间建立了平衡，氧分子离解成氧原子，因氧原子最外层为 6 个电子，p 副层未充满，极易从电子逸出功很小的电极引线上得到电子而成为氧离子[4]，如此可使体系能量降低。反应方程式为

$$\frac{1}{2}O_2 + 2e === O^{2-}$$

反应为可逆的，服从质量作用定律。

因为两个电极的 p_{O_2} 值不同，所以建立的电极电位也不同，如此两个电极情况不同，而形成正、负极（原电池一般称正、负极，电解池称阴、阳极），电池反应为：

正极（还原），高氧分压侧

$$O_{2(p_{O_2}^{II})} + 4e === 2O^{2-} \qquad （进入电解质晶格）$$

负极（氧化），低氧分压侧

$$2O^{2-} - 4e === O_{2(p_{O_2}^{I})}$$

总反应为

$$O_{2(p_{O_2}^{II})} === O_{2(p_{O_2}^{I})}$$

可以看做是氧通过电池，从高氧分压侧向低氧分压侧迁移，为可逆电池。由元素的化学位差而建立的电极电位差，使得产生电流的过程，是元素的传感过程。

1933 年，C. Wagner 证明

$$E = \frac{1}{4F}\int_{\mu_{O_2}^{I}}^{\mu_{O_2}^{II}} t_i d\mu_{O_2} \tag{4-21}$$

式中，$\mu_{O_2}^{I}$、$\mu_{O_2}^{II}$ 分别为固体电解质两侧气相氧的化学位；t_i 为氧离子的迁移数。如果固体电解质的过剩电子和电子空位导电可忽略，在 $t_i \approx 1$ 的情况下，又假定在所测条件下氧为理想气体，则

$$E = \frac{1}{4F}(\mu_{O_2}^{II} - \mu_{O_2}^{I})$$

因为

$$\mu_{O_2} = \mu_{O_2}^{\ominus} + RT\ln p_{O_2}$$

所以

$$E = \frac{1}{4F}[(\mu_{O_2}^{\ominus} + RT\ln p_{O_2}^{II}) - (\mu_{O_2}^{\ominus} + RT\ln p_{O_2}^{I})]$$

即

$$E = \frac{RT}{4F}\ln\frac{p_{O_2}^{II}}{p_{O_2}^{I}} \tag{4-22}$$

此式说明电池电动势与固体电解质两侧界面上气相氧分压的关系，称 Nernst 公式。式中 E、F 意义同式（4-3）；T 为绝对温度，单位为 K；R 为理想气体常数（8.314J/(mol·K)）；$p_{O_2}^{II}$、$p_{O_2}^{I}$ 分别为高氧分压和低氧分压；过去用大气压 atm 为气体压力的单位，按新国际单位制规定：理想气体的标准状态是压力 $p^{\ominus}$ = 101325Pa（即 1atm）的状态，简化处理按 1 atm 约等于 10^5Pa 换算。

电池反应也可写为

$$\frac{1}{4}O_{2(p_{O_2}^{II})} = \frac{1}{4}O_{2(p_{O_2}^{I})}$$

则

$$E = \frac{RT}{F}\ln\frac{(p_{O_2}^{II})^{\frac{1}{4}}}{(p_{O_2}^{I})^{\frac{1}{4}}} \tag{4-23}$$

由公式（4-22）和式（4-23）得知，求得电池电动势 E，又已知其中一个 p_{O_2} 值，就可以利用公式求出另一极的 p_{O_2} 值。式（4-22）为普遍形式，式（4-23）用于进一步分析固体电解质的电子导电性。

如果固体电解质的过剩电子和电子空位导电性不能忽略，$t_i < 0.99$，则上式中 E 和 p_{O_2} 的简单关系要修正，为

$$E = \frac{RT}{F}\left[\ln\frac{(p_{O_2}^{II})^{\frac{1}{4}} + p_{e'}^{\frac{1}{4}}}{(p_{O_2}^{I})^{\frac{1}{4}} + p_{e'}^{\frac{1}{4}}} + \ln\frac{(p_{O_2}^{I})^{\frac{1}{4}} + p_{h\cdot}^{\frac{1}{4}}}{(p_{O_2}^{II})^{\frac{1}{4}} + p_{h\cdot}^{\frac{1}{4}}}\right] \tag{4-24}$$

所以知道固体电解质的过剩电子导电和空位导电的特征气相分压值（分别为 $p_{e'}$，$p_{h\cdot}$），代入上式就可求得准确电池电动势 E 值。

由第 1 章讨论得知，对于一个离子导体，在一定气相分压下两种电子导电方式只有一种占优势。对于 ZrO_2 基氧离子导体主要为过剩电子导电，所以式（4-24）可简化为

$$E = \frac{RT}{F}\ln\frac{(p_{O_2}^{II})^{\frac{1}{4}} + p_{e'}^{\frac{1}{4}}}{(p_{O_2}^{I})^{\frac{1}{4}} + p_{e'}^{\frac{1}{4}}} \tag{4-25}$$

对于公式（4-25），有下面几种特殊限定情况：

（1）如果氧分压的顺序是 $p_{O_2}^{II} > p_{O_2}^{I} \gg p_{h\cdot} \gg p_{e'}$ 或 $p_{h\cdot} \gg p_{e'} \gg p_{O_2}^{II} > p_{O_2}^{I}$，则电池电动势值为零，在第一种情况下，电解质类似电子空位导电的半导体；而第二种情况类似于过剩电子导电半导体。

（2）如果 $p_{h\cdot} \gg p_{O_2}^{II} > p_{O_2}^{I} \gg p_{e'}$，则得到重要公式

$$E = \frac{RT}{4F}\ln\frac{p_{O_2}^{II}}{p_{O_2}^{I}}(t_i \text{ 为 1}) \tag{4-26}$$

（3）如果 $p_{h\cdot} \gg p_{O_2}^{II} > p_{e'} \gg p_{O_2}^{I}$，则

$$E = \frac{RT}{4F}\ln\frac{p_{O_2}^{II}}{p_{e'}} \tag{4-27}$$

利用此关系式可用于测定氧化物固体电解质的 $p_{e'}$ 值。

（4）如果 $p_{O_2}^{I} \gg p_{h\cdot} \gg p_{O_2}^{II} \gg p_{e'}$，则

$$E = \frac{RT}{4F}\ln\frac{p_{h\cdot}}{p_{O_2}^{I}} \tag{4-28}$$

利用此式可以测定氧化物固体电解质的 $p_{h\cdot}$ 值。

（5）如果 $p_{O_2}^{II} \gg p_{h\cdot} \gg p_{e'} \gg p_{O_2}^{I}$，则

$$E = \frac{RT}{4F}\ln\frac{p_{h\cdot}}{p_{e'}} \tag{4-29}$$

不是氧浓差电池的电动势值。

进行电子导电性的修正可测得 1600℃ 时的 p_{O_2} 值至 $10^{-10} \sim 10^{-11}$ Pa，按下式

$$\frac{1}{2}O_2 = [O]_{Fe} \tag{4-30}$$

及 $\Delta G^{\ominus} = -RT\ln K$，$K = \dfrac{a_O}{p_{O_2}^{\frac{1}{2}}}$ 关系可求得 1600℃ Fe 液中和 p_{O_2} 值相对应的氧的活度 a_O 值。如 $p_{O_2} = 10^{-11}$ Pa，则 $a_O = 3 \times 10^{-5}$（0.00003），如果 $a_O = [O]$，则 $[O] = 0.00003$。一般金属熔体脱氧后很难达到如此低的含氧量。

4.3　参比电极

参比电极也可称为基准极，可在一定温度下提供一个恒定不变的已知某元素的气相分压值，对于氧浓差电池，则是提供一定的氧分压值。参比电极可分为以下两种。

4.3.1　气体参比电极

可用空气及具有一定氧分压的混合气体，如 H_2-H_2O，CO-CO_2 混合气体等提供已知的 p_{O_2} 值。空气中含氧量为 20.8%（p_{O_2} 值依地区气压略有差别）。用混合气体可在较宽广范围内（$10^5 \sim 10^{-17}$ Pa）控制一定的 p_{O_2} 值。

类似地可用 H_2-H_2S 混合气体控制气相的硫位，用 H_2-NH_3 混合气体控制气相的氮位，用 H_2-HCl 混合气体控制气相的氯位等。

采用混合气体可控制某一元素的化学位的主要原因是：气体反应的热力学数据是根据气体分子的光谱数据计算得到的，很可信，不同研究者所得数据十分接近。另外，在实验条件下，气体混合物接近常压，计算方便。

在理论研究中，控制低氧位，最常用的是 H_2-H_2O 气体混合物，平衡反应为：

$$H_2 + \frac{1}{2}O_2 \longrightarrow H_2O_{(g)}$$

$$\Delta G^\ominus = -RT\ln K$$

$$K = \frac{p_{H_2O}}{p_{H_2}p_{O_2}^{\frac{1}{2}}} \tag{4-31}$$

$$p_{O_2} = \left(\frac{p_{H_2O}}{p_{H_2}}\right)^2 \frac{1}{K^2} \tag{4-32}$$

为了预先做出估计，对 H_2-H_2O 混合气体，可以查看附有 p_{O_2}、p_{H_2}/p_{H_2O} 专用标尺的氧化物标准生成自由能和温度关系图，见附录。对 CO-CO_2、H_2-NH_3、C-CH_4、H_2-Cl_2 混合气体的相应元素气相分压的计算见附录6。

4.3.2 共存相参比电极

用金属和与其共存的低价氧化物的混合粉末或低价氧化物和与其共存的高价氧化物的混合粉末作为参比电极，例如 Cr，Cr_2O_3；Fe，FeO；Cu，Cu_2O 等。反应为：

$$\frac{4}{3}Cr_{(s)} + O_2 === \frac{2}{3}Cr_2O_{3(s)} \qquad \Delta G^\ominus_{Cr_2O_3} = -RT\ln\frac{1}{p_{O_2}}$$

$$2Fe + O_2 === 2FeO_{(s)} \qquad \Delta G^\ominus_{FeO} = -RT\ln\frac{1}{p_{O_2}}$$

$$Cu_2O_{(s)} + \frac{1}{2}O_2 === 2CuO_{(s)} \qquad \Delta G^\ominus_{CuO} = -RT\ln\frac{1}{p_{O_2}^{\frac{1}{2}}}$$

三个反应分别平衡共存，各体系的物种数为3，体系的独立组分数 $C = 3 - 1 = 2$。根据相律 $F = C - P + 2$，得知体系的自由度 $F = 1$。即体系的氧分压仅为温度的函数，在一定温度下有一定的 p_{O_2} 值，其数据可由反应的已知热力学数据得到。

大多数 d、f 过渡族金属氧化物有多种价态，还有非化学计量形式。例如，Ti-TiO_2、Nb-Nb_2O_5、Ce-CeO_2、V-V_2O_5 中间各有一系列化学计量或非化学计量氧化物。如 Nb 的中间氧化物有 NbO_2、Nb_2O_3 等，V 的中间氧化物有：VO、V_2O_3、V_3O_5、V_4O_7、V_5O_9、V_6O_{11}、V_7O_{13} 等。所以，虽然有 $\frac{4}{5}Nb + O_2 === \frac{2}{5}Nb_2O_5$ 和 $\frac{4}{5}V + O_2 === \frac{2}{5}V_2O_5$ 的关系式及相应的 $\Delta G^\ominus$ 和温度的关系，但这只是说明始末态的物质及相应的能量变化，而不意味着 Nb 和 Nb_2O_5 及 V 和 V_2O_5 之间有平衡关

系存在。据此，只有平衡反应的 $\Delta G^{\ominus}$ 才有 $\Delta G^{\ominus} = -RT\ln K$ 的关系，否则所求得的为混合 p_{O_2} 值，难以确定其值。和 V、Nb 同一个 d 副族的 Ta 却与 Ta_2O_5 平衡共存，因其原子和晶体结构不同于前两者，说明量变引起质变。

作为参比电极，要求有准确的热力学数据。R. A. Rapp[6] 推荐了以下共存体系作为参比电极选择，见表 4-1，p_{O_2} 值由上至下逐渐减小。

表 4-1 含氧共存体系的热力学数据[5]①

温度范围 /K	共 存 反 应	标准自由能变化 /J·mol^{-1}	$\lg p_{O_2}$ （1000℃）
900 ~ 1154	$Pd + \frac{1}{2}O_2 = PdO$	$-114220 + 100.0T$	+6.09
884 ~ 1126	$2Mn_3O_4 + \frac{1}{2}O_2 = 3Mn_2O_3$	$-113390 + 92.05T \pm 795$	+5.31
298 ~ 1300	$3CoO + \frac{1}{2}O_2 = Co_3O_4$	$-183260 + 148.1T$	+5.43
892 ~ 1302	$Cu_2O + \frac{1}{2}O_2 = 2CuO$	$-130960 + 94.6T \pm 270$	+4.87
1396 ~ 1723	$\frac{3}{2}UO_2 + \frac{1}{2}O_2 = \frac{1}{2}U_3O_8$	$-166940 + 84.1T$	+0.06
967 ~ 1373	$2Fe_3O_4 + \frac{1}{2}O_2 = 3Fe_2O_3$	$-246856 + 141.8T \pm 500$	-0.47
1489 ~ 1593	$2Cu_{(1)} + \frac{1}{2}O_2 = Cu_2O_{(1)}$	$-120920 + 43.5T \pm 840$	-0.40
924 ~ 1328	$2Cu + \frac{1}{2}O_2 = Cu_2O$	$-166940 + 71.1T \pm 270$	-1.24
1356 ~ 1489	$2Cu_{(1)} + \frac{1}{2}O_2 = Cu_2O$	$-190370 + 89.5T \pm 840$	-1.24
992 ~ 1393	$3MnO + \frac{1}{2}O_2 = Mn_3O_4$	$-222590 + 111.3T \pm 335$	-1.63
1160 ~ 1371	$Pb_{(1)} + \frac{1}{2}O_2 = PbO_{(1)}$	$-190620 + 74.90T \pm 170$	-2.82
772 ~ 1160	$Pb_{(1)} + \frac{1}{2}O_2 = PbO$	$-215060 + 96.2T \pm 460$	-2.82
911 ~ 1376	$Ni + \frac{1}{2}O_2 = NiO$	$-233635 + 84.9T \pm 210$	-5.30
1173 ~ 1373	$Co + \frac{1}{2}O_2 = CoO$	$-235980 + 71.5T \pm 420$	-6.89
973 ~ 1273	$10.0WO_{2.90} + \frac{1}{2}O_2 = 10.0WO_3$	$-279490 + 112.1T \pm 210$	-6.23
973 ~ 1273	$5.55WO_{2.72} + \frac{1}{2}O_2 = 5.55WO_{2.90}$	$-284090 + 101.3T \pm 1260$	-7.72
949 ~ 1272	$3"FeO" + \frac{1}{2}O_2 = Fe_3O_4$	$-311710 + 123.0T \pm 356$	-7.75

温度范围 /K	共 存 反 应	标准自由能变化 /J·mol^{-1}	lgp_{O_2} (1000℃)
770~980	$Sn_{(l)} + O_2 = SnO_2$	$-293300 + 107.9T \pm 1170$	-7.81
973~1273	$1.39WO_2 + \frac{1}{2}O_2 = 1.39WO_{2.72}$	$-249370 + 62.8T \pm 1260$	-8.92
973~1273	$\frac{1}{2}W + \frac{1}{2}O_2 = \frac{1}{2}WO_2$	$-287440 + 84.9T \pm 1260$	-9.70
903~1540	$Fe + \frac{1}{2}O_2 = "FeO"$	$-263380 + 64.81T \pm 420$	-9.84
1025~1325	$\frac{1}{2}Mo + \frac{1}{2}O_2 = \frac{1}{2}MoO_2$	$-287650 + 83.7T \pm 420$	-9.86
1050~1300	$2NbO_2 + \frac{1}{2}O_2 = Nb_2O_5$	$-313590 + 78.2T$	-12.58
693~1181	$Zn_{(l)} + \frac{1}{2}O_2 = ZnO$	$-355980 + 107.5T \pm 105$	-12.98
1300~1600	$\frac{2}{3}Cr + \frac{1}{2}O_2 = \frac{1}{3}Cr_2O_3$	$-371960 + 83.7T$	-16.8
1050~1300	$NbO + \frac{1}{2}O_2 = NbO_2$	$-360240 + 72.4T$	-17.0
923~1273	$Mn + \frac{1}{2}O_2 = MnO$	$-388860 + 76.32T \pm 630$	-18.9
1539~1823	$Mn_{(l)} + \frac{1}{2}O_2 = MnO$	$-409610 + 89.5T$	-19.3
1073~1273	$\frac{2}{5}Ta + \frac{1}{2}O_2 = \frac{1}{5}Ta_2O_5$	$-402500 + 82.42T$	-19.4
1050~1300	$Nb + \frac{1}{2}O_2 = NbO$	$-420070 + 89.5T$	-20.1
298~1400	$\frac{1}{2}U + \frac{1}{2}O_2 = \frac{1}{2}UO_2$	$-539740 + 83.7T$	-30.5
923~1380	$Mg_{(l)} + \frac{1}{2}O_2 = MgO$	$-608350 - 1.00TlgT + 104.6T$	-34.3
1380~2500	$Mg_{(g)} + \frac{1}{2}O_2 = MgO$	$-759810 - 30.84TlgT + 316.7T$	-34.3
1124~1760	$Ca_{(l)} + \frac{1}{2}O_2 = CaO$	$-642660 + 107.1T$	-36.5
1760~2500	$Ca_{(g)} + \frac{1}{2}O_2 = CaO$	$-795380 + 195.0T$	-36.5

①文献 [5] 给出的标准自由能变化原为用 cal 作单位表示的，本书按 1cal = 4.184J 关系换算为用 J 为单位。

　　Cr 和 Cr_2O_3 的混合物为实验研究和工业中最常用的参比电极，但表中关于 Cr_2O_3 的数据没有给出误差，难以利用，而 Cr_2O_3 的热力学数据虽已有 17 篇文献报道[6]，但数据多有差异，为此，给参比电极热力学数据的选择带来困难，给浓差电池未知 p_{O_2} 的计算可能造成误差。

　　日本学术振兴会制钢小委员会[7]分析研究诸文章发现，F. N. Mazandarany 和 R. D. Pehlke（用 ThO_2-Y_2O_3 作固体电解质）；Y. Jeannin 和 F. D. Richardson 等（H_2-H_2O 混合物作参比电极）；K. T. Jacob（ThO_2-Y_2O_3 作固体电解质）三个研究报道的数据很接近，且实验方法可信赖，故推荐此三个数据的平均值作为推荐值（selected value），如下

$$\Delta G^{\ominus}_{Cr_2O_3} = -(1115450 + 1115870 + 1115960)/3 +$$
$$(250.12 + 250.83 + 250.37)T/3$$
$$= -1115747 + 250.45T \pm 1255 \quad (J/mol) \tag{4-33}$$

　　已知三个研究的温度范围分别为：1150 ~ 1540K；1300 ~ 1600K；1073 ~ 1472K，可外延至炼钢温度使用。

　　应用热力学数据应注意温度范围，在无相变发生的情况下，热力学数据使用的温度范围可适当外延。因为诸研究者所采用的 Cr，Cr_2O_3 皆纯度高，故使用者也应采用保证纯度的原料，一般应不小于 99.99%，否则 p_{O_2} 值不为理论值。本书作者研究使用的 Cr 粉纯度为 99.99%（质量分数）；Cr_2O_3 为光谱纯试剂。

　　从平衡关系考虑，金属和其氧化物相的相对量不影响平衡 p_{O_2} 值，但为了不因金属的氧化而消失和金属细粉不可避免有一层氧化膜，另外也为了导电作用，一般金属粉末的比例取 90% 以上为宜。为了避免两相的接触不良，有快的响应时间，混合粉末要经过充分研磨和过筛（135 ~ 250μm），必要时要在控制氧分压的情况下预烧结。有研究者由实验证明未经烧结的 Cr 和 Cr_2O_3 氧化物在高温使用时，体积收缩，影响了与固体电解质的接触，使响应时间滞后。关于 Cr，Cr_2O_3 在 700 ~ 800℃ 以下是否有平衡关系存在，不同研究者有异议。王常珍、于化龙等人采用"零位法"（null point）对 Cr_2O_3 的标准生成自由能进行了研究。A. A. Briggs[8]等人首先采用了该法，用气相作参比电极，调整气相 p_{O_2} 值使其与待测体系的 p_{O_2} 值相等，使 $E = 0$，如此可避免固体电解质电子导电的影响，其采用的为大而长的固体电解质管。王常珍等采用钢液定氧使用的小型固体电解质管 $ZrO_2(MgO)$，H_2-H_2O 混合气体作为参比电极[9]，所得数据介于两个被公认的热力学数据之间。

　　H_2、H_2O 混合气体的平衡反应和热力学数据为

$$H_{2(g)} + \frac{1}{2}O_{2(g)} = H_2O_{(g)}$$
$$\Delta G^{\ominus} = -249700 + 57.07T \pm 209J \quad (873 ~ 2473K) \tag{4-34}$$

$$\Delta G^{\ominus} = -RT\ln K$$

$$K = \frac{p_{H_2O}}{p_{H_2}p_{O_2}^{\frac{1}{2}}}$$

$$p_{O_2} = \left(\frac{p_{H_2O}}{p_{H_2}}\right)^2 \frac{1}{K^2}$$

电池形式为

$$Ni\text{-}Cr(Pt) \mid Cr, Cr_2O_3 \mid ZrO_2(MgO) \mid H_2, H_2O \mid Ni\text{-}Cr(Pt)$$

电池电动势如下

$$E = \frac{RT}{4F}\ln\frac{p_{O_2(H_2, H_2O)}}{p_{O_2(Cr, Cr_2O_3)}}$$

调整混合气体组成，使 p_{O_2} 值和待测极 Cr，Cr_2O_3 的平衡 p_{O_2} 值相等，此时 $E = 0$，可计算出 Cr，Cr_2O_3 的平衡氧分压。设计了两种方法来得到 H_2-H_2O 混合气体，一种是用二水草酸和无水草酸的混合物，其在一定温度下产生一定的 p_{H_2O}，用 H_2 携带出饱和水蒸气；另一种方法是将 H_2 通过一定温度下饱和的 LiCl 溶液携带出饱和水蒸气。在调节零电位时，当需要很低的 p_{O_2} 值时，两种方法都需将 H_2-H_2O 混合气体再掺入 H_2。对 p_{H_2O}/p_{H_2} 值的测定选用以下三种方法[9]：

（1）根据毛细管流量计计算，毛细管流量计预先用肥皂泡法校正。恒温水浴的控温精度为 $\pm 0.5\,^{\circ}\mathrm{C}$。二水草酸和无水草酸混合物在 $20 \sim 25\,^{\circ}\mathrm{C}$ 水蒸气分压与温度的关系为

$$COOH\text{—}COOH \cdot 2H_2O \Longrightarrow COOH\text{—}COOH + 2H_2O$$

$$\lg p_{H_2O} = 23.053 - \frac{9661}{T + 250} \tag{4-35}$$

$LiCl \cdot H_2O$ 的饱和水溶液在 $23.90 \sim 54.84\,^{\circ}\mathrm{C}$ 的水蒸气分压和温度的关系为：

温度/℃	23.90	29.90	34.90	39.90	44.90	54.84
p_{H_2O}/Pa	350.64	390.63	709.27	967.92	1309.22	2226.48

（2）用固体电解质氧传感探头直接测定炉内 H_2-H_2O 混合气体的 p_{O_2}，采用 Cr，Cr_2O_3 作为参比电极。

（3）将混合气体在已知流量下经过已准确称量的装有 P_2O_5 的吸收管，用秒表计时，称量增重。从增重、气体流量和吸收时间，计算出 H_2-H_2O 混合气体中 H_2O 的质量，从而换算出 p_{H_2O} 值。

H_2-H_2O 混合气体装置示意图详见参考文献 [11]。

在炼钢生产中，另一个应用较多的参比电极为 Mo 和 MoO_2 混合粉末，适用于一般的氧含量。Mo，MoO_2 的平衡氧分压接近钢液溶解氧的平衡氧分压值。

MoO_2 的标准生成自由能及 Mo，MoO_2 的平衡 p_{O_2} 值已经有多个研究者研究过。近年，S. Seetharaman 等人[12]用固体电解质电动势方法对 Mo，MoO_2 的平衡氧分压进行了进一步研究，采用的电池形式为：

　　(-)Pt｜Fe,"FeO"｜ZrO_2(CaO) 或 ThO_2(Y_2O_3)｜MoO,Mo｜Pt(+)

实验温度 1224 ~ 1584K。

　　用净化的 Ar 气作为保护气氛，用单独的固体电解质氧探头监测气相的氧分压，$p_{O_2} < 10^{-3}$Pa，温度控制精度为 ±1K，电动势测定误差为 ±0.1mV。在实验温度范围 1224 ~ 1584K（951 ~ 1311℃）于 24h 之内未发现"FeO"对固体电解质管的侵蚀作用。

　　电池电动势与电解质两侧气相氧分压的关系为

$$E = \frac{RT}{4F} \ln \frac{p_{O_2(Mo, MoO_2)}}{p_{O_2(Fe, "FeO")}}$$

$p_{O_2(Fe, "FeO")}$ 已准确测得，所以从电池电动势和温度及其他已知值，即可求得反应

$$Mo_{(s)} + O_2 \Longrightarrow MoO_{2(s)}$$

的平衡 p_{O_2} 值。

　　将 $RT\ln p_{O_2}$ 与温度的关系作图，并与其他研究者的数据对比一并示于图 4-2。

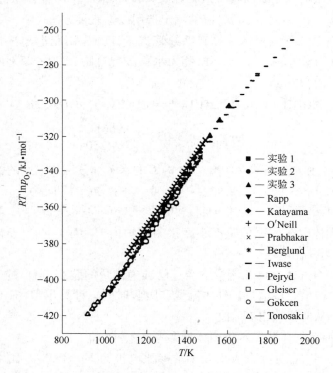

图 4-2　Mo-MoO_2 体系 $RT\ln p_{O_2}$ 与温度的关系

由图知, 在 1224 ~ 1584K 的温度范围内, 诸研究者所得结果很好地吻合。S. Seetharaman 等人将其所测得数据和其他研究者所得数据一并用回归处理得到 Mo, MoO_2 平衡反应的 $RT\ln p_{O_2}$ 与温度的关系为

$$RT\ln p_{O_2} = (-580563 \pm 916) + (173.0 \pm 0.72)T \qquad (4\text{-}36)$$

考虑到有效数字, 得

$$\Delta G^{\ominus}_{MoO_2} = (-580560 \pm 920) + (173.0 \pm 0.7)T \qquad (4\text{-}37)$$

高温数据点之所以有偏离, 主要是由于电极物质与电解质发生了作用, 所以在高温无相变的情况下, 可将低温数据外延使用。关于 Mo/MoO_2 的 p_{O_2} 值可外延使用至炼钢温度或更高一些。

S. Seetharaman 等人还计算了 Mo-O 体系, 由 Mo 至 MoO_3 组成范围的相关系。氧在面心立方晶体 Mo 中的溶解度为温度的函数, 低于 1400K, 氧在 Mo 中的溶解可忽略不计, 高于 1500K, 氧的溶解度明显地随着温度的升高而增加, 见图 4-3。

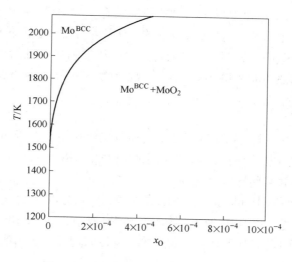

图 4-3 Mo 中氧的溶解度与温度的关系

钼的氧化物有 MoO_2, Mo_4O_{11}, Mo_8O_{23}, Mo_9O_{26}, $MoO_{3(s)}$ 和 $MoO_{3(l)}$。Mo-O 体系在 $x_O = 0.6 \sim 0.75$ 范围内的相关系如图 4-4 所示。$MoO_{3(s)} = MoO_{3(l)}$ 的转变温度为 1073K, 而 I. Barin 和 O. Knacke[13] 给出的为 1068K, 两者相近。在 1089K 以上, Mo_9O_{26} 化合物分解为 Mo_4O_{11} 和 $MoO_{3(l)}$。MoO_2-Mo_4O_{11}-$MoO_{3(l)}$ 三相共存温度为 1132K。

Mo-O 体系的相关系图给出了保持 Mo, MoO_2 相平衡的条件。

Fe, "FeO" 为实验室理论研究中常采用的参比电极。对于 Fe-O 系, 由相图

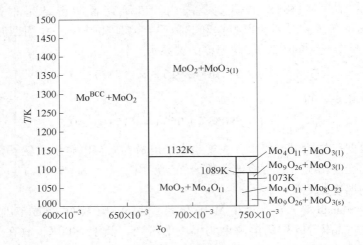

图 4-4　$x_O = 0.6 \sim 0.75$ 组成范围内的 Mo-O 体系相图

得知，843K 以上，Fe 和 "FeO" 才能平衡共存，"FeO" 室温不稳定，所以无 "FeO" 出售。可将 Fe_2O_3 在控制 p_{O_2} 的 CO-CO₂ 混合气氛下还原，达 $900 \sim 1000℃$，加热约 48h 制备 "FeO"，或将 Fe_2O_3 和过剩 Fe 粉混合压型在真空中于 $900 \sim 1000℃$ 下加热 48h 制得 Fe，"FeO" 混合物，在 Ar 气氛下密封保存备用。

4.4　电极引线

电极引线应不与电极物质和固体电解质管发生作用，在所测的气相氧分压内稳定，且为良好的电子导体，常被采用的有 Pt、PtRh 合金、W、Mo、不锈钢、纯 Fe、金属陶瓷和某些导电氧化物等。

实验室理论研究中和固相、气相接触的多用 Pt 或 PtRh 合金；和金属熔体接触的多用金属陶瓷，也有用 Cr_2O_3 等的。在 Fe 液中，Pt、PtRh、W、Mo、Ta 皆溶解，宜用金属陶瓷。对于有色金属熔体，曾被采用的电极引线见表 4-2。

表 4-2　曾被采用的电极引线

熔　体	接　触　电　极	熔　体	接　触　电　极
Ag	Pt, Ir, 不锈钢	Sn	Os
Cu	Cr_2O_3, Ta, Mo, Cr 金属陶瓷	Mn	Mo, Pt
Pb	Ir, Pt, Fe	Al	不锈钢
Ni-Cr 合金	Cr_2O_3		

金属陶瓷是用 W、Mo 或 Cr 等金属粉末和 MgO、ZrO_2 或 Al_2O_3 粉末混磨、成型在高温还原气氛下烧结而成的，具有良好的导电性和强度。笔者等用稳定的

ZrO_2 和 Mo 粉混合烧成的金属陶瓷可长时间用于 Fe 液和 Al 液。

如固体电解质两侧电极引线不相同时，要对热电势值进行修正，部分不同电极引线的热电势数据见表4-3。

表4-3　不同电极材料间的热电势

材 料 与 极 性	热电势 E/mV
W(+)-Pt(−)	− 14. 86 + 0. 0429t
Mo(+)(或 Mo 金属陶瓷)-Pt(−)	− 8. 64 + 0. 0372t 或 − 12. 26 + 0. 0406t
Fe(+)-Mo(−)	7. 44 + 0. 01124t
W(+) -Pt Rh10% (−)	− 18. 03 + 0. 0343t
Fe(+)-Pt(−)	26 ~ 27(1600℃)

在不知道热电势数据的情况下，可将两种材料组成热电偶，自行测定热电势和温度关系。

热电势的修正：设 E_t 为热电势，E 为真正的电池电动势，E' 为测得的电动势，如电极引线极性和形成热电势极性相同，则

$$E = E' - E_t$$

反之

$$E = E' + E_t$$

4.5　影响电动势值准确测量的制约因素

设计的电池在应用时，在电极和电解质界面应当保持所期望的化学位，并能准确地测量出电动势值，下面讨论影响因素[1,3,13,14]（以氧化物电解质为例）。

4.5.1　电子电导的影响

假定由固体电解质组成的电化学电池中，固体电解质有氧离子、过剩电子和电子空位导电，这些质点可以移动。在电池左右端，电极、电解质界面上氧的化学位分别为 $\mu_{O_2}^{\mathrm{I}}$、$\mu_{O_2}^{\mathrm{II}}$，电池形式为

$$Pt \mid \mu_{O_2}^{\mathrm{I}} \mid O^{2-} \mid \mu_{O_2}^{\mathrm{II}} \mid Pt$$

导电质点流动时，假定其电流密度为 I_i。在电解质中任一部位有以下关系

$$I_i = \frac{-\sigma_i}{Z_i F} \times \frac{\mathrm{d}\eta_i}{\mathrm{d}x} \tag{4-38}$$

式中　σ_i——i 质点的分电导率；

　　　Z_i——i 的价数；

　　　F——Faraday 常数；

　　　x——距离坐标；

η_i——形式 i 的电化学位，而

$$\eta_i = \mu_i + Z_i F\varphi \tag{4-39}$$

式中 μ_i——i 的化学位；

φ——局部静电位。

根据式（4-43）和式（4-44），氧离子、过剩电子和电子空位在电解质 MO 中，有

$$I_{O^{2-}} + I_{e'} + I_{h\cdot} = \frac{-\sigma_i}{Z_i F} \times \frac{d(\mu_i + Z_i F\varphi)}{dx}$$

$$= -\frac{d\varphi}{dx}(\sigma_{O^{2-}} + \sigma_{e'} + \sigma_{h\cdot}) +$$

$$\frac{\sigma_{O^{2-}}}{2F} \times \frac{d\mu_{O^{2-}}}{dx} + \frac{\sigma_{e'}}{F} \times \frac{d\mu_{e'}}{dx} - \frac{\sigma_{h\cdot}}{F} \times \frac{d\mu_{h\cdot}}{dx} \tag{4-40}$$

热力学测量是在几乎无电流流动的情况下进行的，所以在外电路中

$$I_{O^{2-}} + I_{e'} + I_{h\cdot} \longrightarrow 0$$

但是，在有电子导电的情况下，一个短路电流要经过固体电解质，电子将要从电极经过固体电解质从低氧分压侧流向高氧分压侧。电子流将要在另一方向和氧作用生成氧离子以中和电性，氧离子流从高氧分压侧流向低氧分压侧。而在低氧分压侧则有氧产生，例如下列电池

$$(-)Pt \mid Cr, Cr_2O_3 \mid MO \mid Ni, NiO \mid Pt(+)$$

$$p_{O_2(Cr,Cr_2O_3)} < p_{O_2(Ni,NiO)}$$

所以

（+）极 $\qquad\qquad \frac{1}{2}O_2 + 2e =\!=\!= O^{2-}$

（-）极 $\qquad\qquad O^{2-} - 2e =\!=\!= \frac{1}{2}O_2$

在低氧界面处要形成氧化物，即 （-）极 Cr 被氧化

$$\frac{2}{3}Cr_{(s)} + \frac{1}{2}O_2 =\!=\!= \frac{1}{3}Cr_2O_{3(s)}$$

在高氧界面处要形成金属，NiO 分解为

$$NiO =\!=\!= Ni + \frac{1}{2}O_2$$

而 $\qquad\qquad\qquad \frac{1}{2}O_2 + 2e =\!=\!= O^{2-}$

有了新生的 Ni。因此，在固体电解质两侧的界面处氧的化学位将和电极物质整体不同，产生过电压，即电动势降低。如果短路电流量很小，可能产生一个包括过电压在内的稳定电动势。过电压是由于在电极-电解质界面上氧的化学位变化而产生的。氧的化学位之所以变化是由于在电极-电解质界面上已经建立起来的平衡变为有稳态氧的迁移的新状态。

用稳定的 ZrO_2 固体电解质，分别用不同的金属-金属氧化物电极，组成电池，例如

$$Pt \mid M,MO \mid ZrO_2(CaO) \mid M,MO \mid Pt(M = Ni,Fe,Cu)$$

用加外电压证明电子导电对结果所产生的影响。通过的电流为 $1 \sim 100\mu A$，实验发现电池产生了稳态的过电压，在电解质界面处有较大的氧的迁移，而产生稳态的氧的浓度梯度。极化过电压的顺序为

$$Ni,\ NiO > Fe,\ FeO > Cu,\ Cu_2O$$

由固体电解质的电子电导所引起电动势的测量误差为

$$\Delta E = \frac{RT}{F} \times \frac{\Delta Y}{A^* CD} \times \frac{dN_{(O^{2-})}}{dt} \tag{4-41}$$

式中　ΔE——金属、金属氧化物的 p_{O_2} 产生 Δp_{O_2} 的变化所引起的电动势测定误差；

　　A^*——金属、金属氧化物电极和固体电解质间的有效界面积；

　　D——电极金属中氧的扩散系数；

　　ΔY——电极中金属粉末的颗粒直径的 $\frac{1}{3}$；

　　C——金属中氧的溶解度。

可采取如下四种办法以减少由电子导电所导致的误差：

（1）采用颗粒半径小的金属粉末，一般在 0.043mm（325 目）以下；

（2）电解质的厚度要适当地增加；

（3）电极中金属成分要占大的比例；

（4）采用过电压值小的参比电极。

下面讨论固体电解质的电子导电对惰性气体中氧分压的测定误差。

用下列电池研究了 Ar，He 惰性气体中微量的氧分压

$$Pt \mid O_2(常压) \mid ZrO_2(CaO) \mid Ar + O_2(p_{O_2} \approx 10Pa) \mid Pt$$

假定固体电解质有很小的电子导电性。即使如此，氧也能通过电极界面的电化学反应由 p_{O_2} 高的一侧向 Ar 一侧迁移，使电解质和 Ar 界面的 p_{O_2} 升高。只有 Ar 流量增加时 p_{O_2} 值升高得才小，才能接近得到正确结果。但是 Ar 流量过大将产生冷却效应而产生另一种误差。

4.5.2　副反应的影响

电极和电解质间的反应能够使电动势的测定产生误差，例如下列形式电池

$$M \mid A \mid AX \mid A\text{-}B \mid M$$

在 AX∣A-B 界面，可能发生如下置换反应

$$[B] + AX_{(s)} \Longrightarrow [A] + BX_{(s)}$$

在合金和电解质中都有内扩散，因此 A-B 合金中 A 的活度就要发生变化，电池电动势和 A 的活度 a_A 有关。a_A 的变化程度是合金中 A 的开始组成 x_A^0，反应的 $\Delta G^\ominus$ 和内扩散系数 D_{AX}、$D_{A\text{-}B}$ 的函数[2,13]。

Schmalzried 计算[2]了活度的变化与反应 $\Delta G^\ominus$ 的关系，见图 4-5。

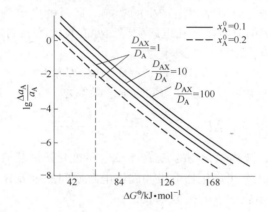

图 4-5　电解质 AX 合金 A-B 界面反应的 $\Delta G^\ominus$ 和 $\lg \dfrac{\Delta a_A}{a_A}$ 的关系

由图 4-5 可看出，要使 A 的活度的变化值小，必须当 B 元素的活性远比 A 低时，才能避免上述副反应产生，也即副反应的 $\Delta G^\ominus$ 应当很正。欲使 $\dfrac{\Delta a_A}{a_A}$ 小于 1%，在图中所示的 x_A^0 和 $\dfrac{D_{AX}}{D_A}$ 的情况下，副反应的 $\Delta G^\ominus$ 应为 63 ~ 84kJ/mol。

经常在电解质和电极界面生成一个新的产物层。例如以下电池

$$NbO_2, Nb_2O_{4.8} \mid ThO_2(Y_2O_3) \mid Fe, Fe_{0.95}O$$

由于固体电解质 $ThO_2(Y_2O_3)$ 和 $Fe_{0.95}O$ 相互作用，结果形成 $YFeO_3$ 层[2]而使 $Fe\text{-}Fe_{0.95}O$ 电极氧的活度降低，使电池电动势衰减。

ZrO_2 基固体电解质也有类似情况[14]，如下列形式电池

$$Pt \mid M, MO \mid ZrO_2 \text{ 基} \mid O_2 \mid Pt$$
$$\quad\quad\quad p'_{O_2} \quad\quad\quad\quad\quad p''_{O_2}$$

由于存在以下固相反应

$$MO + ZrO_2 \Longrightarrow MZrO_3$$

形成离子和电子混合导电的中间氧化物 $MZrO_3$。电池形式变为

$$\mathrm{I} \qquad \mathrm{II}$$

$$\mathrm{Pt} \mid M, \ MO \mid MZrO_3 \mid ZrO_2 \text{基} \mid O_2 \mid Pt$$

$$p'_{O_2} \qquad p^{\mathrm{I}}_{O_2} \qquad p^{\mathrm{II}}_{O_2} \qquad p''_{O_2}$$

其总电池电动势为

$$E = \frac{1}{4F}(\mu''_{O_2} - \mu'_{O_2}) - \frac{1}{2F}\int_{\mathrm{I}}^{\mathrm{II}} t_{M^{2+}} \mathrm{d}\mu_{MO} -$$

$$\frac{1}{4F}\int_{\mathrm{I}}^{\mathrm{II}} t_{Zr^{4+}} \mathrm{d}\mu_{ZrO_2} - \frac{1}{2F}\int_{\mathrm{I}}^{\mathrm{II}} t_e \mathrm{d}\mu_O \qquad (4-42)$$

由原电动势和附加电动势形成新的电动势值。

氧化物相 $MZrO_3$ 中，在电子导电占优势情况下，电池电动势为

$$E = \frac{RT}{4F}\ln\frac{p''_{O_2}}{p^{\mathrm{II}}_{O_2}}$$

相界 II 上的氧分压值 $p^{\mathrm{II}}_{O_2}$，由 $MZrO_3$ 化合物中 M 的种类和其离子迁移数决定。如 $t_e > t_{O^{2-}} \gg t_{M^{2+}}$ 或 $t_{Zr^{4+}}$，则氧在整个 $MZrO_3$ 相的化学势 μ_O 为常数（$\mu_O = \mu_O^\ominus$），且 $p^{\mathrm{II}}_{O_2}$ 等于 p'_{O_2}。而如 $t_e \gg t_{M^{2+}} \gg t_{O^{2-}}$ 或 $t_{Zr^{4+}}$ 时，金属 M 在整个 $MZrO_3$ 相上的化学势保持常数（$\mu_M = \mu_M^\ominus$），而氧分压 $p^{\mathrm{II}}_{O_2}$ 经下式

$$\Delta G_{MZrO_3} = \mu^\ominus_{MZrO_3} - \mu^\ominus_M - \mu^\ominus_{ZrO_2} - \frac{1}{2}\mu^\ominus_{O_2} - \frac{1}{2}RT\ln p^{\mathrm{I}}_{O_2} = \frac{1}{2}RT\ln p^{\mathrm{II}}_{O_2} \quad (4-43)$$

计算得出

$$\lg p^{\mathrm{II}}_{O_2} = \frac{2\Delta G^\ominus_{MZrO_3}}{2.303RT} + \lg p'_{O_2}$$

而电动势为

$$E = \frac{RT}{4F}\ln\frac{p''_{O_2}}{p'_{O_2}} - \frac{\Delta G^\ominus_{MZrO_3}}{2F}$$

如果氧化物相 $MZrO_3$ 为离子导电占优势，电池电动势由方程式

$$E = \frac{1}{4F}(\mu''_{O_2} - \mu'_{O_2}) - \frac{1}{2F}\int_{\mathrm{I}}^{\mathrm{II}} t_{M^{2+}} \mathrm{d}\mu_{MO} - \frac{1}{4F}\int_{\mathrm{I}}^{\mathrm{II}} t_{Zr^{4+}} \mathrm{d}\mu_{ZrO_2} \qquad (4-44)$$

决定。在此，根据各种离子的不同迁移数，有以下几种情况：

（1）$MZrO_3$ 中，$t_{O^{2-}} = 1$，则电动势为

$$E = \frac{RT}{4F}\ln\frac{p''_{O_2}}{p'_{O_2}}$$

（2）$MZrO_3$ 中，$t_{M^{2+}} = 1$，按式（4-44），电动势为

$$E = \frac{RT}{4F}\ln\frac{p''_{O_2}}{p'_{O_2}} - \frac{\mu_{MO} - \mu^{\ominus}_{MO}}{2F} \tag{4-45}$$

式(4-45)的电动势也可借助下式

$$\mu_{MO(\text{II})} = \mu^{\ominus}_{MZrO_3} - \mu^{\ominus}_{ZrO_2}$$

和

$$\Delta G^{\ominus}_{MZrO_3} = \mu^{\ominus}_{MZrO_3} - \mu^{\ominus}_{MO} - \mu^{\ominus}_{ZrO_2}$$

写为下列形式

$$E = \frac{RT}{4F}\ln\frac{p''_{O_2}}{P'_{O_2}} - \frac{\Delta G^{\ominus}_{MZrO_3}}{2F} \tag{4-46}$$

(3) $MZrO_3$ 中，$t_{M^+} + t_{Zr^{4+}} = 1$，则电动势为

$$E = \frac{1}{4F}(\mu''_{O_2} - \mu'_{O_2}) - \frac{\mu''_{MO} - \mu^{\ominus}_{MO}}{2F} - \frac{\mu^{\ominus}_{ZrO_2} - \mu_{ZrO_2(\text{I})}}{4F}$$

或

$$E = \frac{RT}{4F}\ln\frac{p''_{O_2}}{p'_{O_2}} + \frac{1}{4F}(t_{Zr^{4+}} - 2t_{M^{2+}})\Delta G^{\ominus}_{MZrO_3} \tag{4-47}$$

　　中间氧化物相是否生成，是选用固相参比电极或选用电解质时所必须考虑的问题（可借助近代物相分析方法确定）。

　　测定金属熔体中氧活度时，采用 $Mo\text{-}MoO_2$，$Cr\text{-}Cr_2O_3$ 或 $Ni\text{-}NiO$ 粉末混合物作为参比电极，发现这些氧化物既可与 ZrO_2 又可与稳定化添加剂 CaO 形成中间化合物，所以测定时间不宜长。

　　在对金属熔体进行脱氧测量时，发现脱氧产物也可与固体电解质发生反应，如 Si 或 Al 的沉淀脱氧，在熔体中生成富 SiO_2 或 Al_2O_3 的脱氧产物，可以沉积在电解质的表面上。例如 Al_2O_3 沉积在电解质表面时，用空气作为参比电极的电池将成为如下形式

$$Pt \mid 空气 \mid Al_2O_3 \mid ZrO_2（CaO）\mid Fe\ 熔体 \mid Fe_{(s)}$$

而使浸入铁液中的 ZrO_2 基电解质管相当于具有多孔的 Al_2O_3 涂层，使电动势值降低。其他的脱氧产物在电解质管上沉积，电动势也出现降低的情况。

　　在未脱氧的金属熔体中，经过较长时间的测量以后，也发现含氧熔体与电解质管之间的反应，电解质管表面形成氧化铁层，并进一步反应，由冷却电解质管后观察到的电解质管表面变成暗色可以判断，X 射线衍射分析也证明了此点。随着氧化铁量的增加，$FeO_n\text{-}ZrO_2\text{-}CaO$ 相由离子导电性占优势逐渐变为电子导电性占优势。

　　在研究合金热力学时，要避免合金和氧化物之间的反应。因此，要求合金组分的一个金属氧化物的稳定性比另一个金属的氧化物要稳定 84kJ/mol 以上。例

如可用

$$Pt\mid Ni，NiO\mid ZrO_2（CaO）\mid NiO，Ni\text{-}Cu\mid Pt$$

电池研究 Ni-Cu 二元合金热力学，因 NiO 的稳定性比 Cu_2O 大很多，如此才能避免 NiO 和 Ni-Cu 间的副反应。此即多用固体电解质电动势方法研究贵金属-过渡族金属的合金热力学的原因。

有些反应需在惰性气氛下进行，用气体净化的方法可使 Ar 气中的 p_{O_2} 降至 10^{-10}Pa 或更低，由此 Ar 气中的 O_2 分子对电极的碰撞可以忽略不计，以至使惰性气体中的微量氧分子不至于影响电极-电解质界面的化学位。

对要求低氧分压的实验，市售 99.99% 的 Ar 也需充分净化脱 H_2O、脱 O_2。用硅胶、P_2O_5 充分脱 H_2O 后，再经 Mg 屑炉（560℃）脱氧。由于动力学因素的限制，Mg 屑的脱氧达不到 Mg 的脱氧平衡，为此，常用 2~3 个装 Mg 屑的不锈钢管串联以增加脱氧效果，也可用 Ti-Zr 屑（800℃）脱氧。

为了消灭炉管内"死角"处的残余含氧量，常在管内电池附近置放 Ta 屑或 Nb 箔（foil）作为消气剂，以吸收耐火管排出的气体（H_2O 或 O_2）。脱氧效果由热力学和动力学因素决定。

在实验时要测定气体流速对电池电动势的影响，以确定最佳流速。

4.5.3　电极组分的平衡

必须在电解质两侧电极平衡的情况下才能得到准确的热力学数据。达平衡时间由固相中的扩散过程所限制。为了保证电极-电解质界面的组成和电极整体相同，避免成分梯度，电解质和两侧电极物质界面紧密接触是很重要的。对片状接触可采取弹簧压紧等措施。

对于不同体系和不同实验温度，平衡时间差别很大。高温熔 Fe 熔钢试验，数秒钟即可达到平衡；而长的可达几十小时。对平衡时间长的实验，用极化法观察电动势值是否恢复原值，以判断平衡是否到达。对固相体系的热力学研究，为了缩短平衡时间可以先进行高温点实验，依次至低温点。

4.5.4　温度梯度产生的热电势的影响

当固体电解质电池置于某一温度梯度时，除生成电动势外还要生成热电势。一般有两种温度梯度：

（1）电解质两侧横向或纵向的温度梯度[3]；

（2）当金属和固体电解质接触面积较大时，不同界面处的温度梯度。

在理论研究和生产中的应用主要为第一种情况。在此，又有两种情况。

4.5.4.1　电解质两侧的 p_{O_2} 大小不受温度影响

例如两种气体或一侧为气体，一侧为金属液。

如果固体电解质两侧的氧分压分别为 p'_{O_2}，p''_{O_2}，则在一定温度下电池电动势为

$$E = \frac{RT}{4F}\ln\frac{p''_{O_2}}{p'_{O_2}} \quad (p''_{O_2} > p'_{O_2})$$

如果电解质两侧 T 不同，分别为 T_1，p'_{O_2}；T_2，p''_{O_2}，C. Wanger 根据不可逆过程热力学推得电池电动势应为

$$E(T_2,p''_{O_2};T_1,p'_{O_2}) = \frac{1}{4F}\left[\mu^{\ominus}_{O_2}(T_2) - \mu^{\ominus}_{O_2}(T_1)\right] + \frac{1}{4F}(RT_2\ln p''_{O_2} - RT_1\ln p'_{O_2}) +$$

$$\frac{1}{2F}\int_{T_1}^{T_2}\left(\bar{S}^{(ZrO_2)}_{O^{2-}} + \frac{Q^{*(ZrO_2)}_{O^{2-}}}{T}\right)dT - \frac{1}{F}\int_{T_1}^{T_2}\left(\bar{S}^{(Pt)}_{e'} + \frac{Q^{*(Pt)}_{e'}}{T}\right)dT$$

$$(4\text{-}48)$$

式中，$\mu^{\ominus}_{O_2}$ 为 O_2 在 101325 Pa 下的标准化学位；$\bar{S}^{(ZrO_2)}_{O^{2-}}$ 和 $\bar{S}^{(Pt)}_{e'}$ 分别为 ZrO_2(CaO) 中 O^{2-} 离子和 Pt 电极引线中电子的偏摩尔熵；$Q^{*(ZrO_2)}_{O^{2-}}$ 和 $Q^{*(Pt)}_{e'}$ 分别为 ZrO_2(CaO) 中 O^{2-} 离子和 Pt 电极引线中电子的迁移热。式(4-48)中第 1、2 项由氧的化学位差决定，而第 3 和第 4 项为固体电解质和电极引线的特征性质，依电解质和电极引线的不同而不同。

因为氧离子和电子的偏摩尔熵和迁移热在一很宽广的 p_{O_2} 范围内接近常数，所以式(4-48)可简化为

$$E(T_2,p''_{O_2};T_1,p'_{O_2}) = \frac{1}{4F}\left[\mu_{O_2}(T_2,p''_{O_2}) - \mu_{O_2}(T_1,p'_{O_2})\right] + \alpha(T_2 - T_1) \quad (4\text{-}49)$$

式中，α 是与偏摩尔熵和迁移热有关的常数，与电解质和电极金属的本性有关。K. S. Goto 等和 W. A. Fischer 分别用 ZrO_2(CaO)，ZrO_2(Y_2O_3)，ThO_2(Y_2O_3) 作为固体电解质，Pt 作为电极引线，电解质两侧皆为空气，在电解质两侧等 p_{O_2} 不等温的情况下进行实验，电池形式为

Pt，空气(T_1)｜电解质(ZrO_2 基或 ThO_2 基)｜空气(T_2)，Pt

求得

对于 ZrO_2($CaO15\%$(摩尔分数)) $\alpha = (0.095 \pm 0.005)$mV/℃

对于 ThO_2($CaO15\%$(摩尔分数)) $\alpha = (0.050 \pm 0.005)$mV/℃

这两个电池负极皆在高温端。

图 4-6 为两种固体电解质电池在等 p_{O_2} 不等温情况下的等电动势线图。如果 p_{O_2} 相等而温度差 10℃，则电动势为 53mV，其中 0.95mV 是由热电势引起的，而 4.35mV 是由氧的化学位差引起的，因此在 Pt 电极界面温度不同时，氧将由低温位置向高温位置迁移而产生 p_{O_2} 的差。

由上述可知，当一个冷空气流冲击 Pt 电极和固体电解质时，电极的温度将

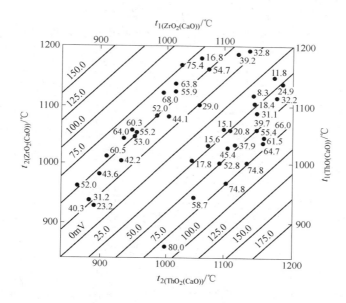

图 4-6　ZrO_2（CaO）和 ThO_2（CaO）在等 p_{O_2} 不等温

情况下的等电动势线图

发生波动，而影响电动势测量的准确性，为此，必须小心地控制气体流速。

4.5.4.2　电解质两侧 p_{O_2} 的大小也受温度的影响

如果用金属和金属氧化物作为参比电极或待测电极，因为氧化物的标准生成自由能为温度的函数，所以平衡氧分压也随温度而变。不同物质的 $\Delta G^{\ominus}$ 受温度影响不同，往往为 10℃ 之差，$\Delta G^{\ominus}$ 相差上千焦耳。

如果电极引线本身和固体电解质界面处有温度梯度，氧将由低温处（正极）向高温处（负极）迁移（可能由于吸附为放热反应，温度高处对吸附不利，所以温度高处 p_{O_2} 低于温度低处，这时低温处为正极），产生混合电位，但引起的误差小于前一种。为此，炉子恒温带要长，一般热力学数据测定要求恒温带 4 ~ 8cm，（1000 ±1）℃，（1600 ±2）℃ 为宜。

4.5.5　由于氧通过固体电解质的迁移所产生的误差[3]

由于固体电解质两侧 p_{O_2} 的不同，有使两侧 p_{O_2} 均一的趋势，而产生氧的迁移。经过固体电解质产生氧迁移的原因有：

（1）由于电解质有电子导电，形成内部电流，产生氧的迁移；

（2）由于各种密封因素（labyrinth factors），氧经过微观孔隙的 Knudsen 扩散；

（3）经过晶界的化学扩散；

（4）经过微裂纹（micro cracks）的分子扩散。

当固体电解质的主要载流子为氧离子，电子导电性较小时，由于内部电流而形成的氧的扩散示意于图 4-7。

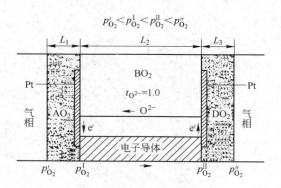

$$p_{O_2}' < p_{O_2}^{\mathrm{I}} < p_{O_2}^{\mathrm{II}} < p_{O_2}''$$

图 4-7　电解质离子导电占优势，具有较小的
电子导电时氧经过电解质的迁移

单位时间内经过参比电极 AO_2 和待测电极 DO_2 孔隙所产生的氧扩散有如下关系式

$$D_{AO_2}^{\mathrm{eff}}\left(\frac{p_{O_2}^{\mathrm{I}} - p_{O_2}'}{L_1}\right) = \left(\frac{1}{\sigma_{\mathrm{Ion}}} + \frac{1}{\sigma_{e'}}\right)^{-1}\frac{(RT)^2}{(nF)^2 L_2}\ln\frac{p_{O_2}^{\mathrm{II}}}{p_{O_2}^{\mathrm{I}}}$$

$$= D_{DO_2}^{\mathrm{eff}}\left(\frac{p_{O_2}'' - p_{O_2}^{\mathrm{II}}}{L_3}\right) \tag{4-50}$$

式中，D^{eff} 为气体氧经过氧化物 AO_2 或 DO_2 的有效扩散常数；L 为相的厚度；其他如前所叙述。

在稳态情况下，氧在各相的传质通量是相等的。

由式(4-50)可看出，对于一定的固体电解质，当组成电池时，选用的参比电极和待测电极的氧分压不宜差得太大。而电解质适当增厚可以减少由内部电流所产生氧的扩散所造成的电动势值的降低。

有研究报告[9]提出，电解质的过剩电子导电引起的内部电流的密度为

$$i_e = \frac{RT\sigma i}{FL}\left(\frac{p_{e'}^{\frac{1}{4}}}{p_{O_2}^{\mathrm{II}\frac{1}{4}}}\right)\left[\frac{(p_{O_2}^{\mathrm{II}})^{\frac{1}{4}} - (p_{O_2}^{\mathrm{I}})^{\frac{1}{4}}}{p_{e'}^{\frac{1}{4}} + (p_{O_2}^{\mathrm{I}})^{\frac{1}{4}}}\right] \tag{4-51}$$

由式(4-51)明显看出，参比电极和待测电极的氧分压差越大，形成的内部电流密度也越大，由此使电动势衰减也越大。为此，有研究者建议，电动势值以不超过 500mV 为宜。

如果电解质的微观细孔小于固体电解质中氧分子的平均自由路程（约 1μm），氧将产生 Knudsen 扩散，扩散速度为

$$\frac{dn_{O_2}}{dt} = \gamma \xi \frac{d}{6L} \left(\frac{8RT}{\pi M_{O_2}}\right)^{\frac{1}{2}} (p''_{O_2} - p'_{O_2}) \frac{1}{RT} \qquad (4\text{-}52)$$

式中，γ 为体积密度；ξ 为密封因子；dn_{O_2} 为在时间 dt 内 O_2 迁移的物质的量；d 为孔隙的平均直径；L 为电解质的厚度；M_{O_2} 为氧的相对分子质量。

E. C. Subbarao 等人研究了 $Ca_{0.16}Zr_{0.84}O_{1.84}$ 固体电解质由 ZrO_2 和 $CaCO_3$ 原料烧成过程中的晶粒生长和孔隙度，在 1400℃ 烧 15min 孔隙度为 40%；1700℃ 烧 2h 孔隙度为 10%，1900℃ 烧 2h 晶粒大小约为 25μm；显微观察证明，在晶界和晶粒间都没有微细孔。由 Knudsen 扩散造成的误差一般是很小的。当气孔率小于 10% 时，密封因子 ξ 为零。

Möbius 等人测定了氧经过稳定的 ZrO_2、烧结刚玉、莫来石和石英玻璃的渗透性，管内通 Ar 气，管外为空气，得到氧的渗透速度（经过 1cm 厚，4.0 ~ 8.0cm² 多晶氧化物）为：

名 称	渗透速度/cm³·s⁻¹	温度/℃
ZrO_2(MgO)	2×10^{-5}	1500
烧结刚玉	3×10^{-7}	1500
莫来石	1.5×10^{-7}	1500
石 英	$< 10^{-7}$	1100

最近报道的 Qiang Hu 等[4] 的实验，以 ZrO_2(Y_2O_3) 作为固体电解质，金属及其低价氧化物的混合物作为参比电极。发现如果固体电解质有微观孔隙或裂纹，这将造成外界氧往管内的渗透，参比电极的金属逐渐被耗尽，管内已没有期望的平衡氧分压，使参比电极失去功效。

其他研究者也发现了氧的渗透现象。有研究者测定了水蒸气在 ZrO_2(Y_2O_3) 中的溶解度，得到了质子在致密氧化物中的扩散系数，测定了 H_2O 的迁移速度，认为水蒸气可溶于固体电解质中并发生如下反应

$$H_2O_{(g)} + V_O^{\cdot\cdot} = 2H_i^* + O_O$$

H_i^* 为间隙质子，在 994℃ 质子的扩散系数 $D_{H_i}^*$ 为 1.57×10^{-6} cm²/s，水蒸气在 994℃ 的渗透性为 1.568×10^{-7} NTPcm³/(s·cm²)；固体电解质的厚度为 1cm。

在固体电解质两侧 O_2 或 $H_2O_{(g)}$ 的分压相差很大时，O_2 或 $H_2O_{(g)}$ 将要发生渗透，从而引起电动势的测定误差。当有裂缝存在时增加了渗透现象，此种固体电解质管不能使用。每种和每只电解质管在使用前都需用钢瓶气体进行检漏实验。

4.5.6 电极和电解质界面的化学稳定性

电极-电解质界面的化学稳定性对高温原电池的性能非常重要。用化学位图

说明界面的热力学稳定性是近期常被采用的方法，现以 $ZrO_2(Y_2O_3)$ 电解质和电极引线 Pt 为例说明[15]。图 4-8 和图 4-9 分别示出了 Zr-Pt-O 和 Zr-Y-Pt-O 体系在 1273K 时的化学位图。该研究模拟了高温燃料电池的条件。

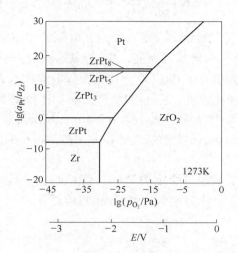

图 4-8　1273K 下 Zr-Pt-O 体系的化学位图

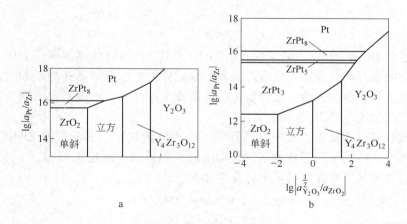

图 4-9　1273K 下 Zr-Y-Pt-O 体系的化学位图
a—$\lg(p_{O_2}/Pa) = -14.5$；b—$\lg(p_{O_2}/Pa) = -17$

W. Weppner 曾用电化学方法观察到在 1273K，$\lg p_{O_2}$ 分别为 -14.14（$p_{O_2} = 7.2 \times 10^{-15}$Pa）、$-14.61$（$p_{O_2} = 2.5 \times 10^{-15}$Pa）和 -14.72（$p_{O_2} = 1.9 \times 10^{-15}$Pa）时，电解质和 Pt 之间发生反应生成 $ZrPt_8$、$ZrPt_5$ 和 $ZrPt_3$。为此，H. Yokokawa 等人绘制该化学位图时分别采用了 $\lg(p_{O_2}/Pa) = -14.5$ 和 $\lg(p_{O_2}/Pa) = -17$ 两种恒 p_{O_2} 值。由图 4-9 可知，在 $\lg(p_{O_2}/Pa) = -14.5$ 时，YSZ/Pt 界面是不稳定的，生成

$ZrPt_8$。为此，电解质和电极界面为 YSZ、$ZrPt_8$ 和 Pt 三相共存。当氧分压降至 $lg(p_{O_2}/Pa) = -17$ 时，立方型固溶体在任何一个 Y_2O_3 的含量，都不能和 Pt 平衡共存，见图 4-9b，而要生成 $ZrPt_3$、$ZrPt_5$、$ZrPt_8$、Y_2O_3 和 $Y_4Zr_3O_{12}$ 等。典型的反应为

$$Zr_{0.85}Y_{0.15}O_{1.925} + 2.55Pt = 0.85ZrPt_3 + 0.075Y_2O_3 + 0.85O_{2(g)} \quad (4-53)$$

如此，电池反应已不能正常进行。

在高温燃料电池中，实际不使用 Pt 作为电极引线，而用电子-离子导体 $(La,Ca)CrO_3$。用 $ZrO_3(Y_2O_3)$ 作为固体电解质的热力学研究，在很低的 p_{O_2} 下，也不宜选用 Pt 作为电极引线。

4.5.7 电池电动势的测量[10]

当进行电动势测量时，应保证能量可逆，使通过电极的电流趋于无限小，为此，较早的研究工作都使用补偿法（对消法），用高阻精密电位差计进行测量。

补偿法是在原电池的外电路上加一个与其电动势方向相反、数值相等的外电势，使电流 I 等于或趋于零。但补偿法测定的调试比较麻烦，不适用于快速测定。为此，近些年都采用高输入阻抗的数字电压表进行测定。假定原电池电动势为 E，电池内阻为 R_i，外电阻为 R_o，根据欧姆定律

$$I = E/(R_o + R_i) \quad (4-54)$$

欲使 I 趋于无限小，必须使 $R_o + R_i$ 很大，但增加电解质厚度有一定限度，为此，只能增加外电阻 R_o。经计算，测量仪表的输入阻抗应大于 $10^9\Omega$ 才能保证测量精度。生产中使用的仪表输入阻抗也应达到 $10^8\Omega$ 以上。实验室研究应采用屏蔽导线，电炉采用无感应双绕，应有专用的接地线，不能将地线接于水管等上，以避免感应等干扰。

在现场测试中，测量探头、测枪、各导线之间及对地的绝缘一般不应小于 $20M\Omega$，否则难以得到正确、稳定的电动势值。

参 考 文 献

[1] Kubaschewski O, Alcock C B. Fifth Edition Metallurgical Thermochemistry. Oxford. New York, Toronto, Sydney, Paris, Frankfurt: Pergamon Press, 1979.

[2] Schmalzried H. EMF Measurements in Metallurgical Chemistry [C]//Kubaschewski O ed. Metallurgical Chemistry Proceedings of a Symposium Held at Brunel University and the National Physical Laboratory on the 14, 15 and 16 July 1971. London: Her Majesty's Stationery Office, 1972.

[3] Hladik J. Physics of Electrolytes Vol.2[M]. London, New York: Academic Press, 1972.

[4] Hu Qiang, Torben Jacobsen, Karin Vels Hansen Mogens Bjerg Mogensen. Solid State Ionics,

2013，240：34.

[5] 莫特 N F，格尼 R W. 离子晶体中的电子过程[M]. 北京：科学出版社，1959.

[6] Rapp R A. Physicochemical Measurements in Metals Research Part 2[M]. New York，London，Sydney，Toronto：Inter-Science Publishers，1970.

[7] 日本制鋼センサ小委員會報告. 制鋼用センサの新しい展開-固體電解質センサを中心としつ[C]. 東京：日本學術振興會制鋼第 19 委員會制鋼センサ小委員會，平成元年.

[8] Briggs A A，Dench W A，Slough W. J. Chem. Thermodynamics，1971(3)：43～49.

[9] 王常珍，于化龙，王铭琪. 东北工学院学报，1983(1)：101～108.

[10] 王常珍. 冶金物理化学研究方法[M]. 4 版. 北京：冶金工业出版社，2013.

[11] Thomas R. Free Energy of Formation of Binary Commpounds [M]. USA：MIT Press，1977.

[12] Bygdén，Sichen Du，Seetharaman S. Metallurgical and Materials Transactions B，1994(25B)：885～891.

[13] Barin I，Knacke O. Thermochemical Properties of Inorganic Substances [M]. Verlag Berlin，Heidelberg，New York，Verlag Stahleisenm，B. H. Dusseldorf Springer：1977.

[14] Subbarao E C. Solid Electrolytes and Their Applications [M]. New York and London：Plenum Press，1980.

[15] Fischer W A，Janke D，冶金电化学[M]. 吴宣方，译. 沈阳：东北工学院出版社，1990.

[16] Yokokawa H，Horita T，Sakai N，et al. Solid State Ionics，1995(78)：203～210.

5 固体离子导体制备的一般方法和离子导体性能

固体电解质及组成电池的某些陶瓷材料，它们的微观结构是由组成材料的原子或离子在空间的排列方式或堆积方式所决定的。微观结构决定了材料的性质。材料的某些类型缺陷及密度、塑性、机械强度、抗热震性等性能都与微观晶粒大小、相连贯性、相组合、晶界情况等有关系。因此材料的制备方法很重要，采用哪种方法，常取决于产品所要求的形态、用途等，如多晶、单晶还是薄膜，也取决于材料性质和生产条件。本章将介绍制备的一般原理、主要制备方法和电解质的某些性能。

5.1 直接合成法的反应原理

多晶固体多采用固态反应直接合成。下面介绍其反应原理[1]。

一个固态反应能否发生取决于热力学和动力学条件，热力学说明反应在什么条件下可以发生，动力学决定反应发生的速度。

反应物生成产物，包括原物质的化学键的断开和重新组合，原子或离子进行迁移或相互扩散，形成新核。在反应界面，欲进一步使反应扩展，需通过产物层继续扩散，但阻力大，扩散速度很慢。

影响固相反应速度的主要因素为反应物质之间的接触面积，产物相的成核速度及离子通过各物相的扩散速度。因此，要缩短固相反应时间，须同时考虑几方面的影响因素。现分述如下：

（1）固体的表面积。固体表面积由其颗粒大小决定。以 MgO 为例，MgO 的密度为 $3.58g/cm^3$，即一块 $3.58g$ 的完整立方结构的 MgO 单晶，其体积是 $1cm^3$，每个面的面积是 $1cm^2$，晶体的总表面积为 $6cm^2$；如将晶体用研钵或球磨机研磨成颗粒棱长为 $10\mu m$ 的小立方体，此时的细粉含有 10^9 个颗粒，每个颗粒的表面积是 $6 \times 10^{-6}cm^2$，则总表面积为 $0.6m^2$；如 MgO 以极细粉的形式存在，假定粉粒为 $10nm$，则原质量的 MgO 含有 10^{18} 个颗粒，总表面积为 $600m^2$。由此可知，固体的表面积随着颗粒度的减小而急剧增加。如果颗粒间极良好地接触，则反应颗粒之间的接触总面积，可大致认为是颗粒的总表面积。反应物接触面积对反应速度影响很大，所以将反应物质粉末压成片以增加反应物质的接触面积。

（2）产物相的成核。当两种或三种固体反应生成一种产物时，存在着产物的成核及其随后的长大。

如果产物与反应物的一种或两种结构相似，且原子间距离等也相似，则成核容易，因为结构相似减少了成核反应的结构重排数量。例如，MgO 和 Al_2O_3 生成尖晶石的反应，尖晶石中的氧离子排列与 MgO 中的相似。因此，尖晶石核就在 MgO 晶体周围或表面上生成。这样，氧离子的排列通过 MgO-尖晶石界面基本上是连续的。对于成核相和原反应物相间结构的相似性而成核的反应，在反应物和产物的结构之间常有一种明确的定向关系，氧离子向界面两侧的发展有拓扑生长反应和外延生长反应（topotactic and epitactic reactions）两种方式。拓扑反应为局部规整反应，不仅要求在界面处具有结构相似性，而且这种相似性应继续延伸到两晶体相的体相内。如果氧离子立方排列越过界面继续保持，则尖晶石就能在 MgO 上拓扑生长。外延生长反应仅要求在晶体界面有二维的结构相似性。拓扑生长反应和外延生长反应的成核过程比那些在反应物和产物之间没有结构或定向关系的反应容易进行得多。

不同的表面有不同的结构，它们的反应可能不同。实际上固相反应存在更多的复杂因素。

5.2　固体离子导体的制备方法

固体电解质和陶瓷制品种类繁多。无机固体电解质一般属于陶瓷，此处一并用陶瓷二字表示。

陶瓷的制备工艺可概括为四步：即配料、制粉→成型→烧成→制品。有的制品尚需精加工。

这些过程多包括复杂的内容，下面分别叙述。

5.2.1　配料、制粉

固体电解质等高性能陶瓷制品的微观结构应由均质、孔隙度小的高密度烧结体组成。要求原料的纯度高，如 ZrO_2，原料纯度应达 99.9% 以上，其中易产生电子导电性的 SiO_2、Fe_2O_3 等应尽量少。

制备微米级粉末大多采用湿法混磨，将粉碎和混合同时进行。超细粉多容易凝聚成牢固的凝集体，一般要加适当的胶溶剂。例如使用无水酒精等溶剂以助于混合均匀。混合装置一般采用行星式球磨机和专用球磨罐与混磨球。为了防止球磨机运行过程中因球和罐内衬磨损下来的粉作为杂质混入原料中，最好采用与原料材质相同的陶瓷球和内衬。研究组采用玛瑙球罐和玛瑙球，可避免各种陶瓷粉末被沾污的问题。加无水乙醇，球磨时间与转速有关[1]。在制备离子导体时，原料在球磨过程中，形成的粉体表面常有几十或几百原子层。表面向外的一侧设有近邻原子，有一部分化学键形成悬空键。表面原子的电子状态和体内原子不同，有剩余的成键能力，活性很高。为了使表面能降低，进入新的平衡状态，要发生弛豫和重构。弛豫是指表面层原子之间以及表面层和体内原子之间要进行调整或膨胀或压缩；重构是指表面层原子之间排列的周期性要发生变化，呈现不均匀性。

在粉碎过程中，在恒温恒压下破碎颗粒而产生单位新鲜的表面的可逆功是颗粒的表面自由能。晶体的新鲜表面不是单一取向的解离，而是几何不均匀性，导致颗粒表面能的不均匀性，产生的力场也不均匀，要重新成团、聚集。

为了避免聚团，一般加助磨剂，乙醇就是常见的助磨剂。助磨机理认为粉体和助磨剂共磨过程中，由于剧烈的机械作用，表面活性点不断暴露。在表面官能团不断形成的同时，降低了粉体的表面活性，使聚团作用减弱。这种作用称为超细粉体的表面修饰。用高能球磨机几小时就可将粉体磨至无定形材料。

随着陶瓷科学的发展，粉料制备工艺不断改进，并出现了各种新的方法，如转化生成法等。转化生成法是由液相或气相在一定条件下，首先形成一定量的晶核，然后逐渐长大成所需的微粉。这种方法很易制得 $1\mu m$ 以下，高纯度的超微粉料。通常氮化物、碳化物、硼化物等多用气相反应收集沉淀。而氧化物则主要用在液相中反应的方法，即湿化学法。反应物均为可溶性化合物，如无机盐、有机酸盐、金属有机化合物等，在水或有机溶剂中反应，然后经脱溶剂处理，可制得粒度不同的超细粉。

5.2.1.1 共沉淀法

将可溶性的锆盐（通常采用 $ZrOCl_2 \cdot 8H_2O$）溶于水，与添加剂的金属可溶性盐溶液混合后加氨水，在一定的 pH 条件下将产生沉淀，将沉淀物清洗烘干，在一定温度下分解，即可得到超细的氧化物混合粉料[2,3]。

5.2.1.2 溶胶-凝胶（sol-gel）法

H. Dislich[4]于 1971 年首次发表了用溶胶-凝胶方法合成多组分氧化物玻璃、微晶玻璃以及陶瓷材料的报道，将胶体科学和陶瓷学结合起来。在较长的时间里，溶胶-凝胶法的研究主要集中在金属醇化物方面[5~8]，之后逐渐开发了无机物溶胶。1984 年，V. Mayeur, P. Fierens 等人[9]首次用 $Zr(NO_3)_2$ 以及 $ZrOCl_2$ 制备了锆的无机盐溶胶，并制得 ZrO_2-SiO_2-Al_2O_3 混合超细粉料。此后，用金属无机盐制备溶胶-凝胶得到进一步发展，关于溶胶-凝胶的历史回顾和发展很多学者作了较全面的综述[4,6,7,10~13]。

溶胶-凝胶方法原理概述如下[14]：金属无机盐混合溶液与加入的 HNO_3、HCl、NH_4OH 等电解质作用，均匀形核，形成固态微小颗粒，使得电解质吸附于粒子表面，在粒子周围形成了一个电场，相同电荷的相互排斥作用使得粒子在液体中悬浮均匀弥散分布，不易聚集，而做布朗运动，形成胶体溶液。一般固态颗粒粒径小于 100nm，这种状态称为 sol。

　　如果容器的体积减小，当电场的相互作用阻止粒子的相互移动时，达到一个临界点，这时的非流动状态标志着凝胶点。类似的凝胶状态也可以通过增加粒子的电荷或粒子数而达到。

　　采用溶胶-凝胶法可以使反应物质获得均匀化直接的接触，所得的粉料细小、均匀，粒度可达几个纳米的超细粉，组成稳定且可有选择性掺杂，生产工艺及设备简单。

　　超细粉易烧结，一般能降低烧结温度 $200 \sim 300℃$。粉料有多种用途，可用于烧结固体试样、化学镀膜、喷涂等。

5.2.1.3　金属醇化物水解法

由金属醇化物制备凝胶有两种方法[5]：

　　（1）将金属醇盐，如锆的醇盐（ZrOR）和添加剂醇盐在有机溶剂中混合加水，控制水解速度，形成亚微颗粒后使之在水中分散，加入稀酸形成胶状溶胶。脱溶剂处理后得到凝胶，在一定温度分解得到氧化物混合粉料。

　　（2）金属醇化物直接水解，形成链状化合物，进而形成凝胶，脱去水解产物后，在一定温度下分解，形成混合氧化物粉料。

5.2.1.4　水热分解法[15]

以 ZrO_2 超细粉制备为例，将 $ZrOCl_2 \cdot 8H_2O$ 水溶液，用阴离子交换，加 H_2O_2 和氨水等处理，制得原始溶液，加热至沸点，保持沸点温度，加足够量氨水，使 ZrO_2 呈非晶形物质凝聚沉降，经过水洗、脱水、干燥、高温处理，获得超细粉料。

　　另外，还有喷雾干燥法、火焰干燥法等，这些方法一般具有粒度小、均匀性好、表面活性高、易烧结等特点。但应用最多的还为溶胶-凝胶法，其最大的优点为装置简单。

5.2.2　成型

　　粉料在烧结前要压成型，本节分述主要成型方法[16,17]。

5.2.2.1　金属模成型法

　　金属模成型法是将粉料填充在一定尺寸的金属模具腔内，把上下模闭合，用压力机压成圆片和条状的方法，有时需要加入少量黏结剂。此法简单，成型成本低廉，但因加压方向为单向，所以粉末与模壁的摩擦力大，粉末间压力传递不均匀，造成烧成时生坯变形或开裂。所以此法只能用于成型形状简单，难以发生这类问题的素坯。在制备氧化物固体电解质或合成复合氧化物时，用此法作为预合成烧结片用。

5.2.2.2　等静压成型法（橡胶膜成型法）

　　冷等静压以液体（机油或变压器油）作传压介质，将粉料填充在套有橡胶管的模具空隙内,压实并密封好,放入等静压工作缸内。将工作缸密闭后加压,待达到所要求的压力后保压一定时间。此时,静油压从各个方向均匀地加压于橡胶膜来成型,使制品成为具有一定形状、高密度的压制坯件,然后卸压启封工作缸盖,取出制品。

用此种方法可制备大小型固体电解质管,但需有多个模具。

5.2.2.3 热压铸成型法(注射成型法)

热压铸成型法也称注射成型法。将石蜡和蜂蜡共12%左右熔化,将陶瓷粉料加入,加入0.1%~0.5%油酸加热定速搅拌,间断共搅拌几个昼夜至搅拌均匀,置于有加热装置的注射机筒内,用压缩空气将其高速压入金属模具内进行急速凝固成型。脱模后,用金属模具再压制第二个件,如此继续下去。用此法成型速度快,可用于规模生产。ZrO_2基固体电解质小管多用此法成型。

$ZrO_2(MgO)$固体电解质管的压制,一般将粉料置于耐热塑料杯内,加12%左右的石蜡及蜂蜡,0.1%左右的油酸,于恒温水槽内,控制温度60~80℃,用可控速度的电机带动塑料搅拌棒对混合料进行充分搅拌,然后在注射机内注射成型。模具用工具钢制作。

将压制好的管坯置于刚玉坩埚内,埋入经1400℃煅烧过的Al_2O_3粉或ZrO_2(MgO)粉中,600℃脱蜡。升温要缓慢,由室温至600℃,加上不同温度段的保温时间,共约20余小时。

5.2.2.4 流延成型法

将配制的陶瓷浆料用流延嘴刮刀以一定的厚度涂覆在基带上,经干燥使溶剂挥发,固化后从基带上揭下,得到陶瓷固态薄膜,其工序如图5-1所示。

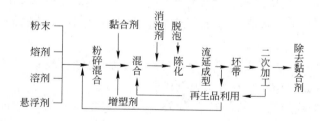

图5-1 流延成型法工序简图

这种生坯带由于在粉浆中加入了黏结剂和增塑剂,具有可进行切片、层合加工的性质。

5.2.2.5 压延辊成型法

将配制好的陶瓷料浆用旋转式干燥机干燥,同时制成片状,然后用压延辊加热,同时混匀,经消泡、压延,用精轧辊制成薄膜。

5.2.2.6　注浆成型法

把料浆浇入石膏模内，静置一定时间，料浆中的水分被石膏模吸收，然后除去多余的浆料，将生坯和石膏模一起干燥。生坯干燥后有一定强度，从石膏模中取出。生坯的厚度由料浆注入石膏模至除去多余料浆后静置的时间长短而定。此法为古老简便的方法，可用于大的固体电解质管和坩埚等的成型。

5.2.2.7　挤压成型法

把料浆放入压滤机内挤出水分，形成块状后，从装有挤形口的真空挤出成型机内挤出一定形状，可挤压出圆棒、圆条、方棒等长条形坯件，切成一段段或经干燥后切削加工成制品。可用此法挤压固体电解质棒或作为电极引线用的金属陶瓷棒或条等。

5.2.2.8　熔融浇铸法

将熔融料浇铸入石墨模内等，冷却成型后取出，此法可用于低熔点的盐类、玻璃等固体电解质的成型、切片等。

5.2.3　煅烧和烧成

如原料中含有含氧酸盐如 $CaCO_3$、$BaCO_3$ 等，在球磨混料后，松压成型，在一定温度下合成所期望的化合物材料，称为合成或煅烧（calcine）。再球磨制粉、压型，在较高温度下烧结成型（sinter）。如果原料中不含碳酸盐，也可以将合成和烧结两个步骤合一。例如在用 MgO 和 ZrO_2 细粉（A. R 级）制备 $ZrO_2(MgO)$ 固体电解质管时，就可将合成和成型烧成统一。

烧成常称烧结。把生坯中除去黏结剂组分后的陶瓷素坯烧结成形状致密制品的过程称为烧成。由烧成引起的现象称为烧结。在实验中烧成的设备有相应的加热炉，生产中除用加热炉外也常用窑炉。加热炉为间歇式的而窑炉多为连续式的。

对氧化物固体电解质最常用的方法为常压烧结。现以 ZrO_2 基电解质和 $\beta\text{-}Al_2O_3$（包括 $\beta''\text{-}Al_2O_3$）电解质为例说明。

烧结制度的确定与其结晶特性有关。ZrO_2 在常温下是单斜晶系晶体，加热至1150℃左右时发生相变，成为四方晶，同时产生约 7% ～9% 的体积收缩，温度降低时，又产生相变逆转，但温度低时转变极慢成为亚稳相。R. C. Garvie 等人认为含亚稳四方相的部分稳定的 ZrO_2（PSZ）有希望具备相变增韧特性。1977 年，D. L. Porter 等人[19]首先证实了这一特征，并提出了增韧机理，他们认为，在裂纹尖端的临界距离内，裂纹应力场与粒子相互作用，对称的四方型 ZrO_2 失去其对称性，发生马氏体相变成单斜晶，在相变过程中吸收能量。亚稳四方相在外应力作用下的增韧，并不伴随化学自由能的降低，而是裂纹尖端的粒子形状和体积的改变使裂纹扩展受阻，因此需要更大的外加应力才能造成断裂。同时指出，在

PSZ 材料中，存在两个起作用的能量吸收机理：（1）在应力引起的马氏体相变反应中的不变晶格切变导致应变能的弹性耗散；（2）伴随着相变而发生的形状改变引起裂纹尖端附近的基质的弹性应变能的耗散，导致随裂纹扩展的应变能的降低，由此提高了断裂表面能。

1982 年，F. F. Lange 研究了[20]PSZ 材料中应变相变的热力学及相变物质的粒度效应。指出当颗粒小到一定程度时，相变热力学总能量表达式中必须引入一项与微粒表面现象有关的能量项。相变物质存在一个与应变相变有关的临界尺寸。盛绪敏等人[21]对 ZrO_2 在陶瓷基质中的相变特性，相变热力学及增韧机理进行了综合评述。

四方型 ZrO_2 的马氏体相变作用能明显改善 Y_2O_3 部分稳定的 ZrO_2（Y-PSZ）材料的机械性能，尤其是改善脆性。Y-PSZ 材料中的 Y_2O_3 含量对增韧效果影响明显，在 Y_2O_3 含量达 2.5%（摩尔分数）左右时抗弯强度和断裂韧性达到最佳值。F. F. Lange[20] 又推导出应力相变增韧的临界应力强度因子的表达式，他指出，为使应力诱导相变增韧效果最佳，四方型 ZrO_2 的体积分数应当大一些，与高濂、严东生等人[22]的实验结果相一致。

MgO 部分稳定的 ZrO_2（MgO-PSZ）为制备钢液定氧等固体电解质管的材料，要求有良好的抗热震性，其相变增韧原理类似于 Y_2O_3-PSZ。安胜利、刘庆国等人[23]研究了 MgO-PSZ 固体电解质管制备的各步工艺，用共沉淀方法制粉，热压铸法制管，600℃脱蜡（加热和保温约20h），研究了在 1200～1650℃间不同温度烧结时固体电解质管的密度。实验得到，600℃脱蜡后，电解质的平均粒度为 0.4～0.6μm，1500℃烧结 1h 后密度达 96% 理论密度，烧结时间增长，相对密度逐渐略有增加，4.5h 左右可达 98% 以上。提高烧结温度，可缩短高温烧结时间。一般至1650℃以上，短时间在 1700～1750℃。高温烧结后可使电解质管表面光滑，增加气密性，以避免高温情况下氧的渗透。

在 1000～1300℃相变温度范围内，烧结速度和冷却速度要极慢，约50℃/h以下，以避免相变时线收缩和膨胀过快，引起产品开裂或抗热性降低。

化学气相沉积法烧结是有潜在价值的一种制备方法，可用于化合物合成和化合物提纯等[1]，其设备较简单，一根长石英玻璃管，在其一端装有固体反应物 A，将管内充以气相输运剂 B，然后将石英管熔封，置于有温度梯度的炉内，物质 A 和 B 互相反应生成气态物质 AB，它在管子的另一端分解沉积出晶体 A，A物质得到了提纯。

反应物 A，气相输运剂 B 和气相产物 AB 之间存在可逆平衡

$$A_{(s)} + B_{(g)} \Longrightarrow AB_{(g)} \qquad (5\text{-}1)$$

在一定温度下有一平衡值，即 $AB_{(g)}$ 的平衡浓度随温度而变，在温度 T_2 和 T_1 处是不同的，因此形成了气相 AB 的浓度梯度，成为气相扩散运输的驱动力。如果

AB 的生成反应是吸热反应，则 AB 优先在温度 T_2 热端处生成，在温度 T_1 发生分解沉积出晶体 A。反之，如 AB 的生成是放热反应，反应物被放置在管内冷端，最后产物在热端生成。

　　铬和碘的反应就属于这类反应。反应式为

$$Cr_{(s)} + I_{2(g)} \Longleftrightarrow CrI_{2(g)} \tag{5-2}$$

反应放热，所以金属铬就在较高温度处重新沉积出。可用此法提纯的其他金属有钛、铪、钒、铌、钽、铜、铁、钍等。

　　化学气相沉积还可作为一种制备方法，例如：

在 T_2 处
$$A_{(s)} + B_{(g)} \Longleftrightarrow AB_{(g)} \tag{5-3}$$

在 T_1 处
$$AB_{(g)} + C_{(s)} \Longleftrightarrow AC_{(s)} + B_{(g)} \tag{5-4}$$

总反应
$$A_{(s)} + C_{(s)} \Longleftrightarrow AC_{(s)} \tag{5-5}$$

应用此种方法，可以用于合成二元、三元及四元化合物。

　　这些例子可以用反应自由能变化和动力学因素解释，气体能以较快速度从一种晶体输运物质至另一种晶体上。

　　用气相沉积法可以合成某些难以合成的化合物，且纯度高。可往基体上沉积形成一定厚度并达到一定的致密度，可用反应气体浓度和温度等控制反应速度。

5.3　固体电解质的致密性

　　固体电解质材料必须有良好的致密性，以防被测气体分子的渗透。说明材料的致密性有两个参数，一为密度和气孔率，另一为物理比渗透性[30]。

5.3.1　密度和气孔率

　　当把固体电解质视为理想完整晶体时，这时的密度称为理论密度。实际所制备的固体电解质，由于存在晶界、气孔和夹杂，所以实际密度一般小于理论密度。

　　固体电解质气孔的多少，可用气孔率描述，它和密度的关系可近似用以下关系表示

$$气孔率 \approx \left(1 - \frac{实际密度值}{理论密度值} \right) \times 100\%$$

　　对于氧离子导体，气孔率一般小于 5%，即实际密度应为理论密度的 95% 以上。

　　理论密度用密度（density）的第一个字母 D 表示，其定义为

$$D = (xm + yn)/(NV)$$

式中，m 和 n 分别是基体和稳定剂的相对分子质量；N 是阿伏伽德罗常数；V 是

单位晶胞体积；x 和 y 分别是单位晶胞中基体和稳定剂的分子数。

对于 ZrO_2（CaO 或 MgO）类型电解质：

（1）属于空位模型的固体电解质，其晶格结构的特点是所有金属离子都位于晶格结点上。这时

$$x + y = 4$$

（2）属于间隙式模型的固体电解质，其晶格结构的特点是所有氧离子都位于晶格结点上，这时

$$2x + y = 8$$

（3）属于空位和间隙式混合模型的固体电解质，晶格结构是上述两种结构按一定比例构成的。求其理论密度时，先按比例分别计算出两部分值，然后相加。

对于 $ZrO_2(Y_2O_3)$ 类型电解质，$2x + 1.5y = 8$。

x/y 的值等于化学计量式中相应的摩尔分数之比。

5.3.2 物理比渗透性

由于晶体中存在夹杂等，上述方法求得的气孔率仅为近似值，可用物理比渗透性来描述固体电解质的致密性。物理比渗透性的定义是：在单位厚度、单位面积的固体电解质上，固体电解质两边的氧浓差为 101325Pa 时，单位时间内从高氧分压侧向低氧分压侧渗透的氧量，单位为 mL/（cm·min）。

氧离子固体电解质的比渗透性随着温度的升高而增大。

5.4 固体电解质的抗热震性

固体电解质的抗热震性是指电解质在温度迅速变化过程中而不致破裂的性能。常用的度量方法有两种：

（1）在骤冷骤热的条件下，材料出现裂缝的冷热循环次数，次数越多，抗热震性越好。骤冷骤热的温度变化差是从室温至某一高温，一般由高温使用温度而定，有 800℃，1000℃和 1600℃。试验方法是：将固体电解质管或片，从室温突然放入高温，恒温约 5min，然后再突然拿到室温放置 5min，这个过程循环一次。

（2）用开始产生裂缝的骤冷骤热温度变化速度来度量。目前抗热震性较好的 ZrO_2 基固体电解质管可达到 60℃/s[31]。

影响抗热震性的因素较多，主要如下：

（1）线膨胀系数。线膨胀系数越高，一般抗热震性越差。

（2）热导率。热导率数值越大，导热越快，抗热震性越好。ZrO_2 基电解质的热导率很小，所以抗热震性较差。

（3）抗张强度。抗张强度越大，抗热震性越好。抗张强度与晶粒大小、气孔率等有关。一般来说，平均颗粒越小，抗张强度越大；气孔率越小，抗张强度越大。

（4）弹性模量。弹性模量是在材料弹性极限内抗张应力与纵伸长率之比。一般说，抗热震性随着抗张应力与弹性模量之比值的增加而加大。

欲提高固体电解质的抗热震性需从多方面考虑，与稳定剂的种类、含量、相组成比例等因素有关。

参 考 文 献

[1] 毋伟，陈建峰，卢寿慈. 超细粉体表面修饰[M]. 北京：化学工业出版社，2004.

[2] 王常珍. 冶金物理化学研究方法[M]. 北京：冶金工业出版社，2002.

[3] 方起，彭定坤，孟广耀. 无机材料学报，1987，2(2)：124.

[4] Dislich H. Sol-Gel Science，Process and Products. J. Non-Cryst. Solids，1986(80)：115~121.

[5] Guizard C，Cygankiewicz N，Larbot A，et al. J. Non-Cryst. Solids，1986(82)：86.

[6] Seagal O L. J. Non-Cryst. Solids，1984(63)：183.

[7] Yoldas B E. J. Met. Sci. ，1977(12)：1203.

[8] Debsikdar J C. J. Non-Cryst. Solids，1984(63)：183.

[9] Mayeur V，Fierens P. J. Met. Sci. Let. 1984(3)：124.

[10] Vilmin G，Komarnei S，Roy K. J. Met. Sci. ，1987(22)：3556.

[11] Woodhead J L，Segal D L. Chem. ，1984(4)：310.

[12] Roy R. Science，1987(238)：1664.

[13] Radwal S P S. Solid State Ionics，1994(70/71)：83.

[14] Partlowanel D P，Yoldas B E. J. Non-Cryst. Solids，1981(46)：153.

[15] Murase Y，Kato E，Hirano M. Yogyo Kyokai Shi，1984，92(2)：18.

[16] 宗宫重行. 近代陶瓷[M]. 池文俊，译. 上海：同济大学出版社，1988.

[17] 张绥庆. 新型无机材料概论[M]. 上海：上海科学技术出版社，1985.

[18] Masaki T. J. Am. Ceram. Soc. ，1986，69(7)：519.

[19] Porter D L，Heuer A H. J. Am. Ceram. Soc. ，1977，80(3~4)：183.

[20] Lange F F. J. Mat. Sci. ，1982(17)：225.

[21] 盛绪敏，徐洁. 硅酸盐学报，1985，13(3)：364.

[22] 高濂，严东生，郭景坤. 中国科学，1988(1A)：95.

[23] An S L，Qiu W H，Liu Q G. Proceedings of the 2nd Asian Conference on Solid State Ionics Recent Advances in Fast Ion Conducting Materials and Devices [C]. Beijing：World Scientific，1990：299~399.

[24] Ribes M，Delord V. Proceedings of the International Seminar Solid State Ionic Devices [M]. Singapore：World Scientific，1988：147~156.

[25] Kudo T，Takano S，Kishimoto A，et al. Proceedings of the 2nd Asian Conference on Solid State Ionics Recent Advances in Fast Ion Conducting Materials and Devices [C]. Beijing：World Sci-

entific, 1990: 191～200.

[26] Yang L S, Shan Z Q, Liu Y D, et al. Proceedings of the 2nd Asian Conference on Solid State Ionics Recent Advances in Fast Ion Conducting Materials and Devices [C]. Beijing: World Scientific, 1990: 283～288.

[27] Minh N Q. ISSI Letters, 1996, 7(1): 1.

[28] Nagata M, Hotta H, Iwahara H. Journal of Applied Electrochemistry. 1994(24): 411～419.

[29] Ribes M. Proceedings of the International Seminar Solid State Ionic Devices [C]. Singapore: World Scientific, 1988: 135～146.

[30] 张仲生. 氧离子固体电解质浓差电池与测氧技术[M]. 北京: 原子能出版社, 1983.

[31] Iwase M, Yamamoto M, Tanida M, et al. Transactions I S I J, 1982(22): 349.

6 固体离子导体材料和氧离子导体

曾被探索过的固体电解质材料有几百种，但被选用的仅为几十种。前面曾提及作为离子导体固体电解质应当具备以下性质：

（1）$t_i > 0.99$，$t_e < 0.01$；

（2）电子迁移的禁带宽度应大于 3eV；

（3）离子迁移激活能小于电子迁移激活能；

（4）金属元素和非金属元素的电负性差大于 2；

（5）在使用温度下热力学性质稳定；

（6）相变的能量差小；

（7）离子不易得失电子而变价；

（8）作为可逆电池而仅应用电动势值时，离子电导率 $\sigma \geq 10^{-6}$S/cm；而作为能源电池应用时，在使用温度下，离子电导率 $\sigma \geq 10^{-2}$S/cm，常称快离子导体。

对于离子导电的固体电解质，由元素的电负性知，氟化物和某些氧化物可以作为广泛应用的固体电解质；而硫化物、氮化物和碳化物则很难达到像氧化物固体离子导体那样广泛的应用[1]。

某些具有特殊结构的离子导体，很多为快离子导体。

掺杂可以改变晶体场，增加导电离子空位而增加离子导电性。杂质也能改变晶体场，但往往会增加电子的导电性。例如 Si、Mn 和 Fe 的化合物，电子易从杂质中心跃至导带或从导带跃到杂质中心，而使过剩电子或电子空位增加。

主要导电离子和相应的主要化合物见表 6-1[2~5]。

表 6-1 导电离子和相应的主要化合物

导电离子	化 合 物
F^-	NaF，CaF_2，$Ca_{0.95}Y_{0.05}F_{2.05}$，$SrF_2$，$BaF_2$，$MgF_2$，$PbF_2$，$Na_3AlF_6$，$KPb_3F_7$，$La_{0.95}Sr_{0.05}F_{2.95}$，$LaF_3$，$La_{0.95}Sr_{0.05}F_{2.95}$，$LaOF$，$CeF_3$，$YF_3$，$ErF_3$
Cl^-	$NaCl$，$SrCl_2$，$BaCl_2$，$PbCl_2$
Br^-	$NaBr$，KBr，$BaBr_2$，$PbBr_2$
I^-	KI，PbI_2
O^{2-}	$Zr_{1-x}M_x^{2+}O_{2-x}$，$Zr_{1-x}M_x^{3+}O_{2-x/2}$，$CaZrO_3$（$CaO$ 或 ZrO_2），$Th_{1-x}M_x^{2+}O_{2-x}$，$Th_{1-x}M_x^{3+}O_{2-x/2}$，$Hf_{1-x}M_x^{2+}O_{2-x}$，$Hf_{1-x}M_x^{3+}O_{2-x/2}$，$Ce_{1-x}M_x^{2+}O_{2-x}$，$Ce_{1-x}M_x^{3+}O_{2-x/2}$，$Bi_{2-x}Sr_xO_{3-x/2}$，$Bi_{2-x}W_xO_{3x/2}$，$Bi_{2-x}Y_xO_3$，$Bi_{2-x}Gd_xO_3$，$LaOF$，$\beta$-$Al_2O_3$，$\beta''$-$Al_2O_3$，$3Al_2O_3 \cdot 2SiO_2$

导电离子	化 合 物
S^{2-}	CaS, CaS-Y_2S_3, CaS-TiS_2, MgS, SrS
C	BaF_2-BaC_2
N	AlN, $AlN(Al_2O_3)$
H^+	$CaZr_{1-x}M_xO_{3-\alpha}$, $SrCe_{1-x}M_xO_{3-\alpha}$, $BaCe_{1-x}M_xO_{3-\alpha}$, KHF_2, KH_2PO_4, $(NH_4)_2H_3IO_6$, H_xWO_3 等
Ag^+	α-AgI, β-AgI, $AgCl$, $AgBr$, Ag_2S, Ag_2Se, Ag_2Te, Ag_3SBr, Ag_3SI, Ag_2HgI_4, $Ag_4HgSe_2I_2$, $Ag_8HgS_2I_6$, Ag_4HgI_4, KAg_4I_5, $RbAg_4I_5$, $NH_4Ag_4I_5$, β-$Ag_2O \cdot 11Al_2O_3$, $Ag_7I_4PO_4$, $Ag_7I_4AsO_4$, $Ag_7I_4VO_4$, $Ag_{19}I_{15}P_2O_7$, $Ag_6I_4WO_4$, $RbCN \cdot 4AgI$, $CsCN \cdot 4AgI$, $Ag_2SeO_4 \cdot 2AgI$, $Ag_5I_3SO_4$, $Ag_7I_4PO_4$
Cu^+	$CuCl$, β-$CuBr$, γ-$CuBr$, β-CuI, CuS, Cu_2Se, $HgCu_2I_4$, KCu_4I_5, $7CuBr \cdot C_6H_{12}N_4XBr$ ($X = CH_3$, H, C_2H_5), $7CuCl \cdot C_6H_{12}N_4HCl$, $17CuI \cdot 3C_6H_{12}N_4CH_3I$
Li^+	LiH, Li_4SiO_4, Li_2SiO_5, Li_2SiO_3, $LiAlSi_2O_6$, $LiAlSiO_4$, Li_2SO_4, $(Li, Ag)_2SO_4$, $(Li, Na)_2SO_4$, Li 玻璃
Na^+	NaF, $NaCl$, $NaBr$, β-$Na_2O \cdot 11Al_2O_3$, β''-$Na_2O \cdot 5Al_2O_3$, β''-$Na_2O \cdot MgO \cdot 5Al_2O_3$, $NaSbO_3$, $NaSbO_3 \cdot I_6NaF$, $NaTa_2O_5F$, $Na_3Zr_2PSi_2O_{12}$, Na 玻璃
K^+	KCl, KBr, KI, $2K_2O \cdot 10Al_2O_3$, $K_{1-x}Mg_{1-x}Al_{1+x}F_6$, $K_2Al_2Ti_6O_{16}$, $K_{2x}Mg_xTi_{8-x}O_{16}$, $K_{2x}Al_{2x}Ti_{8-x}O_{16}$, K 玻璃
Rb^+	β-$Rb_2O \cdot 11Al_2O_3$, Rb 玻璃
Cs^+	Cs 玻璃
NH^{4+}	β-$(NH_4)_2O \cdot 11Al_2O_3$
Tl^+	β-$Tl_2O \cdot 11Al_2O_3$
Mg^{2+}	MgO 及某些含 Mg^{2+} 的盐和化合物
Al^{3+}	Al_2O_3
Y^{3+}	YF_3-CaF_2
其他金属离子（也包括上列的一些离子）	β-Al_2O_3, β''-Al_2O_3 型的，或由 β-Al_2O_3 或 β''-Al_2O_3 离子交换，或直接合成，写为: β-, β''-Al_2O_3(Li, K, Rb, Cs, Ag, Cu, NH_4, Ca, Sr, Ba, Zn, Cd, Pb, Mn, Fe, Co, Ni, Hg, Sn, In, Ga, Bi, Cr, La, Pr, Nd, Sm, Eu, Gd, Tb, Dy, Er, Yb)

除表 6-1 所列的外，尚有 NASICON（$Na_3Zr_2Si_2PO_{12}$），$Na_5YSi_4O_{12}$，$Na_3GdSi_4O_{12}$，LISICON（$Li_{14}ZnGe_4O_{16}$），$Li_{5.9}Al_{0.1}$-$Zn_{0.9}O_4$，$Li_{5.5}Fe_{0.5}Zn_{0.5}O_4$，$LiN_3$，$AlN(Al_2O_3)$，$Si_3N_4(Al_2O_3, MgO)$，$AgI(Ag_2WO_4$，$Ag_3PO_4$，$Ag_3AsO_4$，$Ag_4P_2O_7)$，$AgI$-$Ag_2O$-$V_2O_5$，含无机导电离子的聚合物，氟化物玻璃（$LiF$-$MF_4$ 二元化合物，M = Zr，Th，U）等。

以下分别讨论氧离子导体。

　　1834 年 Faraday 首次由实验发现固体中离子的传输现象。理论证明，大于 0K 时，所有晶体的原子或离子围绕平衡位置热振动加强，振幅加大，而产生点阵缺陷。符合化学计量的化合物也有点阵缺陷。1889 年发现了 ZrO_2 掺杂 Y_2O_3（写作 $ZrO_2(Y_2O_3)$）氧离子导体，O^{2-} 离子有较高的迁移率和较低的激活能。1899 年试用于制作燃料电池的电解质。由于陶瓷制品的需要，研究了 $ZrO_2(CaO)$ 材料。1933 年 C. Wagner 对氧浓差电池的研究，给予了热力学和电化学相结合的说明，电池电动势的产生是基于固体电解质两侧组分化学位的不同。$E = \dfrac{1}{4F}\int_{\mu_{O_2}^{I}}^{\mu_{O_2}^{II}} t_i \mathrm{d}\mu_{O_2}$，式中 μ_{O_2} 为氧的化学位；t_i 为导电离子的迁移数；F 是法拉第常数。1937 年组成燃料电池。1957 年，K. Kiukkola 和 C. Wagner[6] 发表了用固体电解质原电池测定高温下金属卤化物、氧化物和硫化物标准生成自由能的文章。其中尤其是用 ZrO_2（CaO）电池测定了一些氧化物标准生成自由能的工作，引起科学家们的极大兴趣，该文章被誉为划时代的作品。此后，许多冶金学家和冶金物理化学研究者证实和发展了 C. Wagner 的工作。1965 年在维也纳国际原子能年会上，K. Goto 提出了用 $ZrO_2(CaO)$ 固体电解质氧浓差电池直接测定钢液中氧活度的报告，以后 C. Alcock 等人又用同样的方法测定了熔融铅中的氧活度。1966 年 2 月在美国矿冶工程师学会的年会上，Wilder 提出测定铜液中氧的报告。此后，用 $ZrO_2(CaO)$ 固体电解质电动势方法发展很快，冶金、化学、物理、材料、陶瓷学等领域的诸多研究者从不同角度开展了有关的研究。

　　ZrO_2 基材料是迄今为止最有实际意义和应用前景的氧离子导体，并以其为基体发展了用辅助电极法测定熔体中金属活度的化学传感器，以用于理论和实际中。氧离子导体尚有其他多种用途。关于固体氧离子有关问题分述如下。

6.1　晶体化学数据

　　离子导体性质取决于其组成元素的原子结构及原子的外围电子层排布。固体离子导体要求离子迁移数 $t_i > 0.99$，而过剩电子电导或电子空位电导很小，即 $t_{e'}$ 或 $t_{h^·} < 0.01$。如此，要求导电离子和其相反电荷的简单离子或复杂离子间为离子键。对于由简单离子所组成的离子导体，要求两元素电负性差大于 2.0，为此，ZrO_2 基离子导体从化学本性上讲具备了条件。同样，包括和 Zr 同一 d 副族的 Th 和 Hf 的氧化物。ThO_2 基和 HfO_2 基离子导体，在高温低氧分压下得到了应用。

　　人们对这几类氧离子导体的晶体化学数据也给予了研究[7,8]。元素的电负性同电离势和电子亲和势相关联。L. Pauling 指定最活泼的非金属元素氟的电负性等于 4，然后通过比较得到其他元素的电负性数据，叫做元素的相对电负性。

Allred Rechow 根据原子核对电子的静电引力也算出一套电负性数据，与 L. Pauling 的数据很接近。这两种电负性数据见附录，上面一行为 L. Pauling 的电负性数据，下面一行为 Allred Rechow 的数据。

　　作为高温应用的固体电解质的基体及添加物，要求为白色或浅色物质，以减少电子导电性。

　　ZrO_2 和 HfO_2 在室温下以单斜结构形式存在，而 ThO_2 从室温至熔点都以立方氟石结构形式存在。ZrO_2 在高温下经历两个伴随体积变化的转变过程，在 1000～1150℃之间，由单斜晶系变为四方晶系，产生约 7% 的体积收缩；当再冷却时，发生逆反应使体积膨胀，如此可使制品开裂。ZrO_2 在加热和冷却过程中的线膨胀曲线形式见图 6-1。由于 ZrO_2 原料处理方法不同，曲线形状不尽相同，但形式相似。对于 HfO_2，在约 1700℃时存在由单斜晶向斜方晶的转变。由于 Zr、Hf 性质相似，所以在矿物原料中 HfO_2 常常和 ZrO_2 伴生在一起，Hf 离子很容易嵌入 ZrO_2 晶格中，但对制备固体电解质的 ZrO_2 原料无须进行锆、铪分离，除非为了提取 HfO_2。

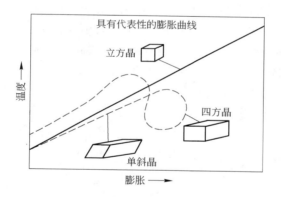

图 6-1　ZrO_2 的膨胀曲线

　　纯 ZrO_2 的电导率与温度及气相氧分压的关系已经有多人进行了研究，在氧分压很低的情况下，按照下列缺陷平衡

$$O_o === \frac{1}{2}O_2 + V_o^{\cdot\cdot} + 2e' \tag{6-1}$$

可假定为 n 型导电占优势；在高氧压情况下，按照缺陷平衡

$$\frac{1}{2}O_2 === O_i'' + 2h^{\cdot} \tag{6-2}$$

为 p 型导电占优势。

　　电导率由电荷载体的浓度和迁移数决定。过剩电子和电子空位一般具有比缺

陷离子高 $10^3 \sim 10^5$ 倍的迁移数。假如过剩电子或电子空位浓度比氧离子和氧离子空穴浓度低若干数量级，可以认为离子导电占优势。

对于 ZrO_2，也证实了在 $10^5 \sim 10^{-1}$ Pa 间有微量的氧缺陷，化学式为 ZrO_{2-x}。x 在 $1400 \sim 1900$℃温度范围，p_{O_2} 用 Pa 为单位时

$$\lg x = -0.890 - \frac{4000}{T} - \frac{1}{6}\lg(p_{O_2} - 5) \tag{6-3}$$

单斜晶 ZrO_2 中氧的自扩散系数 D_O^* 在 990℃，$10^5 \sim 10^{-14}$ Pa 间与 p_{O_2} 无关，约为 1.8×10^{-12} cm^2/s。

6.2　ZrO_2-CaO 电解质[1~6]

从历史上看，ZrO_2 由于其熔点高，为陶瓷业所重视，但由于在陶瓷制造过程中，ZrO_2 有单斜晶 $\xrightarrow[\text{冷却}]{\text{加热}}$ 四方晶的转变，使制品开裂。从结晶化学考虑，加入和 Zr^{4+} 有相近阳离子半径的高熔点氧化物，在一定条件下可生成置换式固溶体，可以避免制品开裂。如在原料中添加一些 CaO、MgO 或 Y_2O_3，在高温下则形成立方型固溶体，可以避免 ZrO_2 的 $1000 \sim 1100$℃ 的相变，使制品稳定化。ZrO_2 被稳定，称为稳定化的 ZrO_2（stabilized zirconia）。从此，人们对稳定化的 ZrO_2 从不同的角度展开了多方面的研究。在较早的工作中，研究较多的为 CaO 稳定的 ZrO_2，但其抗热震性差，现已不用。

6.3　ZrO_2-MgO 电解质

在 ZrO_2-MgO 体系中，只有在 1400℃以上才存在稳定的立方型固溶体，见图 6-2，固溶体区的界限受温度影响大。当固体电解质烧成后，立方相一直到室温仍能介稳地保持。相图中预示的在 1400℃以下固溶体的分解只有通过长时间的退火才能达到。MgO 稳定的 ZrO_2（MSZ）较 CaO 稳定的 ZrO_2 有较好的抗热震性和较低的高温低氧分压下的 n 型电子导电性。现商品化的氧化锆基的固体电解质管皆为加 MgO 稳定的。一般为含

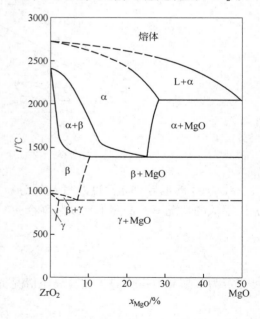

图 6-2　ZrO_2-MgO 体系相图[8]
α—立方晶固溶体；β—四方晶固溶体；
γ—单斜晶固溶体

MgO 约 2% ~3%，摩尔分数为 8% ~9%。离子导电率在 1000℃ 为 10^{-2} S/cm 数量级。D. Janke 等人用 Coulometric（库仑）滴定法，测定了用于钢液低氧测定的两种分别用 CaO 和 MgO 稳定的电解质的电子导电特征氧分压 $p_{e'}$ 值。实验结果为：

（1）全稳定的 ZrO_2（13% CaO（摩尔分数））：

1600℃ 时，$p_{e'} = 1.18 \times 10^{-10}$ Pa。

（2）部分稳定的 ZrO_2（7% MgO（摩尔分数））：

1600℃ 时，$p_{e'} = 5.18 \times 10^{-11}$ Pa。

所研究的固体电解质除 ZrO_2 外，其余氧化物的化学成分（质量分数，%）为：

其余氧化物	CaO	MgO	Al_2O_3	SiO_2	Fe_2O_3	Na_2O	K_2O
ZrO_2（13% CaO（摩尔分数））	5.50	1.60	1.0	0.15	0.40	未分析	未分析
ZrO_2（7% MgO（摩尔分数））	0.20	2.40	0.15	0.30	<0.05	0.25	0.01

由以上分析数据知 CaO 原料中含较多的 Fe_2O_3，这也可能是 ZrO_2（13% CaO（摩尔分数））电解质 $p_{e'}$ 较大的原因之一。但其所含的 SiO_2 少于 ZrO_2（7% MgO（摩尔分数））中的 SiO_2，SiO_2 也可导致电子导电性增加，为此，所用原料应达到一定纯度。一般为分析纯试剂。

6.4　ZrO_2-Y_2O_3 电解质

由于 Y^{3+} 离子半径与 Zr^{4+} 离子半径相近，所以与 ZrO_2-CaO 和 ZrO_2-MgO 体系一样，在 ZrO_2-Y_2O_3 相图中，在广泛的浓度范围内也出现立方型固溶体相（见相图 6-3），氧化钇稳定的 ZrO_2 固体电解质（yttrium stabilized zirconia，

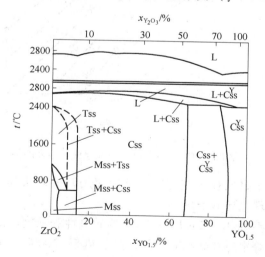

图 6-3　ZrO_2-Y_2O_3 体系相图[4]

Tss—四方晶固溶体；Css—立方晶固溶体；Mss—单斜晶固溶体

YSZ）。从历史上看，YSZ 是氧化物电解质中首先被研究的。电解质形成的嵌入机理为

$$Y_2O_3 + 2Zr_{Zr} + O_O \Longrightarrow 2Y'_{Zr} + V_O^{\cdot\cdot} + 2ZrO_2 \qquad (6\text{-}4)$$

和 ZrO_2-CaO 体系相似，体系的最高电导率的组成也出现在靠近立方相区的低限侧。ZrO_2-9% Y_2O_3（摩尔分数）是体系中具有最高电导率的组成，见图 6-4。虽然添加 9% Y_2O_3（摩尔分数）的电解质只产生 4.1% 的氧离子空位，却比添加 12% CaO（摩尔分数）电解质产生 6% 空位的电导率高一倍（1000℃），主要是由于晶格缺陷间相互作用弱，而使氧离子容易迁移。在约 1000℃ 时，此组成的激活能为 0.7~0.8eV。该种氧离子导体的电子导电氧分压 p_e 值小于 CSZ 和 MSZ 固体电解质。例如 ZrO_2(10% Y_2O_3（摩尔分数）) 在较宽广的氧分压范围内离子电导率与气相氧分压无关，见图 6-5，日本已将此种氧离子导体的固体电解质管用于铁液中 PPb 级氧含量的测定。但在极低氧情况下也观察到电子导电性。

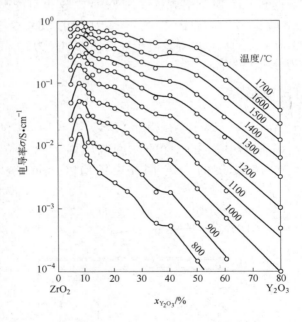

图 6-4　ZrO_2-Y_2O_3 体系的电导率和组成、温度的关系[6]

　　这种材料的不足之处在于在燃料电池中应用时的老化问题。当在 1000℃ H_2 气氛下退火后，发现电导率下降。

　　可从热处面改善 ZrO_2（8mol% Y_2O_3）的导电性和强度解决材料的老化问题。2002 年 Toshi Mori 等报道在烧结时先将样品加热至 1200℃，保温 40h，然后加热至 1500℃，保温 4h，冷却。加热和冷却速度皆为 200℃/h。

　　用 XRD、SEM、电子探针等技术研究了结构；阻抗谱技术证明分段加热使晶

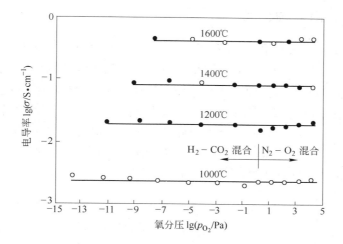

图 6-5　ZrO$_2$（10% molY$_2$O$_3$）电导率对数和气相氧分压对数的关系

粒细化、均匀，降低了材料的阻抗和容抗，提高了离子电导率。

S. Raz，J. Maier 等[10]用导电法和热重法研究了湿空气中 35 ~ 700℃ 温度下，H$_2$O 在 ZrO$_2$（Y$_2$O$_3$）电解质表面的吸附作用。证明600℃ 以下 H$^+$ 导电可以超过 O^{2-} 导电。在湿空气中由于 H$_2$O 分子的氢键断开，电解质表面缺陷中存在 H$^+$，可在水层中移动。

吸附与温度有关，加热可以解吸附。物理吸附发生于低于 150℃，化学吸附开始于几百度，前者的吸附热低于后者。不同温度段的不同吸附层，H$^+$ 的导电机理不同。在化学吸附层上还可以由于 H$_2$O 的氢键作用又形成物理吸附层，而电解质的 O^{2-} 空位又影响极化程度。低于 35℃多层的物理吸附 H$_2$O，有利于 H$^+$ 导电。由于偶极电场，表面 H$_2$O 的解离是体积 H$_2$O 的 5 倍，所以物理吸附层的 H$^+$ 导电优于内部的化学吸附。H$_2$O 的物理吸附层的导电是由于 H$_3$O$^+$ 或 H$^+$ 在两个吸附的 H$_2$O 之间进行的。

干压法的电解质，在干燥气氛下 H$^+$ 的导电性极低，约为 10^{-19}S/cm。

用四探针法测定离子电导率，Ag 电极的阻抗明显低于 Pt 电极，所以用 Ag 电极，并用 Ag 糊黏结。Pt 电极有吸附作用。新鲜的表面有未应用的键或悬挂式串挂键，吸附能力强。

由于利用 ZrO$_2$-Y$_2$O$_3$ 固体电解质高温分解水蒸气制备 H$_2$ 和 O$_2$ 的需要，希望电解质具备氧离子导电性和电子导电性，曾研究往材料中添加变价或导电氧化物，如 CeO$_2$、Mn$_2$O$_3$、ZnO、Cr$_2$O$_3$、Fe$_3$O$_4$ 等以实现这个目的。实验发现，ZrO$_2$-Y$_2$O$_3$-CeO$_2$ 和 ZrO$_2$-Y$_2$O$_3$-Cr$_2$O$_3$ 是实现这个目的最有希望的材料。

6.5　ZrO_2-Ln_2O_3 电解质

　　ZrO_2 和镧系元素氧化物体系相图研究得尚不充分，对 ZrO_2-La_2O_3、ZrO_2-Nd_2O_3、ZrO_2-Gd_2O_3 和 ZrO_2-Yb_2O_3 体系的研究说明，其结构中也有萤石结构立方相区，类似于 ZrO_2-CaO、ZrO_2-MgO、ZrO_2-Y_2O_3 体系，有相对高的电导率以及在 $400 \sim 1300\text{℃}$ 温度间相对较低的激活能（1eV 左右）。Ln 系元素的性质及其氧化物中阳离子半径与 Zr^{4+} 离子半径的相近性都说明结构中有较多的氧离子空位存在。某些 ZrO_2-Ln_2O_3 体系氧离子的电导率分别示于图 6-6 和表 6-2。CeO_2-La_2O_3 体系氧离子电导率与 La_2O_3 含量的关系示于图 6-7。

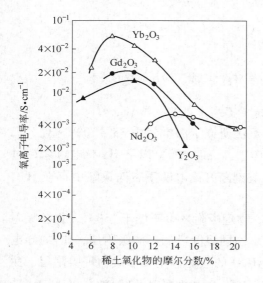

图 6-6　ZrO_2-Ln_2O_3 体系氧离子电导率和 Ln_2O_3 含量的关系（800℃）[11]

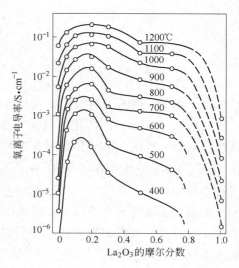

图 6-7　CeO_2-La_2O_3 体系烧结体氧离子电导率与 La_2O_3 含量的关系[9]

表 6-2　ZrO_2-Ln_2O_3 电解质的电导率（空气中）[11]

ZrO_2-Ln_2O_3	$x_{Ln_2O_3}$（摩尔分数）/%	$\sigma(1000\text{℃})/\text{S} \cdot \text{cm}^{-1}$	激活能/eV	温度范围/℃
ZrO_2-Nd_2O_3	10	0.10×10^{-2}	1.04	$600 \sim 1150$
	14	0.56×10^{-2}	1.17	$400 \sim 800$
	14.6	0.22×10^{-2}	1.08	$700 \sim 1400$
ZrO_2-Sm_2O_3	10	1.1×10^{-2}	0.95	$800 \sim 1300$
ZrO_2-Gd_2O_3	8	2.0×10^{-2}	1.0	$400 \sim 850$
ZrO_2-Yb_2O_3	8	2.5×10^{-2}	0.74	$800 \sim 1300$
	10	2.9×10^{-2}	1.0	$650 \sim 820$
ZrO_2-Lu_2O_3	8	1.0×10^{-2}	非线性	$600 \sim 1400$

图 6-6 和表 6-2 所示数据略有不同，可能是因为所用原料纯度不同及实验条件不相同，但都反映出 ZrO_2-Ln_2O_3 体系有较高的氧离子电导率，都有其极大值的组成，相似于前述的诸 ZrO_2 基电解质。由图 6-6 及表 6-2 数据尚可看出，随着镧系元素原子序数的增加和 Ln^{3+} 离子半径的减小（镧系收缩），氧离子的电导率逐渐增加。由表 6-2 知 ZrO_2-Lu_2O_3 体系除外，Lu_2O_3 为镧系元素最后的一个氧化物，在镧系元素混合物中含量极少，其电导率的反常可能为纯度或实验条件及其他原因所致。

图 6-6 同时给出了 ZrO_2-Y_2O_3 系的氧离子电导率，明显看出较 ZrO_2-Gd_2O_3 和 ZrO_2-Yb_2O_3 系的低。这两种电解质有应用前景。

6.6 CaZrO$_3$ 基电解质

由于添加 CaO 或 MgO、Y_2O_3 的固体电解质在高温、低氧情况下有 n 型电子导电的影响，使用修正公式或不便利或已不能使用。而 ThO_2(Y_2O_3) 电解质有放射性，除个别有条件的实验室外，难以应用，D. Janke 和 W. A. Fischer 对这些情况给予了综述[12]。为了解决高温测低氧的问题，W. A. Fischer 和 D. Janke 研究了 $CaZrO_3$(CaO 或 ZrO_2)固体电解质[13,14]。由 ZrO_2-CaO 体系相图可知，$CaZrO_3$ 为较稳定的化合物。他们从 $CaZrO_3$ 的晶体结构、稳定范围、热膨胀、$CaZrO_3$(CaO 或 ZrO_2)电解质的气密性和抗热震性及在钢液中测氧活度诸方面与 ZrO_2(CaO)固体电解质作了对比，其优点为电子导电性小，且有较好的抗热震性。

王常珍、徐秀光等人研究了 $CaZrO_3$(MgO 或 Y_2O_3)固体电解质[15]。

从实验数值看，有明显的规律性和一致性，证明这两种固体电解质在 1600℃ 空气气氛至 $p_{O_2} = 10^{-12}$ Pa 下电导率与 p_{O_2} 无关。这两种电解质与 CaO、MgO、Y_2O_3 稳定的 ZnO_2 基固体电解质相比有较小的电子导电性，可适用较低的 p_{O_2} 值，但在 1400℃ 以下离子导电性较小。

用库仑滴定法测得的 $CaZrO_3$(Y_2O_3) 的电子导电特征氧分压与温度的关系为

$$\lg p_{e'} = \frac{-103160}{T} + 41.55(1400 \sim 1600℃) \tag{6-5}$$

在 1600℃，$p_{e'} = 3.0 \times 10^{-14}$ Pa，相似于 ThO_2(Y_2O_3)固体电解质。

6.7 ThO$_2$ 基电解质

纯 ThO_2 一直到熔点皆为立方萤石型结构，存在电子空位导电，只有在 $p_{O_2} < 10^{-5}$ Pa 时离子导电才占优势。添加低价金属离子氧化物可以大大增加氧离子空位。ThO_2(Y_2O_3)(YDT)固溶体研究得最多，实验证明其为高温低氧情况下良好的固体电解质。在纯离子导电范围中，电导率开始随着 Y_2O_3 含量的增加而增加，至 $Y_2O_3$12% ~ 15%（摩尔分数）时出现极大值。因此，对 ThO_2(Y_2O_3)固体电解

质各种性质的研究多采取这个区域组成。其电导激活能在高于 1000℃ 时测得为 $1 \sim 1.4 eV$。$ThO_2(Y_2O_3)$ 应用的低 p_{O_2} 限为 1000℃ 时 $10^{-29}Pa$，900℃ 时 $10^{-34}Pa$，800℃ 时 $10^{-39}Pa$。广泛使用的高 p_{O_2} 限为 $10 \sim 10^{-1}Pa$，高于此值，将呈现明显的电子空位导电。

$ThO_2(Y_2O_3)$ 固体电解质多被用于低 p_{O_2} 值时热力学数据的研究。由于 Th 为放射性元素，所以 $ThO_2(Y_2O_3)$ 电解质难以得到较多的应用。

研究者还研究了 $ThO_2(CaO)$、$ThO_2(La_2O_3)$、$ThO_2(Gd_2O_3)$ 和 $ThO_2(Yb_2O_3)$ 等固体电解质。$ThO_2(La_2O_3)$ 的电导率大于 $ThO_2(Y_2O_3)$ 的电导率约 10%，$ThO_2(Gd_2O_3)$ 和 $ThO_2(Yb_2O_3)$ 在研究的 p_{O_2} 范围内有较高的电子空位导电性。

6.8　$HfO_2(CaO)$ 电解质

因为 ThO_2 具有放射性，所以 D. Janke 研究了和 Zr、Th 同属Ⅳ类的 d 副族元素 HfO_2 基固体电解质[14]，预期它有介于 ZrO_2 基和 ThO_2 基电解质之间的离子导电性和 p_e 值，以满足高温低氧条件下实验研究和钢脱氧液的需要。

由 HfO_2-$CaHfO_3$ 相图得知，在 1400℃ 以上存在 $HfO_2(CaO)$ 的立方型固溶体，CaO 在其中的最大的溶解度约 20%（摩尔分数）。在 1450℃ 以下不稳定，分解为单斜晶 HfO_2 和单斜晶化学计量的化合物 $CaHf_4O_9$。和 $ZrO_2(CaO)$ 或 MgO 体系相似，由于动力学问题，室温时为高温下的介稳状态。

D. Janke 将其在同样条件下测得的几种氧化物电解质的 p_e 和电导率值进行了比较可见，$HfO_2(CaO)$ 电解质在 1600℃ 的 p_e 值比 $ZrO_2(CaO,MgO)$ 或 $ZrO_2(MgO)$ 的 p_e 值低 $1 \sim 2$ 个数量级，其热膨胀性小于全稳定的 $ZrO_2(CaO)$ 的热膨胀性。

6.9　Bi_2O_3 基电解质

在高温下，Bi_2O_3 是单斜晶型结构的离子导体，但当加热到 730℃ 时，转变成 σ-Bi_2O_3 的面心立方晶型，此相在 $730 \sim 825℃$ 存在，为具有大量氧离子空位的氧离子导体。但该相不稳定，当冷至 730℃ 以下时转变成单斜晶 α 相，此相离子导电性低并具有电子导电。T. Takahashi 及其他研究者[16~18] 研究了 Bi_2O_3-SrO，Bi_2O_3-CaO，Bi_2O_3-BaO，Bi_2O_3-WO_3，Bi_2O_3-Y_2O_3 及 Bi_2O_3-Ln_2O_3 等体系，发现共同特点是，添加剂的加入稳定了立方晶型，这些氧化物固溶体的电导率都比同温度下 ZrO_2 基固体电解质高一个多数量级。以 Bi_2O_3-Y_2O_3 和 Bi_2O_3-Gd_2O_3 体系为例，其电导率与组成、温度的关系分别示于图 6-8、图 6-9。Bi_2O_3-稀土氧化物体系面心立方晶和菱形体存在范围与稀土离子半径的关系示于图 6-10。

从图 6-8 知，对于 Bi_2O_3-Y_2O_3 体系，电导率最大的 Y_2O_3 含量为 25%（摩尔分数）；Bi_2O_3-Gd_2O_3 体系电导率最大时的组成对菱形晶约为 10% Gd_2O_3（摩尔分数），对立方晶约 35% Gd_2O_3（摩尔分数），电导率在 600℃ 时分别为 4.5×10^{-2}

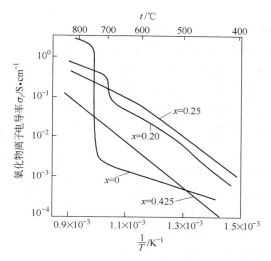

图 6-8 $(Bi_2O_3)_{1-x}$-$(Y_2O_3)_x$ 的氧化物离子电导率与温度的关系

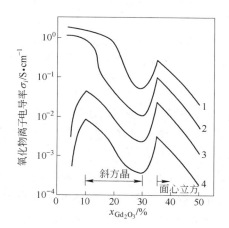

图 6-9 Bi_2O_3-Gd_2O_3 系氧化物
离子电导率与组成的关系
1—800℃；2—700℃；3—600℃；4—500℃

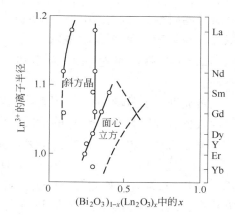

图 6-10 Bi_2O_3-Ln_2O_3 体系面心立方晶和
斜方晶的存在范围与离子
Ln^{3+} 半径（nm）的关系

S/cm 和 2.4×10^{-2} S/cm，两个体系的电解质具有高离子导电。孟广耀及其合作者[19,20] 在 $5 \sim 10^6$ Hz，$250 \sim 800$℃ 温度范围研究了 Bi_2O_3-Y_2O_3，Bi_2O_3-Nb_2O_3，Bi_2O_3-Nb_2O_3-Sm_2O_3，Bi_2O_3-Y_2O_3-Sm_2O_3 和 Bi_2O_3-Y_2O_3-Pr_6O_{11} 等体系的阻抗谱和导纳谱，实验结果显示，在低温区谱的形式和一般固体电解质的谱相似，而在高温区（一般高于 500℃，依样品而异），在电路中却出现了感应成分（inductive element）。所研究的 Bi_2O_3 基体系皆有这种现象。

近期，A. Watanabe 等人用精密高温 X 射线衍射仪和示差热分析仪研究在 $Bi_{0.775}$ $Ln_{0.255}O_{1.5}$ 体系中多晶转变与镧系（Ln）元素离子半径的关系时，发现在 20% ~ 30% Ln_2O_3 范围内形成了立方晶型固溶体的层状结构。在这些体系中在约 650 ~ 910℃温度范围内发生 1 ~ 2 个多晶转变，转变温度与离子半径有关，见图 6-11。含有 La、Pr、Nd、Sm、Eu 和 Gd 氧化物的体系有 1 ~ 2 个可逆的多晶转变；而含有 Tb、Dy、Ho、Y 和 Er 氧化物的体系有一个不可逆的相转变。

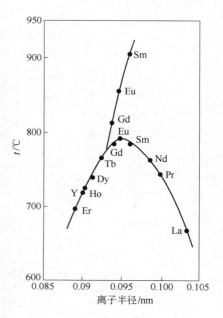

图 6-11 $Bi_{0.775}Ln_{0.255}O_{1.5}$ 的多晶
转变温度与离子半径的关系

研究者对 Bi_2O_3 体系的兴趣在于它的高氧离子电导率，期望能在 800℃左右用于燃料电池的电解质，以解决 $ZrO_2(Y_2O_3)$ 电解质需要在较高温度工作所带来的设备部件及密封等的困难。为此使用的气相氧分压的低限为关键问题，诸研究者多以不同 p_{O_2} 下的电导率测定和热重分析作为手段，结果不一。

黄克勤、王常珍等人[21]用固体电解质电动势方法研究了 Bi_2O_3-Y_2O_3 体系的平衡气相氧分压 p_{O_2} 和 Bi_2O_3 的活度，以从热力学上判断。Y_2O_3 的摩尔分数分别为 15%，22%，30%，40%，50%，所采用的电池形式为

$(+)Mo\,|\,Bi_{(s)},Bi_{2}O_{3(s)}\,|\,ZrO_2(Y_2O_3)\,|\,Bi_{(s)},Bi_2O_3$-$Y_2O_3$ 固溶体 $|\,Mo(-)$
用 Bi，Bi_2O_3 混合物作为参比电极，其平衡氧分压数据由 $Bi_2O_{3(s)}$ 的标准生成自由能数据算出，由电池电动势值和温度，根据 Nernst 公式可算出和 $Bi_{(s)}$，Bi_2O_3-$Y_2O_{3(s.s)}$ 的平衡 p_{O_2} 值。如环境气相 p_{O_2} 值小于平衡值，固体电解质将发生分解。

在 550 ~ 695℃温度范围内和诸电解质相平衡的 p_{O_2} 值为 10^{-11} ~ 10^{-8} Pa，在 800℃时将小于 10^{-8} Pa，以此证明了在用于燃料电池时，在还原极，电解质将逐渐分解。在实验室中的燃料电池试验也证明了这点。

Bi_2O_3 基电解质体系可用于制作氧泵用的电解质，黄克勤、王常珍等人的试验证明了这点，并证明 Bi_2O_3 基电解质中的 Bi_2O_3 分解为逐渐进行的过程，颜色逐渐变浅，用至 p_{O_2} 为 10^{-15} Pa 约 2h。

6.10   β-Al_2O_3 和 β″-Al_2O_3 电解质

β-Al_2O_3 的理想分子式为 $Na_2O \cdot 11Al_2O_3$，但是由于摩尔分数为 15% ~ 30%

Na₂O 的过剩而偏离了理想形式，所以 β-Al₂O₃ 是成分在 Na₂O · 5.3Al₂O₃ 和 Na₂O · 8.5Al₂O₃ 之间的非化学配比相。两种有关相图示于图 6-12a、b[4]。

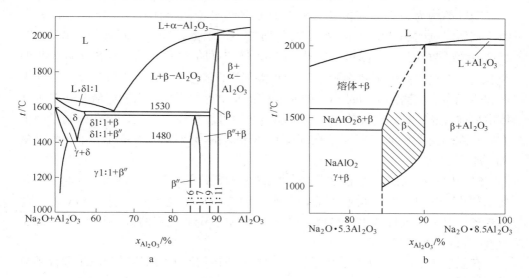

图 6-12　Na₂O-Al₂O₃ 的两种有关相图

　　在制备 β-Al₂O₃ 过程中，常常生成亚稳相 β″-Al₂O₃，理想成分为 Na₂O · 5.33Al₂O₃，实际成分也在 Na₂O · (5.3 ~ 8.5) Al₂O₃ 之间。在 1550℃ 时，β″-Al₂O₃ 不可逆地转变为 β-Al₂O₃，当形成 β″-Al₂O₃ 时，也总是出现 β-Al₂O₃。在 β-Al₂O₃ 和 β″-Al₂O₃ 共存区（图 6-12b 中的阴影部分），对于相同温度和热处理条件，当 Al₂O₃ 量变化时，β-Al₂O₃ 和 β″-Al₂O₃ 相的比例不变。β-Al₂O₃ 和 β″-Al₂O₃ 是 Na 的近似快离子导体，在 25℃ 时电导率为 1.4×10^{-2} S/cm，也是氧离子导体。基于期望用于生产规模的 Na-S 电池的固体电解质，所以多个研究者从结构、性质、制备、电池等方面进行了研究[22~30]。我国科学院上海硅酸盐研究所曾进行了大量的工作[25~27]。

　　关于结构的研究，曾采用的方法有 X 射线衍射、中子衍射、中子扩散散射（neutron diffuse scattering）、X 射线扩散散射、红外和拉曼光谱、电子显微镜、核磁共振（NMR）和光散射等。

　　β-Al₂O₃ 按理想分子式 Na₂O · 11Al₂O₃ 结构的主要特征为[3]：具有六方对称性，晶格常数 $a = 0.559$nm，$c = 2.253$nm。单胞是由一个类似镜面所分开的两个尖晶石块组成的[3]，这些块是由四层氧离子在 c 方向堆积而成的，这些层由分布在八面体和四面体位置上的 Al^{3+} 离子所分开。分隔尖晶石的类似平面（非致密平面）含有一个 Na^+ 离子和一个 O^{2-} 离子。β″-Al₂O₃ 具有菱面体对称，在六角轴系统中，晶格常数 $a = 0.559$nm，$c = 3.395$nm，其结构是由和 β-Al₂O₃ 同类型的三个类型的三个尖晶石块堆积而成的，当中间平面有两个 Na^+ 离子时，就得到理想成分 $Na_2O \cdot 5.33Al_2O_3$。

实际结构为每个单胞含有一个以上的 Na^+ 离子，所有 Na^+ 离子作统计的分布。在研究过的晶体中，Na^+ 离子的平均数不是整数，每个晶胞大约为 2.5，并且这些离子数及其位置随单胞而异。β''-Al_2O_3 中间平面存在的 Na^+ 离子数少于两个。尖晶石块之间电子密度的分布表明 Na^+ 离子显著无序，有空位无序、位移无序和热无序。在高温下 Na^+ 离子的非定域化变得更加明显，它们好像是在二维液体中那样分布。结构研究指出，在尖晶石块中可能存在铝空位，但在中间平面上方有间隙铝离子，间隙氧离子在间隙铝离子周围形成四面体配位，并补偿过量 Na^+ 离子。

β''-Al_2O_3 有高的离子电导率，实验发现，如引入一些二价离子，例如 Mg^{2+} 离子替代 Al^{3+} 离子进入尖晶石晶格，则可使 β''-Al_2O_3 至少稳定至 1700℃，如此可制备单晶材料或烧结多晶材料。单晶和多晶的 MgO 稳定的 β''-Al_2O_3 具有比 β-Al_2O_3 高的离子电导率。

在温度为 300~800℃ 的熔盐中，通过离子交换反应可以用其他离子取代钠离子，而得到新的离子导体。例如，Li^+、K^+、Rb^+、Ag^+、Tl^+、NH_4^+、In^+、Ga^+、NO^+、H_3O^+ 和 Cu^+ 离子导体。一价离子和某些半径小的二价离子交换是完全的，某些二价离子和 Cs^+ 只能部分地交换。某些研究者给出了一些三价阳离子与 β-Al_2O_3 中 Na^+ 离子交换反应的报道，其中大部分是离子半径较小的稀土金属离子。所有交换反应都是在含有所欲置换离子的氯化物熔盐中进行的，温度为 600~700℃。但是除 Gd^{3+} 离子外，其他离子交换率均不到 100%，见表 6-3。

表 6-3　三价阳离子与 β-Al_2O_3 的离子交换程度

离　子	熔　盐	温度/℃	时　间	交换程度/%
Gd^{3+}	$GdCl_3$	615	5h	100
Nd^{3+}	$NdCl_3$	720	0.5h	95
Eu^{3+}	$EuCl_3$	600	5d	92
Yb^{3+}	$YbCl_3$	740	24h	90
Sm^{3+}	$SmCl_3$	700	20h	90
Tb^{3+}	$TbCl_3$	740	48h	90
Bi^{3+}	$BiCl_3$	270	12h	70
Cr^{3+}	$CrCl_3$	530~550	14d	75
Er^{3+}	$ErCl_3$	600	8d	96

为了避免浸入熔盐中材料的开裂，有研究者研究了在熔盐的蒸气中进行离子交换，但所需时间长，且交换率低。La^{3+} 和 Ce^{3+} 离子交换的材料开裂是因为两

者离子半径大。为了制备具有 La^{3+} 离子导电的 La-β-Al_2O_3，王常珍等人研究了直接合成法制备。

添加物的引入也改变了材料的电导率，较小的 M^+ 和 M^{2+} 离子（半径 $r <$ 0.097nm）可以取代 Al^{3+} 离子，使材料的电导率增加，这是因为由电中性所要求的间隙氧原子数比较少，因此，Na^+ 离子在传导平面内的扩散变得比较容易。当 M^+ 和 M^{2+} 离子半径 $r > 0.097$nm 时，样品的电导率降低。因此，由电中性所要求的间隙氧原子数较多，所以 Na^+ 离子的扩散变得较难。混合离子的电导机理较单一离子复杂[32,34,41]。

在所有这些离子导体中，ZrO_2 基氧离子导体得到最广泛的应用。后文将从热力学、动力学、相平衡及工业应用等方面分述之。

参 考 文 献

[1] Schmalzried H. EMF Measurement in Metallurgical Chemistry[C]//O Kubaschewski ed. Metallurgical Chemistry, Proceedings of a Symposium held at Bruned University and the National Physical Laboratory on the 14, 15 and 16 July 1971. London: Her Majesty's Stationary Office, 1972: 39~64.

[2] Rapp R A, Shores D A. Physicochemical Measurements in Metals Research Part Ⅱ. New York, London, Sydney: Teronto Interscience Publishers, 1970: 124~186.

[3] 哈根穆勒, 等. 固体电解质: 一般原理、特征、材料和应用[M]. 陈立泉, 等译. 北京: 科学出版社, 1984.

[4] Subbarao E C. Solid Electrolytes and Their Applications [M]. New York: Plenum Press, 1980.

[5] Fischer W A, Janke D. 冶金电化学[M]. 吴宣方, 译. 沈阳: 东北工学院出版社, 1991.

[6] Kiukkola K, Wagner C. Journal of the Electrochemical Society, 1957, 4(5): 308.

[7] Janke D, Fischer W A. Arch. Eisenhüttenwes, 1977, 48(5): 255.

[8] 尹敬执, 申泮文. 基础无机化学上册[M]. 北京: 人民教育出版社, 1980.

[9] Joachim Maier. Physical Chemistry of Ionic Materials, Ions and Electrons in Solids Ⅱ [M]. London: John Wiley & Sons, Ltd.

[10] Raz S. J. Maier. Solid State Ionics, 2001, 143: 81.

[11] 岩原弘育. 稀土类と固体电解质, 稀土类 RARE EARTHS, No. 15. The Rare Earth Society of Japan, 1989(11): 25.

[12] Janke D, Fischer W A. Arch. Eisenhüttenwes, 1977, 48(6): 311.

[13] Fischer W A, Janke D. Arch. Eisenhüttenwes, 1976, 47(9): 525.

[14] Janke D. Metallurgical Transactions B, 1982, 13(6): 227.

[15] Wang Changzhen, Xu Xiuguang, Yu Hualong [C]//Weppner W, Schulz H ed. Holland: Solid State Ionics-87 Proceedings of the 6th International Conference on Solid State Ionics. Part Ⅰ, 1987: 542.

[16] Takahashi T, Iwahara H, Arao T. Journal of Applied Electrochemistrys, 1975(5): 187.

[17] Takahashi T, Esaka T, Iwahara H. Journal of Applied Electrochemistry, 1975(5): 197.

［18］Takahashi T，Esaka T，Ewahara H. Journal of Solid State Chemistry，1976(16)：317.

［19］Meng Guangyao，Zhou Ming，Peng Dingkun. Solid State Ionics，1986(18/19)：756.

［20］Meng G，Chen C，Han X，et al［C］//Wappner W，Schulzed H. North Holland：Solid State Ionics-87 Proceedings of the 6th International Conference on Solid State Ionics，1988：533.

［21］Huang Keqin，Wang Changzhen，Xu Xiuguang. Journal of Solid State Chemistry，1992(98)：206.

［22］Kennedy J H，Schuler A M，Cabaniss G E. Journal of Solid State Chemistry，1982(48)：170.

［23］Kumar R V，DAR Kay. Metallurgical Transactions B，1985，16B(6)：295.

［24］Wilder C C，John D T. Solid State Ionics，1988(28/30)：317.

［25］陈昆刚，林祖镶，徐孝和. 硅酸盐学报，1986，14(2)：171.

［26］温兆银，林祖镶，田顺宝. 无机材料学报，1987，2(3)：239.

［27］温兆银，林祖镶，田顺宝. 无机材料学报，1988，3(3)：251.

［28］Kuo C K，Tan A，Sarkar P，et al. Solid State Ionics，1990(37)：303.

［29］Visco S J，Lin M，et al. Solid State Ionics，1993(62)：185.

［30］Butchereit E，Schreiber M. Solid State Ionics，1994(69)：1.

7 氧离子导体原电池在化合物 热力学研究中的应用

如果氧离子导体的离子电导率、电子导电特征氧分压已测，参比电极选择合理，电池设计和测量仪表正确，而原材料纯度又高，则用原电池电动势方法测得的热力学数据比化学平衡法、量热法都准确，受到研究者极大的重视。

自 1957 年 C. Wagner 等报道了用氧浓差电池法研究若干氧化物的热力学性质之后，在 15 年左右时间内，学者们几乎对全部有理论和实际意义的单一和复合氧化物的热力学数据都用固态离子原电池方法进行了研究或对其他方法测定的数据又给予了再研究。并测定了固体电解质的电子导电性等，以对活泼金属氧化物的平衡气相氧分压值进行修正。现分述有关理论和方法，以用于研究新物质的热力学。

7.1 氧化物的热力学研究

7.1.1 单一氧化物的热力学研究[1~8]

由氧化物固体电解质和两个氧化物体系组成电池，其中一个为准确知道热力学数据的参比电极，而另一个为待测电极，电池形式为

$$M \mid A, AO \mid 固体电解质 \mid BO, B \mid M$$
$$p_{O_2}^{I} \qquad\qquad\qquad p_{O_2}^{II}$$

如果 $p_{O_2}^{II} > p_{O_2}^{I}$，则

$$E = \frac{RT}{4F} \ln \frac{p_{O_2}^{II}}{p_{O_2}^{I}} = \frac{G_{BO}^{\ominus} - G_{AO}^{\ominus}}{2F} \tag{7-1}$$

参比电极的平衡氧分压可大于或小于待测极的平衡氧分压。参比电极的氧分压为已知，根据电池电动势就可求出待测极的氧分压，由此就可求出该化合物的标准生成自由能。

平衡气相氧分压是确定单一金属氧化物或复合氧化物稳定性的特征量。对于单一金属氧化物 M_xO_y，其生成反应为

$$xM_{(s)} + \frac{y}{2}O_2 \Longrightarrow M_xO_{y(s)}$$

以纯金属 M 和纯氧化物为标准态，其活度为 1，则

$$\Delta G^{\ominus}_{M_xO_y} = \frac{y}{2} RT\ln p_{O_2} \tag{7-2}$$

按热力学关系式：

$$\Delta G^{\ominus}_{M_xO_y} = \Delta H^{\ominus}_{M_xO_y} - T\Delta S^{\ominus}_{M_xO_y} \tag{7-3}$$

对于冶金和材料研究，常用 $\Delta H^{\ominus}_{M_xO_y} = A$ 和 $-\Delta S^{\ominus} = B$ 作为近似值。

S. Seetharaman 等人总结了 1980 年以前用固体电解质电池测定的氧化物标准生成自由能和温度关系的数据，见表 7-1。

表 7-1　用固体电解质电池测定的氧化物标准生成自由能和温度的关系[8]

反　应	温度范围/K	$\Delta G^{\ominus}/J \cdot mol^{-1}$
$2Al_{(s)} + \frac{3}{2}O_2 = Al_2O_{3(s)}$	930	-1336790
$2Bi_{(l)} + \frac{3}{2}O_2 = Bi_2O_{3(s)}$	$773 \sim 973$	$-629610 + 334.47T \pm 960$
$2Bi_{(l)} + \frac{3}{2}O_2 = \alpha\text{-}Bi_2O_{3(s)}$	$885 \sim 991$	$-600990 + 315.22T$
$2Bi_{(l)} + \frac{3}{2}O_2 = \beta\text{-}Bi_2O_{3(s)}$	$991 \sim 1095$	$-557690 + 271.50T$
$2Bi_{(l)} + \frac{3}{2}O_2 = Bi_2O_{3(l)}$	$1095 \sim 1223$	$-499650 + 217.78T$
$Co_{(s)} + \frac{1}{2}O_2 = CoO_{(s)}$	$1000 \sim 1500$	$-241000 + 77.86T \pm 420$
	$850 \sim 1250$	$-233040 + 70.96T \pm 1260$
		$-233040 + 71.09T \pm 750$
		$-238990 + 74.73T \pm 840$
	$1073 \sim 1673$	$-230960 + 68.62T$
	$1173 \sim 1373$	$-236060 + 71.34T$
$3CoO_{(s)} + \frac{1}{2}O_2 = Co_3O_{4(s)}$	$800 \sim 1200$	$-199255 + 164.77T \pm 1050$
		$-196870 + 162.38T \pm 1260$
$2Cu_{(s)} + \frac{1}{2}O_2 = Cu_2O_{(s)}$	$973 \sim 1273$	$-168200 + 72.68T \pm 420$
	$850 \sim 1250$	$-166250 + 70.96T \pm 840$
		$-167690 + 73.01T \pm 1260$
	$1000 \sim M.P.$	$-175730 + 74.89T \pm 840$
	$845 \sim 1270$	$-178240 - 23.81T\lg T + 153.80T$
	$773 \sim 1356$	$-147950 + 69.79t(^{\circ}C) \pm 420$
	$900 \sim 1300$	$-167050 + 71.46T \pm 11700$
	$924 \sim 1328$	$-166750 + 71.30T \pm 270$

续表7-1

反 应	温度范围/K	$\Delta G^{\ominus}/J \cdot mol^{-1}$
$Cu_2O_{(s)} + \frac{1}{2}O_2 = 2CuO_{(s)}$	1073 ~ 1273	$-255600 + 183.68T$
	892 ~ 1320	$-131155 + 94.738T \pm 270$
$2Cr_{(s)} + \frac{3}{2}O_2 = Cr_2O_{3(s)}$	1000 ~ 1500	$-1081980 + 231.0T \pm 1260$
	1550 ~ 1725	$-1076960 + 232.34T$
	1150 ~ 1540	$-1115450 + 250.12T$
	1073 ~ 1448	$-1102860 + 249.37T$
$xFe_{(s)} + \frac{1}{2}O_2 = Fe_xO_{(s)}$	1000 ~ 1500	$-263800 + 65.90T \pm 420$
	773 ~ 1423	$-261840(\pm 420) + 63.81(\pm 0.21)T$
	923 ~ 1273	$-264596 + 65.40T \pm 544$
	903 ~ 1540	$-263390 + 64.82T \pm 420$
	813 ~ 1473	$-261299(\pm 193) + 63.291(\pm 0.209)T$
	1000 ~ 1600	$-265220 + 65.52T$
$Fe_{(s)} + \frac{1}{2}O_2 = FeO_{(1)}$	1684	$-237440 + 46.86T$
$3FeO_{(s)} + \frac{1}{2}O_2 = Fe_3O_{4(s)}$	949 ~ 1273	$-311867 + 122.897T \pm 356$
	1173 ~ 1473	$-(317920 \pm 812) + (127820 \pm 0.63)T$
$2Fe_3O_{4(s)} + \frac{1}{2}O_2 = 3Fe_2O_{3(s)}$	967 ~ 1373	$-247050 + 140.92T \pm 502$
	1099 ~ 1321	$-217280 + 148.07t(\text{℃}) \pm 3560$
$2Ga_{(1)} + \frac{3}{2}O_2 = \beta - Ga_2O_{3(s)}$	873 ~ 1273	$-1056040 + 293.7T \pm 1670$
		$-1055210 + 297.5T \pm 1670$
$2Ga_{(1)} + \frac{3}{2}O_2 = Ga_2O_{3(s)}$	1073 ~ 1273	$-1091020 + 328.9T$
		$-1089930 + 330.1T$
$Ga_2O + O_2 = Ga_2O_{3(s)}$	1022 ~ 1107	$+853536 - 451.9T$
$Ge_{(s)} + O_2 = GeO_{2(s)}$	933 ~ 1103	$-566810 + 186.57T \pm 544$
$2In_{(1)} + \frac{3}{2}O_2 = In_2O_{3(s)}$	969 ~ 1233	$-915380 + 315.22T \pm 2930$
	900 ~ 1073	$-917970 + 318.11T \pm 840$
	823 ~ 1073	$-901861 + 303.88T \pm 1182$
	873 ~ 1073	$-915040 + 316.3T \pm 1673$
	959 ~ 1284	$-916510 + 318.27T \pm 628$
	823 ~ 973	$-913095 + 316.02T$
		$-922990 + 321.3T$
$Ir_{(s)} + O_2 = IrO_{2(s)}$	298 ~ 1397	$-240806 - 14.90Tlg T + 219.30T$
	945 ~ 1125	$-240510 + 170.54T \pm 1670$
	950 ~ 1170	$-242441 + 173.26T \pm 837$
		$-242610 + 172.80T \pm 1670$
		$-237480 + 169.08T$

反　　应	温度范围/K	$\Delta G^{\ominus}/\text{J} \cdot \text{mol}^{-1}$
$\text{Mn}_{(s)} + \frac{1}{2}\text{O}_2 = \text{MnO}_{(s)}$	$923 \sim 1273$	$-388860 + 76.32T \pm 628$
$\text{Mn}_{(l)} + \frac{1}{2}\text{O}_2 = \text{MnO}_{(s)}$	$1553 \sim 1823$	$-409780 + 89.41T$
$3\text{MnO}_{(s)} + \frac{1}{2}\text{O}_2 = \text{Mn}_3\text{O}_{4(s)}$	$992 \sim 1393$	$-222409 + 111.23T \pm 335$
	$1061 \sim 1324$	$-194117 + 112.17t(℃)$
$2\text{Mn}_3\text{O}_{4(s)} + \frac{1}{2}\text{O}_2 = 3\text{Mn}_2\text{O}_{3(s)}$	$884 \sim 1126$	$-113437 + 92.098T \pm 795$
$\text{Mo}_{(s)} + \text{O}_2 = \text{MoO}_{2(s)}$	$1023 \sim 1323$	$-575300 + 167.69T$
	$1260 \sim 1360$	$-575635 + 167.69T$
	$1739 \sim 1933$	$-490700 + 118.32T$
		$-575550 + 168.66T$
$2\text{Mo}_9\text{O}_{26(s)} + \text{O}_2 = 18\text{MoO}_{3(s)}$	$773 \sim 1023$	$-352700 + 193.7T(\pm 7113)$
$\text{Nb}_{(s)} + \frac{1}{2}\text{O}_2 = \text{NbO}_{(s)}$	$1000 \sim 1400$	$-419240 + 92.5T$
	$1050 \sim 1300$	$-419860 + 89.62T$
	$1073 \sim 1373$	$-413510 + 86.07T$
	$1244 \sim 1378$	$-409150(\pm 5975) + 83.18(\pm 2.93)T$
	$1196 \sim 1291$	$-408045 + 81.80T$
	$1089 \sim 1426$	$-417860 + 90.00T$
$2\text{Nb}_{(s)} + 2.4\text{O}_2 = \text{Nb}_2\text{O}_{4.8(s)}$	$1050 \sim 1300$	$-1801130 + 389.82T$
$\text{Nb}_{(s)} + \text{O}_2 = \text{NbO}_{2(s)}$	$1000 \sim 1400$	$-787220 + 167.57T$
$\text{Ni}_{(s)} + \frac{1}{2}\text{O}_2 = \text{NiO}_{(s)}$	$1000 \sim 1500$	$-234510 + 85.4T \pm 420$
		$-236190 + 86.82T$
	$923 \sim 1173$	$-234160 + 84.90T \pm 586$
	$911 \sim 1376$	$-233650 + 84.89T \pm 210$
		$-237020 + 86.82T$
	$1023 \sim 1373$	$-234720 + 84.85T$
	$1000 \sim 1273$	$-244020 + 91.96T$
	$973 \sim 1723$	$-230660 + 82.89T$
$2\text{Na}_{(l)} + \frac{1}{2}\text{O}_2 = \text{Na}_2\text{O}_{(s)}$	$714 \sim 934$	$-811240 + 257.99T \pm 3350$
	$593 \sim 823$	$-794120 + 236.81T$
$\text{Os}_{(s)} + \text{O}_2 = \text{OsO}_2$	$298 \sim 1200$	$-292040 + 177.8T \pm 6280$
$\text{Pb}_{(l)} + \frac{1}{2}\text{O}_2 = \text{PbO}_{(s)}$	$720 \sim 1070$	$-219370 + 100.92T \pm 1297$
	$773 \sim 1160$	$-191250 + 98.20t(℃) \pm 420$
	$772 \sim 1160$	$-215060 + 96.39T \pm 420$
	$1073 \sim 1143$	$-216610 + 98.03T$
	$923 \sim 1152$	$-215060 + 97.28T$

反 应	温度范围/K	$\Delta G^{\ominus}/\text{J} \cdot \text{mol}^{-1}$
$\text{Pb}_{(1)} + \frac{1}{2}\text{O}_2 = \text{PbO}_{(1)}$	$1160 \sim 1323$	$-170880 + 74.14t(\text{℃}) \pm 420$
	$1160 \sim 1371$	$-190620 + 74.01T \pm 167$
	$1143 \sim 1373$	$-188620 + 73.55T$
	$1152 \sim 1323$	$-184720 + 70.92T$
$\text{Pd}_{(s)} + \frac{1}{2}\text{O}_2 = \text{PdO}_{(s)}$	$1000 \sim 1140$	$-114890 + 10.0T \pm 1172$
$2\text{Pr}_{(s)} + \frac{3}{2}\text{O}_2 = \text{Pr}_2\text{O}_{3(s)}$	$823 \sim 1473$	$-1589920 + 370.3t(\text{℃})$
$\text{PrO}_{1.5(s)} + 0.107\text{O}_2 = \text{PrO}_{1.714}$	$823 \sim 1473$	$-224260 + 22.6t(\text{℃}) - 4.2 \times 10^{-2}t^2(\text{℃})$
$\text{Re}_{(s)} + \text{O}_2 = \text{ReO}_{2(s)}$	$850 \sim 1130$	$-438650 + 180.75T \pm 2218$
$\text{Ru}_{(s)} + \text{O}_2 = \text{RuO}_{2(s)}$	$780 \sim 1040$	$-331160 + 200.8T$
	$723 \sim 1473$	$-(306896 \pm 1464) + (175.226 \pm 0.25)T$
$2\text{Sb}_{(1)} + \frac{3}{2}\text{O}_2 = \text{Sb}_2\text{O}_{3(s)}$	$873 \sim 1273$	$-298910 + 163.05T \pm 502$
	$962 \sim 1121$	$-695930 + 250.25T \pm 293$
$\text{Sn}_{(1)} + \frac{1}{2}\text{O}_2 = \text{SnO}_{(s)}$	$505 \sim 1273$	$-291500 + 76.86T - 6.28 \times 10^{-3}T^2$ $-41840T^{-1} + 12.8T\lg T$
$\text{Sn}_{(1)} + \frac{1}{2}\text{O}_2 = \text{SnO}_{(1)}$	$1350 \sim 1420$	$-277157 + 92.84T$
	$1300 \sim 1425$	$-269030 + 89.5T$
	$770 \sim 980$	$-293260 + 107.78T \pm 1170$
	$1173 \sim 1373$	$-281790 + 98.12T$
$\frac{1}{2}\text{Sn}_{(1)} + \frac{1}{2}\text{O}_2 = \frac{1}{2}\text{SnO}_{2(s)}$	$823 \sim 1023$	$-292880 + 105.31T$
	$1046 \sim 1653$	$-288148 + 103.51T$
	$990 \sim 1371$	$-282315 + 99.25T$
	$773 \sim 1173$	$-287545 + 103.51T$
$2\text{Ta}_{(s)} + \frac{5}{2}\text{O}_2 = \text{Ta}_2\text{O}_{5(s)}$	$1000 \sim 1300$	$-2021290 + 430.32T$
	$1073 \sim 1473$	$-1731340 + 295.64t(\text{℃}) \pm 1255$
	$1050 \sim 1300$	$-2015010 + 406.69T$
	$1073 \sim 1373$	$-2008740 + 408.57T$
$\frac{25}{6}\text{VO}_{1.26(s)} + \frac{1}{2}\text{O}_2 = \frac{25}{12}\text{V}_2\text{O}_3$	$832 \sim 1073$	$-388690 + 101.3T(\pm 840)$
$3\text{V}_2\text{O}_3 + \frac{1}{2}\text{O}_2 = 2\text{V}_3\text{O}_5$	$973 \sim 1373$	$-224430 + 77.8T \pm 630$
$4\text{V}_3\text{O}_{5(s)} + \frac{1}{2}\text{O}_2 = 3\text{V}_4\text{O}_{7(s)}$	$873 \sim 1273$	$-218910 + 90.4T \pm 420$

反 应	温度范围/K	$\Delta G^{\ominus}/\mathrm{J \cdot mol^{-1}}$
$5V_4O_{7(s)} + \frac{1}{2}O_2 = 4V_5O_{9(s)}$	$973 \sim 1173$	$-198990 + 83.7T \pm 250$
$6V_5O_{9(s)} + \frac{1}{2}O_2 = 5V_6O_{11(s)}$	$860 \sim 1000$	$-216020 + 90.4T \pm 210$
$7V_6O_{11(s)} + \frac{1}{2}O_2 = 6V_7O_{13}$	$873 \sim 1153$	$-183300 + 77.4T \pm 210$
$\frac{1}{2}W_{(s)} + \frac{1}{2}O_2 = \frac{1}{2}WO_{2(s)}$	$973 \sim 1173$ $1180 \sim 1340$	$-287020 + 84.98T \pm 1255$ $-290890 + 88.95T$
$\frac{1}{0.72}WO_{2(s)} + \frac{1}{2}O_2 = \frac{1}{0.72}WO_{2.72}$	$973 \sim 1273$	$-249530 + 62.8T \pm 1255$
$\frac{1}{0.18}WO_{2.72(s)} + \frac{1}{2}O_2 = \frac{1}{0.18}WO_{2.90(s)}$	$973 \sim 1273$	$-283930 + 101.29T \pm 1255$
$\frac{1}{0.10}WO_{2.90(s)} + \frac{1}{2}O_2 = \frac{1}{0.10}WO_{3(s)}$	$973 \sim 1273$	$-279345 + 111.96T \pm 2090$
$Zn_{(l)} + \frac{1}{2}O_2 = ZnO_{(s)}$	$793 \sim 1168$	$-354680 + 107.74T$

7.1.2　复合氧化物的热力学研究[9~17]

所谓的复合氧化物，包括岩石（rock）结构、尖晶石结构及硅酸盐等化合物，例如 AO，B_2O_3 的复合氧化物，冶金工作者习惯用 $AO \cdot B_2O_3$ 的写法，而从化学和结构上来考虑宜写成 AB_2O_4 形式。

复合氧化物可以用固相合成，例如

$$AO + BO_2 = AO \cdot BO_2 \qquad (7-4)$$

$$2AO + BO_2 = 2AO \cdot BO_2 \qquad (7-5)$$

$$A_2O + B_2O_3 = A_2O \cdot B_2O_3 \qquad (7-6)$$

等诸类型。这类化合物不是一律形成化学计量比的化合物，而常是形成固溶体相，此相具有有限的存在范围和与温度、浓度及气相分压有关的晶格缺陷，这类"化合物"有重要的理论和实际意义。用电动势方法可以测定复合化合物的标准生成自由能和缺陷结构等。电池设计的前提条件是所研究的体系应为平衡相；金属相应该仅以纯物质形式存在；气相氧分压必须低至不能参与固相反应和不能溶解于金属中。

研究复合氧化物热力学的电池形式之一可表示为

$$A, AO \mid 氧化物电解质 \mid A, B_2O_3, AB_2O_4$$

电池反应为

$$AO + B_2O_3 = AB_2O_4 \qquad (7-7)$$

活泼金属氧化物和 Cu_2O、NiO、Cr_2O_3 等所形成的复合氧化物的热力学研究，可以采用 ZrO_2 基和 $ThO_2(Y_2O_3)$ 固体电解质[8~10]。例如，Y. D. Tretyakov 等人[10]用空气作为参比电极，利用 $ZrO_2(Y_2O_3)$ 作为电解质，组成下列形式电池

$$Pt \mid O_2(空气) \mid ZrO_2(Y_2O_3) \mid CuLn_2O_4, Cu_2O, L_2O_3 \mid Pt$$

$$p_{O_2} = 0.21 \times 10^5 Pa$$

研究了一系列含镧系（Lanthanide, 简写 Ln）元素氧化物的复合氧化物的热力学性质。复合氧化物为 $CuLn_2O_3$（Ln = La, Nd, Sm, Eu 和 Gd）和 $Cu_2R_2O_5$（R = Tb, Dy, Er, Yb, Y 和 In）。实验温度 1223 ~ 1423K。

由实验结果得知，由简单氧化物生成 $CuLn_2O_4$ 化合物的稳定性，按 La→Gd 的顺序降低；而 $Cu_2Ln_2O_5$ 化合物的稳定性，按 Tb→Yb 的顺序增加。

O. M. Sreedharan 等[11]用 $ThO_2(Y_2O_3)$ 固体电解质组成下列形式的电池

$$Pt \mid Ni, NiO \mid ThO_2(Y_2O_3) \mid La_2NiO_4, La_2O_3, Ni \mid Pt$$

于 1123 ~ 1373K 测定了

$$NiO_{(s)} + La_2O_{3(s)} === La_2NiO_{4(s)} \tag{7-8}$$

的 $\Delta G^{\ominus}$（单位为 J/mol）和温度的关系为

$$\Delta G^{\ominus}_{La_2NiO_{4(s)}} = 25568 - 30.18T \pm 190 \quad (1123 \sim 1373K) \tag{7-9}$$

很多尖晶石型复合化合物的热力学，较早是用量热法和化学平衡法研究的，现多用固体电解质电动势法，以 Fe_3O_4-$ZnFe_2O_4$ 为例说明。Iwao Katayama 等人[18]组成如下形式的电池

$$(-)Fe_3O_4, Fe_2O_3 \mid ZrO_2(CaO) \mid (Fe_3O_4)_x(ZnFe_2O_4)_{1-x}, Fe_2O_3(+)$$

在 850 ~ 1050℃间研究了 Fe_3O_4-$ZnFe_2O_4$ 体系整个组成范围的热力学。电池两侧 p_{O_2} 值不同：

电池左侧

$$2Fe_3O_{4(s)} + \frac{1}{2}O_2 === 3Fe_2O_{3(s)} \quad K = \frac{1}{p_{O_2}^{\frac{1}{2}}} \tag{7-10}$$

电池右侧

$$2(Fe_3O_4) + \frac{1}{2}O_2 === 3Fe_2O_{3(s)} \quad K = \frac{1}{a_{Fe_3O_4}p_{O_2}^{\frac{1}{2}}} \tag{7-11}$$

在相同温度下，式(7-11)和式(7-12)K 值相等，所以式(7-12)$p_{O_2}^{\frac{1}{2}}$ 值大，为此，电池左侧为负极，右侧为正极。电极反应为

正极

$$3Fe_2O_{3(s)} === 2(Fe_3O_4) + \frac{1}{2}O_2$$

$$\frac{1}{2}O_2 + 2e \Longrightarrow O^{2-}$$

负极 $$O^{2-} - 2e \Longrightarrow \frac{1}{2}O_2$$

$$\frac{1}{2}O_2 + 2Fe_3O_4 \Longrightarrow 3Fe_2O_3$$

电池反应为 $$2Fe_3O_{4(s)} \Longrightarrow 2(Fe_3O_4)$$

即 $$Fe_3O_{4(s)} \Longrightarrow (Fe_3O_4) \tag{7-12}$$

Fe_3O_4 由纯物质成为固溶体中的 Fe_3O_4，所以

$$\Delta G = \Delta G_{Fe_3O_4} = -EF = RT\ln a_{Fe_3O_4} \tag{7-13}$$

由不同组成的样品的电池电动势值，可求出该组成的 $a_{Fe_3O_4}$。

实验所用物料应保证为所期望的相。$ZnFe_2O_4$ 是将 ZnO 和 Fe_2O_3 粉按等摩尔比混合，空气中 900℃煅烧 7 天合成。Fe_3O_4 为将 Fe 粉和 Fe_2O_3 粉按一定比例混合压块，Ar 气氛下，1000℃ 24h 烧成；Fe_3O_4-$ZnFe_2O_4$ 固溶体相为将 Fe_3O_4 和 $ZnFe_2O_4$ 充分研磨后，按 9 种不同比例配成、压片，Ar 气氛下，900℃5 天烧成。每一个合成样品，皆经 X 射线衍射分析确证。Fe_2O_3 和固溶体之比为 1∶2，压片，Ar 气氛下，950℃烧 2 天；Fe_2O_3 和 Fe_3O_4 参比极，压片。

电池组装为非隔离型的。

升温、降温进行实验，第一个温度点，10~20h 达平衡，接着的第二个温度点，只需 2~10h 达平衡。

实验后，用 X 射线衍射证明，固溶体组成变化极小。

由 $a_{Fe_3O_4}$ 按 Gibbs-Duhem 方程可求 $a_{ZnFe_2O_4}$。可由下式计算

$$\ln a_{ZnFe_2O_4} = \ln x_{ZnFe_2O_4} - x_{Fe_2O_3}x_{ZnFe_2O_4}\alpha_{Fe_3O_4} + \int_0^{x_{Fe_3O_4}} \alpha_{Fe_3O_4}\mathrm{d}x_{Fe_3O_4} \tag{7-14}$$

式中，Fe_3O_4 的 α 函数为

$$\alpha_{Fe_3O_4} = \frac{\ln\gamma_{Fe_3O_4}}{(1 - x_{Fe_3O_4})^2} \tag{7-15}$$

式中，x_i 为 i 组分的摩尔分数；γ_i 为 i 组分的活度系数，可由 $a_i = x_i\gamma_i$ 式求得。

900℃ Fe_3O_4-$ZnFe_2O_4$ 固溶体 $a_{Fe_3O_4}$ 和 $a_{ZnFe_2O_4}$ 与组成的关系如图 7-1 所示。在富 $ZnFe_2O_4$ 区，$a_{Fe_3O_4}$ 对 Raoult 定律略呈正偏差。$\Delta G_{Fe_3O_4}$ 和 $\Delta G_{ZnFe_2O_4}$ 与组成的关系示于图 7-2。实验结果验证了结构分析测得的 Fe_3O_4 和 $ZnFe_2O_4$ 的晶格参数相差很小的结论。

王常珍、叶树青等人[12]用 $ZrO_2(MgO)$ 作为固体电解质组成下列形式的电池

$$Mo \mid Cr, Cr_2O_3 \mid ZrO_2(MgO) \mid YCrO_3, Y_2O_3, Cr \mid MO$$

电池反应为 $$Y_2O_{3(s)} + Cr_2O_{3(s)} \Longrightarrow Y_2O_3 \cdot Cr_2O_{3(s)}$$

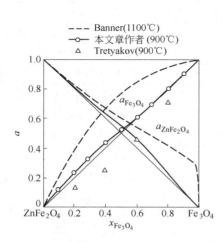

图 7-1 固溶体 Fe_3O_4-$ZnFe_2O_4$ 组成-活度曲线

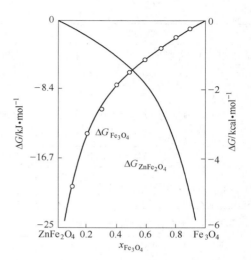

图 7-2 $\Delta G_{Fe_3O_4}$、$\Delta G_{ZnFe_2O_4}$ 与固溶体 Fe_3O_4-$ZnFe_2O_4$ 组成的关系（900℃）

（1cal = 4.184J）

于 1182 ~ 1386K 测定了 $YCrO_3$ 氧化物生成的 $\Delta G^{\ominus}$ 和温度的关系，对固体电解质的电子导电性进行了修正。待测极放于小型固体电解质管内；外套一个较内管稍粗一点的刚玉管，其内置放参比电极及电极引线。将小型管半电池密封，1200℃加热使高温水泥固结后，再置于外半电池管内，密封，加热固结高温水泥，试验在净化的 Ar 气氛中进行。

为了验证固体电解质是否与待测验物质作用，于实验后，曾剖开几个固体电解质电池进行观察，看到固体电解质管内壁表面光滑。用 X 射线电子能谱分析，只在表面层发现极少量的黏附的 Y_2O_3，证明电极物质与电解质管未发生作用，数据呈现出规律性。

S. Seetharaman 等人总结了 1980 年以前发表的用固体电解质电动势方法测定的复合氧化物和尖晶石的标准生成自由能数据，列于表 7-2、表 7-3。

表 7-2 复合氧化物的标准生成自由能[8]

反 应	温度范围/K	$\Delta G^{\ominus}$/J·mol^{-1}
$CaO_{(s)} + Mo_{(s)} + O_2 = CaMoO_{3(s)}$	约 1273	$-605772 + 154.05T$
$2CaO_{(s)} + SnO_{2(s)} = Ca_2SnO_{4(s)}$	973 ~ 1423	$-71295 + 3.56T$
$CaO_{(s)} + SnO_{2(s)} = CaSnO_{3(s)}$	973 ~ 1423	$-72760 + 8.37T$
$CaMoO_{3(s)} + \frac{1}{2}O_2 = CaMoO_{4(s)}$	约 1273	$-294340 + 76.11T$
$CaO_{(s)} + Ti_{0.5(s)} + 0.75O_2 = CaTiO_{3(s)}$	1200 ~ 1300	$-695970 + 111.42T(\pm 2092)$

反　应	温度范围/K	$\Delta G^{\ominus}/\text{J} \cdot \text{mol}^{-1}$
$CoO_{(s)} + 1.235Al_2O_{3(s)} = CoAl_{2.47}O_{4.70(s)}$	1300~1500	$-50710(\pm3810) + 14.48(\pm2.93)T$
$Co_{(s)} + TiO_{2(s)} + 0.5O_2 = CoTiO_{3(s)}$	1226~1378	$-260750 + 78.20T$
$Co_{(s)} + W_{(s)} + 2O_2 = CoWO_{4(s)}$	1200~1300	$-1085460 + 295.14T$ $-1091540 + 300.93T$ $-1090714 + 300.20T$
$Cu_{(s)} + W_{(s)} + 2O_2 = CuWO_{4(s)}$	1000~1100	$-1040980 + 332.96T$
$CuO_{(s)} + GeO_{2(s)} = CuGeO_3$	923~1023	$-4560(\pm250) - 8.70(\pm0.59)T$ $-23720 + 10.42T(\pm1255)$
$3Dy_2O_{3(s)} + W_{(s)} + \frac{3}{2}O_2 = Dy_6WO_{12(s)}$	1200~1400	$-935460 + 227.27T$
$2Fe_{(s)} + O_2 + \alpha\text{-}Al_2O_3 = 2FeO \cdot Al_2O_3$	1023~1809	$-584880 + 137.36T$
$2Fe_{(l)} + O_2 + \alpha\text{-}Al_2O_3 = 2FeO \cdot Al_2O_3$	1809~1973	$-612495 + 152.63T$
$\frac{1}{2}Fe_2O_{3(s)} + \frac{1}{2}Gd_2O_{3(s)} = GdFeO_3$	1200~1400	$-99579 - 2.55T$
$FeO_{(s)} + SO_{2(g)} = FeS_{(s)} + \frac{3}{2}O_{2(g)}$	900~1200	$-470700 - 42.7T$
$\frac{1}{2}Fe_2O_{3(s)} + \frac{1}{2}Sm_2O_{3(s)} = SmFeO_3$	1200~1400	$-92048 - 4.98T$
$Fe_{(s)} + W_{(s)} + 2O_2 = FeWO_{4(s)}$	1200~1300	$-1122020 + 286.35T$
$\frac{1}{2}Fe_2O_{3(s)} + \frac{1}{2}Y_2O_{3(s)} = YFeO_{3(s)}$	1200~1400	$-80210 - 5.15T$
$\frac{1}{2}La_2O_{3(s)} + \frac{1}{2}Co_2O_3 = LaCoO_3$	1100~1212	$-5375180 + 1142.23T$
$\frac{1}{2}La_2O_3 + \frac{1}{2}Cu_2O = LaCuO_2$	1050~1250	$-4227513 + 711.28T$
$\frac{1}{2}La_2O_3 + \frac{1}{2}Fe_2O_3 = LaFeO_3$	900~1225	$-5192340 + 614.6T$
$MgO_{(s)} + Mo_{(s)} + O_{2(g)} = MgMoO_{3(s)}$	1359~1456	$-567600(\pm8370) + 151.54(\pm71.0)T$
$MgO_{(s)} + \frac{3}{2}O_2 + Mo_{(s)} = MgMoO_{4(s)}$	1208~1355	$-780480(\pm15480) + 215.69(\pm12.5)T$
$MgO_{(s)} + W_{(s)} + \frac{3}{2}O_2 = MgWO_{4(s)}$	1220~1370	$-938760 + 274.76T$
$Ni_{(s)} + W_{(s)} + 2O_2 = NiWO_{4(s)}$	1300~1380	$-1108510 + 301.96T$
$MnO_{(s)} + W_{(s)} + \frac{3}{2}O_2 = MnWO_{4(s)}$	1100~1400	$-895750 + 238.40T$
$NiO_{(s)} + 1.136Al_2O_{3(s)} = NiAl_{2.28}O_{4.41(s)}$	1300~1500	$-23220(\pm1297) - 1.76(\pm0.96)T$
$SrO_{(s)} + W_{(s)} + \frac{3}{2}O_2 = SrWO_{4(s)}$	1120~1320	$-1036630 + 251.79T(\pm2510)$
$Y_2O_{3(s)} + W_{(s)} + \frac{3}{2}O_2 = Y_2WO_6$	1000~1600	$-959640(\pm3260) + 228.91(\pm6.3)T$
$2ZnO_{(s)} + TiO_2 = Zn_2TiO_{4(s)}$	930~1100	$-3140 - 10.29T(\pm314)$
$ZnO_{(s)} + TiO_2 = ZnTiO_{3(s)}$	930~1100	$-6694 - 0.83T(\pm210)$

表7-3 用固体电解质电动势方法研究的某些尖晶石的生成反应 $\Delta G^{\ominus}$ [8]

反应（全固相）	温度范围/K	$\Delta G^{\ominus}/J \cdot mol^{-1}$
$CoO + Al_2O_3 = CoAl_2O_4$	$1000 \sim 1500$	$-42680 + 11.17T(\pm 2090)$
$CoO + Cr_2O_3 = CoCr_2O_4$	$1000 \sim 1500$	$-81000 + 24.14T(\pm 840)$
$CoO + Fe_2O_3 = CoFe_2O_4$	$1173 \sim 1700$	$-22590 - 13.40T(\pm 1670)$
$CuO + Al_2O_3 = CuAl_2O_4$	$1373 \sim 1473$	$18422 - 20.84T$
$CuO + Cr_2O_3 = CuCr_2O_4$	$1000 \sim 1500$	$-51340 + 7.720T(\pm 1670)$
	$1073 \sim 1273$	$-42260(\pm 840) - 5.69(\pm 1.63)T$
$FeO + \alpha\text{-}Al_2O_3 = FeAl_2O_4$	$1235 \sim 1323$	$-45190 + 17.09T(\pm 146)$
$FeO + Cr_2O_3 = FeCr_2O_4$	$1000 \sim 1500$	$-57530 + 16.44T(\pm 840)$
$2Fe_{(s)} + O_2 + 2Cr_2O_{3(s)} = 2FeCr_2O_{4(s)}$	$1023 \sim 1809$	$-633460 + 145.2T(\pm 1260)$
$2Fe_{(1)} + O_2 + 2Cr_2O_{3(s)} = 2FeCr_2O_{4(s)}$	$1809 \sim 1973$	$-661070 + 160.7T(\pm 1260)$
$Fe_{(1)} + 2Cr_{(1)} + 4O = FeCr_2O_4$	1873	$-333880(\pm 6280)$
$FeO + Fe_2O_3 = Fe_3O_4$	$1100 \sim 1700$	$-16860 - 11.55T(\pm 1050)$
$2Fe_{(s)} + O_2 + 2V_2O_{3(s)} = 2FeV_2O_{4(s)}$	$1023 \sim 1809$	$-577400 + 124.7T(\pm 1260)$
$2Fe_{(1)} + O_2 + 2V_2O_{3(s)} = 2FeV_2O_{4(s)}$	$1809 \sim 1973$	$-605010 + 139.96T(\pm 1260)$
$MgO + Cr_2O_3 = MgCr_2O_4$	$1000 \sim 1500$	$-42970 + 7.11T(\pm 2090)$
$MgO + Fe_2O_3 = MgFe_2O_4$	$1100 \sim 1700$	$-24060 + 1.34T(\pm 1670)$
$MnO + Fe_2O_3 = MnFe_2O_4$	$1064 \sim 1373$	$-1213380 + 316.3T$
	$1100 \sim 1400$	$-16280 - 50.2T$
$NiO + Cr_2O_3 = NiCr_2O_4$	$1000 \sim 1500$	$-54100 + 21.63T(\pm 2090)$
	$1300 \sim 1500$	$-73430(\pm 2390) - 4.48(\pm 1715)T$
$NiO + Fe_2O_3 = NiFe_2O_4$	$1173 \sim 1473$	$-19750 - 4.213T(\pm 1260)$
	$973 \sim 1473$	$-18870 - 3.72T$
$ZnO + \alpha\text{-}Al_2O_3 = ZnAl_2O_4$	$973 \sim 1173$	$-44980 + 6.57T(\pm 630)$
$ZnO + Cr_2O_3 = ZnCr_2O_4$	$973 \sim 1173$	$-6280 + 8.58T(\pm 630)$

J. N. Pratt 收集了 1990 年以前对复合化合物的研究，按使用的固体电解质分类[8]。

7.1.3 非化学计量氧化物的热力学研究

过渡族金属氧化物和含过渡族金属的复合氧化物及某些主族氧化物往往存在晶格中的氧缺陷或金属缺陷，形成非化学计量化合物，而缺陷度与氧分压有关。这一类化合物在冶金和材料研究中都有特殊的意义，或者是控制气相的氧分压或者是有意利用其非化学计量性，都需知道有关缺陷和氧分压关系等缺陷热力学。

利用固体电解质电池库仑滴定法研究非化学计量问题是一个有效的方法，比热重法准确。

该方法的原理为[7]，借助直流电，将给定的氧量通过固体电解质进入含有待测试样的气室中，进入的氧量与电流和通电时间的关系为

$$n_{O_2} = \frac{It}{4F} \tag{7-16}$$

式中 n_{O_2}——氧的物质的量；

   I——滴定电流，A；

   t——滴定时间，s；

   F——Faraday 常数。

氧进入气室后，超过了非化学计量试样的平衡气相氧分压，就逐渐被试样吸收，同时建立了新的平衡关系，应用此方法，必须没有氧从环境渗入气室，即要求气室密封良好。试样的缺陷度在一定氧分压下有一确定的值，其变化（Δx）由滴定的氧量（Δn_{O_2}）按如下关系式求出，以"FeO"为例

$$\Delta x = \frac{2M_{FeO}}{m_{FeO}} \Delta n_{O_2} \tag{7-17}$$

式中 M——摩尔质量，g/mol；

   m——质量，g。

图 7-3 以双对数坐标示出了 1200℃氧分压与 $Fe_{1-x}O$ 中铁缺陷 x 的关系。从 $0.10 \sim x$ 值时它遵从下列方程式

$$\frac{1}{2}O_2 + Fe_{Fe} \Longrightarrow V''_{Fe} + 2h^· + FeO$$

$$[V''_{Fe}] = x = Kp_{O_2}^{\frac{1}{6}}$$

曲线的斜率，$\mathrm{dlg}x/\mathrm{dlg}p_{O_2} = \frac{1}{6}$，以后，此值随着 x 的进一步增加而减小，接近

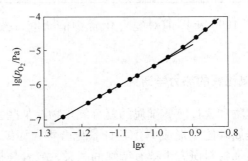

图 7-3   1200℃下，氧分压与 $Fe_{1-x}O$ 中铁缺陷 x 的关系

$Fe_{1-x}O/Fe_3O_4$ 平衡（$x = 0.145$）时为 1/8，1200℃ 时相应于 $Fe-Fe_{1-x}O$ 的平衡，$x = 0.05$。

在 900℃ 以上和一狭窄的浓度范围，化合物 Fe_3O_4 也是具有铁缺陷的，可表示为 $Fe_{3-y}O_4$，也为非化学计量相。和化学计量相 Fe_3O_4 相比，Fe 缺量 y 与氧分压的关系也可以用固体电解质库仑滴定法进行研究。在 1200℃，对于 $Fe_{3-y}O_4$-Fe_3O_4 的平衡，当 y 为 0.004 ~ 0.055 时，测量值遵守阳离子的某一逆转的或统计的分配理论曲线。

对于 Fe_3O_4 和 Fe_2O_3 的平衡关系，反应为

$$4Fe_3O_4 + O_2 \Longrightarrow 6Fe_2O_3$$

氧化物的缺陷可不考虑。反应的平衡氧分压可由固体电解质电动势法测定。库仑滴定法曾用于研究一系列氧化物的非化学计量问题[2,6,8]，所用电池皆参考 1969 年 Rapp 等人所用的库仑滴定电池。

非化学计量 SnO_{2-x} 有多种用途。杨力子、王常珍等人[20] 用库仑滴定法研究了 694 ~ 990K 温度范围内 SnO_{2-x} 的非化学计量。

电池形式为

$$Pt \mid 空气或 \ Ni, NiO \mid ZrO_2(Y_2O_3) \mid SnO_{2-x} \mid Pt$$

用小型固体电解质管作为电解质。电池结构形式类似 Y. Ito 等人所用双绕无感应电阻丝炉。

库仑滴定电源为精密恒电流电位仪，每次向样品输入一定时间的微弱电流使产生氧的迁移后，静置一定时间，待平衡后，用 Keithley 固态电位计（10^{14}）配同 Keithley 数字电压表（$10^{11}\Omega$）测量电池电动势。待平衡后，再向样品输入电流，一定时间后再测定电动势，如此继续，并反向进行试验验证。

每次滴定后 SnO_{2-x} 中的 x 值将发生变化，与此相应的有一平衡 p_{O_2} 值，p_{O_2} 值按

$$E = \frac{RT}{nF}\ln\frac{p_{O_2}^{II}}{p_{O_2}^{I}}$$

关系计算。

实验求得的 $\ln p_{O_2}$ 随 SnO_{2-x} 中 x 值变化和 $\ln p_{O_2}$ 与 $\ln x$ 的关系分别示于图 7-4 及图 7-5。

从图 7-5 可看出，在所研究的温度下，在 SnO_{2-x} 中 $x < 0.022$ 范围内，直线的斜率在 $-1/5.7 ~ -1/8.5$ 之间，说明 SnO_{2-x} 呈现 n 型导电的行为，前面曾述及 n 型导电物质和气相氧之间反应关系为

$$O_o \Longrightarrow \frac{1}{2}O_2 + V_o^{\cdot\cdot} + 2e' \tag{7-18}$$

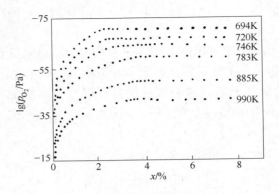

图 7-4 $\ln p_{O_2}$ 随 SnO_{2-x} 中 x 值的变化示意图

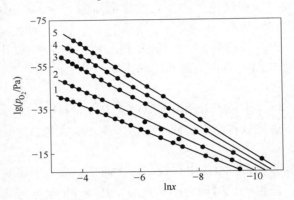

图 7-5 SnO_{2-x} 的 $\ln p_{O_2}$ 与 $\ln x$ 的关系图

1—990K；2—885K；3—783K；4—746K；5—720K

反应的平衡常数可表示为

$$K_0 = [V_O^{\cdot\cdot}][e']^2 p_{O_2}^{\frac{1}{2}}/[O_O] \tag{7-19}$$

根据电中性原则，$[V_O^{\cdot\cdot}] = x$，$[e'] + 2[V_O^{\cdot\cdot}] = 2x$，代入式(7-19)得

$$K_0 = x(2x)^2 p_{O_2}^{\frac{1}{2}}/(2-x) \tag{7-20}$$

所以得

$$x \propto p_{O_2}^{-\frac{1}{6}} \tag{7-21}$$

本实验在 900K 左右得到的值接近此理论值，说明 SnO_{2-x} 的缺陷反应在该温度附近可用上式描述。实验求得

$$\Delta G_{SnO_{2-x}}^{\ominus} = 305000 - 38.97T \tag{7-22}$$

由图 7-4 可看出，气相氧分压 p_{O_2} 随着缺陷浓度 x 增大而不断降低，至一定 x 值后，p_{O_2} 保持恒定，这意味着进入两相共存区。X 射线衍射分析证明，此时为

Sn 与 SnO$_2$ 共存。将不同温度时的平衡 p_{O_2} 值对 T 作图，呈现出规律性，如图 7-6 所示。诸 p_{O_2} 值即为反应

$$Sn_{(s)} + O_2 \Longrightarrow SnO_{2(s)} \qquad (7\text{-}23)$$

的平衡 p_{O_2} 值，$\ln p_{O_2} = 24.3 - 69080/T$，从而求得

$$\Delta G^{\ominus}_{SnO_2} = -574330 + 202T \qquad (7\text{-}24)$$

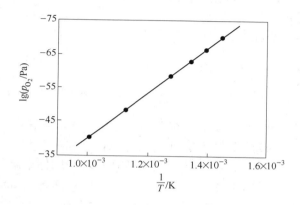

图 7-6 $\ln p_{O_2}$ 和温度的关系

该值与文献报道值很接近，说明本研究结果的可信性。

通过库仑滴定研究发现了一系列金属-氧化体系的中间氧化物，例如对 Ti-O 体系的研究[21]结果说明，在 TiO$_{2-x}$ 中，随着 x 由 0.1 至 0.35 之间变化，依次有 Ti$_{10}$O$_{19}$，Ti$_9$O$_{17}$，Ti$_8$O$_{15}$，Ti$_7$O$_{13}$，Ti$_6$O$_{11}$，Ti$_5$O$_9$，Ti$_4$O$_7$ 和 Ti$_4$O$_5$8 个中间氧化物。相平衡关系依次为 Ti$_{10}$O$_{19}$/Ti$_9$O$_{17}$，Ti$_9$O$_{17}$/Ti$_8$O$_{15}$，Ti$_8$O$_{15}$/Ti$_7$O$_{13}$，Ti$_7$O$_{13}$/Ti$_6$O$_{11}$，Ti$_6$O$_{11}$/Ti$_5$O$_9$ 和 Ti$_5$O$_9$/Ti$_4$O$_7$。在组成－电动势关系曲线上，每出现两相共存区，电动势值不变，出现一水平线段。该方法除可研究体系热力学[22]外，还是判断相平衡关系的一个有力手段，可以补充和验证相图。Ce-O 体系有更多的非化学计量相。

Seetharama 等收集了至 1980 年用固体电解质方法研究的非化学计量氧化物[8]。

7.2 非氧化物体系的热力学研究

从原理上讲，氧化物固体电解质在热力学研究上可以得到很广泛的应用，只要存在与氧有联系的可逆化学反应，就可设计一个电池，通过电化学方法来实现非氧化物热力学研究的目的，如下所述。

7.2.1 硫化物、硫酸盐的热力学研究

硫化物矿焙烧的目的是使硫化物转化为氧化物，然后再还原成金属或使硫化

物转化为硫酸盐，然后用水法冶金制取金属。对硫化物矿进行氧化焙烧或硫酸盐化焙烧，必须依据 M-S-O 体系在一定温度下的气、固相的平衡条件及 M-S-O 相图。测定金属硫化物及硫酸盐的热力学性质也要依据 M-S-O 体系相图，这种相图的简单形式如图 7-7 所示。

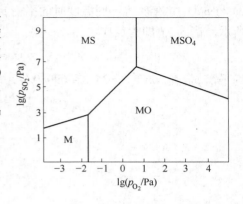

图 7-7　M-S-O 体系相图

在 MS 和 MO 分界线上存在以下平衡

$$MS_{(s)} + \frac{3}{2}O_2 \Longrightarrow MO_{(s)} + SO_2$$

$$(7-25)$$

在两相平衡区，有一个 p_{SO_2} 值，就相应有一个一定的 p_{O_2} 值。如果一个反应在热力学上可行，就可通过电池实现电化学反应，从而求得有关的热力学数据。J. E. Elliott 和 H. R. Larson 早在 1967 年就用 $ZrO_2(CaO)$ 固体电解质，通过使与一定分压的 SO_2 或 S_2 气体建立平衡，求出了 PtS，Rh_xS，ZnS，MnS，MoS_2，NbS_2，TaS_2 等化合物的标准生成自由能。用这个方法，在实验的温度范围内，硫化物和氧化物的相互溶解度要很小。现以 MnS 和 $NiSO_4$ 的标准生成自由能研究为例说明研究方法如下：

对于 MnS：根据 Mn-S-O 相图，设计了如下形式的电池

$$(-)Pt \mid SO_2, MnO, MnS \mid ZrO_2(CaO) \mid O_{2(空气)} \mid Pt(+)$$

在参比极(+)极 　　$\frac{3}{2}O_{2(空气)} + 6e \Longrightarrow 3O^{2-}$

(-)极 　　　　　$3O^{2-} - 6e \Longrightarrow \frac{3}{2}O_{2(待测)}$

$$\frac{3}{2}O_{2(待测)} + MnS \Longrightarrow MnO + SO_{2(常压)}$$

电池反应为

$$\frac{3}{2}O_{2(空气)} + MnS \Longrightarrow MnO + SO_{2(常压)}（四相共存）\qquad(7-26)$$

反应的 　　　　　$$\Delta G = \Delta G^{\ominus} + RT\ln\frac{p_{SO_2}}{p_{O_2}^{\frac{3}{2}}}$$

又 　　　　　　　$$\Delta G = -6FE$$

$$\Delta G^{\ominus} = \Delta G^{\ominus}_{SO_2} + \Delta G^{\ominus}_{MnO} - \Delta G^{\ominus}_{MnS}\qquad(7-27)$$

以纯氧 101325Pa 为标准态，即由氧元素生成 O_2 的 $\Delta G^{\ominus}$ 等于零，因此式(7-27)中

没有 $\Delta G_{O_2}^{\ominus}$ 这一项。

所以
$$-6FE = \Delta G_{SO_2}^{\ominus} + \Delta G_{MnO}^{\ominus} - \Delta G_{MnS}^{\ominus} + RT\ln\frac{p_{SO_2}}{p_{O_2}^{\frac{3}{2}}}$$

而
$$\Delta G_{MnS}^{\ominus} = 6FE + \Delta G_{SO_2}^{\ominus} + \Delta G_{MnO}^{\ominus} - \frac{3}{2}RT\ln p_{O_2} \qquad (7\text{-}28)$$

$\Delta G_{MnO}^{\ominus}$ 及诸氧化物的 $\Delta G^{\ominus}$ 早已测得，$\Delta G_{SO_2}^{\ominus}$ 也由分子光谱法准确测得，$p_{O_2(空气)}$ 也已知，所以只要求得某温度下的电池电动势值，就可求得 $\Delta G_{MnS}^{\ominus}$，根据不同温度实验可求得 $\Delta G_{MnS}^{\ominus}$ 与温度的关系式。

J. E. Elliott 测量金属硫化物标准生成自由能所使用的电池装置示意于图7-8。将金属硫化物和金属氧化物试样放入 ZrO_2（CaO）管的铂网容器内，SO_2 气体流经样品，纯净氧流经电池外室，Pt 为电极引线。

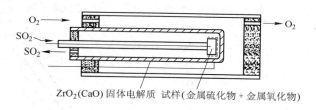

图 7-8　J. E. Elliott 所用的测定金属硫化物生成
自由能的电池装置示意图

也可采用竖式电池装置。

对于稳定的金属硫化物，如 PtS 和 Rh_xS，可由反应
$$M_{(s)} + SO_2 =\!=\!= MS_{(s)} + O_2 \qquad (7\text{-}29)$$
得出平衡氧分压，再计算 MS 的标准生成自由能。

当金属氧化物比金属硫化物具有较高的稳定性时，例如对 NbS_2、TaS_2 标准生成自由能的研究，则宜以气态硫代替 SO_2 建立反应平衡：
$$MO_{(s)} + \frac{1}{2}S_{2(g)} =\!=\!= MS_{(s)} + \frac{1}{2}O_2 \qquad (7\text{-}30)$$
由图7-9 和图7-10 的关系曲线得知，由于硫-氧-化合物的离解平衡，所以 p_{SO_2} 和 p_{S_2} 需要修正。

对于金属硫酸盐标准生成自由能的测定，根据 M-S-O 体系相图，生成硫酸盐的反应为
$$MO_{(s)} + SO_2 + \frac{1}{2}O_2 =\!=\!= MSO_{4(s)} \qquad (7\text{-}31)$$

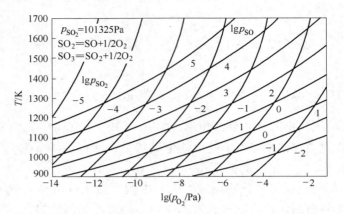

图 7-9   在不同温度和氧分压以及 $p_{SO_2} = 101325Pa$ 下，

$$SO_3 = SO_2 + \frac{1}{2}O_2 \text{ 和 } SO_2 = SO + \frac{1}{2}O_2 \text{ 的离解平衡}$$

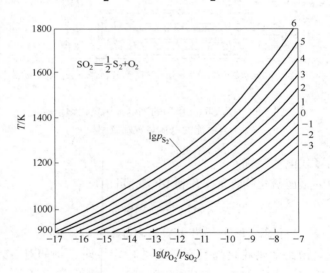

图 7-10   在不同温度和不同的 p_{O_2}/p_{SO_2} 下

$$SO_2 = \frac{1}{2}S_2 + O_2 \text{ 的离解平衡}$$

7.2.2 金属硅化物的热力学研究

金属硅化物在高温时要与氧作用，据此，可利用氧浓差电池进行研究。例如，有研究者利用如下形式的电池

$$Pt \mid Fe, Fe_{1-x}O \mid ThO_2(Y_2O_3) \mid TaSi_2, Ta_5Si_3, SiO_2 \mid Pt$$

测定了 $TaSi_2$ 的标准生成自由能。以此可预言 Ta-Si 合金的氧化性质，可以启示产

生了所期望的硅氧化。反应为

$$5TaSi_2 + 7O_2 \Longrightarrow 7SiO_2 + Ta_5Si_3$$

形成玻璃状的 SiO_2 保护层可保护材料，但同时也预示人们所不期望的钽氧化，反应为

$$4TaSi_2 + 13O_2 \Longrightarrow 8SiO_2 + 2Ta_2O_5 \tag{7-32}$$

Ta_2O_5 可破坏玻璃状 SiO_2 保护层。

上述因素增加了准确测定电动势值的困难。

电池反应为

$$5TaSi_2 + 14\text{"FeO"} \Longrightarrow 7SiO_2 + 5Ta_5Si_3 + 14Fe$$

如果已知 $\Delta G_{Ta_5Si_3}^{\ominus}$，再由已知的 $\Delta G_{SiO_2}^{\ominus}$、$\Delta G_{\text{"FeO"}}^{\ominus}$ 结合电池电动势值，可由下列方程式求出 $\Delta G_{TaSi_2}^{\ominus}$

$$\Delta G_{TaSi_2}^{\ominus} = \frac{2}{5}FE + \frac{7}{5}\Delta G_{SiO_2}^{\ominus} + \frac{1}{5}\Delta G_{Ta_5Si_3}^{\ominus} - \frac{14}{5}\Delta G_{\text{"FeO"}}^{\ominus} \tag{7-33}$$

用类似方法，可以测定其他金属硅化物的标准生成自由能。

关于参比电极的选择，如同氧化物体系的研究一样，应选择氧位接近于所研究体系氧位的物质，以减少电解质中任何的电子短路效应。在此情况下，温度等不同常可使电池极性倒转。

7.3 合金体系的热力学研究

合金是重要的金属材料，形成合金的组元和含量以及制备过程不同，而使材料具有了各种不同的性质。不论使用材料的力学性质，还是使用光、电、磁、热性质，都要求材料在使用温度下具有热力学稳定性，为此，合金体系的热力学研究极为重要。

固体电解质浓差电池法可以直接求得液、固态二元、三元合金及金属间化合物的热力学性质，在合金热力学研究方面得到广泛的应用[1~7]。

7.3.1 二元合金的热力学研究

对于二元合金研究，典型电池形式为

$$M \mid A, AX_n \mid X^- \mid [A]_{合金}, AX_n \mid M$$

对于氧化物固体电解质，通过氧浓差的建立实现研究的目的。电池形式为

$$M \mid A, AO \mid O^{2-} \mid [A]_{合金}, AO_n \mid M$$

其中，A 为 A-B 合金中比 B 化学性质活泼的金属。例如 Fe-Ni 二元合金的热力学研究[4]，电池可设计为

$$Pt \mid Fe,\text{“FeO”} \mid ZrO_2 \text{ 基电解质} \mid [Fe]_{Fe\text{-}Ni},\text{“FeO”} \mid Pt$$

电池左侧的 p_{O_2} 是 Fe，"FeO" 的平衡 p_{O_2} 值

$$Fe + \frac{1}{2}O_2 =\!=\!= \text{“FeO”} \qquad K = \frac{1}{p_{O_2}^{\frac{1}{2}}}, p_{O_2} = \frac{1}{K^2} \tag{7-34}$$

电池右侧的 p_{O_2} 是 $[Fe]_{Fe\text{-}Ni}$，"FeO" 的平衡 p_{O_2} 值

$$[Fe]_{Fe\text{-}Ni} + \frac{1}{2}O_2 =\!=\!= \text{“FeO”} \qquad K = \frac{1}{p_{O_2}^{\frac{1}{2}} a_{Fe}}, p_{O_2} = \frac{1}{K^2 a_{Fe}^2} \tag{7-35}$$

合金中 $a_{Fe} < 1$，所以电池右侧 p_{O_2} 值高，为正极，电极反应为

正极
$$FeO =\!=\!= [Fe]_{Fe\text{-}Ni} + \frac{1}{2}O_2$$

$$\frac{1}{2}O_2 + 2e =\!=\!= O^{2-}$$

负极
$$O^{2-} - 2e =\!=\!= \frac{1}{2}O_2$$

$$\frac{1}{2}O_2 + Fe =\!=\!= FeO$$

电池反应为
$$Fe =\!=\!= [Fe]_{Fe\text{-}Ni}$$

按
$$\Delta G = \Delta G_{Fe} = \Delta G^{\ominus} + RT\ln a_{Fe} \tag{7-36}$$

以纯固态 Fe 为标准态，所以 $\Delta G^{\ominus} = 0$，则

$$\Delta G_{Fe} = RT\ln a_{Fe} \tag{7-37}$$

而
$$\Delta G_{Fe} = -2FE \tag{7-38}$$

所以
$$E = -\frac{RT}{2F}\ln a_{Fe} \tag{7-39}$$

由 E 可以计算出 Fe-Ni 二元合金中 Fe 的活度。做不同组成实验，可求出 a_{Fe} 和组成的关系，按 Gibbs-Duhem 方程可求出 a_{Ni} 和组成的关系。

该研究不能将电池设计为以下形式

$$Pt \mid Ni, NiO \mid ZrO_2 \text{ 基电解质} \mid [Ni]_{Fe\text{-}Ni}, NiO \mid Pt$$

因为热力学数据

$$Ni + \frac{1}{2}O_2 =\!=\!= NiO \quad \Delta G^{\ominus} = -233640 + 84.9T \quad (911 \sim 1376K) \tag{7-40}$$

按 1000℃ 计算
$$p_{O_2} = 5 \times 10^{-6} Pa$$

而
$$Fe + \frac{1}{2}O_2 =\!=\!= \text{“FeO”} \quad \Delta G^{\ominus} = -263380 + 64.4T \quad (903 \sim 1540K) \tag{7-41}$$

1000℃，$p_{O_2} = 1.5 \times 10^{-10} \text{Pa}$

$$\frac{p_{O_2(\text{NiO})}}{p_{O_2(\text{"FeO"})}} = 3.5 \times 10^4$$

FeO 比 NiO 稳定，即 Fe 比 Ni 易氧化，如设计成以上电池形式，NiO 将不断分解而将 Fe 氧化，发生以下反应

$$\text{NiO} + [\text{Fe}]_{\text{Fe-Ni}} = \text{FeO} + [\text{Ni}]_{\text{Fe-Ni}}$$

为此，则在电池右侧没有稳定的平衡氧分压值，不是可逆电池，也就不能用于测定有关的热力学数据。

Davies 等人[4]在对 Fe-Ni 合金的热力学进行研究时发现，在合金组成至 79%（摩尔分数）时，有明显的副反应

$$[\text{Ni}]_{\text{Fe-Ni}} + \text{FeO} = [\text{Ni-Fe}]\text{O} + [\text{Fe}] \tag{7-42}$$

因此不能再得到准确的 a_{Fe} 值，类似体系有 Fe-Cr，Ni-Cr 合金的研究[8,9]。

合金中两元素氧化物热力学稳定性相差越大，则测定浓度的范围越宽广。

7.3.2 金属间化合物的热力学研究

用氧浓差电池法，通过电极两侧氧的化学位的不同，可以间接求得金属间化合物的热力学性质，除给予化合物热力学稳定性的说明以外，还可以补充或完善相图。由偏摩尔热力学性质，按 $\Delta G = x_1 \Delta G_1 + x_2 \Delta G_2$ 和 $\Delta G_i^{\text{E}} = RT\ln a_i - RT\ln x_i$ 计算的体系全摩尔热力学性质及过剩热力学性质示于图 7-11。

电池设计需与相图配合。

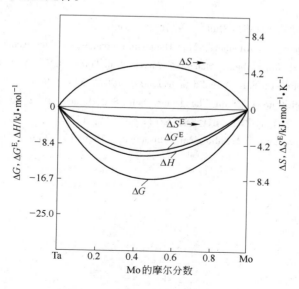

图 7-11 1200K，Ta-Mo 合金的全摩尔及过剩热力学性质

参 考 文 献

[1] Kiukkola K, Wagner C. Journal of the Electrochemical Society, 1957, 104(5): 308.

[2] Hladik J. J. Physics of Electrolytes Vol. 2 [M]. London, New York: Academic Press, 1972.

[3] 徐秀光, 张贺林, 王常珍. 东北工学院学报, 1983, 37(4), 29.

[4] Kubaschewski O, Alcock C B. Fifth Edition Metallurgical Thermochemistry [M]. Oxford, New York, Toronto, Sydney, Paris, Erankfurt: Pergamon Press, 1977.

[5] Ramakrishnan E S, Sreedharan O M, Chendrasekharaiah M S. J Electrochem. Soc., 1975, 122 (3): 328.

[6] Sreedharan O M, Chandrasekharaiah M S, Karkhanavala M D. High Temperature Science, 1997 (9): 109.

[7] Subbarao E C. Solid Electrolytes and Their Applications [M]. New York and London: Plenum Press, 1980.

[8] Pratt J N. Metallurgical Transactions, 1990(21A): 1223.

[9] 片山嚴, 幸塚善作. 日本金屬學會會報, 1986, 25(6): 528.

[10] Tretyakov Y D, Kaul A R, Makukhin N V. Journal of Solid State Chemistry, 1976(17): 183.

[11] Sreedharan O M, Chandrasekharaiah M S, Karkhanavala M D. High Temperature Science, 1976(8): 179.

[12] 王常珍, 叶树青, 张鑫. 物理学报, 1985, 34(8): 1017.

[13] Benz R, Wagner C. J. Phys. Chem, 1961(65): 1308.

[14] Taylor R W, Schmalyried H. The Journal of Physical Chemistry, 1964, 68(9): 2444.

[15] Леванчкий В А, СКОЛИС Ю R, Ченчов В Н. Журнал Физическои Химии, 1972 (6): 1411.

[16] Deo B, Tare V B. Met. Res. Bull., 1976(11): 469.

[17] Wang Changzhen, Xu Xiuguang, Man Hanguan. Inorganica Chimica Acta, 1987(140): 181.

[18] Iwao Katayama, Jun Shibata, Matsuhide Aoki, et al. Trans, JIM, 1977(18): 743.

[19] Ito Y, Maruyama T, Saito Y. Solid State Ionics, 1987(25): 199.

[20] Yang Lizi, Sui Zhitong, Wang Changzhen, Solid State Ionics, 1992(50): 203.

[21] 铃木健一郎, 三本木贡治. 鐵と鋼, 1972, 58(12): 1579.

[22] Wakihara M, Katsura T. Metallurgical Transactions, 1970(1): 363.

8 氧离子导体传感法测金属熔体中氧活度

8.1 金属熔体中氧活度研究

8.1.1 金属熔体中氧活度和氧溶解度的测定

用固体离子导体电池法研究金属熔体中的氧活度，由于早期离子导体管抗热震性等问题未解决，所以开始的工作仅限于低熔点金属熔体。

1965 年 W. A. Fischer 首先制成了铁液测氧活度的氧离子导体电解质电池探头（probe），成功地实现了一系列的测定[1~4]。

采用的电池形式为

$$(+)PtRh \mid 空气 \mid ZrO_2(CaO + MgO) \mid [O]_{Fe} \mid 金属导体(-)$$

电极反应为

正极

$$\frac{1}{2}O_{2(空气)} + 2e \Longrightarrow O^{2-}$$

负极

$$O^{2-} - 2e \Longrightarrow [O]_{Fe}$$

电池反应为

$$\frac{1}{2}O_{2(空气)} \Longrightarrow [O]_{Fe} \tag{8-1}$$

$$\Delta G = \Delta G_{[O]}^{\ominus} + RT\ln\frac{a_O}{p_{O_{2(空气)}}^{-\frac{1}{2}}} \tag{8-2}$$

式中，$\Delta G_{[O]}^{\ominus}$ 为氧在 Fe 液中的标准溶解自由能，以假想的 1% ［O］质量分数作为标准态。J. Chipman 等人求得 1600℃ $\Delta G_{[O]}^{\ominus} = -121340J/mol$，假定 $f_O = 1$。

电解质管外部底端涂有稳定化 ZrO_2 的烧结层，以避免电解质管的热炸裂。用空气作为参比电极，p_{O_2} 值受温度影响极小。将 Pt 丝的一端用陶瓷熔结在电解质管内底部端，用导管通入微弱的净化过的空气流，构成 Pt-O$_{2(空气)}$ 电极。

实验时将电解质电池探头和组装在一起的待测电极引线先置于熔体上方预热，达一定温度后，插入熔体，记录电池电动势 E。探头可提离液面，再插入，如此反复，可几小时进行实验。

E 的计算公式为

$$E = E^\ominus - \frac{RT}{2F}\ln\frac{a_{O(\text{金属熔体})}}{p_{O_2(\text{空气})}^{\frac{1}{2}}} \tag{8-3}$$

$$E^\ominus = -\frac{\Delta G^\ominus_{[O]}}{2F} \tag{8-4}$$

用 H_2-$H_2O_{[g]}$ 混合气体和空气构成的电池，所测结果也证实了上述结果的可信性。

用同种方法成功地推广至钴、镍、铜、银、锌和铅熔体中氧溶解量和溶解度的测量。

这些工作指出了固体电解质测氧电池在冶金反应上广泛应用的可能，此后很多冶金工作者选择了这个方法或手段[5~9]。采用金属-金属氧化物混合粉末作为参比电极，金属陶瓷作为电极引线的电池装置，如图 8-1 所示，图 8-1a、b 大同小异。

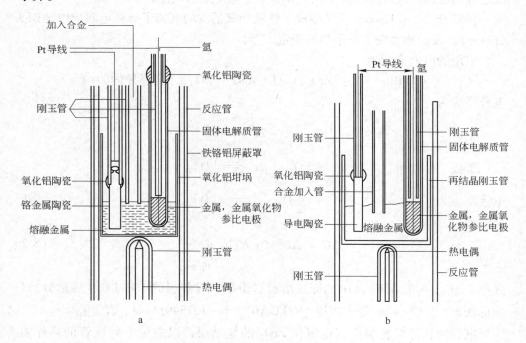

图 8-1　用固体电解质测定金属熔体中氧活度的示意图
a—采用较短的固体电解质管作为固体电解质；b—采用较长的固体
电解质管作为固体电解质（现在已不用长的固体电解质）

对于氧的溶解反应

$$\frac{1}{2}O_{2(g)} = [O]_{\text{金属熔体}} \tag{8-5}$$

$$K_{[O]} = \frac{a_O}{p_{O_2}^{\frac{1}{2}}}$$

$$p_{O_2} = \frac{1}{K_{[O]}^2} a_O^2 \tag{8-6}$$

如 $a_O = f_O[O]$，$f_O = 1$，则

$$\lg p_{O_2} = 2\lg[O] - 2\lg K_{[O]} \tag{8-7}$$

或

$$\lg p_{O_2} = 2\lg[O] + \frac{2\Delta G_{[O]}^\ominus}{2.303RT} \tag{8-8}$$

　　1600℃时 Fe、Co、Ni 熔体中氧分压和氧溶解量及溶解度的关系如图 8-2 所示；1200℃时 Cu 和 Ag 熔体氧分压与氧溶解量及溶解度的关系示于图 8-3；800℃ Sn 和 Pb 熔体氧分压与氧溶解量及溶解度的关系示于图 8-4。直线是根据固体电解质电池测得的，假定活度系数 $f_O = 1$。1600℃下纯 Fe 液的氧分压，如从 [O] 0.001% 时的约 10^{-8} Pa 提高到 [O] 0.20% 时的约 10^{-1} Pa，则液态镍的氧分压从 [O] 0.001% 的 $10^{-4.7}$ Pa 变到 [O] 0.6% 的约 $10^{1.2}$ Pa。因此，金属镍和金属铁熔体虽具有相同的氧含量，但前者具有较高的氧分压或氧活度。或者在相同氧分压的情况下，氧在铁中的溶解量大。在不同的金属熔体中，氧溶解度由金属氧化物的生成平衡氧分压决定，对反应

$$M_{(s)} + \frac{1}{2}O_{2(g)} = MO_{(s或l)} \tag{8-9}$$

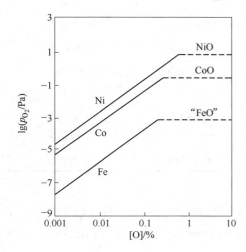

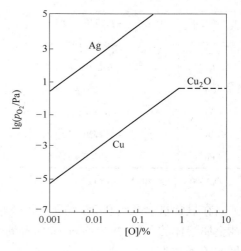

图 8-2　1600℃，Fe、Co、Ni 熔体
氧分压和氧溶解量及溶解度的关系[4]
（饱和溶解量为溶解度）

图 8-3　1200℃，Cu 和 Ag 熔体
氧分压与氧溶解量及
溶解度的关系[4]

以纯 M 和纯 MO 为标准态, 则

$$K_{MO} = \frac{1}{p_{O_2}^{\frac{1}{2}}} \qquad (8-10)$$

$$p_{O_2} = \frac{1}{K_{MO}^2} \qquad (8-11)$$

饱和线用虚线示于图 8-2 ~ 图 8-4。如
此, 对上述熔体可得到如下的氧饱和含
量 (溶解度): 1600℃, $[O]_{Fe}$ 为 0.20%,
$[O]_{Co}$ 为 0.26%, $[O]_{Ni}$ 为 0.60%;
1200℃, $[O]_{Cu}$ 为 0.80%; 800℃, $[O]_{Sn}$
为 0.012% (与 SnO_2 的平衡) 或 0.32%
(与 SnO 的平衡), $[O]_{Pb}$ 0.02%。

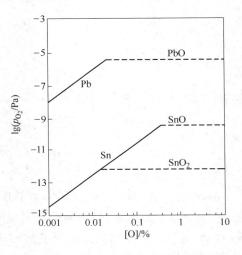

图 8-4　800℃, Sn 和 Pb 熔体氧分压与
氧溶解量及溶解度的关系[4]

　　由电池电动势以及熔体试样相应的
氧含量, 在给定的温度以及 $f_0 = 1$ 的情
况下, 可以计算出氧的溶解反应的自由能变化 $\Delta G_{[O]}^{\ominus}$。表 8-1 中给出了空气作为
参比电极所求得的诸金属熔体的 $\Delta G_{[O]}^{\ominus}$ 与温度的关系[4]。

表 8-1　氧在金属熔体中的溶解反应自由能 $\Delta G_{[O]}^{\ominus}$

金 属	$\Delta G_{[O]}^{\ominus} = \Delta H_{[O]}^{\ominus} - T\Delta S_{[O]}^{\ominus}$ /J · mol^{-1}	温度范围/℃	$\Delta G_{[O]}^{\ominus}$ 在 $t(℃)$ 时 /J · mol^{-1}
Fe	− 157740 + 20.29T	1550 ~ 1750	− 119750[1]
Co	− 98240 + 10.46T	1510 ~ 1680	− 98660[1]
Ni	− 97070 + 16.44T	1470 ~ 1660	− 66280[1]
Cu	− 73220 + 9.29T	1110 ~ 1420	− 59540[2]
Ag	− 10460 + 18.03T	1000 ~ 1400	+ 16070[2]
Sn	− 192720 + 50.12T	780 ~ 1180	− 138910[3]
Pb	− 110580 + 31.55T	630 ~ 980	− 72550[3]

　　[1]1600℃; [2]1200℃; [3]800℃。

　　在氧含量直至约 0.1% 情况下, 对 $f_0 = 1$ 的假定是适合于 Fe、Co、Ni 和 Cu
纯金属熔体的。W. A. Fischer 和 D. Janke 的电化学研究得出 $\lg f_0$ 与铁熔体中氧含
量的关系式为

$$\lg f_0 = -0.30[O] \qquad (8-12)$$

W. A. Fischer 和 D. Janke 又用 H_2、H_2O 混合气体作为参比电极, 通过下面形式的

电池

$$Ir\,|\,H_2\text{-}H_2O\,|\,ZrO_2(CaO)\,|\,含氧金属熔体\,|\,M$$

用零位法，即调整 H_2-H_2O 混合气体中 $\dfrac{p_{H_2}}{p_{H_2O}}$ 比，使气相中的 p_{O_2} 和金属熔体中的 p_{O_2}

相等，使电池电动势 E 等于 0 的方法，求出 $\dfrac{1}{2}O_{2(g)}=[O]_{(金属熔体)}$ 反应的自由能

变化

$$\Delta G^{\ominus}_{[O]} = -RT\ln\frac{[O]_{熔体}}{p^{\frac{1}{2}}_{O_2(H_2\text{-}H_2O)}} \tag{8-13}$$

p_{H_2} 由毛细管流量计流量得知，p_{H_2O} 由 p_{H_2} 通过水蒸气饱和器的水温给出，求得在 1550~1750℃铁熔体中氧分压和氧溶解量的关系，见图8-5。

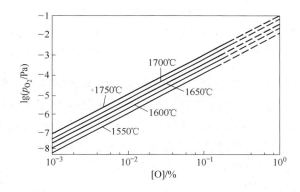

图8-5 1550~1750℃，铁熔体中氧分压和氧溶解量的关系

由上述可知，可以用固体电解质电动势方法测定金属熔体中的最大氧溶解量，即氧的溶解度。

通过往金属熔体中添加金属氧化物的方法增加金属中的氧含量，直至调至饱和。用电动势方法进行追踪测定氧含量。例如，对 Cu-O 熔体的研究，J. Osterwad 用下面形式的电池

$$Pt\,|\,空气\,|\,ZrO_2(CaO)\,|\,Cu\text{-}O_{熔体}\,|\,Pt,Cr_2O_{3(导电体)}$$

进行研究，实验温度 1080~1320℃。图8-6 示出 1150℃和1300℃两条电动势曲线，开始时，电动势皆随氧含量增大而降低，直至达到饱和含量（极限）[O]1%（1150℃）或[O]4%（1300℃）。在铜和氧化铜熔体共存时，电动势值不随氧含量而变化，再增加氧直至进入均匀的氧化铜熔体范围时，电动势值才继续降低。E-$\lg[O]$曲线的两个拐点表示两相区的相界，从而可求出氧在 Cu 熔体中的饱和浓度-溶解度。据此，绘制的 Cu-O 体系的液相线见图8-7。

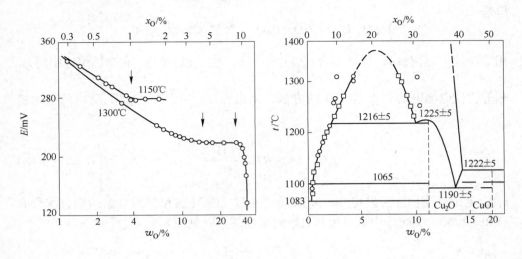

图 8-6　1150℃和1300℃时，电池电动势与　　　　图 8-7　Cu-O 体系的液相线
铜熔体中氧含量的关系　　　　　　　　　□—电动势方法测量；○—熔融试样淬冷

　　通过固体电解质电动势方法，可直接测定出金属熔体中溶解的氧活度，在 $f_O = 1$ 的情况下，氧活度即为溶解的氧浓度，而不是脱氧剂加入后含有脱氧产物（夹杂物）的总氧量。一般金属熔体凝固后，试样的含氧量分析的是总氧量，包括溶解氧和夹杂氧。总氧量减去夹杂物的氧才为真正的溶解氧量。当铁熔体脱氧时，总氧和溶解氧量间可能有相当大的差别。

　　诸研究者的试验表明，在脱氧剂加入时，如果对熔体以感应炉熔炼，在脱氧产物充分分离后，总氧分析数据和电动势测的数据相符，否则不符。

　　脱氧产物从熔体中离析的时间取决于脱氧元素的种类、添加剂、搅拌时间、坩埚材料和脱氧产物的性质等。

　　用上述同样的测定原理，也可以测定固态金属中在一定温度下的氧活度及金属熔体凝固过程氧活度的变化。测定温度必须在固体电解质工作温度以上。现在都用小型氧离子导体管。

8.1.2　金属熔体中元素原子之间的相互作用

　　在温度一定时，基体金属中溶解氧的活度与氧的浓度有关，也受加入的合金元素对氧亲和力和含量的影响，氧原子和不同的合金元素原子之间要相互作用，或吸引、或排斥，而各元素原子自身也要相互作用，因此要影响元素的热力学性质。

　　金属熔体属于广义上的溶液的范畴，为此，讨论元素原子间的相互作用，用通用的溶液的概念[10~12]。

为了反映溶液中元素原子之间的相互作用对元素自身热力学性质的影响，可用多项式表示，其中变量常是溶质的摩尔分数，例如溶液中溶质 2 的偏摩尔过剩自由能或活度系数的 Taylor 展开式为

$$\frac{G_2^{\mathrm{E}}}{RT} = \ln\gamma_2 = \ln\gamma_2^{\circ} + \left(\frac{\partial\ln\gamma_2}{\partial x_2}\right)_{x_2\to0} x_2 + \frac{1}{2}\left(\frac{\partial^2\ln\gamma_2}{\partial x_2^2}\right)_{x_2\to0} x_2^2 + \cdots +$$

$$\frac{1}{n!}\left(\frac{\partial^n\ln\gamma_2}{\partial x_2^n}\right)_{x_2\to0} x_2^n + \cdots \qquad (8\text{-}14)$$

零次阶项 $\ln\gamma_2^{\circ}$ 为在无限稀溶液中 $\ln\gamma_2$ 的值，对一定元素来讲，在一定溶剂和一定温度下，γ° 为一定值，为一种热力学性质。

一阶项为元素自身或不同元素间的一阶相互作用系数，用符号 ε_i^i 和 ε_i^j 表示，其分别定义为

$$\varepsilon_i^i = \left(\frac{\partial\ln\gamma_i}{\partial x_i}\right)_{x_i\to0} \qquad (8\text{-}15)$$

$$\varepsilon_i^j = \left(\frac{\partial\ln\gamma_i^j}{\partial x_i}\right)_{x_i\to0,\,x_j\to0} \qquad (8\text{-}16)$$

式(8-15)、式(8-16)中，ε 值为正值表示元素原子间相互排斥，使活度系数增大，即活度增大；反之 ε 为负值，则表示元素原子间相互吸引，活度系数减小。

对于稀溶液，可以只考虑一阶相互作用系数，对于较高浓度的溶液，原子间相互作用的关系有所改变，C. H. P. Lupis 和 J. F. Elliott[13,14] 提出了二阶和三阶相互作用的系数，分别用符号 ρ 和 τ 表示，对于一多元系溶液，设组分 1 为溶剂，组分 2，3，4，…为溶质，在一定温度下，组分 2 的活度系数的 Taylor 展开式按式(8-14)展开，形式为

$$\ln\gamma_2 = \ln\gamma_2^{\circ} + \left(\frac{\partial\ln\gamma_2}{\partial x_2}\right)_{x_1\to1} x_2 + \left(\frac{\partial\ln\gamma_2}{\partial x_3}\right)_{x_1\to1} x_3 + \left(\frac{\partial\ln\gamma_2}{\partial x_4}\right)_{x_1\to1} x_4 +$$

$$\frac{1}{2}\left(\frac{\partial^2\ln\gamma_2}{\partial x_2^2}\right)_{x_1\to1} x_2^2 + \frac{1}{2}\left(\frac{\partial^2\ln\gamma_2}{\partial x_3^2}\right)_{x_1\to1} x_3^2 +$$

$$\frac{1}{2}\left(\frac{\partial^2\ln\gamma_2}{\partial x_4^2}\right)_{x_1\to1} x_4^2 + \cdots + \left(\frac{\partial^2\ln\gamma_2}{\partial x_2\partial x_3}\right)_{x_1\to1} x_2 x_3 +$$

$$\left(\frac{\partial^2\ln\gamma_2}{\partial x_2\partial x_4}\right)_{x_1\to1} x_2 x_4 + \cdots + \frac{1}{6}\left(\frac{\partial^3\ln\gamma_2}{\partial x_2^3}\right)_{x_1\to1} x_2^3 +$$

$$\frac{1}{6}\left(\frac{\partial^3\ln\gamma_2}{\partial x_3^3}\right)_{x_1\to1} x_3^3 + \frac{1}{6}\left(\frac{\partial^3\ln\gamma_2}{\partial x_4^3}\right)_{x_1\to1} x_4^3 + \cdots \qquad (8\text{-}17)$$

式中，x，$\gamma°$ 和各一阶相互作用之系数定义如前所述，对各高阶项为

$$\frac{1}{2}\left(\frac{\partial^2\ln\gamma_2}{\partial x_2^2}\right)_{x_{1\to1}} = \rho_2^2; \qquad \frac{1}{2}\left(\frac{\partial^2\ln\gamma_2}{\partial x_3^2}\right)_{x_{1\to1}} = \rho_2^3$$

$$\frac{1}{2}\left(\frac{\partial^2\ln\gamma_2}{\partial x_4^2}\right)_{x_{1\to1}} = \rho_2^4; \qquad \left(\frac{\partial^2\ln\gamma_2}{\partial x_2\partial x_3}\right)_{x_{1\to1}} = \rho_2^{(2,3)}$$

$$\left(\frac{\partial^2\ln\gamma_2}{\partial x_2\partial x_4}\right)_{x_{1\to1}} = \rho_2^{(2,4)}; \qquad \frac{1}{6}\left(\frac{\partial^3\ln\gamma_2}{\partial x_2^3}\right)_{x_{1\to1}} = \tau_2^2$$

$$\frac{1}{6}\left(\frac{\partial^3\ln\gamma_2}{\partial x_3^3}\right)_{x_{1\to1}} = \tau_2^3; \qquad \frac{1}{6}\left(\frac{\partial^3\ln\gamma_2}{\partial x_4^3}\right)_{x_{1\to1}} = \tau_2^4$$

对于式(8-17)，可写成如下形式：

$$\ln\gamma_2 = \ln\gamma_2^° + \varepsilon_2^2 x_2 + \varepsilon_2^3 x_3 + \varepsilon_2^4 x_4 + \cdots + \rho_2^2 x_2^2 + \rho_2^3 x_3^2 +$$

$$\rho_2^4 x_4^2 + \cdots + \rho_2^{(2,3)} x_2 x_3 + \rho_2^{(2,4)} x_2 x_4 + \cdots +$$

$$\tau_2^2 x_2^3 + \tau_2^3 x_3^3 + \tau_2^4 x_4^3 + \cdots \qquad (8\text{-}18)$$

式中，ρ_2^2、ρ_2^3、ρ_2^4 为二阶相互作用系数；$\rho_2^{(2,3)}$、$\rho_2^{(2,4)}$ 为二阶交叉相互作用系数；τ_2^2、τ_2^3、τ_2^4 为三阶相互作用系数。

以上各形式同样适用于求组分 3、4 的活度系数。

概括上述，对于多元系溶液 $M\text{-}i\text{-}j\text{-}k\cdots m$ 系，式(8-18)可写为

$$\ln\gamma_i = \ln\gamma_i^° + \sum_{j=2}^m \varepsilon_i^j x_j + \sum_{j=2}^m \rho_i^j x_j^2 + \sum_{j=2}^m \sum_{k=2}^m \rho_i^{j,k} x_j x_k + \sum_{j=2}^m \tau_i^j x_j^3 + \cdots$$

在实际溶液中，常用质量分数代替摩尔分数表示溶液的组成，采用 f 作为活度系数，用符号 e 和 r 分别表示一阶和二阶相互作用系数。自身相互作用系数 e_i^i 的定义是

$$e_i^i = \left(\frac{\partial\lg f_i}{\partial[i]}\right)_{[i]\to0} \qquad (8\text{-}19)$$

式中，i 为金属液中除基体金属外的第二种元素。

求 e_i^i 时，将 $\lg f_i$ 对 $[i]$ 作图，曲线外延至 $[i]=0$，在无限稀溶液处作曲线的切线，然后根据切线的斜率求得。

对于 $M\text{-}i\text{-}j$ 三元系，有

$$f_i = f_i^i f_i^j$$

$$\lg f_i^i = e_i^i[i]$$

8.1.3　含合金元素金属熔体中氧活度的研究

在合金熔体 M-O-X 中，氧的活度系数按 C. Wagner 的 Taylor 展开式可表示为

$$\lg f_0 = \lg f_0^\circ + \left(\frac{\partial \lg f_0}{\partial [O]}\right)[O] + \left(\frac{\partial \lg f_0}{\partial [X]}\right)[X] + \frac{1}{2}\left(\frac{\partial^2 \lg f_0}{\partial [O]^2}\right)[O]^2 +$$

$$\left(\frac{\partial^2 \lg f_0}{\partial [O]\partial [X]}\right)[O][X] + \frac{1}{2}\left(\frac{\partial^2 \lg f_0}{\partial [X]^2}\right)[X] + \cdots \tag{8-20}$$

式中，活度系数 $\lg f_0$ 的全部导函数适用于稀溶液。

对于合金元素 X 含量很低的 M-O-X 熔体，在简单估算氧的活度时，可用下式

$$\lg f_0 = \lg f_0^\circ + \left(\frac{\partial \lg f_0}{\partial [X]}\right)[X] \tag{8-21}$$

对于合金元素 X_1，X_2 … 含量很低的 M-O-X_1-X_2 … 熔体，可用下式计算氧的活度系数

$$\lg f_0 = \lg f_0^\circ + \left(\frac{\partial \lg f_0}{\partial [O]}\right)[O] + \left(\frac{\partial \lg f_0}{\partial [X_1]}\right)[X_1] + \left(\frac{\partial \lg f_0}{\partial [X_2]}\right)[X_2] + \cdots \tag{8-22}$$

因为 $e_0^X = \dfrac{\partial \lg f_0}{\partial [X]}$，所以式(8-22)可表示为

$$\lg f_0 = \lg f_0^\circ + e_0^{X_1}[X_1] + e_0^{X_2}[X_2] + \cdots \tag{8-23}$$

W. A. Fischer 和其合作者及 R. J. Fruehan 测定了一系列合金元素与氧的相互作用系数（$f_0^\circ = 1$），见表 8-2。

表 8-2　1600℃，铁熔体中合金元素对氧活度的影响

合金元素 X	相互作用系数 e_0^X（1600℃）
根据 W. A. Fischer 及其合作者[4,8]	
P	0.014
W	0.011
Mo	0.007
Co	0.007
Ni	0.006
Ta	− 0.009
Cu	− 0.013
Mn	− 0.028
Cr	− 0.031
	− 0.035
Nb	− 0.066

合金元素 X	相互作用系数 e_O^X（1600℃）
根据 W. A. Fischer 及其合作者[4,8]	
S	-0.104
	-0.12
V	-0.13
C	-0.36
B	-0.40
Ti	-0.45
根据 R. J. Fruehan[15,16]	
Cr	-0.037
V	-0.14
Ti	-1.12
B	-2.6
Al	-3.9

在有色金属的三元熔体中，合金元素对氧活度的影响也以电化学方法进行了研究，一些研究结果见表 8-3。

表 8-3 钴、镍、铜熔体中合金元素对氧活度的影响[4]

基金属	合金元素 X	相互作用系数 e_O^X	温度/℃	作者,年份
Co	Ni	0.002	1600	W. A. Fischer, D. Janke,1970
	Cu	-0.009	1600	W. A. Fischer, D. Janke,1971
	Fe	-0.015	1600	W. A. Fischer, D. Janke,1970
	Cr	-0.070	1600	W. A. Fischer 等,1971
	S	-0.133	1600	W. A. Fischer 等,1966
	V	-0.26	1600	W. A. Fischer 等,1971
Ni	Co	-0.004	1600	W. A. Fischer 等,1970
	Cu	-0.008	1600	W. A. Fischer 等,1971
	Fe	-0.025	1600	W. A. Fischer 等,1970
	S	-0.089	1600	W. A. Fischer 等,1966
Cu	Ni	0.037	1200	E. I. Naggar 等,1971
		-0.035	1600	W. A. Fischer 等,1971
	Ag	0.033	1200	E. I. Naggar 等,1971
		0.013	1135	C. R. Nanda 等,1970
	Au	0.032	1200	E. I. Naggar 等,1971
	Pt	0.030	1200	E. I. Naggar 等,1971
	Zn	-0.022	1135	C. R. Nanda 等,1970
	Co	-0.15	1600	W. A. Fischer 等,1971
	Fe	-0.27	1600	W. A. Fischer 等,1970

Fe,Cu 熔体中元素之间相互作用系数的推荐值见附录。

今以 R. J. Fruehan[15,16] 对 Fe-Al-O、Fe-Ti-O、Fe-V-O 熔体研究为例说明 Fe-X-O 熔体热力学研究的有关问题,所采用的电池形式为:

(1) PtRh│Cr, Cr_2O_3│ZrO_2(CaO)│Fe-V-O$_{(1)被FeV_2O_4,V_2O_3,VO分别饱和}$│金属陶瓷 ($m_{Mo}$: $m_{Al_2O_3}$ = 80% : 20%);

(2) PtRh│Cr, Cr_2O_3│ThO_2(Y_2O_3)│Fe-Al-O$_{(1)被Al_2O_3饱和}$│金属陶瓷 (m_{Mo} : $m_{Al_2O_3}$ = 80% : 20%);

(3) PtRh│Cr, Cr_2O_3│ThO_2(Y_2O_3)│Fe-Ti-O$_{(1)被氧化物饱和}$│金属陶瓷 (m_{Mo} : $m_{Al_2O_3}$ = 80% : 20%);

(4) PtRh│Cr, Cr_2O_3│ZrO_2(CaO)│Fe-Ti-O$_{(1)被氧化物饱和}$│金属陶瓷 (m_{Mo} : $m_{Al_2O_3}$ = 80% : 20%)。

原料 Fe 为真空碳脱氧的电解铁。实验在充净化 Ar 的 Mo 丝炉中刚玉管内进行。Fe-Al-O 熔体用 Al_2O_3 刚玉坩埚;Fe-Ti-O 熔体用 ThO_2 基或 ZrO_2 基坩埚。

实验温度 1600℃,将一定质量的合金元素在不破坏保护气氛 p_{O_2} 的情况下加入 Fe 熔体,待足够长时间(约 30min),以保证脱氧平衡后,将在熔体上方预热的固体电解质定氧探头插入熔体中,测定电池电动势。在多数情况下,用两个氧传感探头同时测定,电动势在 ±2mV 内相符合。另一质量合金按同法加入,测量电池电动势,依次进行数次。如欲增加合金中的氧含量时,则加一定质量的 Fe_2O_3 以调节。

当得到足够多的电动势值后,用石英管取样,在冰水中淬冷。制备样品,用中子活化法分析氧,以和电动势值计算的 a_O 值对照。样品中的合金元素,用一般化学方法分析。

8.1.4 以 Fe-V-O 体系为例说明

以 Fe-V-O 体系为例说明电池反应和数据处理方法:

由实验得知:

当 [V] 约为 0.1% ~ 0.3% 时,熔体与固相 FeV_2O_4 平衡,即 V 的脱氧物为 FeV_2O_4;当 [V] 约为 0.3% ~ 36.3% 时,熔体与 $V_2O_{3(s)}$ 平衡;当[V] > 36.3% 时,熔体与 $VO_{(s)}$ 平衡。

(1) 求 a_O。按电池 1 的形式,依据 Fe-V-O 熔体中脱氧元素 V 加入的多少,熔体中氧的化学位可高于参比电极或低于参比电极氧的化学位。如果参比电极氧的化学位高,则电极和电池反应为

正极
$$\frac{1}{3}Cr_2O_{3(s)} = \frac{2}{3}Cr_{(s)} + \frac{1}{2}O_2$$

$$\frac{1}{2}O_2 + 2e = O^{2-}$$

负极
$$O^{2-} - 2e = \frac{1}{2}O_2$$

$$\frac{1}{2}O_2 = [O]_{Fe-V-O}$$

电池反应为
$$\frac{1}{3}Cr_2O_{3(s)} = \frac{2}{3}Cr_{(s)} + [O]_{Fe-V-O} \tag{8-24}$$

$$\Delta G = \Delta G^{\ominus} + RT\ln a_{[O]Fe-V-O} \tag{8-25}$$

$\Delta G^{\ominus}$ 可由下面反应求得（取假想的 $[O] = 1\%$ 作标准态）

$$\frac{1}{3}Cr_2O_{3(s)} = \frac{2}{3}Cr_{(s)} + \frac{1}{2}O_2 \tag{a}$$

$$\frac{1}{2}O_2 = [O]_{1\%} \tag{b}$$

相加得

$$\frac{1}{3}Cr_2O_{3(s)} = \frac{2}{3}Cr_{(s)} + [O]_{1\%} \tag{8-26}$$

所以
$$\Delta G^{\ominus} = \Delta G_a^{\ominus} + \Delta G_b^{\ominus}$$

又因为 $\Delta G = -2FE$，如此可求 a_O。

（2）求 a_V。如熔体被一固定组成的氧化物相饱和，例如 $V_2O_{3(s)}$，由电动势值也可推算出熔体中的 a_V，电极和电池反应为

正极
$$\frac{1}{3}Cr_2O_{3(s)} = \frac{2}{3}Cr_{(s)} + \frac{1}{2}O_2$$

$$\frac{1}{2}O_2 + 2e = O^{2-}$$

负极
$$O^{2-} - 2e = [O]_{Fe-V-O}$$

$$[O]_{Fe-V-O} + \frac{2}{3}[V] = \frac{1}{3}V_2O_{3(s)}$$

电池反应为
$$\frac{1}{3}Cr_2O_{3(s)} + \frac{2}{3}[V]_{Fe-V-O} = \frac{2}{3}Cr_{(s)} + \frac{1}{3}V_2O_{3(s)} \tag{8-27}$$

$$\Delta G = \Delta G^{\ominus} + RT\ln \frac{1}{a_V^{\frac{2}{3}}}$$

$$\Delta G^{\ominus} = \frac{1}{3}\Delta G_{V_2O_3}^{\ominus} - \frac{2}{3}\Delta G_{[V]_{Fe}}^{\ominus} - \frac{1}{3}\Delta G_{Cr_2O_3}^{\ominus} \tag{8-28}$$

$\Delta G_{[V]_{Fe}}^{\ominus}$ 为以 $1\%[V]$ 作为标准态时钒的溶解自由能。

由 $\Delta G = -2FE$，可求 a_V。

（3）求 V 的脱氧常数。

$$2[V]_{Fe-V-O} + 3[O]_{Fe-V-O} = V_2O_{3(s)} \tag{8-29}$$

$$K_{V_2O_3} = \frac{1}{a_V^2 a_O^3} \tag{8-30}$$

$K_{V_2O_3}$ 为 V 的脱氧反应平衡常数，而如将反应（8-29）写为其逆反应的形式，则为

$$V_2O_{3(s)} = 2[V]_{Fe-V-O} + 3[O]_{Fe-V-O} \tag{8-31}$$

$$K_{V_2O_3(脱氧)} = a_V^2 a_O^3 \tag{8-32}$$

$K_{V_2O_3(脱氧)}$ 称为 V 的脱氧常数，其值反映出 $V_2O_{3(s)}$ 在 Fe-V-O 熔体中溶解能力的大小或 V 脱氧能力的大小，在一定温度下为一定值。

（4）求 e_O^V 等 V，O 之间的相互作用系数。

e_O^V 的计算：

已知　　　　　$a_O = f_O[O]$　　$f_O = 1 \times f_O^O f_O^V = f_O^O f_O^V$

即　　　　　　$\lg f_O = \lg f_O^O + \lg f_O^V \tag{8-33}$

$$\frac{\partial \lg f_O}{\partial [V]} = \frac{\partial \lg f_O^O}{\partial [V]} + \frac{\partial \lg f_O^V}{\partial [V]} \tag{8-34}$$

假设在稀溶液中，熔体中 V 浓度变化很小时，对 f_O^O 的影响忽略不计，则

$$\frac{\partial \lg f_O^O}{\partial [V]} = 0$$

所以　　　　　$\frac{\partial \lg f_O}{\partial [V]} = \frac{\partial \lg f_O^V}{\partial [V]} \tag{8-35}$

而　　　　　　$e_O^V = \left(\frac{\partial \lg f_O}{\partial [V]} \right)_{\substack{[O] \to 0 \\ [V] \to 0}} \tag{8-36}$

据此定义式，为了计算 Fe 液内 V 对 O 的活度系数的影响，将 $\lg f_O$ 对 [V] 作图，如图 8-8 所示。在 [V] → 0 的区域作曲线切线，求切线斜率，即：$\left(\frac{\partial \lg f_O}{\partial [V]} \right)_{\substack{[O] \to 0 \\ [V] \to 0}} = e_O^V$，求得 $e_O^V = \frac{-0.7}{5} = -0.14$，表示了 V 量的增加，氧的活度系数减少的程度。

由 e_O^V 值可按下式求 ε_O^V

$$\varepsilon_O^V = 230 \frac{M_V}{M_{Fe}} e_O^V + \frac{M_{Fe} M_V}{M_{Fe}} \tag{8-37}$$

而 $\varepsilon_O^V = \varepsilon_V^O$，按 $e_V^O = \frac{1}{230} \left[(230 e_V^O - 1) \frac{M_O}{M_V} + 1 \right]$ 关系可求出 e_V^O。

对上述计算，如欲考虑熔体中 V 的变化对 $\lg f_O^O$ 的影响，则需先知 f_O^O，此值可根据 Fe-O 二元熔体实验依此同法实验求得。一般先进行 Fe-O 熔体中

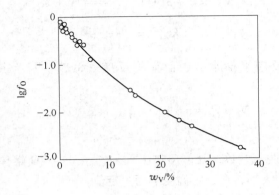

图 8-8　1600℃，Fe-V-O 熔体中氧的活度系数

a_O 的测定。然后再在此熔体中加合金元素 V 进行 a_O 的测定，计算 f_O^V，也可由相同氧含量的 M-O-V 三元熔体和 Fe-O 二元熔体的电动势测量值之差确定。

$$\lg f_O^V = \frac{2F(E_{二元} - E_{三元})}{2.303RT} \tag{8-38}$$

据此，可计算出不同 V 含量时的 $\lg f_O^V$。

e_i^j 或 e_j^i 是以溶质质量分数（%）表示的溶质间的相互作用系数；而 ε_i^j 或 ε_j^i 是以摩尔分数为浓度表示的。在说明元素之间相互作用的物理意义时应以 ε 值来说明，相互作用系数为负值，说明两元素原子之间相互吸引，而彼此使活度系数减小；反之，则说明相互排斥，数字绝对值的大小分别说明相互吸引或排斥力的大小。在 e 和 ε 的同正或同负符号绝对值比较大时，此两种表示皆可说明熔体中两元素原子之间的相互作用行为，但当绝对值小时，两者符号可能相反，此时，以 ε 值说明。

由定义式可知，相互作用系数与浓度无关。对于稀溶液，只考虑一阶相互作用系数即可；在溶液浓度变高时，原子间相互作用力在改变，所以，应考虑二阶或高阶相互作用系数，才能真实地反映出合金元素含量对氧活度系数的影响。此概念适用于其他溶体及溶质。

R. J. Fruehan 研究 1600℃，Fe-Al-O 熔体与 $Al_2O_{3(s)}$ 平衡时氧的溶解度和活度系数时指出：向 Fe-O 熔体中加 Al，开始时，氧的溶解度随着 Al 含量的增加而降低，至 0.09% Al 处，氧含量降至 0.0005%，达最小值；然后，随着 Al 含量的增加，氧的溶解度又逐渐增加（其他研究者也发现此规律），实验结果见表 8-4 和图 8-9。

表 8-4 氧在 Fe-Al-O 体系中的溶解度和活度系数

$w_{Al}/\%$	$w_O/\%$	E/mV	$-\lg f_O$
0.02	10×10^{-4}	-102	0.13
0.06	7×10^{-4}		
0.07	8×10^{-4}	-171	0.44
0.09	5×10^{-4}	-187	0.34
0.10	7×10^{-4}		
0.15	8×10^{-4}	-212	0.68
0.35	14×10^{-4}	-262	1.22
0.85	31×10^{-4}	-310	1.89
1.40	48×10^{-4}	-351	2.21

注：未加 Al 的 Fe-O 熔体 $f_O = 1.0$，$\lg f_O = 0$。

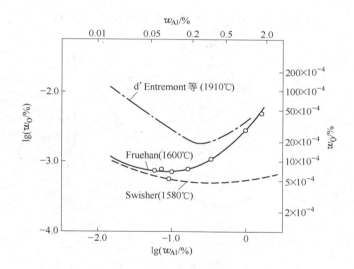

图 8-9 1600℃，Fe-Al-O 熔体中氧的溶解度

实验求得 $e_O^{Al} = -3.90$，$\varepsilon_O^{Al} = -433$。

Fe-Ti-O 熔体也有类似的情况，在 Fe-Ti-O 熔体与 $TiO_{2(s)}$ 平衡时，氧的溶解度示于图 8-10，在 0.9% Ti 时，氧溶解度有一最小值，约为 0.004%，图 8-10 示出 $\lg f_O$ 与 Ti 质量分数的关系，在整个浓度范围为非线性，在无限稀时作曲线的切线求斜率，求得 $e_O^{Ti} = -1.12$，$\varepsilon_O^{Ti} = -222$。R. J. Fruehan 所研究的五种体系 Fe-Cr-O，Fe-V-O，Fe-B-O，Fe-Al-O 和 Fe-Ti-O 都有这种规律，有普遍性，见图 8-11。

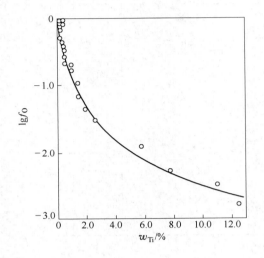

图 8-10　1600℃，Fe-Ti-O 熔体中氧的活度系数

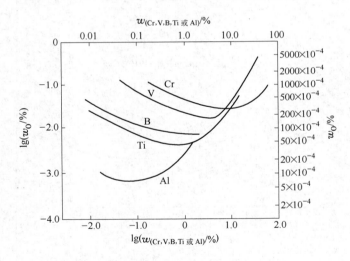

图 8-11　1600℃（B 为 1550℃），液态铁中
合金元素对氧溶解度的影响

某些特性和倾向讨论如下：

用元素的摩尔分数和相应的活度系数 γ 及相应的相互作用系数 ε 和 ρ 来讨论上述现象，可反映用原子数量说明的性质。图 8-12 所示 $\lg(\gamma_0/\gamma_0^\circ)$ 与合金元素摩尔分数 x_x 的关系明显地与直线有偏差。根据前面所述可知，随着合金元

素浓度的增加，微观粒子场的变化导致原子间相互作用关系在改变，即活度系数随浓度的变化而变化，为此，单独应用一阶相互作用系数 ε_0^X 已不能说明实验曲线变化规律，需用二阶或更高阶相互作用系数来描述。所得二阶相互作用系数 ρ_0^X 对所讨论的五个溶液体系皆为正值，即曲率为正值。

ε_0^X 的值与 X-O 体系化合物的稳定性有关，表 8-5 示出 Fe-X(Al，Ti，B，V，Cr)-O 熔体 ε_0^X 与三价氧化物标准生成自由能的关系（按每一个摩尔 M—O 键计算）。

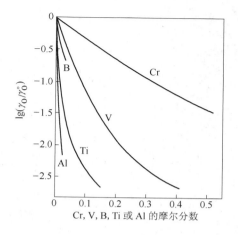

图 8-12 液态 Fe-X-O 合金中 Cr，V，B，Ti 和 Al 对氧活度系数的影响

表 8-5　1600℃，Fe-X-O 熔体 ε_o^X 与三价氧化物标准生成自由能的关系

合金元素	$\dfrac{\Delta G_{X_2O_3}^{\ominus}}{3}$/kJ·mol^{-1}	w_0(最低含量)/%	x_X^*	$\varepsilon_{O(实验测得)}^X$
Al	−359.0	6×10^{-4}	0.002	−433
Ti	341.4	40×10^{-4}	0.01	−222
B	−277.0	80×10^{-4}	0.03 ~ 0.05	−115
V	−259.4	180×10^{-4}	0.03	−29.0
Cr	−217.1	270×10^{-4}	0.07	−8.0

注：x^* 是在最低氧溶解度时合金元素的摩尔分数。

由表 8-5 可看出 ε_0^X 的大小和合金元素与氧生成的氧化物稳定性有关。随着氧化物稳定性的增加，ε_0^X 变得更负，意味着 X 和 O 的相互吸引力增大。氧化物的稳定性对 ε_0^X 大小的影响由图 8-13 可明显地看出，例如，Al_2O_3 最稳定，ε_0^{Al} 的负值最大。

由上述诸实验结果得知，对于 Al、Ti、B、V、Cr 五元素，脱氧最低点的氧含量依次增加，而最低合金元素的含量也依次增加，因相应氧化物的稳定性依次降低。由此可知，此五元素中 Al 的脱氧能力最强。

8.2　M-X-O 熔体中氧化物的溶解度曲线的理论判断[17,18]

G. R. S. Pierre 等人[17]求得，如果 M-X-O 熔体中 $\varepsilon_0^X \ll 0$，则氧溶解度的最低

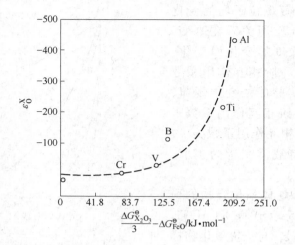

图 8-13 氧化物稳定性对 ε_O^X 的影响

位置可由下式求出：

$$x^* \approx -\frac{r}{\varepsilon_O^X} \tag{8-39}$$

式（8-39）中 r 为氧化物相 M_mO_n 中金属对氧的比 $\dfrac{m}{n}$，氧化物和熔体中金属与氧的平衡可表示为

$$M_mO_{n(s)} \Longrightarrow m[M] + n[O] \tag{8-40}$$

$$K = \frac{a_M^m a_O^n}{a_{M_mO_{n(s)}}} \tag{8-41}$$

氧化物 M_mO_n 为纯物质，作为标准态，活度为 1，又因为 $a_O = x_O\gamma_O$，$a_M = x_M\gamma_M$
所以

$$K = x_M^m\gamma_M^m x_O^n\gamma_O^n \tag{8-42}$$

两边取对数

$$m\ln x_M + n\ln x_O = \ln K - m\ln\gamma_M - n\ln\gamma_O \tag{8-43}$$

在温度一定时，上式为一定值，将其对 x_M 求导数，并整理得

$$\frac{dx_O}{dx_M} = -\frac{x_O}{n}\left(\frac{m}{x_M} + m\frac{d\ln\gamma_M}{dx_M} + n\frac{d\ln\gamma_O}{dx_M}\right) \tag{8-44}$$

方程（8-44）给出用合金组成（x_M，x_O）表示的溶解度曲线上任意点的斜率及合金组成的变化所反映的活度系数的改变。令方程式（8-44）等于零（即 $\dfrac{dx_O}{dx_M} = 0$），则可求得溶解度最小点的 M 的浓度。

即
$$x_M^* = -\dfrac{\dfrac{m}{n}}{\left(\dfrac{d\ln\gamma_O}{dx_M}\right)^* + \dfrac{m}{n}\left(\dfrac{d\ln\gamma_M}{dx_M}\right)^*} \tag{8-45}$$

式（8-45）中 $\left(\dfrac{d\ln\gamma_O}{dx_M}\right)^* \approx \varepsilon_O^M$，而 $\left(\dfrac{d\ln\gamma_M}{dx_M}\right)^*$ 值很小，可以忽略，所以

$$x_M^* \approx -\frac{m}{n} \times \frac{1}{\varepsilon_O^M} \tag{8-46}$$

在通常情况下，合金元素对氧的亲和力总是较大，所以 ε_O^M 总是小于零，故在溶解度曲线上可以得到一个最小点，在最小点处

$$\frac{d^2 x_O}{dx_M^2} > 0 \tag{8-47}$$

若进一步分析，还应计入 γ_O、γ_M 随 x_O、x_M 的变化。可用 Taylor 展开式

$$\ln\gamma_O \approx \ln\gamma_O^\circ + \varepsilon_O^O x_O + \varepsilon_O^M x_M + \rho_O^O x_O^2 + \rho_O^M x_M^2 + \rho_O^{M,O} x_M x_O + \cdots \tag{8-48}$$

$$\ln\gamma_M \approx \ln\gamma_M^\circ + \varepsilon_M^M x_M + \varepsilon_M^O x_O + \rho_M^M x_M^2 + \rho_M^O x_O^2 + \rho_M^{O,M} x_O x_M + \cdots \tag{8-49}$$

将式（8-48）、式（8-49）进行微分，考虑到 $\dfrac{dx_O}{dx_M} = 0$ 这点，则得

$$\left(\frac{d\ln\gamma_O}{dx_M}\right)^* \approx \varepsilon_O^M + 2\rho_O^M x_M^* + \rho_O^{M,O} x_O^* \tag{8-50}$$

$$\left(\frac{d\ln\gamma_M}{dx_M}\right)^* \approx \varepsilon_M^M + 2\rho_M^M x_M^* + \rho_O^{O,M} x_O^* \tag{8-51}$$

因 $\rho_O^{M,O}$ 和 $\rho_M^{O,M}$ 很小，忽略，将式（8-50）、式（8-51）代入式（8-45）得

$$a x_M^{*2} + b x_M^* + \frac{m}{n} = 0 \tag{8-52}$$

式中
$$a = 2\rho_O^M + 2\frac{m}{n}\rho_M^M \tag{8-53}$$

$$b = \varepsilon_O^M + \frac{m}{n}\varepsilon_M^M \tag{8-54}$$

对于一定的 a，b 值，可以从式（8-52）得到两个有意义的根（$0 < x_M^* < 1$），这相当于在溶解度曲线上最小点之后还有一个最大点。

当溶质浓度用质量分数表示时，则 $a_O = f_O[O]$，$a_M = f_M[M]$，则

$$[M]^* = -\frac{1}{2.3} \times \frac{\dfrac{m}{n}}{\left(\dfrac{d\ln f_O}{d[M]}\right)^* + \dfrac{m}{n}\left(\dfrac{d\ln f_M}{d[M]}\right)^*} \tag{8-55}$$

$$a'\left[M^*\right]^2 + b'\left[M^*\right] + \frac{m}{n} = 0 \tag{8-56}$$

式(8-56) 中
$$a' = 2.3\left(2r_O^M + 2\frac{m}{n}r_M^M\right) \tag{8-57}$$

$$b' = 2.3\left(e_O^M + \frac{m}{n}e_M^M\right) \tag{8-58}$$

其中
$$e_i^j = \left(\frac{\partial \lg f_i}{\partial [j]}\right)_{\substack{[i]\to 0 \\ [j]\to 0}} \tag{8-59}$$

$$r_i^j = \left(\frac{\partial^2 \lg f_i}{\partial [j]^2}\right)_{\substack{[i]\to 0 \\ [j]\to 0}} \tag{8-60}$$

将上述关系应用于 Fe-Al-O 体系，1600℃，Al 的脱氧常数为 4.3×10^{-14}，R. J. Fruehan 等人求得 $e_O^{Al} = -3.9$，$e_M^M = +0.045$，$r_O^M = +1.7$，$r_M^M = -0.001$，将其代入式(8-56)得 $a' = 7.82$，$b' = -8.90$，由此算出当$[Al]_{Fe} \approx 0.081\%$时溶解度曲线有一极小值，而$[Al]_{Fe} \approx 1.06\%$时有一极大值，如图 8-14 所示，与由电动势研究的结果和理论预示相符。金属熔体的脱氧曲线之所以具有如此形状，有研究者认为这与熔体中有生成金属的含氧络离子的倾向有关。

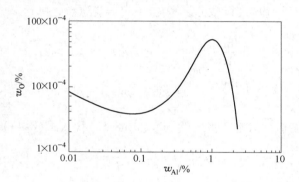

图 8-14　理论计算的 1600℃，Fe-Al-O 体系中
氧含量与 Al 含量的关系

用 Al 脱氧，当铁液中残余 Al 量低于过剩残留氧量时，产生 $FeO \cdot Al_2O_{3(s)}$ 相。

8.3　有色金属熔体中组分和氧的活度

在有色金属 M-X-O 熔体中，随着合金元素浓度的增加，氧活度系数也会如上所述出现极小和极大的情况。D. Janke，W. A. Fischer[19] 通过电动势实验得到 Cu-P-O 体系在 1150℃和 1600℃时 $\lg f_O$ 与 [P] 关系曲线（见图 8-15），服从下

面的方程式关系

$$\lg f_O = -5.91[P] + 10.34[P]^2 - 6.80[P]^3 + 1.48[P]^4 \quad (1150℃)$$

$$(8-61)$$

$$\lg f_O = -2.48[P] + 3.71[P]^2 - 2.01[P]^3 + 0.36[P]^4 \quad (1600℃)$$

$$(8-62)$$

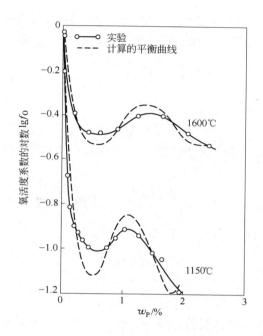

图 8-15 在铜熔体中，氧活度系数与磷含量的关系

利用所有活度系数的导函数 $\partial \lg f_O / \partial [O]$ 都等于零进行简化，由 Taylor 展开式得出

$$\lg f_O = \left(\frac{\partial \lg f_O}{\partial [P]}\right)[P] + \frac{1}{2!}\left(\frac{\partial^2 \lg f_O}{\partial [P]^2}\right)[P]^2 +$$

$$\frac{1}{3!}\left(\frac{\partial^3 \lg f_O}{\partial [P]^3}\right)[P]^3 + \frac{1}{4!}\left(\frac{\partial^4 \lg f_O}{\partial [P]^4}\right)[P]^4 \quad (8-63)$$

将方程式(8-61)、式(8-62)与式(8-63)的幂级数进行比较，可得出 1，2，3，4 阶相互作用系数。

多元合金熔体 M-O-j-k⋯的热力学研究在实验技术上与 Fe-O，Fe-O-j 二元、三元熔体的研究方法相同。在研究步骤上先进行 M-O 二元熔体实验，测定不同 [O] 时的 a_O，由 $a_O = f_O[O]$ 关系求出诸 f_O。按自身相互作用系数定义

$$e_i^i = \left(\frac{\partial \lg f_i}{\partial [i]}\right)_{[i] \to 0} \tag{8-64}$$

知

$$e_0^0 = \left(\frac{\partial \lg f_0}{\partial [O]}\right)_{[O] \to 0} \tag{8-65}$$

将 $\lg f_0$ 对 [O] 作图，将曲线外延至[O] = 0 处，在无限稀溶液处作曲线的切线，由斜率求 e_0^0。

在 M-O 熔体实验基础上进行 M-O-j 三元熔体实验，j 由低浓度至高浓度，求不同 [j] 时的 a_0，计算 f_0。按不同元素相互作用系数定义

$$e_i^j = \left(\frac{\partial \lg f_i}{\partial [j]}\right)_{[i] \to 0, [j] \to 0}$$

知

$$e_0^j = \left(\frac{\partial \lg f_0}{\partial [j]}\right)_{[O] \to 0, [j] \to 0} \tag{8-66}$$

将 $\lg f_0$ 对 [j] 作图，将曲线外延至[j] = 0 处，在无限稀溶液处作曲线的切线，由斜率求 e_0^j。

再进行 j 的高浓度实验，以 $\left(\frac{\partial \lg f_0}{\partial [j]}\right)$ 对[j]作图，将曲线外延至[j] = 0 处，作曲线切线，按自身二阶相互作用系数定义

$$r_0^j = \left(\frac{\partial^2 \lg f_0}{\partial [j]^2}\right)_{[O] \to 0, [j] \to 0}$$

可求 r_0^j。

对于 M-O-j-k 四元熔体实验，在 M-O-j 的熔体中，由低浓度至高浓度加入元素 k，测定诸 a_0，计算 f_0。由元素间交叉相互作用系数的定义

$$r_0^{j,k} = \left(\frac{\partial^2 \lg f_0}{\partial [j] \partial [k]}\right)_{[O] \to 0, [j] \to 0, [k] \to 0} \tag{8-67}$$

将 $\left(\frac{\partial \lg f_0}{\partial [j]}\right)$ 对[k]作图，将曲线外延至[k] = 0 处，在无限稀溶液处作曲线的切线，由斜率求 $r_0^{j,k}$。

三阶相互作用系数的求法类似。一般求至二阶即可。

由诸质量分数表示的相互作用系数，可换算成用摩尔分数表示的相互作用系数。日本研究者将前者称为子相互作用系数，后者称为母相互作用系数。相互作用系数的推荐值见附录。

溶体中元素之间的相互作用系数，在一定温度下，对于一定金属基体，不同元素间或自身间为一特征热力学量，与元素性质及元素原子之间作用力有关。为此，要真实地反映这种规律，必须在原料纯度、处理、坩埚选择、气氛控制、温

度测量、测氧活度方法、元素分析方法、数据处理等方面要严格、规范。另外，为了得到正确的低浓度时的斜率，在低浓度处要多做些数据点。成分调整可用增补法，包括基体元素、氧量和合金元素量的调整，数据点不必要等间距，参见图 8-8 和图 8-10 研究 Fe-V-O，Fe-Ti-O 熔体 $\lg f_0\text{-}w(j)$。

其他金属基体的氧活度和氧与其他元素的相互作用系数研究方法同上。所采用的固体电解质基本为 ZrO_2 掺杂 CaO，MgO 或 Y_2O_3 或 $ThO_2(Y_2O_3)$ 固体电解质。后者主要应用于合金元素极活泼的体系，当其氧化物稳定性接近甚至大于 ThO_2 (Y_2O_3) 的稳定性时，要考虑选择其他电解质。

当金属熔体中氧含量很小时，如 1600℃ 当 Fe 液中 [O] 小于 10^{-7} 时，可采用 $ThO_2(Y_2O_3)$ 固体电解质，由于它的 p_e 值为 $1.2 \times 10^{-13}Pa(1600℃)$，电动势数值可以不加校正。

为了避免 $ThO_2(Y_2O_3)$ 固体电解质管难以获得的问题，W. A. Fischer 采用了双电解质电池，或称双壁电池进行了 Zr，Mn，Ti，Al，Zr，Ce，La 等在 Fe 液中脱氧平衡的研究，得到了满意的结果，其电池形式为

$$PtRh\mid 空气\mid ZrO_2(CaO)\mid ThO_2(Y_2O_3)\mid Fe\text{-}X\text{-}O\mid Fe$$

即用 $ThO_2(Y_2O_3)$ 加黏结剂，涂在 $ZrO_2(CaO)$ 电解质管外面，加热处理后使用。参比电极的 p_{O_2} 高，可以直接与 $ZrO_2(CaO)$ 电解质接触；待测熔体 p_{O_2} 低或 a_O 低，则与 $ThO_2(Y_2O_3)$ 电解质接触，相当于双电池。

某些液态金属中溶解氧研究所采用的固体电解质和液态金属的电极引线见表 8-6[1]。

表 8-6 液态金属中溶解氧研究所采用的固体电解质和液态金属的电极引线

液态金属	温度/K	电极引线（液态金属中）	电解质和参比电极
Pb	783 ~ 973	Ir	$ZrO_2(CaO)$；Cu，Cu_2O
	773 ~ 1373	Pt	$ThO_2(Y_2O_3)$；Ni，NiO
Sn	800 ~ 1023	Os	$ZrO_2(CaO)$；Ni，NiO
			$ThO_2(Y_2O_3)$；Ni，NiO
Ag	1423	Mo	$ZrO_2(CaO)$；Cu，Cu_2O
	1073 ~ 1373	Pt	$ZrO_2(CaO)$；Cu，Cu_2O
	1273 ~ 1493	Ir	$ZrO_2(CaO)$；Cu，Cu_2O
	1273	不锈钢	$ZrO_2(CaO)$；Cu，Cu_2O
Cu	1423	Mo	$ZrO_2(CaO)$；Cr，Cr_2O_3
	1383 ~ 1703	Pt	$ZrO_2(CaO)$；Cr，Cr_2O_3
	1388 ~ 1573	Cr_2O_3	$ZrO_2(CaO)$
	1373 ~ 1473	Ta	$ZrO_2(CaO)$

液态金属	温度/K	电极引线（液态金属中）	电解质和参比电极
Fe 和钢	1373 ~ 1523	Mo	$ZrO_2(CaO)$
	1873	Mo	$ZrO_2(CaO);Cr,Cr_2O_3$
	1873	Mo-Al_2O_3 陶瓷	$ThO_2(Y_2O_3);Cr,Cr_2O_3$
	1273 ~ 1823	Pt-Rh 合金	$ThO_2(Y_2O_3);Cr,Cr_2O_3$
	1873	Mo,Mo-AlO_3 陶瓷	$ThO_2(Y_2O_3);Cr,Cr_2O_3$
	1533 ~ 1913	Pt-18% Rh	$ThO_2(Y_2O_3);Cr,Cr_2O_3$
	1800		Al_2O_3-SiO_2 电解质
Na	600 ~ 800	不锈钢	$ZrO_2(CaO)$ 和 $ThO_2(Y_2O_3)$

由于 ThO_2 有放射性，D. Janke[20] 研究了 $HfO_2(CaO)$ 和 $CaZrO_3(ZrO_2)$ 及 $CaZrO_3(CaO)$ 固体电解质，1600℃时的 $p_{e'}$ 值和 $ThO_2(Y_2O_3)$ 相当，皆为 10^{-13} Pa 左右（如前所述），并用此材料的片状、细棒状、管状固体电解质分别制成氧传感探头，测定了熔铁中的氧活度，表明适用于高温低氧活度熔体的需要。王常珍、徐秀光等人也研究了 $CaZrO_3(CaO)$ 固体电解质[21]。

D. Janke 等人根据研究结果，分析了由下列几种因素对高温、低氧活度测定所带来的影响：

（1）电子导电性。由电子导电所引起的固体电解质中氧离子的迁移。

（2）参比电极的热力学数据不准确性。

（3）在固体电解质界面形成化学反应层。

（4）电池的陶瓷部分溶于液态金属。

（5）气相中的氧经过电解质微孔和微观裂纹所形成的氧的迁移。

（6）电池的热电势。

8.4　用氧浓差电池测定有色金属熔体中合金元素的活度

该种研究通过熔体中与氧有联系的化学反应实现研究的目的。对于 Fe-M-O 熔体，通过 $2[M]_{Fe}+3[O]_{Fe}\Longrightarrow M_2O_{3(s)}$ 关系，由测得的 a_O 求 a_M。此关系也适用于有色金属熔体，举例如下：

Cu 中含 5×10^{-6} ~ 3.4×10^{-3} 摩尔分数的 Ti，可得高性能 Cu-Ti 合金。在连续铸造 Cu-Ti 合金时需控制模具润滑熔剂中 Ti_2O_3 的活度，为此，需知道 Cu-Ti 合金中 Ti 的活度与 Ti 浓度的关系。连铸温度 1373K 左右。

Cu-Ti-O 体系在 1373K 的相关系如图 8-16 所示。

M. Iwase 等人据此设计了如下形式电池

$$Mo \mid Mo,MoO_2 \mid ZrO_2(MgO) \mid (Cu\text{-}Ti)_{(合金)} \mid Ti_2O_{3(s)}+\{CaCl_2+Ti_2O_3\}_{渣} \mid Mo$$

使合金与被 Ti_2O_3 饱和的渣 $CaCl_2+Ti_2O_3$ 建立平衡，测定平衡氧分压。

实验装置如图 8-17 所示。

约 300g 无氧铜置于刚玉坩埚中，放于炉内，开始时先不加 $CaCl_2 + Ti_2O_3$。电池的固体电解质为 ZrO_2（MgO 9%（摩尔分数）），内径 4mm，外径 6mm，长 50mm；$m_{Mo} : m_{MoO_2} = 4 : 1$ 的混合粉末作为参比电极，用 Mo 作电极引线。Mo 在熔铜中的溶解度极小，可忽略不计。

首先将炉子抽空，净化的 Ar + 3% H_2 混合气体作为保护气氛，炉内底部坩埚置放有海绵钛，以进一步脱氧，炉内 p_{O_2} 可达 10^{-12} Pa。坩埚顶部加料口用于加入无水的 $CaCl_2 + Ti_2O_3$ 混合料和增加含 Ti 合金料以及取样用。固体电解质电池探头先置于熔体上方预热，待到达实验温度后，插入熔体，记录电池电动势，5min 内达稳定电动势值。

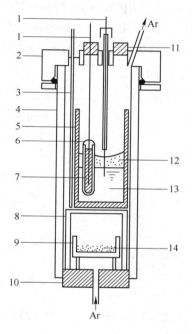

图 8-17 装置示意图

1—细钼棒；2—水冷铜套；3—热电偶的刚玉套管；4—莫来石反应管；5—刚玉坩埚；6—ZrO_2 基水泥；7—ZrO_2（MgO）电解质管；8—MgO 托；9—MgO 坩埚；10，11—胶塞；12—Ti_2O_3 饱和的 $\{CaCl_2 + Ti_2O_3\}$ 熔体；13—Cu + Ti 合金；14—海绵钛

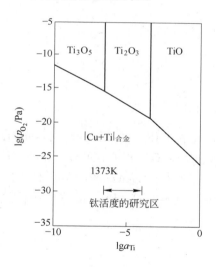

图 8-16 1373K，Cu-Ti-O 系相关系

改变 Ti 含量后，约 40~180min 建立新的平衡。

在实验情况下平衡反应为

$$2[Ti]_{Cu} + \frac{3}{2}O_2 =\!=\!= Ti_2O_{3(s)} \tag{8-68}$$

$$\Delta G^\ominus = -RT\ln K$$

$$\lg K = \lg a_{Ti_2O_3} - 2\lg a_{Ti} - \frac{3}{2}\lg p_{O_2} = -13.48 + 78500/T \tag{8-69}$$

（$CaCl_2$ + Ti_2O_3）渣被 Ti_2O_3 饱和，所以以纯 Ti_2O_3 固体作为标准态，$a_{Ti_2O_3} = 1$，渣-合金间的平衡 p_{O_2} 值按以下方程计算

$$E = \frac{RT}{F}\ln\frac{p_{O_2(参比)}^{\frac{1}{4}} + p_{e'}^{\frac{1}{4}}}{p_{O_2(渣)}^{\frac{1}{4}} + p_{e'}^{\frac{1}{4}}} \tag{8-70}$$

式中，$p_{e'}$ 为使用的固体电解质的特征氧分压。由电池电动势及其他已知值可求得 $p_{O_2(渣)}$ 值，此即式（8-69）中的 $\lg p_{O_2}$ 值，因此 a_{Ti} 可求，实验结果见图 8-18。对 Raoult 定律呈负偏差，说明 Ti 在 Cu 中有一定稳定性。

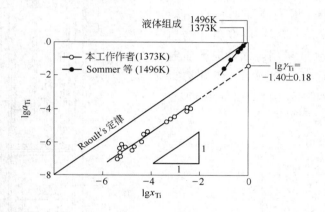

图 8-18　a_{Ti} 和 x_{Ti} 的关系

文献［22］推荐了截至 1989 年 M-X-O 方面的工作，如 Co-V-O，Ga-Sb-O，Ge-Bi，Pb，In-O，In-As，Ga，Pb，Tl-O，Ag-Bi-Cu-O，Bi-Cu-Sb-O，Cr-Ni-O，Ag-Bi，Ge，In，Pb，Sb，Sn，Tl-O，Bi-Pb，Sb，S-O，Cu-As，Bi，In，Ni，S，Se，Sn-O，Cu-Te，Tl-O，Ga-As-O，Ge-Sb，Sn-O，Na-Cr-O，Pb-Co，S-O 等体系的研究。

8.5　坩埚材料的选择

进行高温液态合金的热力学研究，坩埚材料的选择常为一个很重要的问题。现以液态 Ni-Mn 合金 Mn 的活度测定为例说明。

在设计高温耐热合金时，合金中总是加少量的 Mn，以促进生成尖晶石保护层。由于高温 Mn 的挥发和 MnO 对坩埚材料的侵蚀，所以直至 1982 年从 K. J. Jacob 开始才有了研究 Ni-Mn 液态合金热力学的报道。他用了抗 MnO 侵蚀的内衬 $MnAl_{2+2x}O_{4+3x}$ 坩埚，采用 $ThO_2(Y_2O_3)$ 氧离子导体管作为固体电解质，用 Cr，Cr_2O_3 作为参比电极，组成了如下形式的电池

Pt，W│Ni-Mn + $MnAl_{2+2x}O_{4+3x}$ + α-Al_2O_3│$ThO_2(Y_2O_3)$│Cr，Cr_2O_3│Pt

在液态合金一侧，氧的化学位的建立是基于氧与三个凝聚相之间的平衡，即

$$[Mn]_{(合金)} + \frac{1}{2}O_{2(g)} + (1+x)Al_2O_{3(\alpha)} \rightleftharpoons MnAl_{2+2x}O_{4+3x}$$

坩埚和电池装配示意于图 8-19。

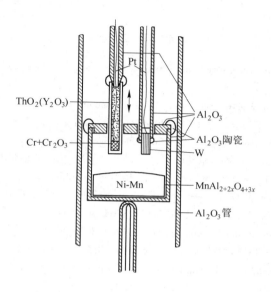

图 8-19   坩埚和电池装配示意图

内衬坩埚的一般制备方法为，在刚玉坩埚内涂一层所需材料的衬里，以代替所需坩埚，将研细的内衬材料加少量有机黏结剂调和，做成像面团一样稠厚的糊，均匀涂在坩埚内壁上约 3~4mm 厚，阴干烘干后慢慢加热灼烧（针对内衬材料的性质或采取在适当流动的一定气体下灼烧）使有机物挥发，烧后即形成一层牢固附在母体坩埚内壁上的保护衬里。

在此研究中，$MnAl_{2+2x}O_{4+3x}$ 既作为保护衬里，又是待测电极反应物质之一。

为了避免高温实验条件下 Mn 的挥发，坩埚上部置一有两孔洞的刚玉盖，用净化的 Ar 气作为保护气氛（见图 8-17），实验温度 1683K，合金组成 $0.4 > x_{Mn} > 0.05$，半电池探头和电极引线 W，先置于熔体上方预热，待熔体温度恒定后，将两者降下插入熔体中，测定电池电动势，使用输入阻抗大于 $10^{12}\Omega$ 的数字电压表显示电池电动势。对于含 Mn 小于 40%（摩尔分数）的合金，可得到约 2min 的稳定电动势，然后电动势值逐渐衰减，这表示产生了浓差极化，将固体电解质探头摇晃几下，又可得到稳定电动势值。当液态合金的 Mn 含量大于 40%（摩尔分数）时，电池电动势难达到稳定值，即使摇晃电解质管也得不到稳定电动势值。由于 Mn 的挥发和氧透过固体电解质管的渗透加强，所以，该合金体系仅得到

Mn 小于 40%（摩尔分数）时的热力学数据，尚呈现一定的规律性。以纯液态 Mn 作为标准态，a_{Mn} 和 X_{Mn} 关系呈现较大的负偏差，说明 Ni-Mn 合金中 Mn 具有一定的稳定性。当 Mn 大于 40%（摩尔分数）时，Mn 的活度逐渐增大。

三元合金热力学研究在实验技术上与二元合金相同，只是实验点设计和实验数据处理有其特点。

参 考 文 献

[1] Subbarao E C. Solid Electrolytes and Their Applications [M]. New York and London：Plenum Press，1980.

[2] Hladik J. Physics of Electrolytes Volume 2 [M]. London，New York：Academic Press，1972.

[3] Kubaschewski O，Alcock C B. Fifth Edition Metallurgical Thermochemistry [M]. Oxford，New York，Toronto，Sydney，Paris，Frankfurt：Pergamon Press，1979.

[4] Fischer W A，Janke D. 冶金电化学[M]. 吴宣方，译. 沈阳：东北工学院出版社，1991.

[5] Janke D，Düsseldorf K S. Stahl und Eisen，1978(98)：825 ~ 829.

[6] Davies H，Smiltzer W W. J. Electro chem. Soc. ，1974；24(4)：543.

[7] Fischer W A，Ackermann W. Arch. Eisenh. ，1965(36)：643.

[8] Fischer W A，Ackermann W. Arch. Eisenh. ，1965(36)：695.

[9] Wilder T C. Trans. TMS AIME，1966，236(7)：1035.

[10] Pievre G R S. Metallurgical Transactions，1977(8B)：215.

[11] Sigworth G K，Elliott J F. Metal Science，1974(8)：298.

[12] Sigworth G K，Elliott J F. Canadian Metallurgical Quarterly，1974，13(3)：455.

[13] Lupis C H P，Elliott J F. Acta Met. ，1967(15)：265.

[14] Lupis C H P. Chemical Thermodynamics of Materials [M]. New York，Amsterdam，Oxford，North-Holland：Elserier Science Publishing Co. Inc. ，1983.

[15] Fruehan R J. Metallurgical Transactions，1970(1)：2083.

[16] Fruehan R J. Metallurgical Transactions，1970(1)：3403.

[17] Pierre G R S，Blackburn R D. Transactions of the Metallurgical Society of AIME，1968，242 (1)：2.

[18] Hone M，Houot S，Rigaud M. Can Met Quart，1974(13)：619 ~ 623.

[19] Janke D，Fischer W A. Archiv Für Das Eisenhüttenwesen，1973，44(1)：15.

[20] Janke D. Metallurgical Transactions，1982(13B)：227.

[21] Wang Changzhen，Xu Xiuguang，Yu Hualong. [C]//Weppner W. Solid State Ionics-87 Proceedings of the 6th International Conference on Solid State Ionics Part Ⅰ，1987：542.

[22] Pratt J N. Metallurgical Transctions A，1990(21A)：1223.

9 氧离子导体传感法对炉渣的热力学研究

在钢铁冶炼和有色金属冶炼中按原料和冶炼方法不同能形成各种炉渣。炉渣是冶金反应的参与者，其物理化学性质，如组元的活度和氧的化学位决定了冶炼效果和产品质量。固体电解质传感法是研究炉渣行为的有效手段，但相对于金属熔体研究得尚少，现正日益引起冶金学者的重视。

9.1 炉渣结构

炉渣性质取决于其结构，炉渣微观结构和导电性质研究以及理论推断都说明炉渣的结构单元是离子，简单离子或复杂离子。正、负离子之间靠静电引力互相吸引形成离子对或离子簇。液态炉渣处于动态中，离子忽聚忽散。一定组成的炉渣在一定温度下，有一定热力学平衡状态。

离子之间的静电作用力关系，如下式所示

$$F = \frac{Z^+ Z^- e^2}{r^2} \tag{9-1}$$

式中，Z^+、Z^- 分别表示正离子和负离子的电荷数；e 为电子电荷；r 是两个离子中心的距离。

令

$$I = \frac{Z^+ Z^-}{r^2} \tag{9-2}$$

则

$$F = Ie^2 \tag{9-3}$$

I 值体现了正离子与负离子之间吸引力的大小。离子半径越小，离子电荷越多的正离子对负离子的引力越强。某些正离子与 O^{2-} 离子之间的 I 值见表 9-1（r 以 nm 为单位计算）。

表 9-1 某些正离子与 O^{2-} 离子之间的 I 值

氧化物	离 子	离子半径/nm	I 值	酸碱性
K_2O	K^+	0.133	0.27	
Na_2O	Na^+	0.095	0.36	
CaO	Ca^{2+}	0.099	0.70	
MnO	Mn^{2+}	0.080	0.83	

氧化物	离 子	离子半径/nm	I 值	酸碱性
FeO	Fe^{2+}	0.075	0.87	↑
MgO	Mg^{2+}	0.065	0.95	碱性
Ti_2O_3	Ti^{3+}	0.069	1.38	
V_2O_3	V^{3+}	0.066	1.42	
Cr_2O_3	Cr^{3+}	0.064	1.44	
Fe_2O_3	Fe^{3+}	0.060	1.50	
ZrO_2	Zr^{4+}	0.080	1.65	
Al_2O_3	Al^{3+}	0.050	1.66	两性
TiO_2	Ti^{4+}	0.068	1.85	酸性
Nb_2O_5	Nb^{5+}	0.070	2.25	↓
B_2O_3	B^{3+}	0.020	2.34	
SiO_2	Si^{4+}	0.041	2.44	
V_2O_5	V^{5+}	0.059	2.52	
P_2O_5	P^{5+}	0.034	3.31	

I 值所体现的吸引力，只是在两个离子之间，周围不存在其他离子的影响时才是正确的。实际炉渣中，各种离子之间相互影响，正负离子之间的距离并不一定都等于两者离子半径之和。

炉渣中存在三类离子：

（1）正离子。如 Ca^{2+}，Mg^{2+}，Mn^{2+}，Fe^{2+} 等离子。

（2）负离子。如 O^{2-}，S^{2-}，F^- 等离子。

（3）复合离子。如 SiO_4^{4-}，$Si_2O_7^{6-}$，PO_4^{3-}，AlO_3^{3-}，BO_3^{3-} 等离子，随着熔渣中 SiO_2 含量的变化，聚合成不同的硅氧复合离子。

碱性氧化物，例如，Na_2O，K_2O，CaO，BaO 等在固体时即为离子键，所以在炉渣中，以正离子和氧离子形式存在；而 SiO_2，P_2O_5 等在固态时两原子之间为共价键，在炉渣中则以复合负离子或负离子聚合体的形式存在。SiO_4^{4-} 四面体的几种复合离子，有链状、环状、复杂环状等。随着 SiO_2 含量的变化，聚合成不同的硅氧复合离子。

在复合氧化物熔体或炉渣中，负离子的几种存在形式在一定温度下各占一定比例。

多种电磁波技术曾应用于炉渣的微结构研究，如穆斯堡尔谱、X 射线衍射、X 射线荧光分析、软 X 射线吸收、光电子分光、可见光吸收、紫外分光、红外分光、拉曼效应、电子自旋共振、布里昂散射、微波分光、核磁共振等。多种电化学方法也曾用于离子导电性的研究。

Al_2O_3 为两性氧化物，Al 在渣中存在的形态随着渣的酸碱性而变化

$$Al^{3+} \rightleftharpoons AlO^+ \rightleftharpoons AlO_2^- \rightleftharpoons AlO_3^{3-} \rightleftharpoons AlO_4^{5-} \qquad (9\text{-}4)$$

酸性强← →碱性强

三价铁在渣中存在的形式也与渣的酸碱性有关：

$$Fe^{3+} \rightleftharpoons Fe_2O^{4+} \rightleftharpoons FeO^+ \rightleftharpoons FeO_2^- \rightleftharpoons Fe_2O_5^{4-} \rightleftharpoons FeO_3^{3-} \rightleftharpoons FeO_4^{5-} \qquad (9\text{-}5)$$

酸性强← →碱性强

在炉渣中，由于氧化物酸碱性种类和浓度的不同，Si-O 离子聚合程度也不同。炉渣模型虽有几种，但处理好离子之间的作用却有不同程度的难度。正规溶液模型较好地给予了说明。正规溶液模型避免涉及与硅氧离子形态有关的问题，而认为硅酸盐熔体是由 Si^{4+}，Al^{3+}，Ca^{2+}，Fe^{2+}，Mn^{2+}，Mg^{2+} 等正离子和共同的负离子 O^{2-} 所构成的，并且正离子在 O^{2-} 离子的间隙内作无规则的分布，整个熔体处于动态过程中。正规溶液的混合熵应等于理想溶液的混合熵，即 $S_i^E = 0$，并有下述的热力学关系

$$G_i^E = \Delta H_i = RT\ln\gamma_i = \sum_{j \neq i} \alpha_{ij} x_j^2 + \sum_j \sum_k (\alpha_{ij} + \alpha_{ik} - \alpha_{jk}) x_j x_k \qquad (9\text{-}6)$$

其混合热为

$$\Delta H^M = G^E = \sum_i \sum_{\substack{j \\ j \neq i}} \alpha_{ij} x_i x_j \qquad (9\text{-}7)$$

式中，x 为正离子的摩尔分数；α_{ij} 为离子间相互作用能。

万谷志郎和其他研究者求得的阳离子间的 α_{ij} 值示于表 9-2。

表 9-2 阳离子间的相互作用能 α_{ij} （J）

离子-离子	万谷志郎	其他研究者	离子-离子	万谷志郎	其他研究者
Fe^{2+}-Ca^{2+}	−31380	−48100	Si^{4+}-Al^{3+}		−52300
Fe^{2+}-Mg^{2+}	+12840		Si^{4+}-Ti^{4+}		+104600
Fe^{2+}-Mn^{2+}	+7100	−3350	Mn^{2+}-Mg^{2+}		−24000 −39000
Fe^{2+}-Al^{3+}		−1760	Mn^{2+}-Ca^{2+}		−17000
Fe^{2+}-Fe^{3+}		−18860	Mn^{2+}-Al^{3+}		−21000
Fe^{2+}-Ti^{4+}	−37700	−41800	Mn^{2+}-Ti^{4+}		−65300
Fe^{2+}-Si^{4+}	−41800	−41800 −28000	Mn^{2+}-Si^{4+}	−75300	−76800 −100000 −65300
			Mn^{2+}-P^{5+}		−109000

离子-离子	万谷志郎	其他研究者	离子-离子	万谷志郎	其他研究者
Fe^{2+}-P^{5+}	−31400		Mn^{2+}-P^{5+}		−135000
Fe^{3+}-Ca^{2+}	−95800		Mg^{2+}-Si^{4+}	−128000	
Fe^{3+}-Mg^{2+}	−23500		Ca^{2+}-P^{5+}	−207000	
Fe^{3+}-Mn^{2+}	−56500	−12600	Ca^{2+}-Mg^{2+}	+18800	
Fe^{3+}-Ti^{4+}	+1260	+17600	Ca^{2+}-Ti^{4+}		−167000
Fe^{3+}-Si^{4+}	+32600	+13400	Ca^{2+}-Si^{4+}	−134000	
		+23400	Na^{+}-Fe^{2+}	19250	
		+24300	Na^{+}-Fe^{3+}	−74900	
Fe^{3+}-P^{5+}	+14600		Na^{+}-Si^{4+}	−111300	

　　炉渣也有非化学计量性，当将有固定氧分压的气体吹入含低价铁的熔体时，将发生以下反应

$$2FeO_{(渣)} + \frac{1}{2}O_2 = Fe_2O_{3(渣)} \qquad (9-8)$$

写成离子形式为

$$2Fe^{2+} + \frac{1}{2}O_2 = 2Fe^{3+} + O^{2-} \qquad (9-9)$$

随着氧分压增加，渣中 Fe^{3+} 增多。

　　对于 CaO-FeO-Fe_2O_3 熔体，在 1550℃，气相和渣平衡后将渣样淬冷，分析 $\frac{m_{Fe^{3+}}}{m_{Fe^{2+}}}$ 含量，得到气相氧分压和渣组成的关系，如图 9-1 所示，随着气相氧分压的

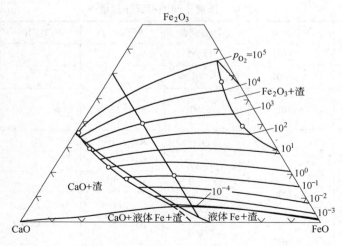

图 9-1　1550℃，CaO-FeO-Fe_2O_3 体系气相平衡
氧分压和渣组成的关系

增加，渣中 Fe_2O_3 含量增加，即 $\dfrac{m_{Fe^{3+}}}{m_{Fe^{2+}}}$ 增大。

实验发现，在恒温恒氧压情况下，往渣中加入碱性氧化物，则 Fe^{3+} 离子含量降低，这是由于生成了铁氧络离子。例如下面的反应

$$2Fe^{3+} + 3O^{2-} + 2Ca^{2+}O^{2-} \text{（加入的）}$$

$$\Longrightarrow 2Ca^{2+} + \begin{array}{c} -O \quad\quad O- \\ \diagdown \quad\quad \diagup \\ Fe\text{-}O\text{-}Fe \\ \diagup \quad\quad \diagdown \\ -O \quad\quad O- \end{array} \quad \text{（即 } Fe_2O_5^{4-}\text{）} \tag{9-10}$$

由键能（bonding energy）计算的氧化物的酸碱性顺序如下：

K₂O, Na₂O, Li₂O, BaO, PbO, SrO, CaO, MnO, FeO, ZnO MgO, BeO, Fe₂O₃, Al₂O₃ TiO₂, B₂O₃, SiO₂ P₂O₅

$\longleftrightarrow$
碱性增加　　　　　　　　　两性　　　　　　　酸性增加

9.2　炉渣活度[1]

关于炉渣活度，相对于金属熔体的研究，所做工作很少。已经测定的钢铁冶金渣系组元的活度，多为较早时期用分配定律或化学平衡法测定的。反应为

$$Fe_{(l)} + [O] \Longrightarrow (FeO) \tag{9-11}$$

$$K = \frac{a_{FeO}}{a_{Fe}a_{[O]}} \tag{9-12}$$

用纯 Fe 为标准态，$a_{Fe} = 1$，则

$$K = \frac{a_{FeO}}{a_{[O]}} \tag{9-13}$$

在 Fe 液内，可以假定氧服从 Henry 定律，$f_0 = 1$，所以 $a_0 = [O]$。

$$K = \frac{a_{FeO}}{[O]} \tag{9-14}$$

当纯 FeO 液与 Fe 液平衡时，$a_{FeO} = 1$。由实验求得在 1600℃，氧在 Fe 中的饱和量为 0.23%（即氧在铁中的溶解度），所以

$$K = \frac{1}{[O]_{饱}} = \frac{1}{0.23} \tag{9-15}$$

在同一温度下，纯 FeO 液实验和二元或多元含 FeO 实验的 K 值相等，为此，由式(9-14)和式(9-15)得

$$\frac{a_{FeO}}{[O]} = \frac{1}{[O]_{饱}} \tag{9-16}$$

所以
$$a_{\text{FeO}} = \frac{[\text{O}]}{[\text{O}]_{\text{饱}}} \tag{9-17}$$

即炉渣中的 a_{FeO} 等于同一温度下与炉渣平衡的 Fe 液中溶解的氧量和与纯 FeO 熔体平衡的 Fe 液中溶解的氧量之比。用氧的活度表示则为

$$a_{\text{FeO}} = \frac{a_{\text{O}}}{a_{\text{O}_{\text{饱}}}} \tag{9-18}$$

研究熔渣 FeO 的活度时，研究者必须同时进行纯 FeO 熔体实验，以求两者实验条件相同，不能用文献报道的纯 FeO 熔体实验值。

含 FeO 的炉渣，不论是人工配制的还是生产实际炉渣，都经常含有 Fe_2O_3。通常都把炉渣内的 Fe_2O_3 折算成 FeO，可根据全铁量折算或根据全氧量折算。

全铁量折算根据下列反应折算

$$Fe_2O_3 =\!=\!= 2FeO + \frac{1}{2}O_2 \tag{9-19}$$

$$n_{\Sigma\text{FeO}} = n_{\text{FeO}} + 2n_{\text{Fe}_2\text{O}_3} \tag{9-20}$$

全氧量折算根据下列反应折算

$$Fe_2O_3 + Fe =\!=\!= 3FeO \tag{9-21}$$

$$n_{\Sigma\text{FeO}} = n_{\text{FeO}} + 3n_{\text{Fe}_2\text{O}_3} \tag{9-22}$$

根据全铁量的折算方法多用于相图分析。

以上的讨论是依据炉渣的分子理论或为了习惯、方便仍沿用分子理论的处理方法。

根据炉渣的离子结构理论，可以认为炉渣内的（FeO）完全以 Fe^{2+} 及 O^{2-} 离子形式存在

$$a_{\text{FeO}} = a_{\text{Fe}^{2+}} a_{\text{O}^{2-}} \tag{9-23}$$

对（Fe_2O_3）来说

$$a_{\text{Fe}_2\text{O}_3} = a_{\text{Fe}^{3+}}^2 a_{\text{O}^{2-}}^3 \tag{9-24}$$

分子活度折算为离子活度的一般关系式为：

$$a_{\text{A}_x\text{B}_y} = a_{\text{A}}^x a_{\text{B}}^y \tag{9-25}$$

离子活度使用起来较麻烦，所以现仍用分子活度表示。

9.3 炉渣中 FeO 和 Fe_xO 的活度

9.3.1 炉渣中 FeO 活度的测定

用固体电解质氧浓差电池法测定炉渣组分的活度开始于 $PbO\text{-}SiO_2$，$GeO_2\text{-}$

SiO_2，$SnO\text{-}SiO_2$ 等低熔点体系的研究。近年 S. Seetharaman[2] 等人应用直接插入法研究了 $CaO\text{-}FeO\text{-}SiO_2$ 渣系中 FeO 的活度。实验发现，温度超过 1350℃ 的渣将侵蚀固体电解质。山内置[3] 等人为避免固体电解质电池探头直接和渣相接触，而间接地测定与其平衡的金属相中的氧，利用分配定律原理计算渣中 FeO 的活度。对于 $FeO\text{-}SiO_2$ 渣系，FeO 活度测定结果与化学平衡测定结果相符，说明测定方法可信。

$FeO\text{-}SiO_2$ 体系 FeO 活度测定的原理如下所述。

固体电解质电池形式如下

$$(+)Pt \mid 空气 \mid ZrO_2(CaO)$$
$$\mid Ag \mid (FeO), Fe \mid Pt(-)$$

实验装置见图 9-2。为了避免固体电解质与炉渣作用，不直接将固体电解质半电池插入渣中，而是使炉渣和 Ag 液成平衡，根据平衡时氧在渣和银中化学位相等或活度相等的原理，将固体电解质半电池插入银中，间接地测定。实验采用具有侧孔的 Fe 坩埚，既作为坩埚材料，又作为反应物之一。Fe 在 Ag 中的溶解度很小，可忽略。

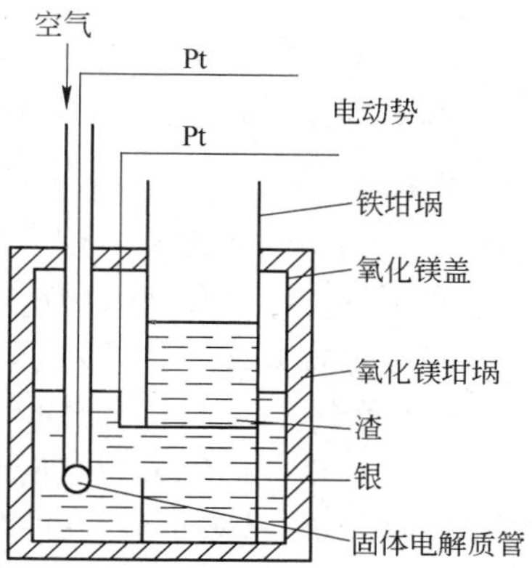

电极和电池反应为

图 9-2　$FeO\text{-}SiO_2$ 体系 FeO
活度测定装置示意图

参比电极(+)　　　$\frac{1}{2}O_{2(空气)} + 2e === O^{2-}$

待测炉渣(-)　　　$O^{2-} - 2e === [O]_{Ag}$

即银中氧　　　$[O]_{Ag} + Fe_{(坩埚)} === (FeO)$

电池反应　　　$\frac{1}{2}O_{2(空气)} + Fe_{(坩埚)} === (FeO)$　　(9-26)

为了避免渣中的 FeO 及 Ag 被空气氧化，实验在 Ar 气氛下进行，又为了防止氧由 Ag 向 Ar 气中扩散，坩埚顶部加盖，同时，在平衡时把 Ar 气减至维持平衡的最低的量，以避免 Ar 和渣中氧的化学位不相等而可能造成的氧迁移。

用下列方程式求渣中 FeO 的活度。

反应的　　　$\Delta G = -nFE$

$$\Delta G = \Delta G^{\ominus}_{FeO_{(1)}} + RT\ln \frac{a_{(FeO)}}{p^{\frac{1}{2}}_{O_{2(空气)}}}$$　　(9-27)

$\Delta G^{\ominus}_{FeO_{(1)}}$ 按下列反应求得

$$Fe_{(s)} + \frac{1}{2}O_2 \rightleftharpoons FeO_{(l)} \qquad (9\text{-}28)$$

$p_{O_2} = 0.21 \times 10^5 Pa$，实验温度 1400℃。

之后，M. Iwase 等人成功地用 ZrO_2 基固体电解质电动势方法测定了一系列渣中和熔剂中 Fe_xO 的活度[4]。

9.3.2 炉渣中 Fe_xO 活度的测定

M. Iwase 等人将此方法发展至含 BaO 矿的炉渣的特殊渣研究[4]。我国西北铁矿含 BaO，故此处以此为例说明测定装置的改进及有关的理论分析。

电池形式为

Mo｜Mo + MoO₂｜ZrO₂(MgO)｜Ag｜

Fe + (BaO + SiO₂ + Fe$_x$O)$_{渣}$｜Fe

测定装置如图 9-3 所示。将 Ag 和渣同置于 Fe 坩埚中，熔体由于渣和 Ag 密度不同而分开，Ag 液在熔渣底部。20 ~ 30g 渣，35gAg，在 SiC 电阻炉内，在净化的 Ar 气流加热至 1673K 时，插入在熔体上方预热的氧电池探头，并同时抽取渣样分析。

用 100MΩ 的高阻数字电压表测定电池电动势，平衡后，电动势波动 ± (0.3 ~ 1.0) mV。然后，将探头提起，离液面约 30 ~ 50mm，然后再插入测量电动势，如此 2 ~ 4 次，直至电动势出现稳定、重现值为止。此后，用不锈钢棒插至熔渣（约 2 ~ 3s）蘸取渣样，分析成分用。

根据 BaO-SiO₂-Fe$_x$O 三元相图，以 Fe$_x$O 点作为起点，向 BaO-SiO₂ 二元系边的 8 条线上的点选作实验的组成点，见图 9-4，共约 100 个。BaO，SiO₂ 的组成分别为 x_{BaO}/x_{SiO_2} = 15/85，20/80，33.3/66.6，40/60，50/50，60/40，66.6/33.3 和 75/25。

可通过分别加 Ba₃SiO₅，Ba₂SiO₄，BaSiO₃，Ba₂Si₃O₈ 和 BaSi₂O₅ 降低渣中 Fe$_x$O 的含量，这些二元氧化物，用适当比的 BaCO₃ 和 SiO₂ 在 1673K 下烧成；用 Fe₂O₃ 调节 Fe$_x$O 的浓

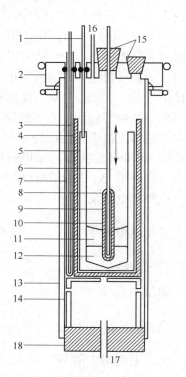

图 9-3　测定装置示意图

1—钢棒；2—水冷铜盖；3—Pt-PtRh13 热电偶；4—莫来石坩埚；5—铁坩埚；6—Mo 棒；7—氧化铝套；8—ZrO₂ 水泥；9—Mo + MoO₂；10—ZrO₂ 电解质管；11—渣；12—液体 Ag；13—莫来石反应管；14—MgO 托垫；15—塞子；16—Ar 气出口；17—Ar 气入口；18—塞子

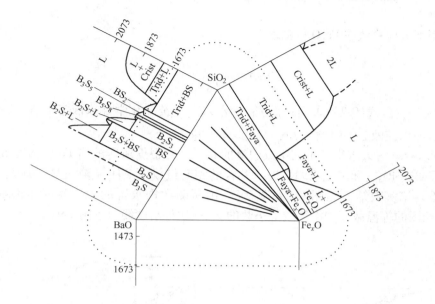

图 9-4　1673K，BaO-SiO$_2$-Fe$_x$O 体系相图和有关二元系

B$_3$S—Ba$_3$SiO$_5$；B$_2$S—Ba$_2$SiO$_4$；BS—BaSiO$_3$；B$_5$S$_8$—Ba$_5$Si$_8$O$_{21}$；

B$_3$S$_5$—Ba$_3$Si$_5$O$_{13}$；B$_2$S$_3$—Ba$_2$Si$_3$O$_8$；BS$_2$—BaSi$_2$O$_5$；

Trid—SiO$_2$（tridymite 鳞石英）；Crist—SiO$_2$

（cristobalite 方石英）；Faya—Fe$_2$SiO$_4$（铁橄榄石）

度。一个实验点的实验约需 20～30h。

渣中 FeO 和 Fe$_2$O$_3$（或写为 FeO$_{1.5}$）形成 Fe$_x$O 按下列反应进行

$$n_1\mathrm{FeO} + n_2\mathrm{FeO}_{1.5} =\!\!=\!\!= n\mathrm{Fe}_x\mathrm{O} \tag{9-29}$$

式中，n_1、n_2 和 n 分别表示 100g 渣中 FeO、FeO$_{1.5}$ 和 Fe$_x$O 的物质的量，可由化学分析得知。Fe$_x$O 的摩尔分数为

$$x_{\mathrm{Fe}_x\mathrm{O}} = \frac{n_{\mathrm{Fe}_x\mathrm{O}}}{n_{\mathrm{Fe}_x\mathrm{O}} + n_{\mathrm{BaO}} + n_{\mathrm{SiO}_2}}$$

式中，n_{BaO} 和 n_{SiO_2} 分别为 100g 渣中 BaO 和 SiO$_2$ 的物质的量。

测氧传感探头的电动势表示为

$$E = \frac{RT}{F}\ln\frac{p_{\mathrm{O}_2(\text{参比})}^{\frac{1}{4}} + p_{\mathrm{e}'}^{\frac{1}{4}}}{p_{\mathrm{O}_2(\text{渣})}^{\frac{1}{4}} + p_{\mathrm{e}'}^{\frac{1}{4}}} + E_\mathrm{t} \tag{9-30}$$

式中，$p_{\mathrm{e}'}$ 为该固体电解质的特征氧分压；E_t 为两电极引线的热电势，在 1673K 为 23.6mV；$p_{\mathrm{O}_2(\text{参比})}$ 用 Iwase 以前的工作所得；$RT\ln p_{\mathrm{O}_2(\text{参比})} = -293030\mathrm{J/mol}$

（1673K）。

用下式计算渣中 Fe_xO 的活度

$$a_{Fe_xO} = \left(\frac{p_{O_{2(渣)}}}{p_{O_{2(渣)}}^{\ominus}} \right)^{\frac{1}{2}} \tag{9-31}$$

此处，$p_{O_{2(渣)}}$ 由式(9-30)求得；而 $p_{O_{2(渣)}}^{\ominus}$ 为 $Fe_{(s)}$ + 纯非化学计量液态 Fe_xO 的平衡氧分压。以纯液态 Fe_xO 作为渣中 Fe_xO 的标准态。

M. Iwase 等人求得了不同组成炉渣的 a_{Fe_xO}，并根据所得的诸 Fe_xO 活度数据，得到了 $Ba_2SiO_{4(s)}$ 和三元系均匀液态共存的相间组成及 SiO_2 + 液态区，补充了三元相图。诸实验结果见图 9-5 ～ 图 9-8。由所测数据求得的 1673K 时 BaO-SiO_2-Fe_xO 相图的等温截面和换算成等小数的 Fe_xO 的等活度线示于图 9-9。

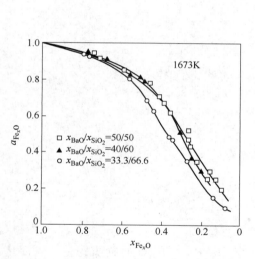

图 9-5   1673K，渣 $x_{BaO}/x_{SiO_2} = 50/50$，40/60 和 33.3/66.6 的 a_{Fe_xO}

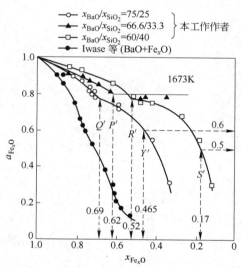

图 9-6   1673K，渣 $x_{BaO}/x_{SiO_2} = 75/25$，66.6/33.3 和 60/40 的 a_{Fe_xO}

多元体系相图 a_{Fe_xO} 的研究方法类似，适用于黑色和有色渣系。

实际炼钢炉渣，至少含有 8 种重要成分，即 CaO，MgO，MnO，FeO，SiO_2，Al_2O_3，P_2O_5 和 CaF_2，经常还有其他成分，如 Na_2O，TiO_2，Cr_2O_3，CaS，FeS 等，一些特殊钢冶炼的炉渣成分还要复杂。要想用物理化学原理理解渣-金、渣-气之间的反应，最大的困难是缺乏参与反应物质的活度数据，因为对于钢液，铁的氧化物为最主要的参与反应物质，所以 FeO_x 的活度数据最重要。对于某些有色金属冶炼的炉渣，FeO_x 也为主要成分，为此，很多冶金研究者曾致力于这方面的工作，50 余年来，大约有 2000 余个有关 FeO_x 活度的数据，还有很多重复的

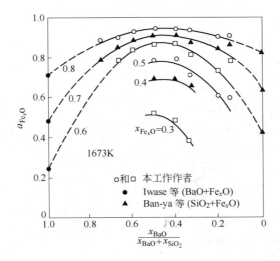

图 9-7 1673K，Fe$_x$O 的摩尔分数固定时，a_{Fe_xO} 与 $\dfrac{x_{BaO}}{x_{BaO}+x_{SiO_2}}$ 的函数关系

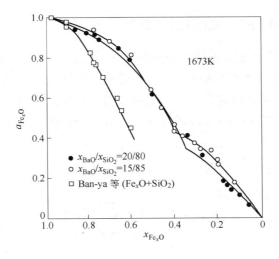

图 9-8 1673K，渣中 $x_{BaO}/x_{SiO_2} = 20/80$ 和 15/85 的 a_{Fe_xO}

测量，但是实验室得到的数据往往只能提供规律性的某些启示，并不能反映在冶炼过程中随时可能变化的渣的成分和与之相应的组分活度的变化。为此，应当用固体电解质电动势方法在现场实现 a_{Fe_xO} 的测量，某些研究者曾研究直接将氧传感探头插入炉渣中进行 a_{Fe_xO} 的测定，但是高温下，液态渣要与固体电解质发生反应，实际测定的常是含有 ZrO$_2$ 成分的探头附近的炉渣的 FeO 活度，而非实际炉渣成分。

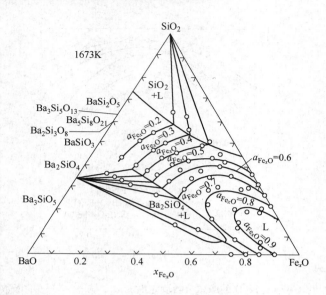

图 9-9   根据所测得的 a_{Fe_xO} 绘制的 BaO-SiO$_2$-Fe$_x$O 体系在 1673K 时的等温截面

9.3.3   工厂中应用的炉渣氧活度测定装置

M. Iwase[5]等人在实验室理论研究的基础上设计了在工厂中应用的快速测定装置[4]。仍是测定与渣相平衡的 Ag 液中的氧，换算成 FeO 活度，方便而实用，可以供工厂用于随时取渣样分析。装置中采用的电池形式为

$$Mo \mid Mo + MoO_2 \mid ZrO_2(MgO) \mid Ag \mid (Fe_xO)_{渣} + Fe \mid Fe$$

电池反应为

$$Fe_{(s)} + \frac{1}{2}O_2 \Longrightarrow Fe_xO_{(渣)}$$

$$E = \frac{RT}{F}\ln\frac{p_{O_{2(参比)}}^{\frac{1}{4}} + p_{e'}^{\frac{1}{4}}}{p_{O_{2(渣)}}^{\frac{1}{4}} + p_{e'}^{\frac{1}{4}}} + E_t \tag{9-32}$$

$$a_{Fe_xO} = \left(\frac{p_{O_{2(渣)}}}{p_{O_{2(渣)}}^{\ominus}}\right)^{\frac{1}{2}} \tag{9-33}$$

式中，$p_{O_{2(渣)}}^{\ominus}$ 是纯 FeO 熔体与 Fe$_{(s)}$ 共存相的平衡氧分压，计算方法同前例。实验装置如图 9-10 所示。配同计算机显示测量样品的序号、温度、时间、气氛、气体流量等。采用的固体电解质管外径为 3.6mm，内径 2.2mm，长 32mm。Mo 引线 ϕ1mm，长 200mm。

为了验证装置的可用性，首先使用的为简单渣系，温度 1673K。

操作步骤为：将氧电池探头放入装置内，然后将铁坩埚（外径 19mm，内径

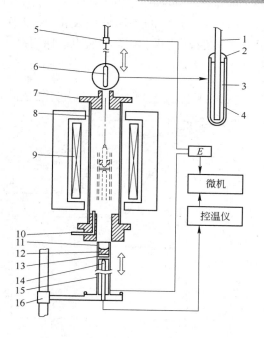

图 9-10　工厂应用的 a_{Fe_xO} 测定装置示意图

1—Mo 棒；2—耐火水泥；3—Mo，MoO_2 参比电极；4—ZrO_2 基固体电解质管；5，16—提升
装置；6—电化学电池；7—水冷铜套；8—透明石英管；9—W 丝；10—Ar 气入口；
11—铁坩埚；12—炉渣；13—银；14—Pt-PtRh$_{13}$ 热电偶；15—基座

16mm，长 37.5mm）置于钢座上，纯 Ag 8g 放在 Fe 坩埚中预熔化，然后将 1~3g 渣样放入铁坩埚中。用调节装置将坩埚送入炉管中适当位置，用有 4 根 W 丝的红外线发生器产生热量，用计算机设计的程序升温可在 2.5min 内将温度升至 1750K。炉温达到设定的实验温度时，将氧探头插入 Ag 中，1min 后，可产生稳定电动势，波动 ±0.8mV（稳定至少 1min），然后将氧电池探头提起，以备试验下一个样品。

由计算机算得的 a_{FeO} 的变化，由荧光屏显示并可打印、绘图。

用这种方法，在 5min 内可以完成一个样品 a_{FeO} 的测定。

FeO 活度的测定误差可由下列方程估计

$$d(a_{FeO})/a_{FeO} = d(\ln a_{FeO}) = |(2F/RT)\|dE| + |(2F/RT)\|dE^{\ominus}| + |(2FE/RT^2)\|dT| + |(2FE^{\ominus}/RT^2)\|dT|$$

(9-34)

式中，$E^{\ominus}$ 由"纯"FeO 实验所得。a_{FeO} 值的相对误差 $\dfrac{d(a_{FeO})}{a_{FeO}}$ 按 $dE = ±0.8mV$，$dE^{\ominus} = ±0.5mV$，$dT = ±5K$，计算为 ±5%。

用这种炉渣活度测定装置，研究了 1673K 时 CaO-SiO$_2$-Fe$_x$O 三元渣系 FeO 的等活度线，CaO-SiO$_2$-Fe$_x$O 在 1673K 的等温截面及由 Fe$_x$O 作为起点至 CaO-SiO$_2$ 二元系上的 7 条实验点组成的 a_{Fe_xO} 共 140 个实验点。所得结果如图 9-11 ~ 图 9-14 所示，全部实验仅用 35h。

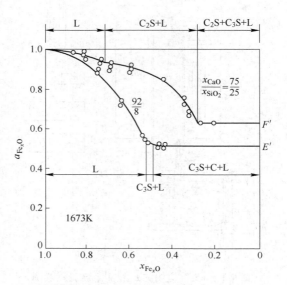

图 9-11　1673K，CaO-SiO$_2$-Fe$_x$O 体系

（当 x_{CaO}/x_{SiO_2} = 92/8 和 75/25 时的 a_{Fe_xO}）

C—CaO；C$_3$S—3CaO · SiO$_2$；C$_2$S—2CaO · SiO$_2$

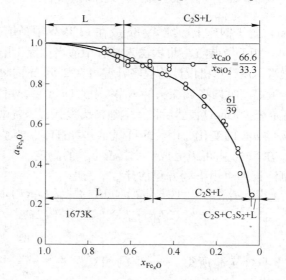

图 9-12　1673K，CaO-SiO$_2$-Fe$_x$O 体系

（当 x_{CaO}/x_{SiO_2} = 66.6/33.3 和 61/39 时的 a_{Fe_xO}）

C$_3$S—3CaO · SiO$_2$；C$_2$S—2CaO · SiO$_2$

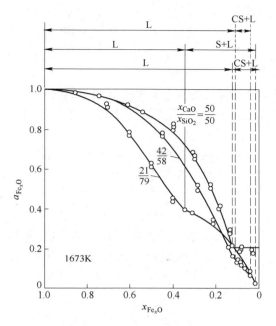

图 9-13 1673K, $CaO-SiO_2-Fe_xO$ 体系 FeO 等活度线

（当 x_{CaO}/x_{SiO_2} =50/50, 42/58 和 21/79 时的 a_{Fe_xO}）

CS—$CaO \cdot SiO_2$; S—SiO_2

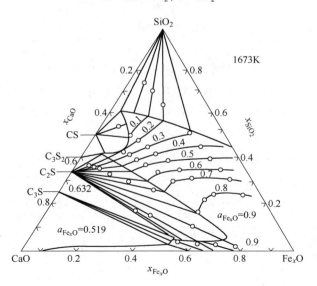

图 9-14 1673K, $CaO-SiO_2-Fe_xO$ 体系

CS—$CaO \cdot SiO_2$; C_3S_2—$3CaO \cdot 2SiO_2$;

C_2S—$2CaO \cdot SiO_2$; C_3S—$3CaO \cdot SiO_2$

研究结果证明所得 Fe_xO 的活度值和相图的关系是符合的，说明方法准确。近年日本又将此方法应用于炼钢生产中，自动快速测定渣中 Fe_xO 的活度。

9.4 炉渣的透气性[7]

笔者曾参加用含稀土氧化物渣电渣重熔某高强钢的电渣重熔实践。研究结果表明，钢中某些易氧化的金属如 V 等有所烧损，通用的 Al_2O_3-CaF_2 渣系也有此问题。

由理论预示熔渣有一定的透气性，或者说空气中的氧在熔渣中有一定的溶解，可将活泼金属氧化。笔者和周楚新在实验室中研究了电渣重熔用渣的透气性，用氧传感器测定熔渣中的氧。

原料：CeO_2，La_2O_3 >99.9%；Al_2O_3，CaO，CaF_2 皆为分析纯。

在相应的温度下，各原料皆经预脱水处理，在配料和制样过程中均采取了防止受潮吸水的措施，样品在放有硅胶和 P_2O_5 的干燥器中保存。

坩埚：由纯度大于99.9% 的二次电子轰击铁车制备而成。另有 PtRh 坩埚。

氧传感器：电池形式为

Pt 或 Mo $|$ Cr,Cr_2O_3 $|$ ZrO_2(MgO) $|$ 气相,渣中氧 $|$ Pt 或 Mo

为避免固体电解质管与熔渣作用，将部分管进行了外壁涂铂处理。固态氧离子导体的电子导电性在此实验中忽略不计。

对主要的 CeO_2-CaO-CaF_2（30：20：50,质量分数）渣系，实验使用 PtRh 坩埚，气氛分别为空气和变化 p_{O_2} 的 Ar-O_2 混合气体。用两个氧传感器分别测定气相和熔渣的氧位。

实验发现，在空气气氛下渣中的 p_{O_2} 由 1666K 的 10^{-4}atm 增至 1803K 的 10^{-3} atm，p_{O_2} 随温度的升高而增大。Ar-O_2 混合气体气相的 p_{O_2} 由 0.208atm 降至 10^{-19} atm。在气相 p_{O_2} 开始变化时，渣中 p_{O_2} 随之迅速变化，后渐趋于平衡，最后渣中 p_{O_2} 降至 10^{-10}atm 左右。

为了比较渣相组成的影响，用铁坩埚又对某些渣系的 p_{O_2} 值进行了研究，部分结果如表 9-3 所示。

表9-3 不同渣系的 p_{O_2} 值（1743K, $p_{O_{2(g)}} = 10^{-13}$atm）

渣系配比（质量分数）	$lg(p_{O_2}/atm)$	p_{O_2}/atm
CeO_2-CaO-CaF_2（30：20：50）	− 9.521	3.02×10^{-10}
CeO_2-CaO-CaF_2（20：20：60）	− 10.592	2.56×10^{-11}
CeO_2-CaO-CaF_2（20：20：60）	− 10.343	4.43×10^{-11}
CeO_2-CaO-CaF_2（40：20：40）	− 9.634	2.32×10^{-10}
CeO_2-CaO-CaF_2（40：20：40）	− 9.999	1.00×10^{-10}
La_2O_3-CaO-CaF_2（30：20：50）	− 11.113	7.70×10^{-12}
Al_2O_3-CaF_2（30：70）	− 11.521	3.02×10^{-12}

由表9-3看出，含 CeO_2 的渣系，在同样温度和气相 p_{O_2} 的条件下，渣中的 p_{O_2} 值较高，而不含 CeO_2 的渣系的 p_{O_2} 值约低一个数量级。

CeO_2 为铈的高价氧化物，在低氧分压情况下，要逐级分解成非化学计量氧化物，如 Ce_3O_4，Ce_5O_9，Ce_6O_{11}，Ce_7O_{12}，Ce_9O_{16}，$Ce_{11}O_{20}$ 等，近期 Solid State Ionics 刊出 Ce 的非化学计量氧化物有几十个[8]。根据气相 p_{O_2} 的变化，要逐渐脱氧。在炉渣中其存在形式由渣的组成、温度和气相 p_{O_2} 等决定，其存在形式和平衡关系及动力学过程是很复杂的。重熔要在保护气氛下进行。

参 考 文 献

[1] 魏寿昆. 活度在冶金物理化学中的应用[M]. 北京：中国工业出版社，1964.

[2] Bygden J, Sichen D, Seetharaman S. Steel Research, 1994, 65(10)：421.

[3] 山内置，鳄部吉基. 鐵と鋼, 1972, 58(4)：S61.

[4] Yamashita S, Fujiwara H, Iwase M, et al. Transactions of the ISS, 1992(9)：57.

[5] Ogura T, Fujiwara R, Iwase M. Metallurgical Transactions, 1992, 23B(8)：459.

[6] Iwase M, Ogura T, Tsujino R. Steel Research, 1994, 65(3)：90.

[7] 杜挺，韩其勇，王常珍. 稀土碱土等元素的物理化学及在材料中的应用[M]. 北京：科学出版社，1995.

[8] Matvei Zinkerich, Dejan Djurovic, Fritz Aldinger. Solid State Ionics, 2006, 177：989.

10 氧离子导体传感器在冶金中的应用

火法冶金过程包含一系列氧化还原过程，氧为多种反应的参与者。不同过程对氧量有不同要求，还涉及与其他元素的热力学、动力学关系[1~9]。为了更好地了解在冶金过程中氧的行为以及对熔融金属化学成分和清洁度的影响，需要在线精确、快速、可靠地监测过程中氧含量及其变化。不能精确、快速、可靠地测量氧含量，就不能很好地控制冶金过程。

用固体电解质氧传感器可以在约 350 ~ 1650℃ 对不同冶金反应的不同金属熔体、熔渣、渣金属界面和气相的不同部位、不同时间实现在线间断或连续地快速、精确监测氧含量及其变化[10~26]。通过与计算机联合，使信息进入网络系统，可以更好地实现对冶金过程的控制。现在一些发达国家及我国的某些工厂已将氧传感器的应用列为常规程序。

下面讨论关于固体电解质氧传感器在冶金中的主要应用。

10.1 在炼钢、炼铁中的应用

钢铁冶炼过程为将铁精矿加熔剂（石灰石、白云石等）制成符合碱度要求的烧结矿，在高炉中加焦炭（或优质煤），由高炉下部吹入热风，将 C 氧化成 CO，使铁精矿进行选择性还原，制成生铁。生铁熔体中含有相当量的 C，Si，Mn，P，S，这些杂质需进一步除去或降至一定水平，为此，在转炉（或电炉）中进行精炼，进行选择性氧化，然后脱氧、加合金元素，铸锭或连铸成钢材。

在高炉内、高炉铸床、铁水罐、铁水桶、转炉、电炉、二次精炼（LF、RH、DH 等），连铸以及不锈钢冶炼等过程都可以用固体电解质氧传感器监测熔体或气相的氧含量（见图 10-1）。下面叙述关于氧传感器的有关问题及其在钢铁冶炼中的应用。

10.1.1 氧传感器的有关问题

现在通用的钢、铁液定氧的氧传感器在测低氧（[O]约小于 0.01%）时采用 Cr、Cr_2O_3 作为参比电极；在测高氧（[O] > 0.01%）时采用 Mo，MoO_2 作为参比电极，两种情况分述如下：

（1）测低氧时（如炉后精炼）的电池形式为：

$$(-)Mo \mid Cr, Cr_2O_3 \mid ZrO_2(MgO) \mid [O]_{Fe} \mid Mo \ 或 \ Fe(+)$$

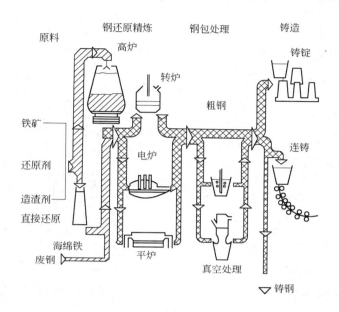

图 10-1　钢铁冶炼过程应用氧传感器的部位示意图

在钢铁液定氧的情况下，固体电解质 ZrO_2（MgO）的自由电子导电应考虑，所以

$$E = \frac{RT}{F}\ln\frac{p_{O_2[O]Fe}^{\frac{1}{4}} + p_{e'}^{\frac{1}{4}}}{p_{O_2(Cr,Cr_2O_3)}^{\frac{1}{4}} + p_{e'}^{\frac{1}{4}}} \tag{10-1}$$

Cr，Cr_2O_3 的平衡氧分压，可由 Cr_2O_3 的标准生成自由能求得

$$Cr_{(s)} + \frac{3}{2}O_{2(g)} = Cr_2O_{3(s)} \tag{10-2}$$

$$\Delta G_{Cr_2O_3}^{\ominus} = -1115750 + 250.45T \pm 1260^{[27]} = RT\ln p_{O_2}^{\frac{3}{2}} \tag{10-3}$$

氧在铁液中的溶解自由能关系式为

$$\frac{1}{2}O_2 = [O]_{Fe(1\%溶液)} \tag{10-4}$$

关于氧在纯 Fe 液中的溶解自由能数据，多个研究者曾测定，见附录。此处用 J. Elliott，M. Gleiser，V. Ramakrishna 在 Thermochemistry for Steelmaking，Vol. II（Addison-Wesley publ.，1960：681）的推荐值[28]

$$\Delta G_{[O]_{Fe}}^{\ominus} = -117040 - 2.88T \tag{10-5}$$

式中，$\Delta G_{[O]_{Fe}}^{\ominus}$ 的单位为 J/mol。

按式(10-4)

$$K_{[O]_{Fe}} = \frac{a_0}{p_{O_2}^{\frac{1}{2}}} \qquad (10-6)$$

而

$$\Delta G^{\ominus} = - RT\ln K \qquad (10-7)$$

结合式(10-5)

$$K_{[O]_{Fe}} = \exp(0.347 + 14090/T) \qquad (10-8)^{[28]}$$

将 $K_{[O]_{Fe}}$ 简写为 K，所以

$$a_0 = K\left[\left(p_{e'}^{\frac{1}{4}} + p_{O_2(Cr,Cr_2O_3)}^{\frac{1}{4}}\right)\exp\frac{EF}{RT} - p_{e'}^{\frac{1}{4}}\right]^2 \qquad (10-9)$$

或

$$\ln a_0 = -\frac{\Delta G_{[O]}^{\ominus}}{RT} + 2\ln\left[\left(p_{e'}^{\frac{1}{4}} + p_{O_2(Cr,Cr_2O_3)}^{\frac{1}{4}}\right)\exp\left(\frac{EF}{RT}\right) - p_{e'}^{\frac{1}{4}}\right]$$

$p_{e'}$ 由所使用的固体电解质决定，由厂家给出或自行测定。

在测氧传感探头（probe）的组装中，常使用铁环为回路极，应对 Fe-Mo 热电势进行修正，式（10-9）中的 E 应为 $E_{测} + E_{Fe-Mo}$，修正公式为

$$E_{(Fe-Mo)} = 7.44 + 0.01124t \qquad (1536 \sim 1700℃) \qquad (10-10)^{[28]}$$

（2）测高氧时（如吹炼过程）的电池形式为

$$Mo \mid Mo, MoO_2 \mid ZrO_2(MgO) \mid [O]_{Fe} \mid Mo \text{ 或 } Fe$$

Mo，MoO_2 的平衡氧分压，按前所述 S. Seetharaman 等人的推荐值[29]对反应

$$Mo_{(s)} + O_{2(g)} = MoO_{2(s)}$$

$$\Delta G_{MoO_2}^{\ominus} = RT\ln p_{O_2} = (-580563 \pm 916) + (173.0 \pm 0.72)T \qquad (10-11)$$

Mo，MoO_2 参比电极的可逆性好，极化作用小，更适合于在连续定氧中作为参比电极使用[30]。

采用 Mo，MoO_2 参比电极，当 $a_0 > 0.01$（如 $f_0 = 1$，则 $[O] > 0.01\%$）时，则不需对固体电解质的电子导电性进行修正。

当 $a_0 > 0.01$ 时，使用 Mo，MoO_2 参比电极可以得到响应迅速、稳定、重现性好的结果。炉后精炼部分，钢中含氧量多在 0.01% 以下。不宜使用 Mo，MoO_2 参比电极，因其平衡氧分压与精炼时钢水中的平衡氧分压差得较大；而 Cr，Cr_2O_3 参比电极却合适。在 1600℃ Mo，MoO_2 的平衡氧分压比 Cr，Cr_2O_3 的平衡氧分压约大 10^4 数量级。

在应用时，根据实际条件选择参比电极，以避免电动势过大，导致电子导电和氧渗透等而造成误差。

$ZrO_2(+MgO)$ 的定氧探头早已商品化。实验室研究用的定氧探头是购买固体

电解质管自行组装而成的。

典型的氧传感器的电动势曲线在电动势值达到稳定而出现平台之前，总是先出现一峰值。诸研究者的研究表明，峰值的产生与氧传感探头内外温度不均所产生的热电势有关，待内外温度均衡后即出现平台，所以电动势选取平台值。

有研究者认为氧化物固体电解质立方相的比例是影响响应速度的因素之一。从一般原理来讲，电解质厚度越小，参比电极粉末的量越少，则响应时间越短。但电解质薄，则参比电极极化明显，尤其在电解质两侧氧位差大的情况下。参比电极量过少，电动势值波动较大。参比电极加入量约 40 ~ 60mg 为宜[28]。参比电极的金属：氧化物为 9：1，粉粒度在 125 ~ 250μm 间。为避免 Cr，Cr_2O_3 在高温烧结时产生收缩，影响与固体电解质管的接触，降低电化学反应速度，所以，先将 Cr，Cr_2O_3 混合粉末在 Ar 气氛下预烧结。实验证明，Cr，Cr_2O_3 参比电极预烧结后，传感探头响应时间缩短且电动势稳定时间增长，适合于现场应用。

我国北京冶金自动化研究设计院多年来从事钢液、铜液用氧传感器的研究和制作。万雅竞编著的《现代冶金传感器》[57]详细介绍了钢液、铜液用氧传感器的制作和使用的技术问题。目前国产的钢液用氧传感器主要用于转炉、电炉、钢包精炼和连铸工艺等。首钢自行制作的钢液用氧传感器的工艺和产品类似德国贺利氏公司。

万雅竞介绍，随着我国电线电缆行业的快速发展，相继引进了很多先进的连铸连轧和无氧铜生产线。如何应用好这些生产线，关键问题是铜液中氧含量的测定。他们采用 ZrO_2 基固体电解质，用 Co，CoO 混合粉末作为参比电极，Ni-Cr 合金作为电极引线，与计算机技术配套使用。铜液连续定氧传感器使用的保护套管材料是再结晶碳化硅保护套管。这种铜液定氧传感器在1200℃铜液中工作，寿命长达 2800h，即 110 多天。

钢液定氧探头的制作、结构等问题详见该书。

10.1.2　在推定转炉吹炼终点和调质上的应用

一般转炉操作都是通过取样分析确认吹炼终点，结果往往为了等待分析结果，而延长了吹炼时间。用氧传感器快速测定氧含量，依据氧和 C、Mn、P 等的平衡关系，配合计算机或依据这些元素和氧的平衡关系曲线可迅速推断出转炉吹炼终点，以便于准时出钢。如此，可保护风口，延长炉龄，提高产品质量和使总产量提高。

各工厂转炉车间的主原料、副原料、计量误差、钢种、设备条件以及操作上的特征不尽相同，各有其对 C、Mn、P 的推断方法和步骤，虽然都遵循着氧和 C、Mn、P 平衡关系的物理化学原理，但气相氧的化学位在变化，炉渣组成及碱度也在变化，除顶底复合吹炼外，仅顶吹可能离热力学平衡态较远，所以当一个炉子计划使用氧传感器作为操作程序和手段之一时，必须先进行大量的对比实验，将由氧传感器得到的理论推断值和炉前分析值对比，找出统计规律和方程关系，以便应用。

10.1.2.1 [C]-[O]关系

钢水的脱碳反应为

$$[C] + [O] \rightleftharpoons CO_{(g)} \tag{10-12}$$

$$K = \frac{p_{CO}}{a_C a_O} \tag{10-13}$$

而

$$a_C = f_C[C], \quad f_C = f_C^C f_C^O \tag{10-14}$$

$$a_O = f_O[O], \quad f_O = f_O^O f_O^C \tag{10-15}$$

对于 Fe-C-O 体系，C 浓度在 0.1% 以上时，可以把 f_C^O、f_O^O 近似看做 1。

根据日本学术振兴会第 19 委员会的推荐值[27]知

$$\lg f_C = \lg f_C^C = 0.298[C] \tag{10-16}$$

$$\lg f_O = \lg f_O^C = -0.421[C] \tag{10-17}$$

该关系式适用于 1550 ~ 1700℃ 时 0.1% ~ 1.0% C 的范围。当 C 在 0.1% 以下时，应当考虑 O 对 f_C 和 f_O 的影响，它们之间的关系式为

$$\lg f_O^O = \left(\frac{-1750}{T} + 0.76\right)[O] \tag{10-18}$$

$$\lg f_C^O = -0.317[O] \tag{10-19}$$

在炼钢时经常采用 [C][O] = 常数 = m 的关系。当 [C] 在 0.1% 以下时，m 常开始增大。但是若同时存在有大量降低氧的活度系数的元素如 V、Al、Zr、Ti 等时，已非简单的 Fe-C-O 系[32]，即使 [C] 在 0.1% 以上也会发生 [C][O] 不守常的情况，所以不同钢种常有不同的 [C][O] 值。H. W. Hartog 等人根据 180t、280t、300t、314t 的顶吹转炉的实验数据，在 1600℃，[C]<0.3% 范围内得到如下关系式

$$\lg[C] - 0.45[C] = -\lg a_O - 2.619$$

如果 a_O 的测定误差为 ±0.0012%，对应的含 C 量误差为 ±0.007%，优于结晶定碳的测量误差（±0.015%）。

国外某厂底吹转炉的 [C]-a_O 关系曲线见图 10-2，可见 a_O 常高于平衡值。

10.1.2.2 [Mn]-[O]关系[27]

在炼铁过程中，Mn 的高价氧化物在高炉炉身部位被 CO 还原生成 MnO，在炉腰以下 Mn 被铁水吸收

$$(MnO) + C \rightleftharpoons [Mn] + CO \tag{10-20}$$

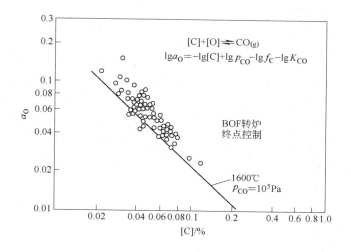

图 10-2 [C]-a_O 关系曲线

在炼钢条件下，要控制 Mn 的氧化，以提高 Mn 的回收率。Mn 的被氧化能力弱，在一般 Mn 的浓度下，Mn 的氧化产物 MnO 与渣中 FeO 和 [Mn] 及 Fe 液间，有以下平衡关系

$$(FeO) + [Mn] \Longrightarrow (MnO) + Fe_{(1)} \tag{10-21}$$

$$K = \frac{a_{MnO}}{a_{FeO}a_{Mn}} \tag{10-22}$$

在炼钢过程炉渣-熔铁之间氧的分配关系为

$$(FeO) \Longrightarrow Fe_{(1)} + [O] \tag{10-23}$$

$$\Delta G^{\ominus} = 128090 - 57.99T \tag{10-24}$$

$$K = \frac{a_O}{a_{FeO}} = \frac{a_O}{x_{FeO}\gamma_{FeO}} \tag{10-25}$$

渣中 FeO 可被气相中的氧氧化为 Fe_2O_3，可表示为

$$(FeO) + \frac{1}{4}O_2 \Longrightarrow (FeO_{1.5}) \tag{10-26}$$

$$\Delta G^{\ominus} = 126820 + 53.01T \tag{10-27}$$

$$RT\ln K = RT\ln(x_{FeO_{1.5}}/x_{FeO}) - 0.25RT\ln p_{O_2} + RT\ln(\gamma_{FeO_{1.5}}/\gamma_{FeO})$$

所以在一定温度下，K 值已知，由分析知 $x_{FeO_{1.5}}/x_{FeO}$，又测得 p_{O_2} 值，即可求得 $\gamma_{FeO_{1.5}}/\gamma_{FeO}$。

万谷志郎等人[33~40]根据规则溶液模型，给出 FeO-Fe_2O_3-CaO-MgO-SiO_2-P_2O_5

六元渣系的 γ_{FeO} 的计算公式如下[27]

$$
\begin{aligned}
RT\ln\gamma_{FeO} = (&-4460x_{FeO_{1.5}}^2 - 10000x_{SiO_2}^2 - 7500x_{CaO}^2 + 8000x_{MgO}^2 - \\
&7500x_{PO_{2.5}}^2 - 22260x_{FeO_{1.5}}x_{SiO_2} + 10940x_{FeO_{1.5}}x_{CaO} + \\
&4240x_{FeO_{1.5}}x_{MgO} - 15460x_{FeO_{1.5}}x_{PO_{2.5}} + 14500x_{SiO_2}x_{CaO} + \\
&14000x_{SiO_2}x_{MgO} - 37500x_{SiO_2}x_{PO_{2.5}} + 24500x_{CaO}x_{MgO} + \\
&45000x_{CaO}x_{PO_{2.5}} + 9500x_{MgO}x_{PO_{2.5}}) \times 4.184
\end{aligned}
\tag{10-28}
$$

在以上所述转炉吹炼中，[Mn] 的行为受很多因素的影响，较复杂。将有关方程式组合，可得出

$$
[Mn] + [O] = (MnO) \tag{10-29}
$$

$$
\Delta G^{\ominus} = 241040 + 106.32T \tag{10-30}
$$

$$
K = \frac{a_{MnO}}{a_{Mn}a_O} \tag{10-31}
$$

一般认为 FeO-MnO 熔体的行为似乎为理想溶液，所以 a_{MnO} 可以用摩尔分数表示；而在 Fe-Mn-O 系溶液中，因为 Mn 的行为为理想的，所以 a_{Mn} 可以用质量分数表示，故

$$
K = \frac{x_{MnO}}{[Mn]a_O} \tag{10-32}
$$

测得 a_O，又知 K 和 x_{MnO}，则 [Mn] 可求。

10.1.2.3　[P]-[O]关系

炼铁原料中的磷酸钙在高炉炉身部分受热生成 P_2O_5，然后被炉气和 Fe 还原进入铁水中。

在炼钢条件下，反应初期脱磷反应可表示为

$$
\frac{4}{5}[P] + O_2 = \frac{2}{5}(P_2O_5) \tag{10-33}
$$

$$
K_p = \frac{(a_{P_2O_5})^{\frac{2}{5}}}{[P]^{\frac{4}{5}}p_{O_2}} \tag{10-34}
$$

要使脱 P 反应和脱 C 反应同时进行，应根据热力学计算，确定反应进行的条件[7]。例如 1500℃，若 [C] = 0.8，[P] = 1.0，(P_2O_5) = 2，则 $a_{P_2O_5} \approx 10^{-20}$；而在反应后期，1600℃ 时，若 [C] = 0.1，[P] = 0.05，(P_2O_5) = 10，则 $a_{P_2O_5} \approx 10^{-19}$。$P_2O_5$ 为酸性氧化物，从 P 的活度系数和炉渣碱度的关系看，渣中 (CaO)/(SiO_2) 应为 3 左右。

欲使钢液脱 P，应使其生成 $3CaO \cdot P_2O_5$ 或 $4CaO \cdot P_2O_5$ 的磷酸钙形式反应式

为

$$2[P] + 5(FeO) + 3(CaO) \Longrightarrow (3CaO \cdot P_2O_5) + 5Fe \qquad (10-35)$$

或

$$2[P] + 5(FeO) + 4(CaO) \Longrightarrow (4CaO \cdot P_2O_5) + 5Fe \qquad (10-36)$$

以式(10-36)为例，反应的表观平衡常数为

$$\lg K'_P = \frac{x_{Ca_4P_2O_9}}{[P]^2 x_{FeO}^5 x_{CaO'}^4} \qquad (10-37)$$

式中 x——组分的摩尔分数；

$x_{CaO'}$——渣中 CaO 的有效浓度，是从碱性物质 CaO、MgO、MnO 的总和中减
去被固定在磷酸盐中的部分所得（假定两种磷酸盐达到分解平衡）。

根据氧在铁液和炉渣中的分配比，将 x_{FeO} 换算成 [O]，则得下式

$$\lg K'_P = \frac{x_{Ca_4P_2O_9}}{[P]^2 [O]^5 x_{CaO'}^4} = \frac{71667}{T} - 28.73 \qquad (10-38)$$

可看出，温度越低则 P 的分配比越大。

根据炉渣的离子理论，脱磷的平衡关系可表示为

$$2[P] + 5[O] + 3O^{2-} \Longrightarrow 2PO_4^{3-} \qquad (10-39)$$

$$K_P = \frac{a_{PO_4^{3-}}^2}{a_P^2 a_O^5 a_{O^{2-}}^3} \qquad (10-40)$$

由氧传感器测得 a_O，根据规则溶液模型和元素间相互作用系数可进行脱磷
反应的计算，同时要根据现场元素分析，找出[P]-[O]关系曲线。

10.1.2.4 在转炉调质中的应用

根据钢种是沸腾钢、半镇静钢还是镇静钢，可以控制吹炼终点钢液的氧含
量。加入 Si（或 Si-Mn 合金）和 Al，进行调质处理，以脱除过多的氧。

[Si]-[O]的平衡关系为

$$(SiO_2) \Longrightarrow [Si] + 2[O] \qquad (10-41)$$

$$K_{Si} = \frac{a_{Si} a_O^2}{a_{SiO_2}} \qquad (10-42)$$

a_{SiO_2} 选用纯 SiO$_2$ 作为活度的标准态，如果炉渣中 SiO$_2$ 处于饱和态，此时 $a_{SiO_2} = 1$，
则

$$K_{Si} = a_{Si} a_O^2 \qquad (10-43)$$

$$\Delta G^{\ominus} = 588020 - 225.06T \qquad (10-44)$$

$$a_{Si} = f_{Si}[Si] \qquad (10-45)$$

$$\lg f_{Si} = e_{Si}^{Si}[Si] + e_{Si}^{O}[O] + \cdots \tag{10-46}$$

有关相互作用值，参看附录。

常用的脱氧剂中，Al 的脱氧能力最强，脱氧平衡反应为

$$Al_2O_{3(s)} = 2[Al] + 3[O] \tag{10-47}$$

以 $Al_2O_{3(s)}$ 为标准态。

$$\Delta G^{\ominus} = 1242230 - 394.97T \tag{10-48}$$

$$K = a_{Al}^2 a_O^3 \tag{10-49}$$

$$a_{Al} = f_{Al}[Al] \tag{10-50}$$

$$\lg f_{Al} = e_{Al}^{Al}[Al] + e_{Al}^{O}[O] + \cdots \tag{10-51}$$

铝镇静钢要求铝含量在一个较窄的范围内波动，如果钢液中残留 Al 量过多，在浇铸过程中将被氧化生成 Al_2O_3，不但影响钢质量，且易导致连铸中间包水口堵塞；如果脱氧时加 Al 不足，钢液 [O] 太多，在冷却过程中将产生沸腾，影响钢锭质量。

图 10-3 是用氧传感器配同计算机系统根据氧活度计算脱氧剂加入量的示意图[41]。一般是在吹炼期、吹炼终点和调质期进行 a_O 的测定。氧传感探头采用机械法操作，为了避免 Al 加入时的烧损，采用射弹式的方法加入。

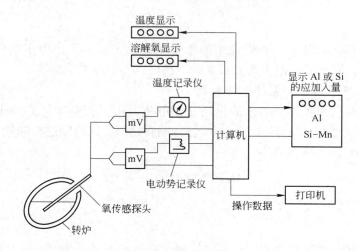

图 10-3　用氧传感器配同计算机控制调质期合金元素的加入量示意图

以下为镇静钢用氧传感探头控制铝加入量的计算实例[28]（刘庆国等人取自美国 Warren 钢厂 190t 转炉）。

所应消耗的铝量（%）与出钢时氧含量关系可用以下直线关系表示

$$[Al]_{消耗} = a + b[O] \tag{10-52}$$

式中 a ——截距；

　　　b ——斜率；

　　[O]——钢液中的氧含量，$10^{-4}\%$ 。

　　消耗铝的质量分数可由下式计算

$$[Al]_{消耗} = \frac{m_{Al}}{m} + [Al]_f \qquad (10\text{-}53)$$

式中 m_{Al} ——每炉加入的铝量，kg；

　　　m ——钢水质量，kg；

　　[Al]$_f$ ——炉内最终铝含量，% 。

由式(10-52)和式(10-53)可计算出欲达到最终铝含量所应加入的铝量为

$$m_{Al} = \frac{(a + b[O] + [Al]_f)m}{100} \qquad (10\text{-}54)$$

冶炼实验证明，对于低碳钢，当[C] < 0.1% , [Mn] < 0.4%时，有以下关系式：

$$[Al]_{消耗} = 0.0686 + 1.189 \times 10^{-4}[O] \qquad (10\text{-}55)$$

由式(10-54)可计算出应加入的铝量。如果已知[O] = 0.0475% , [Al]$_f$ = 0.045，则每炉所应加入的铝量，m_{Al} = (0.0686 + 1.189 × 10^{-4} × 475 + 0.045) × 172368 × 0.01 = 293kg；当[C] = 0.13% ~ 0.14% , [Mn] = 0.70% ~ 0.80%时， [Al]$_{消耗}$ = 0.0575 + 9.726 × 10^{-5}[O]，则 m_{Al} = 256kg；当 [C] = 0.16% ~ 0.36% , [Mn] = 0.60% ~ 0.90% , [Si] = 0.15% ~ 0.30%时，[Al]$_{消耗}$ = 0.0165 + 1.701 × 10^{-4} [O]，则 m_{Al} = 245kg。

　　该厂在采用定氧传感探头制定铝加入程序前，只有约53%炉次在规定的铝含量范围内，其余铝量皆偏高；而使用了铝加入程序后，77%炉次达到含量要求，每10t钢的铝加入量减少了1.1kg。

10. 1. 3　在 RH 真空处理中的应用

　　用人工或机械装置将氧传感探头插入真空处理的钢包中，监测随着处理的进行钢液中氧含量的变化，以判断钢液的除氧情况。

　　某厂对沸腾钢、半镇静钢、镇静钢进行真空处理时，用氧传感探头测定溶解氧的某试验结果示意见图10-4。图10-4说明

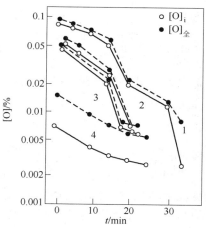

图 10-4　RH 真空处理时，自由氧
（溶解氧）和全氧的降低情况
1—沸腾钢；2, 3—半镇静钢；
4—镇静钢

在真空处理过程中，溶解氧和全氧降低的情况。几种情况下，全氧量皆大于溶解氧量，因为样品淬冷后的全氧分析是包括样品的氧化物夹杂在内的。所以以氧活度的测定反映了钢液含氧的真实情况。

10.1.4 在钢包和钢锭模中的应用

某些钢种或纯净钢，欲需在钢包和钢锭模中进行进一步的调质处理，如喷钙，加稀土处理等；或在钢包或钢锭模中加 Al 处理时，也可用氧传感器监测氧的行为和测定氧含量。传感探头的形式和大小由实际情况而定，但固体电解质半电池的形式相似，探头插入方式类似图 10-9。

10.1.5 在不锈钢冶炼中的应用

用电炉冶炼不锈钢，如 17Cr-7Ni-0.02C，17Cr-12Ni-2Mo-0.02C，17Cr-9Ni-3Cu-0.03C 等，渣的组成为 CaO 50% ~ 55%，SiO_2 1% ~ 10%，Al_2O_3 20% ~ 30%，MgO 5% ~15%，温度 1580 ~1690℃。在加 Al 还原期后用氧传感器测定氧活度，进行成分、温度微调整，出钢或连铸。

为了避免温度过高可能引起传感定氧探头的开裂，$ZrO_2(MgO)$ 固体电解质表面应涂一层特制的 $ZrO_2(MgO)$，以形成疏松的保护层。

现在广泛采用转炉 AOD 法冶炼不锈钢，使用氧传感器可缩短处理时间，提高能量利用率和降低材料消耗。

在高 C 区（[C] >0.2%），根据 C，O 平衡关系

$$[C] + [O] \Longrightarrow CO_{(g)}$$

$$K = \frac{p_{CO}}{a_C a_O}$$

控制吹炼过程。在脱碳过程中，p_{CO} 与 O_2、Ar 的流量 q_{O_2}、q_{Ar} 及全压有以下关系

$$p_{CO} = \frac{\eta \times 2q_{O_2}}{q_{Ar} + \eta \times 2q_{O_2}}p \tag{10-56}$$

式中，p 为常压（总压）；η 为脱碳效率。

脱碳效率 η 与 [C]、温度、气体比率、气体绝对量、炉形、吹炼状况等之间有复杂的关系。有时虽然吹炼气体供给情况相同，但在脱碳过程中 [C] 的变化却是复杂的，数据点往往很分散，所以吹炼不锈钢时，应进行多次对比试验才能较好地确定[C]-[O]的关系曲线。

在低碳区（[C] <0.2%），[C]-[O]的相关性已不明显，而[Cr]-[O]之间相关性增强，所以可由[Cr]-[O]平衡关系控制吹炼过程，其关系为

$$2[Cr] + 3[O] \Longrightarrow Cr_2O_{3(s)} \tag{10-57}$$

$$K = \frac{1}{a_{Cr}^2 a_O^3} \tag{10-58}$$

由 $\Delta G_{Cr_2O_3}^{\ominus}$ 可求得 K。

$$\lg K = -44040/T + 19.42 \tag{10-59}$$

$$a_{Cr} = f_{Cr}[Cr] \tag{10-60}$$

计算 f_{Cr} 要考虑元素之间的相互作用。

10.1.6 在转炉熔钢、炉渣和气相氧位的测定上的应用

炼钢过程，炉渣和气相也要参与反应。钢液、炉渣和气相氧位的差别意味着精炼反应非平衡过程的程度。

1973 年前苏联 G. N. Gonchapenko 等人对 50t 的顶吹转炉中熔钢、炉渣和气相于吹炼初期、吹炼中止时分别测定了 a_O 或 p_{O_2} 值。1980 年川上、后藤和弘等人[18]对 100t 的顶吹转炉在吹炼和停吹时的熔钢、炉渣和气相的 a_O 或 p_{O_2} 进行了测定。

关于底吹转炉 Q-BOP 设备的特征和在底吹过程中诸成分的行为，文献[42]中给予了讨论，和顶吹比较，底吹转炉是强搅拌，强反应。为了研究氧位的变化，1982 年 K. Nagata 和 K. S. Goto 等人[19]对日本某工厂的 230tQ-BOP 底吹转炉中钢液、炉渣和气相的氧分压变化分别用氧传感器进行了测定。由人工操作，将钢液和炉渣的氧探头各插入最合适的位置和深度，测定气相的氧探头由炉顶部插入。钢液的温度由开始时的 1400℃ 至吹炼终点逐渐增至 1600℃，实验结果见图 10-5。钢液中的氧分压由开始时的 10^{-11} Pa 逐渐增至 10^{-5} Pa，与此同时，随着精

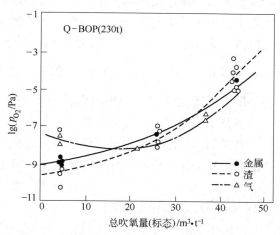

图 10-5 某 230tQ-BOP 转炉吹炼中在钢液、炉渣和
气相中氧分压的变化

炼的进行，渣相和气相中的氧位也逐渐升高。由热力学和渣样化学分析结果推断，在吹炼终点炉渣中的氧压由以下反应所决定

$$2(FeO) + \frac{1}{2}O_{2(g)} = (Fe_2O_3) \qquad (10-61)$$

炉渣用的氧传感器的电池形式为

$$Pt \mid Cr, Cr_2O_3 \mid ZrO_2(MgO) \mid [O]_{渣} \mid Pt$$

除电极引线外，其他装置类似于钢液定氧所用装置。

关于测定气相氧的传感器有关问题在 10.2 节讨论。

10.1.7　在钢液连铸中的应用

在钢液连铸过程中于中间包中用氧传感器连续监测氧含量，对生产顺利进行有重要意义。为了避免出现普遍采用的固体电解质管式传感探头长时间使用时的极化现象，D. Janke 等人[24,25]根据增加固体电解质的壁厚可以降低极化作用的原理，制作了塞式氧传感探头。即将直径约 5 ~ 6mm，厚约 10 ~ 20mm 的 ZrO_2（MgO）电解质短棒封接在刚玉管内的一端，用 Mo 丝作为电极引线，上部填充一定量的 Cr，Cr_2O_3 混合粉末，顶部为 Al_2O_3 粉所制成。

实验证明，这种氧传感探头可在 300t 不锈钢连铸中间包中连续使用 2 ~ 3h 或更长。

10.1.8　在高炉中的应用

K. S. Goto 等人首先测定了高炉出铁、出渣时生铁液和高炉渣氧分压的情况，目的是了解高炉渣的氧位和高炉操作条件的关系，在出铁开始后大约两小时开始出渣。日本某工厂比较了三年无数次的测定结果，都反映炉渣比生铁液的氧分压约大一个数量级，高炉渣的平均氧分压约为 10^{-8}Pa，而生铁液氧分压约为 10^{-9}Pa，都比高炉中碳、氧反应 $C + \frac{1}{2}O_2 = CO$ 的平衡 p_{O_2} 值高。这说明在高炉内 C-O 反应可能未真正达到平衡，或者是所测值非炉内真正的 p_{O_2} 值，而是铁水在出炉后有微弱的氧化；而渣则是由于空气中的氧微弱溶解在其中。

将氧传感探头插入高炉炉内的不同部位可了解炉内氧位分布的真正情况。为了更好地了解铁矿的还原，M. Iwase 等人用固体电解质氧浓差电池法研究了高炉的三相渣系 $CaSiO_{3(s)} + Ca_3Si_2O_{7(s)} + (CaO + SiO_2 + Fe_xO)$ 熔体和 $Ca_3Si_2O_{7(s)} + Ca_2SiO_{4(s)} + (CaO + SiO_2 + Fe_xO)$ 熔体氧的化学位[43]。

D. Janke[31]给出了铁水在流槽中转移至盛铁桶后，分别经脱硅处理（铁鳞 + O_2）、脱硫处理（CaC_2-CaO-CaF_2 熔剂）和脱磷处理（苏打灰 + O_2）后五种情况下用氧传感器测得的 a_O 和 [C] 的关系，见图 10-6。由图知在五种情况下的铁

水中 a_O 值皆比理论上计算的[C]-[O]平衡关系的 a_O 值高。

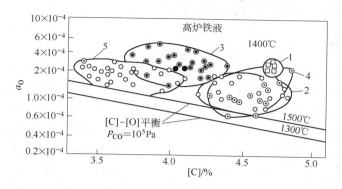

图 10-6　五种情况下铁水中 a_O 和［C］关系
1—□ 高炉铁水（流铁槽）；2—○ 转移至盛铁桶中；3—◉ 脱硅（铁鳞 + O_2）；
4—⊙ 脱硫（CaC_2-CaO-CaF_2 熔剂）；5—● 脱磷（苏打灰 + O_2）

　　用氧传感器测得的铁水、含氧钢液、沸腾钢和真空处理钢液 a_O 和［C］的关系，铝脱氧镇静钢 a_O 和［Al］的关系以及和 a_O 相对应的 $\lg p_{O_2}$ 值分别示于图 10-7a、b。

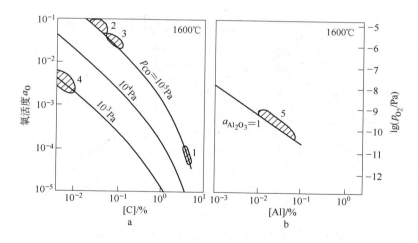

图 10-7　铁水和不同处理的钢水的 a_O 和［C］或［Al］的关系
a—a_O 与［C］的关系；b—a_O 与［Al］的关系
1—铁水；2—含氧钢；3—沸腾钢；4—真空钢；5—铝脱氧镇静钢

10.1.9　在球墨铸铁中的应用

　　球墨铸铁中石墨的球化率与氧活度有一定关系，氧活度低，石墨球化率高。

另外，氧活度与球化剂之间也有关系。氧传感器在球墨铸铁中的应用很有前景，可为改进工艺和开发薄壁高强球墨铸铁提供一种新的监测手段。

10.1.10 长寿命氧传感器

　　用管式固体电解质或针式涂层电解质组成的氧传感器电动势稳定时间仅 10 余秒，然后电动势即开始衰减，而且在低氧活度区测定误差大。D. Janke 给出了分别用四种不同电解质氧传感器，对 1600℃纯 Fe 液中 a_0 的测定结果[31]，在低氧活度区皆和理论值有偏差，而且随着固体电解质电子导电特征氧分压 p_e 的增大，误差增加。偏差程度、相应的固体电解质和不同钢种及铁液的 a_0 范围见图 10-8。由图 10-8 可以看出，当铁液中 $a_0 < 10^{-3}$ 左右（假如不考虑元素原子间的相互作用，则 $a_0 = [O]$，$[O]$ 浓度约为 0.001%）时，氧的测定值即开始出现偏差，a_0 越低，偏差越大，即对优质钢和纯铁水测 a_0 得不到准确值。因为 a_0 的测定主要是对优质钢的影响，即便考虑固体电解质电子导电性的修正，结果也有误差。为此，有必要发展测低氧活度用的长期限（long-term）或称长寿命（long-life）氧传感探头，以用于半镇静钢和镇静钢的生产，尤其是应用于连铸过程。

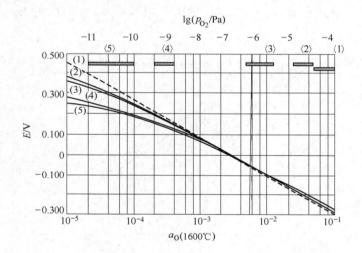

图 10-8　不同固体电解质氧传感器在测低 a_0 时的偏差程度

〈1〉—转炉钢；〈2〉—沸腾钢；〈3〉—半镇静钢；〈4〉—镇静钢；〈5〉—铁水

(1)—理想电解质（$t_i = 1$）；(2)—0.92ThO$_2$·0.08Y$_2$O$_3$；

(3)—0.84HfO$_2$·0.16CaO；(4)—0.93ZrO$_2$·0.07MgO；

(5)—0.86ZrO$_2$·0.14CaO，Cr，Cr$_2$O$_3$ 作为参比电极

　　氧传感器电动势的衰减是由于固体电解质电池的离子和电子流所导致的氧的迁移，而使电极-电解质界面产生极化作用，改变了应有的电极电位关系[45~48]。

固体电解质氧传感器电池的离子和电子流动导致的氧离子的迁移与有关因素的关系如下式所示[28,49]

$$J_{O^{2-}} = \frac{RT\sigma_i}{2F^2 l}\left\{\left[\ln\left(1 + \left(\frac{p'_{O_2}}{p_{e'}}\right)^{-1/4}\right) - \ln\left(1 + \left(\frac{p''_{O_2}}{p_{e'}}\right)^{1/4}\right)\right] + \right.$$

$$\left.\left[\ln\left(1 + \left(\frac{p''_{O_2}}{p_h^{\cdot}}\right)^{1/4}\right) - \ln\left(1 + \left(\frac{p'_{O_2}}{p_h^{\cdot}}\right)^{1/4}\right)\right]\right\} \tag{10-62}$$

式中　$J_{O^{2-}}$——氧离子流量密度，$mol \cdot cm^2/s$；

　　　σ_i——固体电解质离子电导率，S/cm；

　　　F——Faraday 常数（96485J/（V·mol））；

　　　R——气体常数（8.3143J/（mol·K））；

　　　T——温度，K；

　　　l——电解质厚度，cm；

p'_{O_2}，p''_{O_2}——参比电极和待测钢液的 p_{O_2} 值，假定 $p'_{O_2} > p''_{O_2}$；

　　　$p_{e'}$——固体电解质的电子导电特征氧分压；

　　　$p_h^{\cdot}$——固体电解质的电子空位导电特征氧分压。

前已述及，对于 ZrO_2 基固体电解质，在通常情况下电子空位导电 $h^{\cdot}$ 可不计。

由上面的关系式可看出，发展长寿命的氧传感探头应从三方面考虑[49]：

（1）应用低电子导电性的新电解质材料；

（2）增加电解质的厚度；

（3）应用新的平衡 p_{O_2} 值小的参比电极材料，使其氧位尽量接近钢液的低氧位。

关于低电子导电性的新电解质，除在第2章曾叙述的 $CaZrO_3(ZrO_2)$，$CaZrO_3$（CaO）[48]外，D. Janke 等人[49]又研究了表 10-1 所示的一些新固体电解质，这些新固体电解质具有比 ZrO_2（MgO）电解质低 2～3 个数量级的 $p_{e'}$（1600℃）值。

表 10-1　具有低电子导电性的新固体电解质[49]

固体电解质（括号中为摩尔分数）/%	$\lg p_{e'}$	1600℃ 的 $p_{e'}$/Pa
ZrO_2（$25Y_2O_3$）	$19.18 - 58319/T$	1.10×10^{-12}
HfO_2（$30Yb_2O_3$）	$18.20 - 57944/T$	1.84×10^{-13}
HfO_2（$15Y_2O_3$）	$18.55 - 60703/T$	1.38×10^{-14}
ZrO_2-Y_2O_3-MgO（75-15-10）	$19.19 - 57684/T$	2.47×10^{-12}
ZrO_2-HfO_2-Y_2O_3-Yb_2O_3（40－35－12.5－12.5）	$18.93 - 59462/T$	1.52×10^{-13}

值得指出的是，HfO_2 和 Yb_2O_3 价格贵，难在生产中应用。

延长氧传感器使用寿命的第二个办法为增加电解质的厚度，塞式电解质传感探头即由此考虑而产生，已在生产中应用并取得较好的效果[50,25]，可以在连铸生产中连续 3h 得到稳定的电动势，电解质厚度可增至 10 ~ 12mm。为了避免固体电解质厚片和刚玉管之间连接的高温水泥在高温时可能形成的空隙，D. Janke 等人又研究了管式和塞式结合的长寿命传感探头，如图 10-9 所示，即将 ZrO_2（MgO）管（外径 5mm，内径 3mm，长 35mm）内的底部放置一个 ZrO_2（Y_2O_3）塞，参比电极混合粉末置于塞上。这种装配要注意的是勿使参比电极混合粉末落入塞和电解质管的夹缝

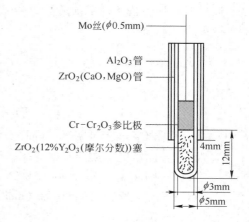

图 10-9　管式和塞式结合的
氧传感器半电池示意图

间，否则半电池将由此旁路沟通，参比电极应当预烧结。塞式或塞式管式结合或电解质管加厚，必须注意两极之间的温度差，传感探头必须插入熔体中足够深度，以免产生温差热电势效应（Seebeck effect）。C. B. Alcock 曾研究过利用温差热电势效应连续测定熔体的 p_{O_2} 值，用空气作为参比电极有意造成两极的温差[45]。

延长氧传感器寿命的第三个办法是采用较 Cr-Cr_2O_3 有更低平衡 p_{O_2} 值的含铬复合氧化物，D. Janke 等人所采用的复合氧化物及其相应的热力学性质列于表 10-2[49]，同时列出 Cr-Cr_2O_3 的热力学性质以比较。

表 10-2　含铬的几种复合氧化物的标准生成自由能

反　应	$\Delta G^{\ominus}/J \cdot mol^{-1}$	$\Delta G^{\ominus}$（1600℃）$/J \cdot mol^{-1}$
$2Cr_{(s)} + \frac{3}{2}O_2 = Cr_2O_{3(s)}$	$-1117088 + 253.0T$	-643220
$2Cr_{(s)} + \frac{3}{2}O_2 + CaO_{(s)} = CaCr_2O_{4(s)}$	$-1161900 + 256.9T$	-680730
$2Cr_{(s)} + \frac{3}{2}O_2 + MgO_{(s)} = MgCr_2O_{4(s)}$	$-1137800 + 237.9T$	-692210
$2Cr_{(s)} + \frac{3}{2}O_2 + MgO_{(s)} = MgCr_2O_{4(s)}$	$-1181970 + 265.2T$	-685250
$2Cr_{(s)} + \frac{3}{2}O_2 + Y_2O_{3(s)} = Y_2Cr_2O_{6(s)}$	$-1191990 + 269.4T$	-687400

由表 10-2 可知，含铬复合氧化物在 1600℃的平衡 p_{O_2} 值比 Cr_2O_3 的平衡 p_{O_2} 值

低约一个数量级,更接近全镇静钢液的相应 p_{O_2} 值。Cr-CaO-CaCr$_2$O$_4$,Cr-MgO-MgCr$_2$O$_4$ 和 Cr-Y$_2$O$_3$-Y$_2$Cr$_2$O$_6$ 用作长寿命的传感器参比电极时,各物质的比例按质量分数计为:金属 75% ~ 80%,金属氧化物 10%,含铬复合氧化物 10% ~ 15%。D. Janke 等人兼用表 10-1 所示的新型电解质、塞式或塞管式组装及采用含铬复合氧化物参比电极这三种改进措施组成的长寿传感器,在铝脱氧钢和高合金钢熔体中可连续使用 5h 左右。

李福燊等人报道[51],根据电池可逆原理,定时对氧传感器通以适当大小的反向补偿电流,使氧反向迁移,可以消除电极的极化,使 ZrO$_2$(MgO) 管式氧传感探头可以实现连续 5h 的钢液定氧,充电电流在 100 ~ 400μA 左右。

10.2 在气体测氧中的应用

工业上通用的气相氧传感器的浓差电池可表示为

Pt | 气体 I ($p_{O_2}^{I}$) | 氧化物固体电解质 | 气体 II ($p_{O_2}^{II}$) | Pt

假定 $p_{O_2}^{II} > p_{O_2}^{I}$,则电池电动势为

$$E = \frac{RT}{4F}\ln\frac{p_{O_2}^{II}}{p_{O_2}^{I}}$$

在一定温度下,$p_{O_2}^{II}$ 或 $p_{O_2}^{I}$ 任知其一,就可根据电池电动势求出另一 p_{O_2} 值。据此,该类电池可用于测定某一气体的氧分压。

气体氧传感器包括固体电解质元件、电极引线、参比电极和热电偶。可以在常压下敞开体系的流动气体中或封闭体系的非流动气体中使用,也可在真空条件下使用。如果在炉内使用,氧传感器可以直接插入到具有足够温度的反应气体中,也可以将流出气体经过一小型恒温炉用单独加热的方法进行测量,即自温式。

如今,气相氧传感器已形成多个系列,在工业生产中应用的有[60]:

(1)炉氧系列。主要用于冶金、火力发电、石油化工以及造纸、制药等的反应炉、加热炉、蒸汽炉及反应窑中控制空燃比值,以达到节能、提高生产效率和减少环境污染等目的。

(2)惰氧系列。主要用于 Ar、N$_2$ 和 He 等气体中氧含量的测定,已在钢铁、有色金属、空气分离和电子器件等工厂中得到广泛的应用。

(3)痕氧系列。待测氧量低于 10^{-6},主要用于热处理炉,可燃性成分中氧的测量等。

(4)汽氧系列。与三元催化装置配合控制机动车的空燃比。

下面叙述气体氧传感器的有关问题及其在冶金中的应用。

10.2.1 气体氧传感器的电池形式

气体氧传感器由于使用条件不同，结构形式也各有别。但是氧浓差电池的传感元件部分，从原理上讲是相似的，几种基本形式示意图见图 10-10[61,62]。由图可见，试管形（图 10-10a）和流通管形（图 10-10b）结构简单，自温式氧传感器的传感元件多为这两种结构形式，更多用试管式的。固体电解质为 ZrO_2 基的，测极低氧时，根据使用温度可选用其他材质的固体电解质。

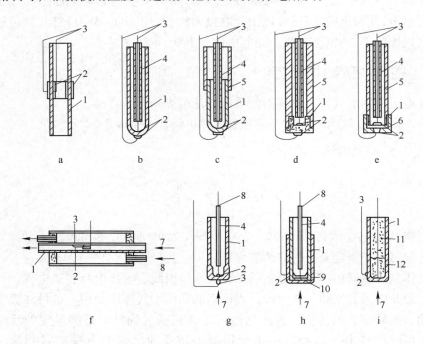

图 10-10 气体氧传感器传感元件的基本形式示意图

a—流通管形；b—试管形；c—带接管的试管形；d—坩埚形；e—片状或圆柱状；
f—横流动管形；g—内外涂铂的试管形；h—管内底放置铂网，管外涂层形；
i—用金属，金属氧化物做参比极

1—固体电解质；2—电极；3—电极引线；4—导气管；5—套管（刚玉或石英）；
6—压紧螺帽；7—测量气体；8—空气；9—铂网；10—多孔氧化锆基材料；
11—Al_2O_3 粉；12—金属和金属氧化物参比极

关于电极材料，由于要求在工作温度下化学性质稳定，因此多应用铂。涂铂电极的面积不宜太大，以免在电极上产生温差电势，一般长度为 10~20mm。电极层和固体电解质应接触良好，具有多孔性，厚度适宜。电极引线一般用 0.3~0.5mm 的铂丝。

关于参比电极，多用空气，在其导入固体电解质管以前，应经除尘和干燥。

为了避免电动势值过大产生固体电解质的对氧渗透效应等，对测定含氧很少的还原性气体可用 CO-CO_2 或 H_2-H_2O 混合气体作为参比气体或用氩中掺氧的标准气体。分析高氧时常采用纯氧作为参比气体。关于金属，金属氧化物参比电极因易产生极化作用，难以长时间使用。

10.2.2 燃烧过程控制

控制燃料燃烧的氧传感器可以是自温式的或他温式的；传感探头可以是直插式的或用取样方式的，广泛应用于钢铁厂、冶炼厂、火力发电厂、化工厂、造纸厂、水泥厂等的多种锅炉。一般将氧传感探头装在靠炉体的烟道中，用它控制送风量或送燃料的量。氧传感探头产生的电动势经过放大器后，经过氧量记录控制器，一方面指示待测气体的氧含量；另一方面将放大的信号输入高低限，经过空气比例单元后向执行部分发出信号，控制送风量，并通过流量传感器的信号回送到空气比例单元，使送风量严格按照氧传感器的信号变化。燃料的送入量由气体压力来控制。如此，可提高燃烧效率，降低成本，减少环境污染。

现阶段，发达国家一般都用气体氧传感器连续检测高炉内风口燃烧室的氧分压及炉顶炉气的氧分压以实现最佳的操作管理。

10.2.3 转炉内氧分压的测定

对转炉不同吹炼期进行气相氧分压的测定有助于了解吹炼过程是否正常进行。在测定前，先用机械装置将氧传感探头置于距钢液和渣液面上约 2m 处预热约 30s ~ 1min，然后降至一定部位，测定液面上气相的氧分压，约 30s 后提起，应避免钢、渣液溅至固体电解质。对 Q-BOP5t 实验转炉求得[27]吹炼初期气相氧分压为 $10^{-8}Pa$，后期升至 $10^{-7}Pa$。熔钢成分和渣成分与气相氧分压之间有相互关系，不同工厂和不同吹炼方式所测气相 p_{O_2} 有所不同。

10.2.4 连铸中间包气氛的氧分压测定

为了确保高品质钢和压延加工制品的材质特性，必须对钢中夹杂物的形态进行控制，避免大块夹杂物生成，影响钢液清洁。为此，在连铸的中间包中应使钢水静置约 10min 后再浇铸，以使夹杂物充分上浮。为避免钢液再氧化，在钢液上部应当用 Ar 气保护，开口部分应当密闭，以免空气渗入。

可用气体氧传感器检测气相氧分压，以控制气相 p_{O_2} 值小于钢液或合金成分氧化的 p_{O_2} 值。测定安装的形式之一示意于图 10-11[27]，图中左侧为取样分析器装置，右侧为气相氧传感器（图中未给出其他部件）。

10.2.5 在热处理等中的应用

可控气氛热处理自动线主要由气体发生装置、渗碳（或碳氮共渗）炉、淬

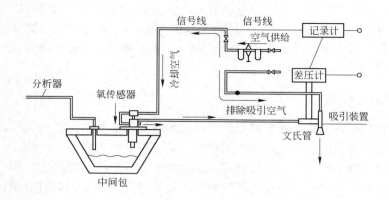

图 10-11　中间包气相氧传感器的测定装置构成形式示意图

火机构、清洗机及回火炉五部分组成，可完成渗碳（或碳氮共渗）、淬火、正火、退火、回火等多种热处理工序。可控气氛热处理就是在热处理炉中充入某种或某几种气体，防止被处理件在加热过程中发生氧化和脱碳，并控制其表面含碳量或渗碳或碳氮共渗。

热处理吸热式气氛是用天然气（主要是甲烷）或石油液化气（主要是丙烷和丁烷）等气体和空气混合，进行吸热式反应所产生的以 CO、H_2、N_2 三种气体为主要成分可以控制的气氛，其中还含有少量的甲烷及 CO_2 和 H_2O。较重要的一种气氛成分为：CO 21% ~ 23%；H_2 31% ~ 33%；N_2 44% ~ 48%；CH_4 0.4%；CO_2 < 0.4%。这种气氛可用作中碳钢、低碳钢渗碳、碳氮共渗的热处理气氛，也可用于低碳钢的钎焊、穿透渗碳，中低碳钢短时加热的光洁淬火，及钨钢、钼钢、高速钢的光洁淬火和低碳钢的表面氧化物还原，不锈钢、硅钢的光亮退火等。

吸热式气氛的碳位取决于以下两个反应

$$2CO \rule[0.5ex]{1.5em}{0.4pt} [C]_{\gamma\text{-Fe}} + CO_2 \tag{10-63}$$

$$CH_4 \rule[0.5ex]{1.5em}{0.4pt} [C]_{\gamma\text{-Fe}} + 2H_2 \tag{10-64}$$

$$K_a = \frac{a_C p_{CO_2}}{p_{CO}^2} \qquad a_C = K_a \frac{p_{CO}^2}{p_{CO_2}} \tag{10-65}$$

$$K_b = \frac{a_C p_{H_2}^2}{p_{CH_4}} \qquad a_C = K_b \frac{p_{CH_4}}{p_{H_2}^2} \tag{10-66}$$

即在一定温度下，气氛的碳位取决于 CO、CO_2、CH_4、H_2 的分压。在吸热式气氛中还有如下的可逆反应

$$H_2O + CO \rule[0.5ex]{1.5em}{0.4pt} H_2 + CO_2 \tag{10-67}$$

$$K = \frac{p_{H_2}p_{CO_2}}{p_{H_2O}p_{CO}} \tag{10-68}$$

而 H_2-H_2O，CO-CO_2 之间又有下列平衡

$$H_2O \Longrightarrow H_2 + \frac{1}{2}O_2$$

$$\Delta G^{\ominus} = 249700 - 57.07T \pm 210 \quad (600 \sim 2200℃) \tag{10-69}$$

$$CO_2 \Longrightarrow CO + \frac{1}{2}O_2$$

$$\Delta G^{\ominus} = 280120 - 84.52T \pm 2510 \quad (600 \sim 2200℃) \tag{10-70}$$

这样，气相中 p_{O_2} 和碳位就有一定的关系，利用此关系就可以实现碳位的控制。可用气体氧传感器检测气相的 p_{O_2} 值，反馈控制。

在冷却器中，吸热式气体在 $482 \sim 704℃$ 温度范围内会发生如下的可逆反应而产生炭黑

$$2CO \Longrightarrow C_{(s)} + CO_2 \tag{10-71}$$

$$CH_4 \Longrightarrow C_{(s)} + 2H_2 \tag{10-72}$$

炭黑的析出会降低气氛的碳位，而 CO_2 的增加会增加气氛的氧位，气相氧传感器可灵敏地反映出这种变化。

炭黑的析出会堵塞管道、沾污流量计等，为了避免析出炭黑，应当尽量缩短在 $482 \sim 704℃$ 的停留时间，急速地把反应气冷却到 $315℃$ 以下。

若采用一般分析方法，当开启炉门取样时，空气将从开启处进入炉膛，迅速产生 H_2 和 CO 的氧化，生成 CO_2 和 H_2O 气体，改变了炉气成分。如用氧传感器可预先插入炉内，能连续检测炉内的 p_{O_2} 值，无需取样分析。另外，取样分析误差大，且为滞后信息。

气相氧传感器在热处理过程中有广泛的应用前景，而且传感探头形式简单。

气相氧传感器在各方面的应用除前述外，在流动床焙烧、熔态还原、隧道窑等中也可应用。对低于炼钢温度的低 p_{O_2} 值可用 β-Al_2O_3 作为固体电解质。

10.2.6 在有色金属冶炼气相中的应用

在有色金属冶炼中，也可用气体氧传感器检测气相中的氧位实行反馈控制，但应用的报道很少。

D. J. Fray 等人曾报道了[59]用 β-Al_2O_3 和 β''-Al_2O_3 作为固体电解质，制成气体氧传感器用于硫化矿直接碳热还原生产 Cu 或 Pb 的过程中。以 Cu 为例，直接碳热还原反应为

$$Cu_2S_{(s,l)} + CaO_{(s)} + xC_{(s)} = 2Cu_{(s,l)} + CaS_{(s)} + (2x-1)CO + (1-x)CO_2$$
$$(10-73)$$

上述反应可考虑为两步反应

$$Cu_2S_{(s,l)} + CaO_{(s)} + CO = 2Cu_{(s,l)} + CaS_{(s)} + CO_2 \qquad (10-74)$$
$$CO_2 + C = 2CO \qquad (10-75)$$

反应式中的系数 x 和相应的还原反应位 m_{CO}/m_{CO_2} 取决于上述两反应的相对速度，而相对速度又取决于温度、碳的反应活性、反应物质的颗粒大小等因素。如果式 (10-74) 的反应速度远快于式 (10-75) 的反应，则 x 值接近 0.5；如果式 (10-75) 的反应占优势，则气相的氧位很低。在 1323K，对于 Cu_2S-CaO-C（尚有 3% 苏打作为催化剂）反应平衡，$p_{O_2} < 10^{-16}$，用 ZrO_2（MgO 或 Y_2O_3）电解质传感探头得不到稳定的电动势值。但用 β-Al_2O_3 电解质因其电子导电性小，却可得到稳定的电动势值。

β-Al_2O_3 固体电解质气体氧传感器在低氧位测定中的应用正日益引起重视。

参 考 文 献

[1] Bodsworth C, Bell H B. Physical Chemistry of Iron & Steel Manufacture [M]. 2nd ed, London: Longman Group Limited, 1972.

[2] Coudurier L, Hopkins D W, Wilkomirsky I. Fundamentals of Metallurgical Processes [M]. London, Beccles and Colchester: William Clowes & Sons Limited, 1978.

[3] Gaskell D R. Introduction to Metallurgical Thermodynamics [M]. 2nd ed. Washington, New York, London: Hemisphere Publishing Corporation, 1981.

[4] Alcock C B. Principles of Pyrometallurgy [M]. Norwich and London: Academic Press Inc. (London) Ltd., 1976.

[5] 包尔纳茨基 И И. 炼钢过程的物理化学基础[M]. 宗联枝，等译. 北京：冶金工业出版社，1981.

[6] 大谷正康. 铁冶金热力学[M]. 东京：日刊工业新闻社，1971.

[7] 盛利贞. 钢铁冶炼基础[M]. 陈襄武，等译. 北京：冶金工业出版社，1978.

[8] Sohn H Y, Wadsworth M E. 提取冶金速率过程[M]. 郑蒂基，译，北京：冶金工业出版社，1984.

[9] 川合保治. 钢铁冶金反应动力学[M]. 徐同晏，戴嘉惠，译，北京：冶金工业出版社，1982.

[10] Fitter G R. J Metals, 1966(18)：961.

[11] Turkdogan E T, Fruehan R J. Can. Met. Quart., 1972：371.

[12] Iwase M, Mori T. Trans. Iron Steel Inst. Japan, 1976(19)：126~132.

[13] Saeki T, Nisugi T, Ishikura K. Trans. Iron Steel Inst. Japan, 1978(18)：501.

[14] Suzuki K I, Ejima A, Sanbongi K. Trans. Iron Steel Inst. Japan, 1977(17)：477~486.

[15] Janke D, Düsseldorf K S. Stahlu Eisen, 1978(98): 825.

[16] Kawakami M, Goto K S, Matsuoka D M. Metallurgical Transactions, 1980(11B): 463~469.

[17] Nagata K, Tsuchiya N, Goto K S. 鐵と鋼, 1982(68): 2271.

[18] 永田和宏, 中西恭二, 后藤和弘. 鐵と鋼, 1982: 277.

[19] Goto K S, Nagata K//Chowdari B V R, Radhakrishna S ed. Proceedings of the International Seminar Solid State Ionic Devices. Singapore World Scientific, 1988: 205.

[20] Ftsell T H, Flengas S N. Metallurgical Transactions, 1972(3): 27.

[21] Janke D, Hagen K, Dittert D. Stahl und Eisen, 1987(107): 537.

[22] Sasabe M, Kobayashi K, Tate M. Trans. Iron Steel Inst. Japan, 1982(22): 794.

[23] Dompas J M, Lockyer P C. Metallurgical Transactions, 1972(3): 2597~2604.

[24] Janke D. Overview of Metallurgical Research at the Max-Planck-Institut Düsseldorf, Lecture Beijing University of Science and Technology, 1990(未发表).

[25] Janke D. Solid State Ionics. 1990(40~41): 764.

[26] Fray R J. Solid State Ionics, 1996(86~88): 1045~1054.

[27] 制鋼センサ小委員會報告. 制鋼用センサの新レい展開一固體電解質センサを中心とレつ[C]. 日本學術振興會制鋼第19委員會制鋼センサ小委員會, 平成元年.

[28] 黄克勤, 刘庆国. 固体电解质直接定氧技术[M]. 北京: 冶金工业出版社, 1993: 112.

[29] Bygden J, Sichen D, Seetharaman S. Metallurgical and Materials Transactions B, 1994(25B): 885~891.

[30] 鲁雄刚, 李福燊, 李丽芬. 无机材料学报, 1997(12): 532~535.

[31] Janke D. Oxygen Control Devices in Iron and Steelmaking. Max-Planck Institut für Eisenforschung GmbH., Germany(讲义,未全部发表).

[32] 萨马林 A M. 钢脱氧的物理化学基础[M]. 邹元燨, 等译, 北京: 科学出版社, 1958.

[33] 萬谷志郎, 千葉明, 戶坂明秀. 鐵と鋼, 1980(66): 1484.

[34] 沈載東, 萬谷志郎. 鐵と鋼, 1981(67): 1745.

[35] 萬谷志郎, 日野光兀, 湯下寄吉. 鐵と鋼, 1985(71): 853.

[36] 萬谷志郎, 日野光兀, 竹添英孝. 鐵と鋼, 1985(71): 1765.

[37] 萬谷志郎, 日野光兀, 竹添英孝. 鐵と鋼, 1985(71): 1903.

[38] 萬谷志郎, 日野光兀, 菊池一郎. 鐵と鋼, 1986(72).

[39] 萬谷志郎, 日野光兀. 鐵と鋼, 1987(73): 476.

[40] 長林烈, 日野光兀, 萬谷志郎. 鐵と鋼, 1988(74): 1585.

[41] 広本健, 佐伯毅, 井垣至弘. 鐵と鋼, 1977(63): 2326.

[42] 中西恭二, 三本木貢治. 底吹き軽炉制鋼法の最近の進步. 鐵と鋼, 1979(65): 138.

[43] Kotaro T U, Takashi E N, Norimitsu K N, et al. Steel Research, 1997(68): 516~519.

[44] 永田和宏, 后藤和弘. 鐵と鋼, 1988(74): 1801.

[45] Etsell T H, Alcock C B. Can, Met. Quart. , 1983(22): 421.

[46] Janke D. Metallurgical Transactions B, 1982(13B): 227.

[47] Janke D, Fichter H, Düsseldort, et al. Arch. Eisenhüttenwesen, 1979(60): 93.

[48] Fischer W A, Janke D, Schulenburg M, et al. Arch. Eisenhuttenwesen, 1976(47): 51.

[49] Weyl A, Tu S W, Janke D. Steel Research, 1994(65): 167.

[50] Janke D. Electrochemical Short-term and Long-term Sensing of Oxygen in Steel Melts. Max-Planck-Institute für Eisenforschung GmbH Düsseldorf, Germany, Lecture Beijing University of Science and Technology. Physical Chemistry of Metallurgy, 1990(未发表).

[51] Li Fushen, Zhu Zhigang, Li Lifen. Solid State Ionics, 1994(70 ~71): 555.

[52] Dompas J, Melle J V. J. Inst. Metals, 1970(98): 304 ~309.

[53] Diaz C M, Richardson F D. Institution of Mining and Metallurgy, 1967(10): 196.

[54] 大石敏雄, 山口昭雄, 森山徐一郎. 日本鉱業会志, 1972(88): 103 ~106.

[55] Dompas J M, Lockyer P C. Metallurgical Transactions, 1972(3): 2597.

[56] 大石敏雄, 小野勝敏. 日本金屬學會會報, 1986(25): 291.

[57] 万雅竞. 现代冶金传感器[M]. 北京: 机械工业出版社, 2009.

[58] 万雅竞, 杨赤, 胡培清, 等. 铜液中氧含量的连续检测[J]. 有色金属, 1993(3): 10 ~12.

[59] Kumar R V, Fray D J. Solid State Ionics, 1994(70 ~71): 588.

[60] 张仲生. 氧化锆氧量计的发展与工业炉窑的经济燃烧[C]. 全国第四届固态离子学会议, 1988.

11 氧离子导体在气体分离、汽车尾气控制和燃料电池中的应用

11.1 氧离子导体在氧泵中的应用

在一定温度和气氛下，不同种类固体电解质各有其独特占优势的某种离子迁移，利用此性质可进行物质分离。目前被实际应用的有利用氧离子导电固体电解质和质子导电固体电解质分别分离混合气体中的氧[1~5]或氢，相当于氧或氢通过固体电解质从混合气体中被抽出来，这种装置通常分别称为氧泵和氢泵。氢泵在有关章节讨论。

11.1.1 气体分离的原理

用固体电解质分离气体有几种方法，下面以分离氧为例说明[1,2]。

11.1.1.1 直流通电法

直流通电法分离氧的原理见图 11-1。所用的为 ZrO_2 基氧离子导体和多孔质电极。电解质一侧为空气，另一侧为抽空减压气体，通直流电。电极和电池反应为

空气侧 $\qquad \frac{1}{2}O_{2(空气)} + 2e === O^{2-}$

减压侧 $\qquad O^{2-} - 2e === \frac{1}{2}O_{2(减压)}$

电池反应为 $\qquad \frac{1}{2}O_{2(空气)} === \frac{1}{2}O_{2(减压)}$ (11-1)

连续通电，氧将从空气侧不断被抽至减压侧而得到氧，实现了氧的分离，实际应用中多为这种形式。

11.1.1.2 浓差电池短路法

浓差电池短路法用和图 11-1 相似的电池结构，如图 11-2 所示，但不通直流

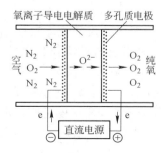

图 11-1 直流通电法从空气中分离氧

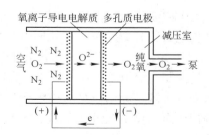

图 11-2 浓差电池短路法从空气中分离氧

电，将两电极直接用导线相连，靠两极氧分压的化学位差，自动实现氧由空气侧至减压侧的迁移，以达到氧分离的目的。

电池反应与直流通电法相同。电池电动势为

$$E = \frac{RT}{4F} \ln \frac{p_{O_2(空气)}}{p_{O_2(减压)}}$$

浓差电池两侧 p_{O_2} 值相差越大，反应自发进行的推动力越大。

11.1.1.3 离子电子混合导体法

利用同时具有离子电导和电子电导的固体电解质（既作为离子导体又作为电子导体），不连接外导线，而利用离子导体内部的短路电流实现空气中氧的分离。分离原理示意于图 11-3。此方法的优点为分离设备简单。

11.1.1.4 气相电解法

根据固体离子导体的离子迁移性可将上述的简单气体分离扩大应用于化合物分离，以达到制备氧的目的。例如，用水蒸气电解制备氧，同时得到富氢气体，方法原理见图 11-4，脱除水蒸气即可得纯氢。

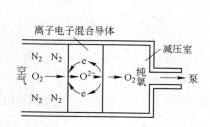

图 11-3 离子电子混合导体法
从空气中分离氧

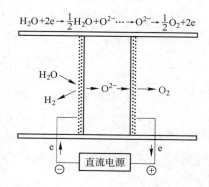

图 11-4 用水蒸气电解法制备氧

表 11-1 列出上述四种方法影响气体分离速度的因素及表征式。直流通电法和气相电解法分离操作要求外加电压，控制电压、电流很容易达到分离的目的。由表 11-1 知，分离速度正比于通过电池的电流密度，服从法拉第定律。为此，可通过控制直流电源电流密度控制分离速度。电流方向改变，将使分离反应向逆方向进行。浓差电池短路法和离子电子混合导体法的气体分离速度与固体电解质两侧待分离气体的气相分压比的对数值成正比，气相分压差值越大，分离速度越快。

表 11-1 固体电解质法分离气体的速度表征式

方　　法	分离速度 $v/\mathrm{cm^3 \cdot s^{-1} \cdot cm^{-2}}$
直流通电法	$v = 0.115\dfrac{i}{n}$
浓差电池短路法	$v = \dfrac{1.15 \times 10^{-5}}{n^2} \times \dfrac{T\sigma_i}{d}\lg\dfrac{p_1}{p_2}$
离子电子混合导体法	$v = \dfrac{1.15 \times 10^{-5}}{n^2} \times \dfrac{T\sigma_i\sigma_e}{(\sigma_i + \sigma_e)d}\lg\dfrac{p_1}{p_2}$ $\sigma_i < \sigma_e$ 时 : $v = \dfrac{1.15 \times 10^{-5}}{n^2} \times \dfrac{T\sigma_i}{d}\lg\dfrac{p_1}{p_2}$
气相电解法	$v = 0.115\dfrac{i}{n}$

注：i—电流密度，$\mathrm{A/cm^2}$；σ_i—离子电导率，$\mathrm{S/cm}$；σ_e—电子电导率，$\mathrm{S/cm}$；n—离子价；d—电解质壁的厚度，cm；p_1，p_2—气体分压；T—温度，K。

因为离子的电导率随着温度的升高而增大，所以此四种方法的气体分离速度皆随着温度升高而加大。

11.1.2　适用于气体分离的固体氧离子导体

用于气体分离的离子导体要求具有以下性质：
（1）传导离子放电时生成所需分离的气体分子或原子；
（2）在使用温度下，传导离子具有很高的电导率；
（3）直流通电法和气相电解法所应用的离子导体的电子电导率应很低，离子电子混合导体法所应用的离子导体的电子电导率应很高；
（4）能制成高密度的材料，以防气体分子渗透；
（5）化学性质稳定；
（6）容易制备。

11.2　氧传感器在汽车尾气控制中的应用

据报道，全世界人为污染源向大气排放的 CO，其中一半以上是由汽车排放的。CO 在强太阳光照射下，发生光化学反应，形成毒性大的二次物质，对人类有强烈刺激和毒害作用，当浓度达 1×10^{-6} 时，眼睛发痛，并使中枢神经发生障碍；汽车尾气中的 NO_x 气体也有强刺激性，未充分燃烧的 CH 化合物也为污染物，为此，汽车尾气有害成分的控制成为世界各国所关心的问题。1973 年 H. Düker 和 H. Neidhard 在第 2 届 Automotive Emission Conf. Ann Arbor 会议上报告了 ZrO_2 基固体电解质氧传感器在汽车尾气控制上的试用情况，1975 年 H. Düker 等人给出了氧传感器在汽车上应用的详细报道，汽车的行程为 24000km，所用连续分析汽车尾气的氧传感器的结构示意图和空气/燃料比的控制原理分别见图 11-5、图 11-6。

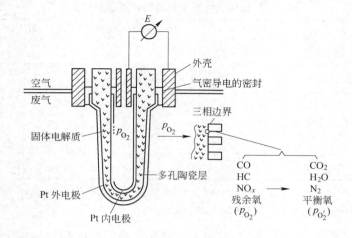

图 11-5　连续分析汽车尾气的氧传感器的结构示意图

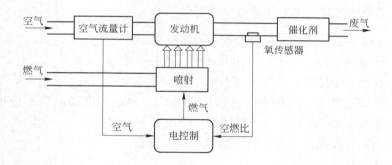

图 11-6　空气/燃料比的控制原理图

氧传感器的电池形式为

$$Pt \mid O_{2(空气)} \mid ZrO_2(Y_2O_3) \mid O_{2(待测)} \mid Pt$$

由电池电动势按

$$E = \frac{RT}{4F} \ln \frac{p_{O_2(空气)}}{p_{O_2(待测)}}$$

关系可测出 $p_{O_2(待测)}$。将测定值反馈给发动机空气、燃料供给系统，调节空气量以使燃料保持充分燃烧的状态。废气中的三种有害成分 CO、HC、NO_x，可采用三元催化反应净化装置通过下列反应分别转化为 CO_2、H_2O 和 N_2

$$2CO + O_2 \xlongequal{\hspace{1cm}} 2CO_2 \tag{11-2}$$

$$2HC + \frac{5}{2}O_2 \xlongequal{\hspace{1cm}} 2CO_2 + H_2O \tag{11-3}$$

$$2NO_2 + CH_4 \xlongequal{\hspace{1cm}} CO_2 + 2H_2O + N_2 \tag{11-4}$$

$$2NO_2 + 4CO \rightleftharpoons 4CO_2 + N_2 \tag{11-5}$$

$$4NO + CH_4 \rightleftharpoons CO_2 + 2H_2O + 2N_2 \tag{11-6}$$

$$NO + CO \rightleftharpoons CO_2 + \frac{1}{2}N_2 \tag{11-7}$$

产物均为无害成分。

掺杂少量 Y_2O_3 的部分稳定的 ZrO_2 的机械性能优良，例如部分稳定的 ZrO_2 （2.5% Y_2O_3（摩尔分数））的抗拉强度在室温至 600℃ 为 800～400MPa。因此，最近用部分稳定的 ZrO_2 代替了全稳定的 ZrO_2。

从 ZrO_2 基氧传感器的结构图示可知，固体电解质是采用的悬臂梁形式。在 $20G$ 加速度作用下，在支持部位传感器因受拉伸应力的作用，必须具有承受如此大应力的强度。还有发动机启动或加速、减速时，因急热、急冷对氧传感器要产生热应力，气氛温度变化达到 500℃/s 时，在氧传感器上产生的表面拉伸应力约为 400MPa，因此，要求材料的强度要超过此值。氧传感器的可靠性很高，可以满足这些要求。

净化排气，促进有害气体的转化需用白金、钯、铑组成的三元催化剂，用 CeO_2 作为助催化剂。承载它的载体有颗粒型和蜂窝型，前者呈小颗粒，制法简单，但通气阻力大，热容量又大，净化效果不稳定，为此，催化剂载体多采用蜂窝型。将催化剂和氧化铝涂在堇青石（$Al_3Mg_2(Si_5Al)O_{18}$）制成的多孔陶瓷载体上，形成整块催化剂。最近在高性能车上已使用由加镧的铁铬铝耐热不锈钢制成的金属载体。通过减薄，壁厚孔径可以做得更大，以提高发动机的输出功率[19]。蜂窝型催化剂载体与氧传感器条件相同。在发动机点火后，未燃烧的排气可能在催化剂载体上燃烧，温度变化比在氧传感器上剧烈，但因为全部呈薄型结构，所以在载体上产生的热应力比氧传感器上的小。热应力 σ_T 大致可用 $E\alpha\Delta T$ 予以估计。E、α 和 ΔT 分别为杨氏模量、热膨胀系数和温度差。E 大约为 $2 \times 10^4 mm^{-1}$，ΔT 在沿着蜂窝的气流前后端为 200～300℃，为使 σ_T 不超过断裂应力，必须使 $\alpha < 1 \times 10^{-6}℃^{-1}$。为满足这个值，采用使原料晶体适当定向的方法来制作合乎要求的制品。

日本丰田汽车公司于 1977 年首次在轿车上应用氧传感器技术。我国湖南大学和中国原子能科学研究院合作于 1987 年首次在我国将汽车氧传感器技术研究成功，与美国通用汽车公司的数据相符。

11.3 固体氧化物燃料电池

固体氧化物燃料电池（solid oxide fuel cell，SOFC）用 $ZrO_2(+Y_2O_3)$ 作为固体电解质，避免了液态电解质所带来的腐蚀性，且可利用天然气或煤气作燃料，高效率地发电，还可通过电能和热量进行相反的反应，将水蒸气电解成氢和氧。固体氧化物燃料电池的诸多优点引起世界各国极大的重视，下面分别叙述有关问题。

11.3.1　燃料电池的工作原理[6~8]

固体氧化物燃料电池的工作原理如图 11-7 所示。结构形式主要有两种，即管式和板式。以管式为例，在固体电解质管的内外表面涂以多孔导电电极。把气体燃料，例如 H_2 或 H_2、CO 混合物引入内电极（$Ni-ZrO_2$ 多孔膜），把 O_2 或空气引至外电极（导电金属氧化物多孔膜），在两电极间有约 20 个数量级的氧分压差，产生了电势。在无负载的情况下，在 300℃ 就能够测量出大约 1V 的预期电压。但是如要求一定的电流密度，则工作温度需高于 700℃。在发电过程中，氧在空气或氧电极上得到电子形成氧离子，氧离子在固体电解质上迁移，在燃料电极上给出电子变为氧，与 H_2 或 CO 反应生成 H_2O 或 CO_2。

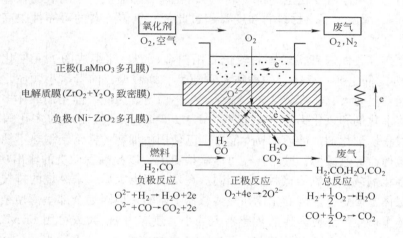

图 11-7　固体氧化物燃料电池的工作原理

电池反应为

正极 $$O_2 + 4e = 2O^{2-}$$

负极 $$2O^{2-} - 4e + 2H_2 = 2H_2O$$

或 $$O^{2-} - 2e + CO = CO_2$$

电池反应 $$O_2 + 2H_2 = 2H_2O \qquad (11-8)$$

或 $$O_2 + 2CO = 2CO_2 \qquad (11-9)$$

燃料电池的开路电动势为

$$E_o = \frac{RT}{4F}\ln\frac{p_{O_2(空气)}}{p_{O_2(燃料)}} \qquad (11-10)$$

当燃料电池作为能源供给一定电流 I 时，由于欧姆损失 IR_i（R_i 为电池内阻）和电极上的极化损失 V_p，实际电压（E）降至 E_o 以下，所以

$$E = E_o - IR_i - V_p \tag{11-11}$$

电池的电压效率

$$\eta = \frac{E}{E_o} = 1 - \frac{IR_i + V_p}{E_o} \tag{11-12}$$

出于经济上的考虑，应使电池内阻和极化损失降至最小，以使电池效率最高，这涉及操作温度、技术、材料、密封、连接、电池组件设计等多方面的问题。

11.3.2　适合的氧离子导体

氧离子导体 ZrO_2（9% Y_2O_3（摩尔分数））早在 1899 年就被 Nernst 所了解和研究，1937 年 Baur 等人用其作为固体电解质组成了第一个固体电解质燃料电池，此后几十年来，为了得到高导电率，低电子导电性，能在氧分压为 $1 \times 10^5 \sim 1 \times 10^{-5} Pa$ 间，温度低于 $1000℃$ 的条件下工作得更好的氧离子导电固体电解质，科学家们进行了一系列的研究。实验证明，ZrO_2 基固体电解质仍然为最好的材料，可以满足作为燃料电池电性质和稳定性的要求，且机械强度、气密性、热冲击稳定性以及与电极和连接材料的相容性等也能很好地解决。

对于 Y_2O_3、Sc_2O_3 或 Yb_2O_3 稳定的 ZrO_2，在 $1000℃$，氧离子电导率皆可达到 $10^{-1} S/cm$。要想得到好性能的 SOFC，在操作温度下电解质的内阻应当小于 $0.2 \sim 0.3 \Omega/cm^2$。因此电解质的厚度应为 $0.2 \sim 0.3mm$。如前面所述，ZrO_2 有三种晶型结构，即单斜晶型（约 $1150 \sim 1200℃$）、四方晶型（$1200 \sim 2370℃$）和立方晶型（$2370℃$）。ZrO_2 中添加大于 7.5% 的 Y_2O_3（摩尔分数）可使立方 ZrO_2 相稳定至室温。实验发现，采用微细颗粒技术（fine-particle technology）和少量的 Y_2O_3 掺杂可使四方相稳定，且有高的强度。ZrO_2（Y_2O_3）两种相的抗弯强度和断裂韧性比较列于表 11-2。

表 11-2　ZrO_2(3% Y_2O_3（摩尔分数）)和 ZrO_2(8% Y_2O_3（摩尔分数）)的抗弯强度和断裂韧性比较

性　质	ZrO_2(3% Y_2O_3（摩尔分数）)	ZrO_2(8% Y_2O_3（摩尔分数）)
抗弯强度（Bending strength）/MPa	1200	300
断裂韧性（fracture toughness）/MN·$m^{-\frac{3}{2}}$	8	3

Sc_2O_3 稳定的四方晶在 $1000℃$ 具有最高的电导率。如前所述，将 ZrO_2（Y_2O_3）在烧成时分段热处理，可基本消除老化问题。

研究者发现，上述电解质长时间在高温使用时，相当于退火过程，都发生电导率降低（即退化）现象，但程度不一。1000℃空气中，2000h 的实验结果说明 $ZrO_2(Y_2O_3)$ 电解质时效作用最小，仍为最好的电解质，且 Y_2O_3 与 Sc_2O_3 相比较丰产。

利用特殊的挤压和烧结技术可以制造壁厚达 0.3mm 的管形和圆盘形气密固体电解质。用特殊的薄膜方法，可将 ZrO_2 基电解质镀到多孔基底上，厚度达 30μm 而气密。利用薄膜可降低操作温度至 800℃，用 Y_2O_3/Yb_2O_3 掺杂可降到 700℃。

用 Y_2O_3，Yb_2O_3 掺杂的电解质电池在 1000℃ 的寿命测试表明，在三年以上的工作期间，氧离子电导率、相稳定性、气密性、机械强度以及与电极材料和气体的相容性都未受影响。

高温燃料电池的电压电流特性和使用寿命不仅受到固体电解质的影响，而且也受到空气电极和燃料电极的影响，包括电极材料、电极结构（多孔性）及与电解质的附着力（相容性）。通常电极的电性质是用电阻率对厚度之比和极化电压损失来衡量的，如果在电解质-电极界面上电荷迁移受到抑制和在多孔电极内反应气体或反应产物的质量传递受到阻碍，就会出现极化电压损失。

11.3.3 空气电极

由于 800～1000℃ 的高温和空气的强氧化性，只有贵金属或电子导电金属氧化物才可以作为空气电极材料。Pt 由于价格昂贵和难保持长期稳定性而难以应用。电子导电金属氧化物很多，理论研究和燃料电池的工作情况说明 $La_{1-x}Sr_xMnO_3$ 是目前被认为最合适的材料，它有高的电子导电性，对氧的还原有高的催化活性，且与固体电解质不易发生反应。在 1200～1350℃ 进行 $(La_{1-x}Sr_x)_{1-y}MnO_3$ 与 $ZrO_2(Y_2O_3)$ 固体电解质的相互作用试验时，由相观察得知，有 $La_2Zr_2O_7$ 及 YSZ 和 La_2O_3 的固溶体生成。现在正在研究新的更合适的空气极材料，如 $La_{1-x}Sr_x-(Mn_{1-y}Cr_y)O_3$ 及 A 位置缺陷的锰酸镧 $(La_{1-x}A_x)_{1-y}-MnO_3$ 型化合物等。

11.3.4 燃料电极

燃料气体是还原气氛，$Ni-ZrO_2$ 金属陶瓷是目前被认为最合适的燃料电极材料。用等离子喷涂制备厚度为 30～100μm 的多孔电极薄膜，与固体电解质有良好的相容性和长期的稳定性。

随着电极厚度的增加，多孔电极内物质迁移的阻力增加，极化损失增大，为此，空气电极的厚度应该不大于 0.01cm，燃料电极厚度也有一定的要求。

11.3.5 相互连接材料

燃料电池需要一定的功率，需要把电池组合成多电池组，对于串联，必须有合适的连接材料（interconnect materials，ICM），将一个个管式或板式电池串联起来，保证气密和电子电导率。在操作温度，这种相互连接材料必须满足下列要求：

（1）在氧化和还原气氛中有高的电子电导率和低的离子电导率（$\rho \leqslant 20\Omega/cm$）；

（2）有化学稳定性和相稳定性；

（3）气密性好；

（4）有较好的机械强度；

（5）与固体电解质有良好的黏附性和相容性。

已经研究了一些连接材料，如 $CoCr_2O_4$，$LaCrO_3$（Sr，Ni），La-MnO_3（Sr）等。热力学和实验研究说明，$LaCrO_3$ 是较合适的材料，但由于烧结困难，所以难以完全达到必要的气密性。如提高烧结温度，可能造成 Cr 成分的挥发。

日本国家工业化学实验室（national chemical laboratory for industry）研究组通过实验发现铬缺位的铬酸镧（$La_{1-x}Ca_x$）（$Cr_{1-y}Ca_y$）O_3 有好的气密性，可在空气中烧成。1600℃空气中烧结 10h，密度大于 90% 理论密度。这种材料的电导率在一定组成范围随着全钙含量的增加而增加。

金属双极板连接材料也引起研究者的注意，但是线膨胀系数需与电解质材料协调，可用多层复合电极协调热膨胀。用 Fe-Cr-Al 合金，其表面形成的 Cr_2O_3，Al_2O_3 或两者的复合物可起保护作用，避免高温进一步氧化。这在合金表面相当于涂一层低电导的氧化物，而使表面电阻增加。进一步应研究具有低表面电阻的更稳定的合金。

11.3.6 电压电流特性

燃料电池的电压电流特性与电解质和电极的电学性质、电池尺寸、操作温度和反应气体的分压等因素有关。对于管状电池，锥形或柱形的固体电解质，其直径不大于 25mm，高不大于 12mm，壁厚不小于 0.4mm。电池高度受到空气电极电阻率的限制。当电解质厚度为 0.5mm 时，达到的功率密度为 $0.3W/cm^2$（H_2/O_2）或 $0.2W/cm^2$（$3H_2+CO/$空气）。减小电解质厚度（$d \leqslant 0.3mm$）和缩短空气极在电流方向的长度到 5mm 以下，可提高功率密度达到 $0.4 \sim 0.5W/cm^2$。

燃料电池当与外电源连接时，可成为电解池，可以由水制备氢。在 800 ~ 1000℃，加在电极上的直流电压在 1.2 ~ 1.5V 之间。可以把这种电池交换地使用，产生电或氢。

燃料电池的使用寿命（或长期性能）应为 5 ~ 10 年才能符合经济要求。

关于电池的组合，对于自支持的设计，可以将锥形管式原电池一个套入另一个地连接而成，即使一个电池的燃料电极与下一个电池的空气电极相连接而成。为了确保密封和在空气与燃料气氛中的电极接触，用前述的相互连接材料。当把圆柱状的管装配到一起时，可通过相互连接材料在它们的前表面连接起来。可以由几十个原电池串联成一串，然后由几串再组装在一起。

电池组件在 1000℃ 负荷条件下的电压损失来自固体电解质、氧化物电极、Ni-ZrO$_2$ 电极和相互连接材料的欧姆电阻以及两极的极化电阻。通过采用薄膜技术制备电解质，缩短空气侧氧化物电极在电流方向的长度以及改进两极多孔电极的结构可以改善电池性能。

由串联引起的功率损失一部分原因是电阻，另一部分原因是相互连接材料的密封不完全。欲用这种组合方法制备大功率电池，必须制作很多单体电池，生产成本很高。

用薄膜组件设计有更大的优越性。采用化学气相沉积，等离子体喷射或喷射与烧结技术的结合，能把多孔电极层、ZrO$_2$ 基电解质薄膜、第二个多孔电极层以及气密的连接材料薄膜一个接一个地加到多孔隙的陶瓷支撑体上。不同膜的厚度在 $30 \sim 100\mu m$ 间。采用薄膜设计不但能够节省材料费用，简化制作过程，而且可以使操作温度降至 $700 \sim 800℃$。

对于大功率的燃料电池，也应考虑废气处理以及启动和控制的辅助设备。1970 年美国 Westing house 已经试设计了 100kW 燃煤的燃料电池发电厂，由于属于串联电池，寿命和性能并未达到要求，以后又进一步改进。电池的使用寿命应是 $5 \sim 10$ 年才是经济的，电流密度应能达到 $1A/cm^2$。

利用气化煤或天然气作燃料，输出功率在 $10 \sim 100MW$ 之间的小型燃料电池电厂可以满足峰值和中间功率的需要。1990 年制成板型 25kW 燃料电池，工作温度 1000℃。

燃料电池的进一步研究为：

（1）新型中温工作的固体电解质；

（2）材料之间相容性的热力学研究；

（3）开发高活性的 Ni 电极；

（4）发展新的铬酸镧基材料和改善锰酸镧基材料的烧结性；

（5）经济地开发和制备共同烧结的板状电极；

（6）制作可连续带状生产的廉价板材，有效表面积大于 $1000cm^2$。

应解决制备过程的各种技术问题和由热应力导致的电池破坏。为此，须分别研究各种材料，以使共烧可行。

关于质子导电固体电解质的研究见有关章节。

参 考 文 献

[1] Iwahara H. Proceedings of the International Semeinar Solid State Ionics Devices. Singapore：

World Scientific, 1988: 309.

[2] 岩原弘育. Petrotech, 1989, 12(3): 60.

[3] Doshi R, Shen Y, Alcock C B. Solid State Ionics, 1994(68): 133.

[4] Benammar M, Maskell W C. Solid State Ionics, 1994(70/71): 559.

[5] Naumovich E N, Kharton V V, Samokhval V V. Solid State Ionics, 1997(93): 95.

[6] Iwahara H, Nagata M. Journal of the Applied Electrochemistry, 1993(23): 275.

[7] Yamamoto O, Takeda Y, Imanishi N, et al. Prceedings of the 2nd Asian Conference on Solid State Ionics Recent Advances in Fast Ion Conducting Materials and Devices. Beijing: World Scientific, 1990: 117.

[8] Khartion V V, Nikolaev A V, Nacemovich E N, et al. Solid State Ionics, 1995(81): 201.

12　氧离子导体传感法对动力学的研究

高温下钢铁冶炼和有色金属冶炼多为非均相反应,反应速度除与组成、温度和压力有关外,还受物质扩散和流动状态等的影响。不论是金属氧化物矿的还原还是已成材金属的腐蚀,都与熔体或固相本身及环境氧的行为有关。氧离子导体传感法为研究氧的扩散和有关反应速度最有效的方法,可以不受物质流动状态和反应容器形状的影响,在实验室条件下和半生产条件下以及生产过程中进行研究;可进行理论研究,也可探索生产规律。动力学研究现和热力学研究相比尚少,正处在被认识过程中。由于 ZrO_2 基氧离子导体高温性能有以下两个特点:

(1) 对 p_{O_2} 变化有良好的可逆性;

(2) 对 p_{O_2} 变化有良好的敏感性。

对均相和不均相反应可将 p_{O_2} 作为位置和时间的函数来测定,因此可借以了解被研究体系的物质传递[1~4],下面进行讨论。

12.1　扩散系数

固态和液态金属中各组元的扩散系数是体系动态性质之一,扩散过程又常是不均相反应速度限制性环节。为此,扩散系数常是讨论多相反应速度和机理所必需的数据。

扩散系数 D 是按 Fick 第一定律定义的

$$J = - D\frac{\partial c}{\partial x} \qquad (12-1)$$

式中　J——扩散流量;

　　　c——浓度;

　　　D——扩散系数,cm^2/s。

在稳态下 J 为常数。

实际上,高温下液态金属组元的扩散常服从 Fick 第二定律。对沿柱体截面均匀扩散的一维扩散,第二定律可表示为

$$\frac{\partial c}{\partial t} = \frac{\partial}{\partial x}\left(D\frac{\partial c}{\partial x}\right) \qquad (12-2)$$

式中,x 为沿 x 方向扩散的距离或坐标值。

当扩散系数 D 与浓度 c 无关,或随浓度变化其变化甚小时,可忽略其变化,

上式可表示为

$$\frac{\partial c}{\partial t} = D \frac{\partial^2 c}{\partial x^2} \qquad (12\text{-}3)$$

在一定的初始条件及边界条件下，可以求出上式的解。初始条件在测定扩散系数中常是有意设定和安排的。从实验测定的在 t 时间内扩散物质的浓度分布，可计算 D。

如果选取的坐标系随某种惰性标记而运动，仅研究其一组元的扩散，则所求得的扩散系数为该组元的本征扩散系数 D_i。如果扩散流由两部分组成，其一是组元 1 迁移的效果，其二是 1、2 两组元迁移率的差异而引起的浓度变化，在此条件下求得的扩散系数是化学扩散系数 D_c，或称互扩散系数。在摩尔体积不变的二元系中，D_c 与 D_1、D_2 有下列关系

$$D_c = x_1 D_2 + x_2 D_1 \qquad (12\text{-}4)$$

式中　x_1，x_2——组元 1、2 的摩尔分数；

　　D_1，D_2——组元 1、2 的本征扩散系数。

实际上物质的扩散系数是由其化学位或活度决定的，因此，固体电解质电动势法为研究扩散系数极有效的手段。

12.2　固态和液态金属中氧的扩散

曾被应用的电池形式之一为

$$Pt \mid 空气 \mid ZrO_2(CaO) \mid [O]_{金属} \mid 金属$$
$$\qquad\qquad I \qquad\qquad\qquad II$$

参比电极空气的 p_{O_2} 大于金属中溶解氧相应的 p_{O_2} 值，所以，当有电流通过电池时，氧和电荷的迁移为

$$\frac{1}{2}O_{2(参比)} \Longrightarrow \frac{1}{2}O_{2相界 I} \qquad (12\text{-}5)$$

$$\frac{1}{2}O_{2相界 I} + 2e \Longrightarrow O^{2-}_{相界 I} \qquad (12\text{-}6)$$

$$O^{2-}_{相界 I} \Longrightarrow O^{2-}_{相界 II} \qquad (12\text{-}7)$$

$$O^{2-}_{相界 II} - e \Longrightarrow O_{相界 II} \qquad (12\text{-}8)$$

$$O_{相界 II} \Longrightarrow [O]_{金属} \qquad (12\text{-}9)$$

总反应为

$$\frac{1}{2}O_{2(参比)} \Longrightarrow [O]_{金属} \qquad (12\text{-}10)$$

要实现扩散系数的可靠测量必须满足以下两个条件：

（1）两个相界上的极化电压微小到可忽略不计；

（2）氧通过电池的迁移，金属相中氧的扩散是决定速度的限制环节。

不同研究者的研究发现，在 500～1400℃ 温度间，Pt-空气电极也是可极化的。在应用 ZrO_2（CaO）固体电解质管时，主要在管内的"Pt｜空气｜固体电解质"三相的微小接触面上发生极化，在温度超过 1400℃ 时才可忽略。在铂电极和固体电解质紧密接触的情况下，扩大三相界面可使极化电压降低。在金属，金属氧化物参比电极中，Cu，Cu_2O 的极化作用最小。

用固体电解质电化学方法测定氧的扩散可分为以下两类。

12.2.1   直流电压法

将固体电解质电池外加直流电压法，使氧在金属-固体电解质界面上从金属向电解质扩散，以氧离子流形式迁移到电解质的另一侧，在外电路流动的电流大小是金属中氧的扩散速度的量度。在此，固体电解质本身的电子导电性必须很小，以免干扰测定。

当应用恒电位法（potentiostatic method）时，在金属中的氧含量趋于均匀后，加上恒电压，由于 [O] + 2e = O^{2-}，于是，在金属-固体电解质的界面上氧活度降低，见图 12-1，造成的氧活度差是金属中非稳态氧扩散的先决条件。随后电解质中的 O^{2-} 离子流和外电路中的电流随时间而减弱，并在金属中氧扩散趋于停顿状态时趋于零。

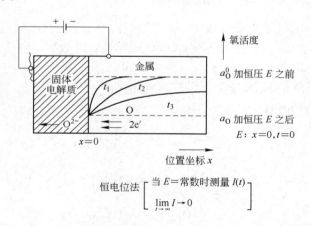

图 12-1   用恒电位方法测定金属中氧扩散系数示意图[3]

12.2.2   恒电流法

当应用恒电流法（galvanostatic method）时，在金属中达到期望的氧含量后，通以恒电流，金属-固体电解质界面上氧活度降低，见图 12-2。如此，在金属中也产生了非稳态的氧扩散。

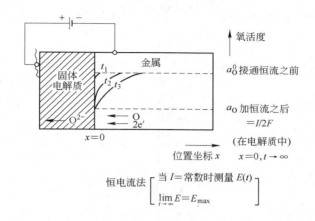

图 12-2 用恒电流方法测定金属中氧扩散系数示意图[3]

非稳态扩散函数 $a_0(x,t)$ 可以通过 Fick 第二定律

$$\frac{\partial a_0}{\partial t} = D_0 \frac{\partial^2 a_0}{\partial x^2} \tag{12-11}$$

在给定的初始条件和边界条件及选择的电池几何尺寸下求解而得。

测定金属中氧的扩散，也可不对固体电解质电池施以直流电压，而是使金属相（p'_{O_2}）与一固定的气体介质相接触，随后，氧分压 p'_{O_2} 自发地变到某一数值 p''_{O_2}。在此，非稳态的氧扩散，其过程可由电池电动势的时间关系来研究。用此方法，金属中的对流现象应极小。

12.3 液态金属中氧的扩散研究

R. A. Rapp 及其合作者测定了氧在液态 Ag，Cu，Sn，Pb，Fe 及固态 Ag，Ni 中的扩散系数[1,5]，电池形式为

Pt｜空气｜ZrO$_2$（CaO）｜[O]$_{固态或液态金属}$｜Ni-Cr 合金或其他

p'_{O_2} p''_{O_2} 或 a_0

式中 p'_{O_2}——参比电极 p_{O_2} 值；

p''_{O_2}——电解质-金属熔体界面处 p_{O_2} 值；

a_0——电解质-金属熔体界面处氧的活度。

p''_{O_2} 和 a_0 的平衡关系为

$$O_{2(g)} \Longrightarrow 2[O]_{固态或液态金属}$$

而

$$\Delta G = \Delta G^{\ominus} + RT\ln \frac{a_0^2}{p''_{O_2}} \tag{12-12}$$

以亨利定律假想 1% 作为标准态。

　　今以液态 Cu，Ag 中氧的扩散系数测定[5]为例说明，电池装置示意如图 12-3 所示。

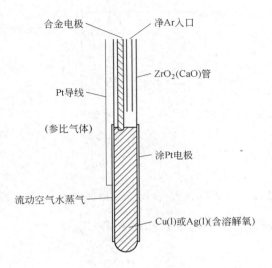

图 12-3　R. A. Rapp 等人所应用的扩散实验的电化学电池

　　应用恒电位法，当电池的两极加上恒电压时，电池突然从稳态的 $E_{(1)}$ 变至 $E_{(2)}$，此时，金属-电解质界面氧的活度按下式关系建立

$$E_{(2)} - i_{离子}(t)\Omega_{离子} = \frac{RT}{4F}\ln\frac{p'_{O_2}}{p''_{O_{2(t)}}} \tag{12-13}$$

式中，$i_{离子}$ 为离子流；$\Omega_{离子}$ 为电解质的离子阻抗，其与 p_{O_2} 无关。

　　对于恒电位实验，通过电解质的全部瞬间电流为

$$(i)_{t=0} = i_{离子} + i_e = (E_{(2)} - E_{(1)})\frac{1}{\Omega_{离子}} + E_{(2)}\frac{1}{\Omega_e(对 E_{(1)})} \tag{12-14}$$

式中，Ω_e 是电解质的电子电阻。当 ΔE 是正值时，氧离子流将由低 p_{O_2} 电极（液态金属）至高 p_{O_2} 电极，相当于抽氧实验；而当 ΔE 为负值时，相当于往液态金属中加氧，在这种情况下，离子迁移与电子流的方向与前一种情况正好相反。因为电解质中的氧离子流是由于突然被施加了恒电压，所以电解质的氧离子流和所测的电流随时间增长而逐渐减弱，氧浓度越小，氧的浓度差也越小，直至 $J \to 0$，此时液态金属中的氧建立一稳态化学位。

　　对于每一个恒电位的扩散实验，开始时，液态金属中氧的浓度为饱和的和均匀的（假定 $a_0 = c_0$），用 $c_{0_{(1)}}$ 表示，电动势为 E_1。经过足够长的时间，设时间 $t = 0$ 时，给一恒电压，电动势突然变至 $E_{(2)}$，此时相当于一新的氧浓度 $c_{0_{(2)}}$ 或者 p''_{O_2}。此时

$$E_{(2)[t_{离子}=0]} = \frac{RT}{4F}\ln\frac{p'_{O_2}}{p''_{O_2}} \tag{12-15}$$

因应用筒形的一头密封的固体电解质管，所以氧在液态金属中的扩散可以用 Fick 第二定律圆柱形坐标来描述

$$\frac{\partial c_O}{\partial t} = \frac{1}{r} \times \frac{\partial}{\partial r}\left(rD_O\frac{\partial c_O}{\partial r}\right) \tag{12-16}$$

式中　c_O——氧质量分数，% ;

　　　D_O——氧在液态金属中的扩散系数。

体系的边界条件是：

当 $t=0$ 和 $0<r<d$ 时　$c_{O_{(r,0)}} = c_{O_{(1)}}$

当 $t>0$ 和 $r=d$ 时　$c_{O_{(d,t)}} = c_{O_{(2)}}$

此处，d 是固体电解质管的内径。据此边界条件，方程(12-16)的解为

$$\frac{c_{O_{(1)}} - c_{O_{(r,t)}}}{c_{O_{(1)}} - c_{O_{(2)}}} = 1 - \sum_{n=1}^{\infty}\frac{4}{\lambda_n^2}\exp\left(-\frac{D_O\lambda_n^2 t}{d^2}\right) \tag{12-17}$$

式中，λ_n 是零阶 Bessel 函数的根。

方程(12-17)可改写为

$$\frac{\dfrac{1}{2F}\displaystyle\int_0^t i_{离子}\,\mathrm{d}t}{\pi d^2 h(c_{O_{(1)}} - c_{O_{(2)}})} = 1 - \sum_{n=1}^{\infty}\frac{4}{\lambda_n^2}\exp\left(-\frac{D_O\lambda_n^2 t}{d^2}\right) \tag{12-18}$$

式中，h 是液态金属柱的高度。当时间较长时，方程(12-18)的形式为

$$\frac{\dfrac{1}{2F}\displaystyle\int_0^t i_{离子}\,\mathrm{d}t}{\pi d^2 h(c_{O_{(1)}} - c_{O_{(2)}})} = 1 - \frac{4}{\lambda_1^2}\exp\left(-\frac{D_O\lambda_1^2 t}{d^2}\right) \tag{12-19}$$

式中，$\lambda_1 = 2.405$，是零阶 Bessel 函数的第一个根，将方程(12-19)对 t 微分并整理得

$$i_{离子} = 8\pi hFD_O(c_{O_{(1)}} - c_{O_{(2)}})\exp\left(\frac{-2.405^2 D_O t}{d^2}\right) \tag{12-20}$$

或

$$i_{离子} = B\exp\left(-2.405^2\frac{t}{\tau}\right) \tag{12-21}$$

式中

$$B = 8\pi hFD_O(c_{O_{(1)}} - c_{O_{(2)}}) ;\ \tau = \frac{d^2}{D_O} \tag{12-22}$$

方程(12-21)的对数形式为

$$\ln i_{离子} = \frac{-2.405^2 t}{\tau} + \ln B \tag{12-23}$$

因此，$\ln i_{离子}$ 对 t 的曲线应当为一直线，斜率为 $-D_0 2.405^2/d^2$，因为 d 是已知的，所以 D_0 可以求出。

关于实验的几点说明：

（1）电解质管外部涂 Pt 时，由管底部至上部 8~10cm，若用氯铂酸分解法涂 Pt 需涂 3~5 次，以得到低的电阻值（小于 1Ω）。每次涂 Pt 后需在 815℃ 煅烧以使熔剂挥发。

（2）炉子的恒温带较长。用热电偶检查固体电解质管外底部至熔体上方外部温度差很小，所以液态金属的热对流可忽略不计。

（3）采取措施预防参比电极空气渗入金属熔体的上表面。

（4）插入金属熔体的电极引线为 10% Cr 和 90% Ni 的 Ni-Cr 合金，其在金属熔体中的溶解可忽略。

（5）恒电位仪可供给 0~4V 的恒电压。

（6）Pt 和 NiCr 合金在不同温度的热电势已预先测得，每一个温度实验皆对电动势给予热电势影响的修正。

（7）对于每一轮实验，开始稳态所供给的电压应等于熔体中原来溶解氧的活度和参比极所形成的电池电动势，即 $E_{(1)}$，然后，将恒电位仪的电压给至 $E_{(2)}$ 以触发熔体中的氧被抽出或进入，视所给电压在电池阳极的方向而定。

（8）由实验发现，对于液态铜，数据最好的重复和自洽是在含氧 0.0001%~0.01% 时；当含氧量再低时，Ni-Cr 合金引线会很快地溶于 Cu 液中；而含氧量很高（大于 0.05%）时，由于其他反应步骤的影响，金属-电解质界面的正常规律被破坏，造成实验结果有偏差而不成直线关系。

（9）对于 Ag 熔体的实验，在氧的浓度为 0.00001%~0.01% 之间可得到合适的结果。未发现 Ni-Cr 电极引线溶于 Ag 液的情况。

（10）实验同时得到了氧在液态 Cu 和 Ag 中的溶解度。

实验结果为

$$D_O^{Cu} = (6.9^{+6.1}_{-3.7}) \times 10^{-3} \exp\left(\frac{-12900 \pm 1900}{RT}\right) \tag{12-24}$$

$$D_O^{Ag} = (2.8^{+1.5}_{-1.0}) \times 10^{-3} \exp\left(\frac{-8300 \pm 1200}{RT}\right) \tag{12-25}$$

式中，D_0 的单位为 cm^2/s。

求得对下列溶解反应的标准自由能为

$$\frac{1}{2}O_{2(g)} = [O] \tag{12-26}$$

$$\Delta G^{\ominus}_{[O]_{Cu}} = -90370 + 22.2T \tag{12-27}$$

$$\Delta G^{\ominus}_{[O]_{Ag}} = 17110 + 23.9T \qquad (12\text{-}28)$$

式中，$\Delta G^{\ominus}_{[O]}$ 的单位为 J/mol。

12.4 溶质对金属熔体扩散系数的影响

扩散系数为溶质在熔体中的一个动态性质，对于一定金属熔剂，某溶质的扩散系数在一定温度下为一定值。但实际金属熔体往往为了得到某一所需性质，常常需加合金元素。和热力学研究相似，最好能知道元素间的相互扩散作用系数，但需进行大量的精确实验。为此，可求表观扩散系数。例如，B. Heshmatpour 和 D. A. Stevenson[6]研究了液态 In 中少量溶质元素 Sn，Pb，Cu，Ag 和 Ti 对氧扩散的影响。研究的目的是为更有效地除去 In 合金中的氧提供必需的动力学信息。

实验所用装置和研究方法类似前述 R. A. Rapp 等人的工作。炉子具有密封套，可投样和取样而不破坏气氛的 p_{O_2} 值。电池形式为

$$\text{Pt} \mid 空气 \mid \text{ZrO}_2(\text{Y}_2\text{O}_3) \mid [\text{O}]_{液态金属} \mid \text{W 或 Pt}$$

采用 Y_2O_3 稳定的 ZrO_2 固体电解质，因其电子导电性小，适用于熔体中加活泼金属溶质的研究。

纯 In 中氧的扩散系数研究的结果与文献资料给的研究结果相近，B. Heshmatpour 等人将其所得结果与前人工作结果进行统计分析得

$$D_{O_{(In)}} = [\exp(-7.399 \pm 0.727)]\exp[(-11.97 \pm 1.55)/RT] \quad (1023 \sim 1223\text{K})$$

$$(12\text{-}29)$$

分别做不同溶质的不同含量对 In 中氧的扩散和氧溶解度的影响曲线，a_O 由电池电动势算得。氧含量由抽取的试样的分析结果得知，合金元素含量按加入量计算。

研究者将体系中的动力学和热力学研究结合，以从物理化学实质上说明溶质元素对液态 In 中的氧的扩散系数、溶解度、活度和活度系数的影响。

实验结果显示，在所有的实验情况下，当少量溶质加入液态 In 中时，氧的扩散系数急剧地增加而氧的溶解度逐渐降低；进一步添加溶质，氧的扩散系数逐渐地增加，而 Sn 和 Ag 至一定浓度后不再使氧的扩散系数增加。除 Sn 外，随着其他溶质元素的增加，氧的溶解度一直逐渐地降低。研究者认为这些现象可由形成原子簇（cluster formations）解释，真正原因尚需进一步研究。

12.5 固态金属中氧扩散的测量

H. Rickert 和 R. Steiner 以下列形式的固体电解质电池

$$(+)\text{Fe},\text{FeO} \mid \text{ZrO}_2(\text{CaO}) \mid [\text{O}]_{\text{Ag}_{(s)}}(-)$$

用恒电位法研究了固态 Ag 中氧的扩散。往给定极性的电极上通入恒定的外加直

流电压，并连续测定给定电压后电池的电流密度，直至在 $ZrO_2(Y_2O_3)$-Ag 界面（$x=0$）处氧活度接近为零，相应的电流密度逐渐减弱。

电池组装类似前述例子，但参比电极为固态混合粉末，类似前述的热力学研究诸例。

因为电池几何尺寸是线性的，所以用下面的初始条件和边界条件对 Fick 第二定律求解

$$c = c_0, 0 < x < \infty, t = 0$$

$$c = 0, x = 0, t > 0$$

$$c = c_0 \mathrm{erf} \frac{x}{2\sqrt{D_0 t}} \tag{12-30}$$

$$\mathrm{erf} z = \frac{2}{\sqrt{\pi}} \int_0^z \mathrm{e}^{-\xi^2} \mathrm{d}\xi \; ❶ \tag{12-31}$$

根据方程式（12-30）和式（12-31），在 $x=0$ 处，由 Fick 第一定律得出

$$|j| = D_0 \frac{\partial c}{\partial x} \Big|_{x=0} = \frac{c_0 \sqrt{D_0}}{\sqrt{\pi t}} \tag{12-32}$$

或电流密度

$$|i| = |2Fj| = 2F \frac{c_0 \sqrt{D_0}}{\sqrt{\pi t}} \tag{12-33}$$

将 $|i|$ 对 $\frac{1}{\sqrt{t}}$ 作图，当已知氧浓度 c_0 时，则可从直线斜率得出扩散系数 D_0。求得 D_0 在 760℃，850℃ 和 900℃ 时分别为 $1.5 \times 10^{-5} \mathrm{cm}^2/\mathrm{s}$，$2.3 \times 10^{-5} \mathrm{cm}^2/\mathrm{s}$ 和 $2.9 \times 10^{-5} \mathrm{cm}^2/\mathrm{s}$。

R. A. Rapp 和 R. L. Pastored 用双电池法[5] 研究了固态 Cu 中氧的扩散，电池形式为

$$\mathrm{Pt} \,|\, \mathrm{FeO}, \mathrm{Fe}_3\mathrm{O}_4 \,|\, \mathrm{ZrO}_2(\mathrm{CaO}) \,|\, \mathrm{Cu\text{-}O} \,|\, \mathrm{ZrO}_2(\mathrm{CaO}) \,|\, \mathrm{FeO}, \mathrm{Fe}_3\mathrm{O}_4 \,|\, \mathrm{Pt}$$
$$\text{I} \qquad\qquad \text{II} \qquad\qquad\qquad \text{III}$$

兼用了恒电压和恒电流法。在恒电压条件下，相界 II 连接正极，相界 I 和 III 连接负极，在 Cu 相界上氧的浓度被提高，开始非稳态的氧扩散。在恒电流条件下，先借助电池短路使 Cu 相中和 FeO-Fe₃O₄ 相中的氧活度相等，随后，再进一步变换线路连接方式，进行恒电流情况下的研究。根据两种方法所得结果计算固体 Cu 中氧的扩散系数。

---

❶积分解是级数展开式 $z - \frac{z^3}{3 \times 1!} + \frac{z^5}{5 \times 2!} - \frac{z^7}{7 \times 3!} + \cdots$

　　研究者用固体电解质电池法曾对多种金属熔体中氧的扩散系数进行了研究，方法基本原理相同，电池形式相似[7,8]，但在参比电极、电极引线、测定装置、方法步骤等方面都略有不同，有的和热力学研究结合。表 12-1 中给出某些液态和固态金属中的 D_0 值。

表 12-1　液态和固态金属中氧的扩散系数

金　　属		温度/℃	氧的扩散系数/cm² · S⁻¹	研　究　者
恒电位法	Ag(s)	800	1.8×10^{-5}	H. Rickert and R. Steiner
	Ag(l)	990 ~ 1220	$26.3 \times 10^{-4} \exp(-7300/RT)$	H. Rickert and A. A. E. Miligy
	Cu(l)	1100 ~ 1250	$1.22 \times 10^{-2} \exp(-14400/RT)$	H. Rickert and A. A. E. Miligy
	Ag(l)	1000 ~ 1200	$2.8 \times 10^{-3} \exp(-8300/RT)$	K. E. Oberg 等人
	Cu(l)	1100 ~ 1350	$6.9 \times 10^{-3} \exp(-12900/RT)$	K. E. Oberg 等人
	Sn(l)	750 ~ 950	$9.9 \times 10^{-4} \exp(-6300/RT)$	T. A. Ramanarayanan and R. A. Rapp
	Ag(s)	750 ~ 950	$4.9 \times 10^{-3} \exp(-11600/RT)$	T. A. Ramanarayanan and R. A. Rapp
	Ni(s)	1393	1.3×10^{-6}	T. A. Ramanarayanan and R. A. Rapp
	Pb(l)	740 ~ 1080	$1.44 \times 10^{-3} \exp(-6200/RT)$	R. Szwarc
	Fe(l)	1620 ± 5	1.5×10^{-4}	K. E. Oberg
	Cu(s)	800 ~ 1030	$1.7 \times 10^{-2} \exp(-16000/RT)$	R. J. Pastorek and R. A. Rapp
	Cu(s)	800 ~ 1000	$5.08 \times 10^{-3} \exp(-16430/RT)$	A. V. Ramana and V. B. Tare
恒电流法	Cu(s)	950 ~ 1040	$1.7 \times 10^{-2} \exp(-15600/RT)$	R. J. Pastorek and R. A. Rapp
	Cu(s)	800 ~ 1000	$2.4 \times 10^{-2} \exp(-18600/RT)$	T. A. Ramanarayanan and W. Worrell
	Fe(l)	1550	$(1.9 \pm 0.7) \times 10^{-4}$	M. Kawakami and K. S. Goto
电势计法	Ag(l)	970 ~ 1200	$5.15 \times 10^{-3} \exp(-9900/RT)$	C. R. Masson and S. G. Whiteway
	Ag(l)	1000 ~ 1200	$3 \times 10^{-3} \exp(-8700/RT)$	N. Sano 等人
	Pb(l)	800 ~ 1100	$9.65 \times 10^{-5} \exp(-4800/RT)$	N. Sano 等人
	Ag(l)	1000 ~ 1150	$32.8 \times 10^{-4} \exp(-9100/RT)$	S. Otsuka and Z. Kozuka
电位法和电势计法结合	Pb(l)	900 ~ 1100	$14.8 \times 10^{-4} \exp(-4660/RT)$	S. Otsuka and Z. Kozuka
	Cu(l)	1125 ~ 1300	$5.7 \times 10^{-3} \exp(-11900/RT)$	S. Otsuka and Z. Kozuka

　　三种研究扩散方法的比较：上述三种方法，经常被采用的为恒电位法，但是只有在被测量熔体或固体中氧的迁移足够慢，而电极过程不受干扰的情况下才能得到可信的数据，恒电位仪有足够精密小型的即可。恒电流法只在有限的范围用过。R. A. Rapp 等人在研究氧在固态铜中的扩散时发现，用恒电流法得到的数据没有恒电位法得到的数据重现性好。电势测定方法可以很好而方便地直接测定电池电动势的变化，已被很多研究者所采用。上述方法也适用于非氧元素扩散系数的研究。将恒电位法和电势计方法结合更适用于各种迁移现象的研究，如研究由

于某种组分的迁移，使由化学计量化合物向非化学计量转变的过程等。

12.6 气-固相及气-液相反应的动力学研究

因为固体电解质电池对气相变化具有良好的可逆性和敏感性，所以对于非均相反应，可将体系某元素的化学位作为位置和时间的函数来测定，了解各种非均相反应的速度和机理。

H. Kobayashi 和 C. Wagner 是最早尝试用固体电解质电池研究界面反应者之一，他们用 AgI 固体电解质，研究用 H_2 还原 $Ag_2S_{(s)}$，采用的电池形式为

$$Ag_{(s)} \mid AgI_{(s)} \mid Ag_2S_{(s)} \mid Pt$$

用恒电位法先根据以下关系固定 $Ag_2S_{(s)}$ 中 Ag 的活度

$$\mu_{Ag} - \mu_{Ag}^{\ominus} = -EF \tag{12-34}$$

式中 $\mu_{Ag}^{\ominus}$——Ag 在纯 Ag 中的化学位；

μ_{Ag}——Ag 在 Ag_2S 中的化学位。

当 H_2 经过电池上部时，S 要根据以下反应

$$S_{(Ag_2S)} + H_{2(g)} =\!=\!=\!= H_2S_{(g)} \tag{12-35}$$

发生转移。为此，等物质的量的 Ag 也要通过电化学反应从 Ag_2S 中移出（因为 AgI 为 Ag^+ 导体），产生的电流经外电路可以测得。如此，可计算 H_2S 产生的速度。变化恒电位计电压，可以求得 Ag_2S 中 Ag 的活度与生成 H_2S 的速度的关系。已知 Ag_2S 中 Ag 的活度，可根据 Gibbs-Dubem 方程求出 Ag_2S 中 S 的活度。实验反映生成 H_2S 的速度近似地正比于 Ag_2S 中 S 的活度。

H. Schmalzried 等人进行如上同体系实验，采取措施避免反应气体和参比电极作用，而且将实验安排的反应气体很容易通过 Ag_2S，并且使 H_2 气流速适当地高些，以避免气体相中的质量迁移。实验发现，Ag_2S 中的硫被 H_2 还原的速度正比于 H_2 气压，而与 Ag_2S 中硫的活度无关，与 C. Wagnec 研究的结论不同。根据其他研究者的研究发现，Pt 电极引线的尺寸大小也影响还原反应速度。

用恒电位法还曾研究了保护气体的净化程度对熔融金属的保护效果。例如研究 $H_2O_{(g)}$-H_2-Ar 混合气体保护液态 Pb 中的 Te 时，用气相中水蒸气分解出的 O_2 将 Te 氧化的速度来判断，所用电池装置如图 12-4 所示。

在给定电压下，用不同组成的气体与金属上表面接触，测量外电路电流。确定在何种情况下，金属生成 PbO 和 Pb(OH)$_2$ 表面膜，所选用的保护气体应不使 Pb 氧化。

对于高温冶金反应，最普遍的为金属氧化物还原反应，用固体电解质电池可以研究其还原反应机理。

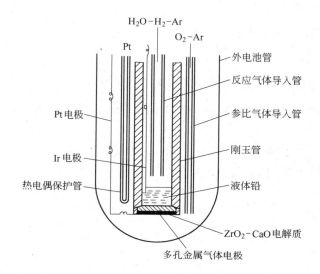

图 12-4 研究保护气体的净化程度对熔体金属
的保护效果的装置示意图

例如，用以下形式电池

$$Ni, NiO \mid ZrO_2(CaO) \mid 气相 O_2$$

研究了 WO_3，Cu_2O 等用 H_2 还原的机理[4]，电池装置示意图见图 12-5。测定用 H_2 或 H_2-Ar 混合气体还原金属氧化物时颗粒间气体组成及氧化物的还原度。

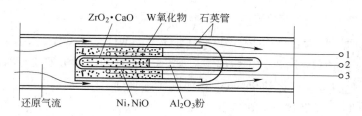

图 12-5 用固体电解质电池研究金属氧化物用 H_2
还原机理的装置示意图
1，2，3—测定点

选用不与 H_2 反应的金属丝作为电极引线。在距 $ZrO_2(CaO)$ 管封闭端 15mm 及 35mm 处各紧密缠一圈电极引线作为接触端，电极周围填充待还原的金属氧化物粉末。

首先抽空，充 Ar，然后更换成 H_2 或 H_2-Ar 还原气体。在一定温度，一定气体流量下跟踪记录电池电动势。气体流量不宜太大，以使气体与金属氧化物处于平衡。

在还原过程中的不同时间，取样淬冷、分析、鉴定。配合气相 p_{O_2} 的变化，确定还原反应机理。

图 12-6 示出 880℃ 以 $p_{H_2} = \dfrac{1}{6} \times 10^5 Pa$ 的气体还原 WO_3 时，电池电动势随时间的变化。由图可见，两相共存成分随时间呈阶段式变化，图中横线分别表示有下列平衡存在：

测定点 1，2（见图 12-5）：WO_3-$WO_{2.90}$（$WO_3 + 0.1H_2 = WO_{2.90} + 0.1H_2O$）；

测定点 2，3（见图 12-5）：$WO_{2.90}$-$WO_{2.72}$，$WO_{2.72}$-WO_2。

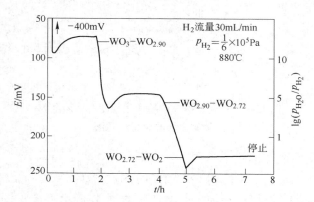

图 12-6　880℃，用 $p_{H_2} = \dfrac{1}{6} \times 10^5 Pa$ 的气体还原 WO_3 时，

电池电动势和 WO_3 颗粒间气相组成与时间的关系

还原历程为逐级还原，$WO_3 \rightarrow WO_{2.90} \rightarrow WO_{2.72} \rightarrow WO_2$，在两相平衡时，$p_{O_2}$（或 p_{H_2O}/p_{H_2} 值）不变。由图 12-5 可知，2、3 点间电动势值小于 1、2 点间的电动势值，此因含氢气体流经 WO_3 颗粒间，还原了氧化物，产生水，气体 p_{H_2} 值渐低，而 p_{O_2} 值渐高，以致和参比电极的 p_{O_2} 值渐接近。

实验结果还说明：两相共存时，随时间变化的水平线段的长短，与温度、氧化物的气孔度和气体成分之间有定性关系，这与还原过程中气孔变化、烧结现象及细微裂缝的产生等多种因素有关。

同样，固体电解质电池也是研究固态金属在含氧气氛中氧化问题的有利手段。H. Schmalzried 等人研究了铁箔于常压下一定的 CO-CO_2 气相内的氧化过程，实验装置示意于图 12-7。因为铁箔处于 CO-CO_2

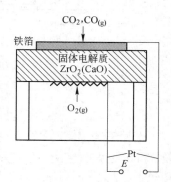

图 12-7　研究铁箔的氧化

装置示意图

气氛包围中，则在铁箔的两个相界面上的氧分压相等，即 $p_{O_2}((CO,CO_2)-Fe) = p_{O_2}(Fe-ZrO_2)$。用纯氧作为参比电极，则

$$E = \frac{RT}{4F}\ln\frac{p_{O_2(参比)}}{p_{O_2(Fe-电解质)}} \tag{12-36}$$

如果 $p_{O_2}(CO,CO_2)$ 在瞬间内被提高到某一值 $p'_{O_2}(CO,CO_2)$，则 $p_{O_2(Fe,ZrO_2)}$ 也提高，而电池电动势均随时间的变化而降低。

假定在 Fe-ZrO$_2$ 界面上达到局部平衡以及 CO-CO$_2$ 气相中不存在浓度梯度，在线性的氧流情况下，可从电动势-时间曲线得出决定速度步骤的动力学参数。图 12-8 示出 960℃ 时电动势随时间的变化。在时间 t_0 时，与铁平衡的气相中的氧分压突然升高到与一定组成的浮氏体平衡相应的某一压力 p'_{O_2}，电池电动势随之很快地从 E_0 变化到 $E_{Fe,Fe_{1-x}O}$ 值，且较长时间地保持在这个值。在时间 t_A（2~3min）内，固体铁中溶解的氧达到饱和；在时间间隔 t_B（约40min）内铁箔完全氧化，在时间 t_C（约12min）内浮氏体与气相达到平衡。

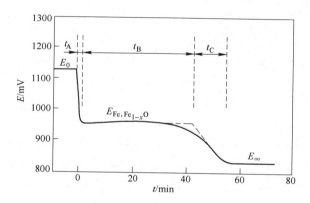

图 12-8 960℃，铁箔氧化时电池电动势随时间的变化
（铁箔厚 0.005mm）

在 t_B 时间段，可假定总反应由界面反应

$$CO_2 \Longrightarrow CO + O_{(吸附)} \tag{12-37}$$

的速度控制，通过以下方程式可求出反应速度常数 k_1

$$\frac{dn_O}{dt} = k_1 p_{CO_2} - k_2 p_{CO}\, \tau_{O_{(吸附)}} \tag{12-38}$$

式中 n_O——界面氧浓度，mol/cm^2；

$\tau_{O_{(吸附)}}$——表面吸附的氧原子浓度；

k_1，k_2——反应速度常数。

在时间间隔 t_B 内，根据平衡条件 $(\mathrm{d}n_0/\mathrm{d}t)_{\mathrm{Fe},\mathrm{Fe}_{1-x}\mathrm{O}} = 0$ 和 $n_0 = (\delta\rho_{\mathrm{Fe}})/(1-x)M_{\mathrm{Fe}}$，通过对时间 t_B 积分，可得出相界反应 k_1 的测定公式

$$k_1 = \frac{\delta\rho_{\mathrm{Fe}}}{(1-x)M_{\mathrm{Fe}}t_B}\left[p_{\mathrm{CO_2}} - \frac{(p_{\mathrm{CO_2}})_{\mathrm{Fe},\mathrm{Fe}_{1-x}\mathrm{O}}}{(p_{\mathrm{CO}})_{\mathrm{Fe},\mathrm{Fe}_{1-x}\mathrm{O}}}p_{\mathrm{CO}} \right]^{-1} \tag{12-39}$$

式中 δ——铁箔厚度；

ρ——铁的密度；

M_{Fe}——铁的摩尔质量。

实验得到的铁箔氧化的反应速度常数列于表 12-2。

表 12-2 铁箔氧化的结果

$t/℃$	$\delta/\mu m$	E_0/mV	E_∞/mV	t_B/min	$k_1/mol \cdot cm^{-2} \cdot s^{-1}$
850	10	1050	860	215	1.4×10^{-8}
890	10	1000	870	120	2.8×10^{-8}
930	10	970	860	104	3.2×10^{-8}
930	10	1070	840	131	2.5×10^{-8}
930	5	1065	860	53	3.4×10^{-8}
960	10	1050	780	93	3.0×10^{-8}
960	10	1142	830	73	4.5×10^{-8}
960	5	1135	833	42	3.7×10^{-8}
975	10	1100	870	72	6.5×10^{-8}
975	10	1020	809	76	4.0×10^{-8}

在多相反应体系中，凡有氧参与的反应过程都可用固体电解质氧电池探头进行检测和研究。如果需要连续检测所有参加相的反应过程，可同时使用几个氧电池探头。例如，用 CO_2 进行 Fe 液连续脱碳，就可在液面上的不同部位各挂一个氧电池探头，Fe 液中也插入一个，以观察气相和熔体中氧的化学位的变化。实验证明，反应界面附近有 CO_2 浓度梯度存在。

用固体电解质氧电池连续测定了铁液通以 Ar、N_2 的混合气体的脱碳过程，还用两个单独的固体电解质氧电池探头，同时记录流入和流出气体中的氧分压。脱碳速度可通过下式算出

$$\frac{-\mathrm{d}[C]}{\mathrm{d}t} = kV_{气体}(p'_{\mathrm{O_2}} - p''_{\mathrm{O_2}}) \tag{12-40}$$

式中 $V_{气体}$——气体流速，mL/min；

$p'_{\mathrm{O_2}}$，$p''_{\mathrm{O_2}}$——流入和流出气体的氧分压；

k——常数。

用悬浮熔炼法熔炼高纯铁时，用流动的 Ar 作为保护气体，仍发现铁滴有氧

化现象，曾用固体电解质氧探头进行了铁滴落的氧化动力学研究，以确定气体的净化程度。

在各种冶金和高温材料研究中，凡有氧直接或间接参与的反应都可用固体电解质氧浓差电池法进行研究。其他一些元素导电的固体电解质也可根据氧浓差电池原理组成电池进行研究，电池形式和传感探头制作可根据情况而异。

参 考 文 献

［1］Rapp R A. Physicochemical Measurementls in Metals Research Part2［M］. New York，London，Sydney，Toronto：Interscience Publishers，1970.

［2］Subbarao E C. Solid Electrolytes and Their Applications［M］. New York and London：Plenum Press，1980.

［3］Fischer W A，Janke D. 冶金电化学［M］. 吴宣方，译. 沈阳：东北工学院出版社，1991.

［4］Hladik J. Physics of Electrolytes Volume2［M］. London，New York：Academic Press，1972.

［5］Oberg K E，Friedman L M，Rapp R A，et al. Metallurgical Transactions，1993(4)：61.

［6］Heshmatpour B，Stevenson D A. Metallurgical Transactions B，1982(13B)：53.

［7］Goto K，Someno M，Nagata K，et al. Metallurgical Transaction，1970(1)：23.

［8］Honma S，Sand N，Matsushita Y. Metallurgical Transactions，1971，2(5)：1494.

13　二元化合物气体传感器

为了控制工业生产中的燃烧过程，需要对热气体中除氢外的水蒸气进行连续在线监测或反馈控制，因此，需研究和开发水蒸气传感器。$SO_x(SO_2, SO_3)$是有色金属火法冶炼和含硫燃料燃烧的有害气体，空气中含有 $10^{-4}\%$ 的 SO_2 会对植物的生长造成危害，含有 $0.04\% \sim 0.06\%$ 的 SO_2 会使人窒息死亡；SO_2 和 SO_3 与空气中的水分作用形成酸雨，腐蚀设备，危害植物。$NO_x(NO, NO_2)$是某些高温废气和机动车废气的有害成分，能损伤人体神经和呼吸器官，也能形成酸雨，和 SO_x 酸雨有相似危害。CO_2 的浓度增加，使气候变暖，将产生不良影响；居住空间 CO_2 浓度增加，使人有窒息感。另外还有砷化物等有害气体等。这些有害气体需要有效监测和控制，为此，也需研究和开发 SO_x，NO_x，CO_2 和砷化物等传感器。

本章将介绍二元化合物气体传感器的研究和开发有关情况。

13.1　水蒸气传感器

当具有不同湿度的空气分别引入水蒸气浓差电池的两个电极室时，产生如下的电极反应

高 p_{H_2O} 侧 $\qquad H_2O_{(I)} \Longrightarrow 2H^+ + \dfrac{1}{2}O_{2(I)} + 2e$

低 p_{H_2O} 侧 $\qquad 2H^+ + \dfrac{1}{2}O_{2(II)} + 2e \Longrightarrow H_2O_{(II)}$

电池反应为 $\qquad H_2O_{(I)} + \dfrac{1}{2}O_{2(II)} \Longrightarrow \dfrac{1}{2}O_{2(I)} + H_2O_{(II)}$ $\qquad\qquad$ (13-1)

电池理论电动势 $E^{\ominus}$ 为

$$E^{\ominus} = \frac{RT}{2F}\ln\left(\frac{p_{H_2O(I)}}{p_{H_2O(II)}}\right) \times \left(\frac{p_{O_2(II)}}{p_{O_2(I)}}\right)^{\frac{1}{2}} \qquad\qquad (13-2)$$

如果环境气氛 p_{O_2} 相同，只是 p_{H_2O} 不同，则电池理论电动势可简化为

$$E^{\ominus} = \frac{RT}{2F}\ln\frac{p_{H_2O(I)}}{p_{H_2O(II)}} \qquad\qquad (13-3)$$

参比 $p_{H_2O(II)}$ 已知，测得电池电动势，则待测 $p_{H_2O(I)}$ 可求，反之也可以。如测定高

温废气中 p_{H_2O}，废气中 p_{O_2} 不同于参比极，可同时配用氧传感探头测定废气中的 p_{O_2}，然后计算 p_{H_2O}。由实验得知，在高温时，质子导体将呈现不可忽略的电子空位导电，从而所测的电动势值将低于理论值，即

$$E = t_i E^{\ominus} \tag{13-4}$$

式中，t_i 为固体电解质中质子的迁移数，如 t_i 不知，可绘制校正曲线。

关于参比电极，H. Iwahara 等人[1] 经实验筛选，认为 $AlPO_4 \cdot xH_2O$ ($x = 0.34$) 和 $La_{0.4}Sr_{0.6}CoO_{3-\delta}$ 的混合物为佳，$AlPO_4 \cdot xH_2O$ 在一定温度下可提供一稳定的水蒸气分压，$La_{0.4}Sr_{0.6}$-$CoO_{3-\delta}$ 为电子导体，起导电作用，以促进平衡的到达，$m_{AlPO_4 \cdot xH_2O} : m_{La_{0.4}Sr_{0.6}CoO_{3-\delta}} = 1:9$。也可用 $LaCoO_3$ 作为电子导体。

质子导电固体电解质采用小管式，传感探头的组装方法类似氧传感探头，700℃ 该传感器的响应时间约 30s。

当用水蒸气传感器监测工业废气中的水蒸气含量时，电解质必须不受 CO_2 的影响，经实验证明，$CaZr_{0.9}In_{0.1}O_{3-\alpha}$ 为电解质的水蒸气传感器，可以不受气氛中 CO_2 的影响。

根据文献[2] 报道，磷酸铝的含水物有 $AlPO_4 \cdot \frac{1}{4}H_2O$，$AlPO_4 \cdot H_2O$，$AlPO_4 \cdot 2H_2O$，$AlPO_4 \cdot 2\frac{1}{2}H_2O$，$AlPO_4 \cdot 3H_2O$，$AlPO_4 \cdot 3\frac{1}{2}H_2O$，$AlPO_4 \cdot 4H_2O$ 等，各有其不同的脱水温度和平衡 p_{H_2O} 值。H. Iwahara 等人用的 $AlPO_4 \cdot xH_2O$ ($x = 0.34$) 可视为 $AlPO_4 \cdot \frac{1}{3}H_2O$，此化合物的水蒸气分压和温度的关系尚未见报道。王常珍、徐秀光等人合成的 $AlPO_4 \cdot xH_2O$，x 不为 0.34，水化物的水蒸气分压和温度的关系用 H_2-H_2O 混合气体实验确定。最近 Dipak Bauskara 等[3] 报道立方晶型的 $ZnSnO_3$ 膜对湿度有特别好的传感特性，响应时间约 7s，有好的稳定性和宽广的使用范围，湿度从 11% ~ 97%。

13.2 SO_x(SO_2 和 SO_3) 传感器

由于 SO_x 对环境污染严重，所以学者们对 SO_x 传感器的研究一直十分重视。前期工作主要研究硫酸盐固体电解质 SO_x 传感器，近十余年主要侧重 β-Al_2O_3，NASICON 等固体电解质 SO_x 传感器的研究[4~10]。

有研究报道，当应用 K_2SO_4 或 Na_2SO_4 作为固体电解质，已知 SO_2 含量的气体作为参比电极时，可以得到较有规律的结果；但当使用固体参比电极 Ag，Ag_2SO_4 或 MgO，$MgSO_4$ 时，则得不到稳定的电动势。刘庆国等人[5] 在剖析了 Li-O-S 和 Ag-O-S 体系稳定区图和热力学计算的基础上采用了 Li_2SO_4-Ag_2SO_4 两相共存电解质及 Ag 和 Ag_2SO_4 混合物作为参比电极，组成 SO_x 传感器。如此选择的依

据为：

由图 13-1 知，在 LiSO$_4$-Ag$_2$SO$_4$ 二元系中，有两个呈高离子导电率的固溶体，α-Li$_2$SO$_{4ss}$和（Ag, Li）$_2$SO$_{4 ss}$，这两个固溶体在 510～516℃ 之间共存。在两相共存区域，当体系的成分变化时，两个相的相对量发生变化，但每一相的组分以及相中组分的活度保持不变。对比 K$_2$SO$_4$-Ag$_2$SO$_4$ 和 Na$_2$SO$_4$-Ag$_2$SO$_4$ 二体系相图，在高温下两组分都形成连续固溶体。成分的变化将引起硫酸银活度的变化。如用 Ag-Ag$_2$SO$_4$ 混合物作为参比电极，在使用过程中，由于 Ag 转变为 Ag$_2$SO$_4$ 或 Ag$_2$SO$_4$ 分解为 Ag，都会引起 Ag$_2$SO$_4$ 活度的变化，因而电池得不到稳定电动势值。而用 Li$_2$SO$_4$-Ag$_2$SO$_4$ 作为固体电解质，在使用过程中，即使 Ag 转变为 Ag$_2$SO$_4$ 或 Ag$_2$SO$_4$ 分解为 Ag 引起成分的变化，只要处于两相共存区，都不会引起 Ag$_2$SO$_4$ 活度的变化，从而得到稳定的电动势值。

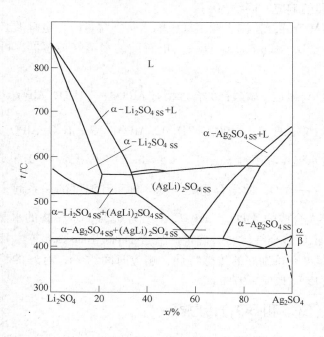

图 13-1　LiSO$_4$-Ag$_2$SO$_4$ 二元系相图

所采用的电池形式为

Au｜Ag,（Ag$_2$SO$_4$）｜LiSO$_4$（77%（摩尔分数））-Ag$_2$SO$_4$｜SO$_2$, SO$_3$, O$_2$｜Au

电池的参比电极由三分之二的银粉和三分之一的两相共存的电解质粉末混合物组成。银和 Ag$_2$SO$_4$ 的混合物在一定温度和氧分压下，可以产生固定的 SO$_2$ 和 SO$_3$ 分压，同时还提供了参比电极所需的电子导电性能。电池用铂网作催化剂。电池反应为

$$SO_3 + \frac{1}{2}O_2 + 2Ag_{(s)} =\!=\!= (Ag_2SO_4) \tag{13-5}$$

$$E = E^{\ominus} + \frac{RT}{2F}\ln\frac{p_{SO_3}p_{O_2}^{\frac{1}{2}}}{a_{Ag_2SO_4}} \tag{13-6}$$

式中，$E^{\ominus}$ 为标准电极电位，由反应的 $\Delta G^{\ominus}$ 可求出；如氧分压和 Ag_2SO_4 的活度已知，则 p_{SO_3} 可求。

该 SO_x 传感器在实验室条件下可以测量 $2\times10^{-4}\%\sim1\%$ 的 SO_x，连续工作时间达半年以上。

碱金属硫酸盐电解质易渗气和脆裂，很难在工业中应用。以后又发展用 NASICON 和 β-Al$_2$O$_3$ 作为固体电解质，在其表面涂敷一层 Na$_2$SO$_4$ 作为辅助电极。Y. Saito 等人发现，当应用 NASICON 作固体电解质时，易烧结，不渗气，在高温 SO$_2$-O$_2$-SO$_3$ 气氛中使用时，在 NASICON 表面形成一层 Na$_2$SO$_4$，相当于一层辅助电极，其作用机理与 Na$_2$SO$_4$ 电解质相同。这种 SO$_x$ 传感器响应快，选择性好，气体混合物中加入 CO$_2$ 和 NO$_2$ 电动势没有变化。

13.3　NO$_x$(NO 和 NO$_2$)传感器[11~16]

13.3.1　10 余年前的研究工作

二十余年前 NO$_x$ 传感器的研究没有 SO$_x$ 传感器研究开展得广泛，这是因为难以找到合适的固体电解质，直至有了辅助电极法的报道，才借鉴此方法用于 NO$_x$ 传感器的研究。其研究方法为在合适的、致密的固体电解质表面，提供一个导电而敏感的硝酸盐层，由此研究和开发 NO$_x$ 传感器。

W. Weppner 等人[11]采用 β″-Al$_2$O$_3$ 作为固体电解质，NaNO$_3$ 作为气敏层，用标准 NO-O$_2$-NO$_2$ 气体或金属钠作为参比电极。然后，采用 Ag-β-Al$_2$O$_3$ 或 Ag-β″-Al$_2$O$_3$ 作为固体电解质，AgNO$_3$ 作为气敏层，将 Ag 沉积在片状电解质的一面作为参比电极或将 Ag 粉和电解质粉混合压片，用弹簧装置紧压在电解质的一面作为参比电极，待测气体为不同组成 NO$_2$（$10^4\sim1$Pa）和空气的混合物，用低频分析器在 $5\sim13$MHz 范围内测定电池的阻抗谱，以对电池反应作出判断。用高阻（$10^{14}\Omega$）数字电压表测定电池电动势，实验测得在 $p_{NO_2}\geqslant10^3$Pa，$398\sim423$K 间，响应时间为几秒；当 p_{NO_2} 降至 1Pa 时，响应时间增至 30min，所以对低浓度的 NO$_2$，响应不灵敏。

J. Schoonman 等人[12]在前述工作基础上，用 Ag-β″-Al$_2$O$_3$ 作为固体电解质，利用其和气氛 NO，O$_2$，NO$_2$ 间的反应，在电解质和工作电极 Pt 层处形成一层 AgNO$_3$ 作为灵感电极，测定了含 NO$_2$10$^{-2}\%\sim1\%$ 的 NO，O$_2$，NO$_2$ 混合气体中的

NO_2 浓度，实验发现，如 Pt 层多孔性不够，则催化效果差，不能使 NO 和 NO_2 间很好地转化，致使电动势低于理论值，另外，形成的 $AgNO_3$ 层厚度也要影响传感效果。研究者认为这种 NO_x 传感器不受气氛中 CO_2 的干扰，如各种影响因素都解决得很好，可作为工业应用 NO_x 传感器的候选者之一。Y. Shimizu 等人[13] 报道用 β/β″-Al_2O_3 或 NASICON 作 为 固 体 电 解 质，用 $Ba(NO_3)_2$-$NaNO_3$（$x_{Ba}:x_{Na}=3:2$（摩尔比））复硝酸盐作为传感电极，可使 NO_x 传感器的工作温度达 450℃，且抗水蒸气干扰。用熔化和结晶的方法使硝酸盐层紧密地黏附在固体电解质片的一面，电池装配示意于图 13-2。

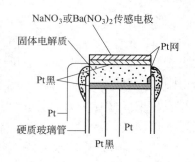

图 13-2　$Ba(NO_3)_2$-$NaNO_3$ 辅助电极 NO_x 传感器示意图

实验发现，如果辅助电极只有 $Ba(NO_3)_2$，不加 $NaNO_3$，电动势和浓度不服从 Nernst 关系，这是因为 Ba^{2+} 和电解质的导电离子（Na^+ 离子）不同。当改用 Ba-β/β″-Al_2O_3 作为电解质时，效果良好，E 和 NO_2 浓度呈线性规律。工作温度可能高至 $Ba(NO_3)_2$ 的熔点（592℃）。

传感电动势与 NO_2 浓度的关系如下式所示

$$E = E^{\ominus} + (RT/nF)\ln c_{(NO_2)} \tag{13-7}$$

式中，$c_{(NO_2)}$ 为 NO_2 的浓度，$10^{-4}\%$。

$E^{\ominus}$ 为常数，由温度、氧分压、电极材料等因素决定，$E^{\ominus}$ 和 n 由实验确定。表 13-1 示出几种 NO_x 传感器的使用温度、$E^{\ominus}$、n 和响应时间等传感特性以便比较。

表 13-1　用 $NaNO_3$ 和/或 $Ba(NO_3)_2$ 辅助电极的 NO_x 传感器特性

电极材料	温度/℃	$E^{\ominus①}$/mV	n	对 NO_2 气体，90% 传感器的响应时间/s
$NaNO_3$	250	-429	1.03	60（$42×10^{-4}\%$）
$Ba(NO_3)_2$-$NaNO_3$②	200	-300	1.10	60（$42×10^{-4}\%$）
$Ba(NO_3)_2$-$NaNO_3$	450	-321	1.00	80（$30×10^{-4}\%$）
$Ba(NO_3)_2$③	200	-302	1.12	10（$40×10^{-4}\%$）
$Ba(NO_3)_2$③	450	-383	1.00	80（$40×10^{-4}\%$）

① $1×10^{-4}\%$ NO_2 电极电位（用外推法求得）；

② NASICON；

③ Ba-β/β″-Al_2O_3。

　　N. Miura 等人[14]研究的用 NASICON 作为固体电解质，NaNO$_2$-M$_2$CO$_3$（M = Na 或 Li）作为辅助电极的 NO$_x$ 传感器得到了很好的响应特性。用 NaNO$_2$-Li$_2$CO$_3$（9∶1 摩尔比）的传感器，可以检测出空气中极稀的 NO$_2$。在 150℃ 气氛中 NO$_2$ 的浓度从 0.005×10^{-4}% 至 200×10^{-4}%，电动势值都服从 Nernst 方程关系。当 NO$_2$ 的浓度分别为 10×10^{-4}% 和 0.005×10^{-4}% 时，响应时间分别为 8s 和 3min，气氛中的 CO$_2$ 在 40%（体积分数）以下不干扰 NO$_x$ 的传感测定，水蒸气在 3.5kPa 以下也不影响测定。此种 NO$_x$ 传感器可用于直接监测市区大气中的 NO$_x$ 量，如此微弱的量是其他物理方法所难以准确测定的。

　　上述电解质和辅助相组成的 NO$_x$ 传感器，不适宜用于监测和控制高温燃烧废气中的 NO$_x$，因为电解质易受侵蚀而且辅助相易分解。为此，N. Miura 等人[14]采用 ZrO$_2$ 基固体电解质，试验了各种硝酸盐辅助电极。实验发现 Ba(NO$_3$)$_2$ 在 400～450℃ 对 NO$_2$ 有较好的敏感性，但对 NO 不能很好地响应。又实验了硝酸盐分别和碳酸盐、硫酸盐、磷酸盐的混合物，实验得到只有 Ba(NO$_3$)$_2$-CaCO$_3$ 对 NO 有一定的响应，但规律性差，从机理上也难以较好地解释。为此，N. Miura 等人[16]又根据催化反应的选择性来研究 NO$_x$ 传感器。用 ZrO$_2$(Y$_2$O$_3$6%（摩尔分数）)管（外径 ϕ8mm，内径 ϕ5mm）式传感器，用氧化物电极作为催化剂。传感探头示意于图 13-3。他们试验了 17 种氧化物以进行筛选，发现 CdO 和 Mn$_2$O$_3$ 分别对 NO$_2$ 和 NO 有最高的敏感性。用空气作为参比气体与 NO$_2$ 和 NO 气体的电动势值分别呈正值和负值。继而发现 CdO 和 Mn$_2$O$_3$ 的复合化合物 CdMn$_2$O$_4$ 为 NO$_x$ 传感器在高温使用时最好的传感电极，电动势对组成的关系呈现良好的线性规律，见图 13-4、图 13-5。气氛中的 CO，H$_2$，CH$_4$，CO$_2$ 和 H$_2$O$_{(g)}$ 对 NO$_x$ 的测定没有影响。

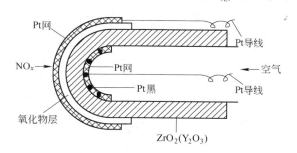

图 13-3　用氧化物电极的 ZrO$_2$(Y$_2$O$_3$)电解质
管式的 NO$_x$ 传感器示意图

　　这种 NO$_x$ 传感电池的形式可表示为

$$Pt \mid 空气 \mid ZrO_2(Y_2O_3) \mid CdMn_2O_{4(催化剂)}, NO_{x(空气)} \mid Pt$$

参比电极的 p_{O_2} 值一定，电化学反应为

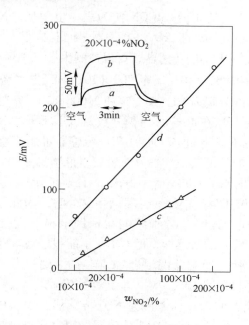

图 13-4 Ba(NO₃)₂-NaNO₃ 辅助电极 NOₓ 传感器响应时间及电动势与 NO₂ 浓度的关系

a, b—在 200℃ (a) 和 450℃ (b) 对 $20 \times 10^{-4}\%$ NO₂ 的效应曲线；

c, d—200℃ (c) 和 450℃ (d) 的 E 和 NO₂ 浓度的关系

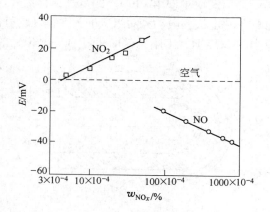

图 13-5 500℃，电动势和 NOₓ 浓度的关系

正极 $\qquad$ $O_2 + 4e = 2O^{2-}$

负极 $\qquad$ $2NO - 4e + 2O^{2-} = 2NO_2$

电池反应为 $\qquad$ $2NO + O_2 = 2NO_2$ $\qquad$ (13-8)

此反应为可逆反应，所以测定的为混合电位所呈现的电动势值。

13.3.2 最近的研究工作

C. Meyer 等[17]用 $BaNO_3$ 的复合物作为固体电解质，采用极限电流型的设计，研究了一种新的 NO_x 传感器，NO_x 的浓度范围为 $(1 \sim 90) \times 10^{-6}$，温度 $320 \sim 480℃$，实验发现此种传感器受氧的干扰，对少量的 CO_2 不受影响。

H. O. Truong Giang 等[18]设计了 $Pt \mid YSZ - 8 \mid SmFe_2O_3$ 传感器，分别暴露在 NO_2，CO，CH_4，C_3H_8 和 C_6H_{14} 中，实验结果说明这种传感器只对 NO_2 有好的灵敏性和选择性及对 NO_2 有高的催化活性。

13.4 CO₂ 传感器

由于环保、技术和科学上的原因，近十余年来固体电解质电动势法 CO_2 传感器，引起科学界巨大的兴趣，研究工作屡见报道[19~27]。德国 Max-Planck 研究院 J. Maier 等人对 CO_2 传感器进行了系统的研究，其对诸研究者工作进行了汇编[22]。

评述了所列的某些 CO_2 传感器的工作，认为用 K_2CO_3 作为固体电解质，难以解决电解质的气密性问题；用气体作为参比电极，难以解决高温密封性良好问题；而 T. Maruyama 等人用小管头式（Small tip-Shaped）CO_2 传感器，参比电极用 Cu_2O，CuO，需较长时间才能达到热力学平衡，实验数据缺乏规律性；至于用金属钠，钠合金或钠青铜作为参比电极，因钠的活泼性，同样难以解决高温密封问题。为此，J. Maier 等人根据化合物热力学性质研究的启示，采用了平衡固相氧化物或复合氧化物作为参比电极，以期得到稳定性良好且使用寿命较长久的 CO_2 传感器。设计原理如下：

SO_x 和 NO_x 传感器的设计可根据氧化还原反应，而 CO_2 传感器因 CO_2 的相对稳定性，则宜根据置换反应来设计。假定有如下类似弱酸的盐被强酸置换，弱酸游离的反应为

$$BCO_{2(s)} + A_{(s)} \Longrightarrow AB_{(s)} + CO_2 \tag{13-9}$$

例如 $Na_2CO_3 + ZrO_2 = Na_2ZrO_3 + CO_2$ 的反应就可看做是这种类型，此反应也可看做碱性氧化物 $B(Na_2O)$ 与酸性氧化物 $A(ZrO_2)$ 形成更稳定的化合物 Na_2ZrO_3 而 CO_2 游离的反应。为此，可设计以下形式的电池

$$Au \mid O_2, CO_2, Na_2CO_3 \mid Na^+ 离子导体 \mid Na_2ZrO_3, ZrO_2, CO_2, O_2 \mid Au$$

电极反应为

负极 $$Na_2CO_3 \Longrightarrow 2Na^+ + CO_2 + \frac{1}{2}O_2 + 2e$$

正极 $$ZrO_2 + 2e + \frac{1}{2}O_2 + 2Na^+ \Longrightarrow Na_2ZrO_3$$

电池反应 $$Na_2CO_3 + ZrO_2 \Longrightarrow Na_2ZrO_3 + CO_2 \tag{13-10}$$

氧虽然参与了电极反应固定了基本组分的化学位，但并不介入总的电池反应。电池电动势和电池反应的自由能变化为

$$-2FE = \Delta G = \Delta G^{\ominus} + RT\ln\left(\frac{p_{CO_2}}{p^{\ominus}}\right)$$

$$= (\Delta G^{\ominus}_{Na_2ZrO_3} + \Delta G^{\ominus}_{CO_2} - \Delta G^{\ominus}_{ZrO_2} - \Delta G^{\ominus}_{Na_2CO_3}) + RT\ln\left(\frac{p_{CO_2}}{p^{\ominus}}\right) \quad (13\text{-}11)$$

$\Delta G < 0$，反应自发地由左向右进行，而 CO_2 不能与 Na_2ZrO_3 反应。也可用其他含 Na_2O 的稳定的复合氧化物代替 Na_2ZrO_3，其通式可表示为 $Na_2X_mO_{nm+1}$。电池形式为

$$O_2, CO_2, Na_2CO_3 \mid Na^+ \text{离子导体} \mid Na_2X_mO_{nm+1}, XO_n, O_2$$

需要满足的条件为

$$\Delta G^{\ominus}_{Na_2X_mO_{nm+1}} - m\Delta G^{\ominus}_{XO_n} < \Delta G^{\ominus}_{Na_2CO_3} - \Delta G^{\ominus}_{CO_2} - RT\ln\left(\frac{p_{CO_2}}{p^{\ominus}}\right) \quad (13\text{-}12)$$

即电池反应的 $\Delta G < 0$。另外，组成的传感器需要有较好的响应特性。

为了设计不需密封的参比电极，且电极物质不与 CO_2 作用形成碳酸盐、性能优良的 CO_2 传感器，J. Maier 等人考虑了 SnO_2，TiO_2 等四价金属氧化物与 Na_2O 的复合化合物的共存相电极。由 $Na_2O\text{-}SnO_2$ 相图知，在适当温度和组成范围 Na_2SnO_3 和 SnO_2 共存；由 $Na_2O\text{-}TiO_2$ 相图和库仑滴定知，在 $Na_2O\text{-}TiO_2$ 二元系，在适当温度和组成范围有四个两相共存区，见图 13-6。依此，可选择 TiO_2，$Na_2Ti_6O_{13}$ 或 $Na_2Ti_6O_{13}$，$Na_2Ti_3O_7$ 或另外两个共存相作为参比电极。

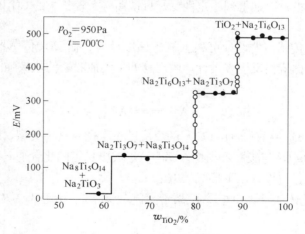

图 13-6 恒温、恒 p_{CO_2} 下，对 $Na_2O\text{-}TiO_2$ 体系的库仑滴定结果

试验了如下三种参比电极的 CO_2 传感器，电池组成分别为

$$Au \mid Na_2CO_3, CO_2, O_2 \mid Na^+ \text{离子导体} \mid$$
$$Na_2SnO_3, SnO_2, O_2 \mid Au \quad (\text{I})$$

$$\text{Au} \mid \text{Na}_2\text{CO}_3, \text{CO}_2, \text{O}_2 \mid \text{Na}^+ \text{离子导体} \mid$$

$$\text{Na}_2\text{Ti}_3\text{O}_7, \text{Na}_2\text{Ti}_6\text{O}_{13}, \text{O}_2 \mid \text{Au} \qquad (\text{II})$$

$$\text{Au} \mid \text{Na}_2\text{CO}_3, \text{CO}_2, \text{O}_2 \mid \text{Na}^+ \text{离子导体} \mid$$

$$\text{Na}_2\text{Ti}_6\text{O}_{13}, \text{TiO}_2, \text{O}_2 \mid \text{Au} \qquad (\text{III})$$

相应的三个电池反应的逆反应为

$$\text{Na}_2\text{SnO}_3 + \text{CO}_2 \Longrightarrow \text{Na}_2\text{CO}_3 + \text{SnO}_2 \qquad (13\text{-}13)$$

$$2\text{Na}_2\text{Ti}_3\text{O}_7 + \text{CO}_2 \Longrightarrow \text{Na}_2\text{CO}_3 + \text{Na}_2\text{Ti}_6\text{O}_{13} \qquad (13\text{-}14)$$

$$\text{Na}_2\text{Ti}_6\text{O}_{13} + \text{CO}_2 \Longrightarrow \text{Na}_2\text{CO}_3 + 6\text{TiO}_2 \qquad (13\text{-}15)$$

反应的自由能变化为

$$\Delta G = \Delta G^{\ominus} - RT\ln\left(\frac{p_{\text{CO}_2}}{p^{\ominus}}\right) \qquad (13\text{-}16)$$

是温度和 p_{CO_2} 的函数。在实验温度和实验的 p_{CO_2} 组成范围内 ΔG 皆为正值,即 CO_2 不和选用的参比物质作用。由图 13-7 所示的三种电池的逆反应的 ΔG 和温度及 p_{CO_2} 的关系可知,电池 I,II,III 所能满足的温度和 p_{CO_2} 范围的条件为 III > II > I,即电池 III

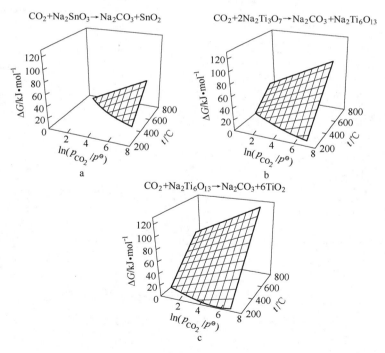

图 13-7　式(13-13)~式(13-15)(a~c)对应的生成
自由能 ΔG 与温度和 p_{CO_2} 的函数关系

(a、b、c 的 ΔG 为正值区域,表示 CO_2 不与
Na_2SnO_3,$\text{Na}_2\text{Ti}_3\text{O}_7$ 和 $\text{Na}_2\text{Ti}_6\text{O}_{13}$ 反应)

可在更宽广的温度和 p_{CO_2} 范围使用，更适宜制作 CO_2 传感器。

p_{CO_2} 传感器的主体由三个片组成，一个片为测量电极，由 Na_2CO_3 和金粉按体积比 1∶1 混合，冷压后，在空气中 750℃ 烧成；一片为 Na^+ 离子导电固体电解质，此处用 $β''-Al_2O_3$；另一片为参比电极，将两种氧化物和金粉混合，冷压，1000℃ 烧成。加金粉是为了增加参比电极的电子导电性。将三片紧压在一起并用焊有金丝的金箔紧压在两电极表面，以使电极物质和电极引线良好地接触。用高阻抗数字电压表测量电池电动势，电池Ⅲ的实验结果示于图 13-8。由图 13-8a 可知，300～750℃，在很宽广的 p_{CO_2} 范围内实验结果呈现良好的规律性，插图表示在足够高的温度，电池电动势不受 p_{O_2} 变化的影响；图 13-8b 表示响应时间，当 p_{CO_2} 分压变化时，响应时间依温度的高低，仅为 1～2s；图 13-8c 表示传感器长时间的稳定性，在几个月之内，电动势没有明显的波动，有希望用于监测工业废气中的 p_{CO_2}。

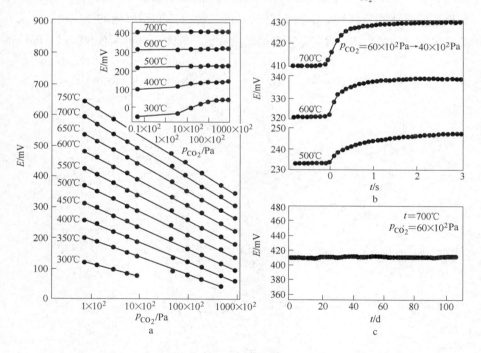

图 13-8　电池Ⅲ CO_2 传感器电动势与 p_{CO_2} 的关系

a—服从 Nernst 定律，插图表示高温不受 p_{O_2} 变化的影响；

b—响应时间；c—长时间的稳定性

13.5　NH₃ 传感器[28]

Ingun Lee，CO Park 等用 YSZ（8mol% Y_2O_3）作为固体电解质，试验若干氧

化物代替 Pt 作为敏感电极，温度 700℃。实验发现 In_2O_3 敏感电极对 NH_3 具有最高的灵敏性和好的稳定性。如将 NH_3 气体中掺入 150×10^{-6} 的 NO_2，则传感器的电动势值下降 50%。如用 $LaCoO_3$ 作为敏感电极，NH_3 中也掺入 150×10^{-6} 的 NO_2，干扰效应从 50% 降至 10%。实验又发现，将 NH_3 中分别掺入 1000×10^{-6} CO 和 150×10^{-6} 的 NO，电动势值变化很小。

13.6 含砷气体传感器及其他传感器

依据上述诸气体传感器的工作原理可研究其他气体传感器，如砷传感器等。较近的工作有，J. Kirchnerova 等人[29] 用一块封闭的 $\beta\text{-}Al_2O_3$ 作为固体电解质，组成以下电池

$$\text{Pt} \mid \text{空气} \mid \beta\text{-}Al_2O_3 \mid O_2, AsH_3 \mid \text{Pt}$$

研究电池电动势与 p_{AsH_3} 和 p_{O_2} 的关系。又组成以下电池

$$\text{Pt} \mid \text{空气}, AsH_3 \mid \beta\text{-}Al_2O_3 \mid As_4O_6, \text{空气} \mid \text{Pt}$$

研究当 $p_{As_4O_6}$ 不变时，电动势与 p_{AsH_3} 的关系及 p_{AsH_3} 不变时，电动势与 $p_{As_4O_6}$ 的关系，实验温度皆为 1025K，1075K。实验结果表示 AsH_3 在 $5 \times 10^{-4}\%$ ~ $2 \times 10^{-1}\%$ 间和 As_4O_6 在 $1 \times 10^{-4}\%$ ~ $180 \times 10^{-4}\%$ 间数据呈现良好的规律性，AsH_3 比 As_4O_6 的传感有更好的灵敏性，欲将 As_4O_6 氧化为 As_2O_5 需要很强的催化作用。

Z. Lukacs 等人[30] 用 $ZrO_2(0.92)Y_2O_3(0.04)Yb_2O_3(0.04)$ 作为固体电解质，研究了以下形式的电池

$$\text{Pt Au} \mid CO, O_2 \mid ZrO_2(0.92)Y_2O_3(0.04)Yb_2O_3(0.04) \mid \text{空气} \mid \text{Pt}$$

以期为制作 $CO\text{-}O_2$ 传感器提供理论依据。实验温度为 773K 和 873K，此电池实际为氧浓差电池。实验研究了电池电动势与 p_{CO}/p_{O_2} 的关系，p_{O_2} 已知，则可求出 p_{CO}。

阻抗谱研究说明，在 Pt-Au 和电解质界面存在 CO 的氧化过程，测定的为混合电位。

13.7 极限电流型氧传感器[33,34]

将氧离子导体固体电解质片两面涂铂，通过导线与直流电源连接，便构成一个氧泵。氧将从高氧侧不断被抽至低氧侧，电极和电池反应为

高氧侧（阴极） $\dfrac{1}{2}O_2 + 2e = O^{2-}$

低氧侧（阳极） $O^{2-} - e = \dfrac{1}{2}O_2$

电池反应为 $\dfrac{1}{2}O_{2(\text{高氧})} = \dfrac{1}{2}O_{2(\text{低氧})}$

抽氧电流随着外电压的增加而增大。

极限电流型氧传感器就是基于氧泵的原理而设计的，其思路为，如果设法限制住氧对阴极的补充，那么当外电压增大到一定值后，抽氧电流便不会再随外电压增加而增大，而是呈现为一个定值，即达到极限电流，而极限电流的大小与阴极所处气氛中的氧浓度或氧分压成正比。

极限电流型氧传感器可分为小孔型、多孔型和扩散障碍层型三种，其中扩散障碍层型最实用。其作用原理为浓差电池短路法，是利用两极氧分压的化学位差自动实现氧的迁移。其有效的组装方式为：用电子-离子导体 $La(Sr)MnO_3$[35]代替金属导线，将它和氧离子导体固体电解质相压在一起，良好接触。当两侧存在氧位差时，氧会从高氧位逐渐扩散到低氧位。但因为氧离子在电子离子导体中扩散速度很慢，便成了限制氧向氧离子导体固体电解质阴极补充的障碍层，而使电流中断，此电流即极限电流。

极限电流型氧传感器可应用于烟道中氧的测定、机动车、空调、密闭空间防止缺氧的事故、氧浓缩器、氧吸入器、发酵的生物培养罐、食品行业等。

参 考 文 献

[1] Yajima T, Koide K, Iwahara H. DENKI KAGAKU, 1990, 58(6): 547.

[2] Mellor J W. A Comprehensive Treatise on Inorganic and Theoretical Chemistry [M]. Longmans Green and Co. London, New York, Toronto, 1957(V): 362, 363.

[3] Dipak Bauskara, Kaleb B B, Pradip Patila. Sensors and Actuators B: Chemical, 2012, 161 (1): 396.

[4] 齋藤安俊, 丸山俊夫. 日本金屬學會會報, 1984, 23(1): 30.

[5] 刘庆国, Worrell W L. 北京钢铁学院学报, 1983(2): 92.

[6] Liu Qingguo, Xiaodan, Wu Weijiang. Solid State Ionics, 1990(40/41): 456.

[7] Meng G Y, Rao N L, Jensen P V. Proceedings of the 2nd Asian Conference on Solid State Ionics. Beijing World Scientific, 1990, 369.

[8] Slater D J, Kumar R V, Fray D J. Solid State Ionics, 1996(86~88): 1063.

[9] Gauthier M, Chamberland A. J. Electrochem. Soc. 1997(124): 1579.

[10] 王岭, 孙加林, 李联星, 等. 北京科技大学学报, 1998, 20(1): 49.

[11] Hötzel G, Weppner W. Solid State Ionics, 1989(18/19): 1223.

[12] Rao N, Vanden Bleek C M, Schoonman J. Solid State Ionics, 1992(52): 339.

[13] Miura N, Yao S, Shimizu Y, et al. Solid State Ionics, 1994(70-71): 572.

[14] Kurosawa H, Yan Y, Miura N. Solid State Ionies, 1995(79): 338.

[15] Watanabe M, Mori T, Yamauchi S. Solid State Ionics, 1995(79): 376.

[16] Miura N, Lu G, Yamazoe N. J. Electrochem. Soc., 1996, 143(2): L33.

[17] Meyer C, Baumann R, Günther A, et al. Sensors and Actuators, 2013, 181: 77.

[18] Truong Giang H O, Ha Thai Duy, Pham Quang Ngan, et al. Sensors and Actuators, 2013,

183：550.

[19] Holzinger M, Maier J, Sitte W. J. Electrochem. Soc. , 1996(86~88)：1055.

[20] Miura N, Yao S, Shimizu Y. J. Electrochem. Soc. , 1992(139)：1384.

[21] Narita H, Can Z Y, Mizusaki J. Solid State Ionics, 1995(79)：349.

[22] Maier J. Solid State Ionics, 1993(62)：105.

[23] Ikeda S, Kato S, Nomura K. Solid State Ionics, 1994(70/71)：569.

[24] Maier J. Holzinger M, Sitte W. Solid State Ionics, 1994(74)：5.

[25] Kale G M, Davidson A J, Fray D J. Solid State Ionics, 1996(86~88)：1107.

[26] Holzinger M, Maier J, Sitte W. Solid State Ionics, 1997(94)：217.

[27] Ikeda S, Kondo T, Kato S. Solid State Ionics, 1995(79)：354.

[28] Ingun Lee, Byounghyo Jung, Jinsu Park, et al. Sensors and Actuators. 2013, 176：966.

[29] Kirchnerova J, Bale C W. Solid State Ionics, 1993(59)：199.

[30] Lukacs Z, Sinz M, Staikov G. Solid State Ionics, 1994(68)：93.

[31] Laroy B C, Lilly A C, Tiller C O. J. Electrochem. Soc. , 1973, 120(12)：1668.

[32] Weppner W. Proceedings of the 2nd Asiarc Conference on Solid State Ionics [C]. Beijing：
World Scientific, 1990：577~589.

[33] 李福燊, 等. 非金属导电功能材料[M]. 北京：化学工业出版社, 2007.

[34] 日本制鋼センサ小委員會報告. 制鋼用センサの新しい展開-固體電解質センサを中心
としつ[C]. 東京：日本學術振興會制鋼第19委員會制鋼センサ小委員會, 平成元年.

[35] 王常珍. 固体电解质和化学传感器[M]. 北京：冶金工业出版社, 2000.

14 氟离子导体及应用

氟的电负性为 4.0，为非金属性最强的元素，又由于其离子半径小和只有一个负电荷，所以 F⁻ 的传输很快，在固体电解质中其离子电导率可以接近液体的数值[1~7]。

碱金属、碱土金属、稀土金属的氟化物全为离子晶体，其电子导电性可忽略不计，这点优于氧离子导体。

14.1 碱土金属氟化物和稀土氟化物的固溶体[1~7]

冶金和材料热力学研究常用碱土金属氟化物作为固体电解质，Ca，Sr，Ba 的氟化物单晶的电导率和温度的关系见图 14-1。在相同温度下 CaF_2 单晶的电导率最高，所以 CaF_2 单晶也就得到最多的应用。

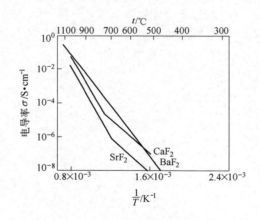

图 14-1　Ca，Sr，Ba 的氟化物单晶的电导率和温度的关系

稀土氟化物最重要的为 LaF_3，人们对纯 LaF_3 已做了很多研究，由核磁共振研究得知，在低温下观察到四个 NMR 信号，随着温度增加，共振线合并为两条，500℃ 以上只观察到一个共振，此时所有的 F⁻ 都参与传导。LaF_3 单晶在加热过程产生体积膨胀。

在较低温度就生成 Schottky 缺陷。缺陷生成的激活能约为 0.07eV，F⁻ 离子的扩散激活能为 0.45eV，在高温时离子扩散激活能降低。由核磁共振法求得低于 375K 时 F⁻ 离子的扩散系数 $D = (4.2 \pm 1) \times 10^{-4} \exp[(-0.43 \pm 0.05)/kT]$。

Ca，Sr，Ba 的氟化物 MF_2 能与稀土氟化物 YF_3 和 LnF_3 形成较宽广范围的连续固溶体。B. P. Sobolev 等人[3]研究了 38 个这种体系的二元相图。

具有 LaF_3 型结晶的 $Ln_{1-x}Ca_xF_{3-x}$ 或 $Y_{1-x}Ca_xF_{3-x}$ 的固溶体区，形状和大小不同。对这些材料的结晶学性质和电性质研究表明，电导率增加。J. M. Reau 等人对 $Ca_{1-x}Y_xF_2$ 材料的电导实验说明，Y^{3+} 离子取代 Ca^{2+} 离子使得过量 F^- 离子位于间隙位置。有两类间隙：一类 F^- 离子（F_1'）沿 $\langle 110 \rangle$ 方向位移；另一类（F_1''）沿 $\langle 111 \rangle$ 方向位移，而正常被占据的阴离子位置（F_1）是空的。图 14-2 显示出不同温度下 $Ca_{1-x}Y_xF_{2+x}$ 的电导率与组成、温度的关系。在每个温度曲线都分成三部分：

（1）在 YF_3 含量少的浓度时，电导率随着 x 的增加略为增加，此范围的上限 x_1 随温度升高而略有降低；

（2）在 $x_1 < x < x_2$ 范围内，电导率增加较大；

（3）在 $x > x_2$ 时，电导率基本不随 x 增加而改变。

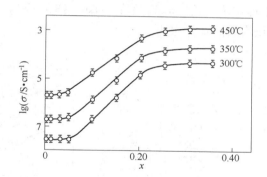

图 14-2　$Ca_{1-x}Y_xF_{2+x}$ 的电导率与组成、温度的关系[2]

在 $x \approx x_1$ 时，有极大值 $\Delta E_1 = 1.15\text{eV}$，而在 $x \approx x_2$ 时，有极小值 $\Delta E_2 = 0.75\text{eV}$。

这种现象与氟离子位置和空位的变化有关。有研究者认为，F_1' 间隙总是与两个空位相结合，而 F_1'' 只与一个空位相结合，由此假设，提出了可能的"束"模型，（222）束包含两个空位，两个 F_1' 间隙和两个 F_1'' 间隙；（342）束具有三个空位、四个 F_1' 间隙和两个 F_1'' 间隙。从这个假设可以解释电导率和激活能随 x 的变化。

（1）在 $x < 0.06$ 时，YF_3 的加入使（222）束逐渐形成，它阻碍空位的扩散，因此激活能随 x 的增大而增加。但是，由于空位浓度的增加，电导率还是微微地增加。

（2）当 $x > 0.06$ 时，（342）束逐渐取代（222）束，使得每个（342）束产生一个自由的空位。在 $0.06 < x < 0.25$ 范围内，V_F 和 F_1' 浓度的迅速增加，导致

大量的（342）束产生。在较高 x 时，它们聚集为多束，使自由浓度迅速增大，因而激活能显著降低而电导率增加。

（3）当 $0.25 < x < 0.38$ 时，假定复束是由相等比例的（222）和（342）束组成的。这种复束使空位数增加较小，因此在此范围内激活能和电导率随 x 的变化很小。

上述是 MF_2 型氟化物添加 $M'F_3$ 型氟化物的情况例述。电导率与 $M'F_3$ 的 M' 离子半径有关，以 $Sr_{0.8}Ln_{0.2}F_{2.2}$ 为例，见图 14-3。而 $M'F_3$ 型氟化物添加 MF_2 型氟化物也可以使电导率提高，也有最佳组成。图 14-4 示出稀土氟化物添加 MF_2 后电导率增加的情况。LaF_3 单晶是很好的光学材料，研究者们给予了很大的重视。一方面研究 LaF_3 掺杂单晶的性质，同时探索单晶的生长方法。有研究者用 Pt 坩埚，HF、He 或 H_2 为保护气体，用坩埚下降法生长出纯 LaF_3 单晶和掺杂 Nd^{3+}、Pr^{3+}、Er^{3+} 等离子的 LaF_3 单晶，单晶生长的工艺参数是加热炉的温度梯度大于 $30℃/cm$，坩埚升降速度为 $5 \sim 10mm/h$。J. A. Kucza 等人用的 Mo 坩埚，保护气氛为 N_2，在 $1490℃$ 用提拉法生长出 LaF_3 单晶。LaF_3 掺杂 CaF_2 及掺杂 Er^{3+} 或 Pr^{3+} 等的单晶，半导体研究所有产品出售。

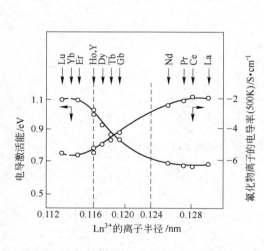

图 14-3　$Sr_{0.8}Ln_{0.2}F_{2.2}$ 晶体的电导率和
Ln^{3+} 离子半径的关系

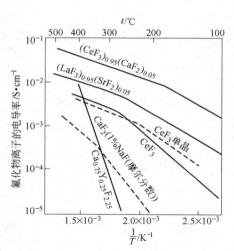

图 14-4　稀土氟化物添加 MF_2 后
电导率增加的情况

14.2　CaF_2 单晶在化合物热力学研究中的应用

碱金属、碱土金属、稀土金属和 B、Al、Ga、Ti、Zr、Hf、Si、Nb 等氧化物所形成的复合氧化物，其平衡氧分压很低，ZrO_2 基固体电解质在如此低的氧分压下工作，将增加电子导电性，所以，对这类复合化合物的热力学研究宜用氟化物固体电解质，基于的原理[8,9]为，将氧浓差变为氟浓差。例如，用 CaF_2 单晶作为固体电解质，在电解质和电极界面上将发生如下反应

$$CaF_{2(s)} + \frac{1}{2}O_2 == CaO_{(s)} + F_2 \,(\text{或}\, 2F^- + \frac{1}{2}O_2 == O^{2-} + F_2) \quad (14\text{-}1)$$

反应的平衡常数为

$$K = \frac{p_{F_2}}{p_{O_2}^{\frac{1}{2}}} \quad (14\text{-}2)$$

在一定温度下，K 为定值，如果固体电解质两侧的 p_{O_2} 值相等，则电池电动势值将取决于电解质两侧的氟电位差。

R. Benz 和 C. Wagner[10] 考虑到 $CaO\text{-}SiO_2$ 渣系为冶金渣系的基础，所以用这种方法研究了固态 $CaO\text{-}SiO_2$ 体系的热力学[14]。

设计的电池形式为

$$Pt, O_2 \mid CaO_{(s)} \mid CaF_{2(s)} \mid CaO\text{-}SiO_{2(s)} \mid Pt, O_2$$

此处，$CaO\text{-}SiO_{2(s)}$ 表示 $CaSiO_3\text{-}SiO_2$，$Ca_3Si_2O_7\text{-}CaSiO_3$ 或 $Ca_2SiO_4\text{-}Ca_3Si_2O_7$ 固态两相混合物之一，按 $CaO\text{-}SiO_2$ 相图，它们依次为相图中的共存相。

关于电池中的氧，要求两侧相同和相等，根据实验条件，可用 CO_2 中的 O_2，N_2 中的 O_2 或纯 O_2。此实验用净化的纯 O_2。以最简单的电池形式为例

$$(-)Pt, O_2 \mid CaO_{(s)} \mid CaF_2 \mid CaSiO_{3(s)}, SiO_{2(s)} \mid Pt, O_2(+) \quad (\text{I})$$

电解质两侧的界面反应为

左侧
$$CaF_{2(s)} + \frac{1}{2}O_2 == CaO_{(s)} + F_2 \quad (1)$$

右侧
$$CaF_{2(s)} + \frac{1}{2}O_2 == (CaO)_{CaSiO_3} + F_2 \quad (2)$$

因 $a_{(CaO)_{CaSiO_3}} < a_{CaO_{(s)}}$，所以在一定温度下 $p_{F_{2(2)}} > p_{F_{2(1)}}$，因此上列形式电池，左侧为负极，右侧为正极。电极反应分别为

负极
$$CaO + 2F^- - 2e == CaF_2 + \frac{1}{2}O_2$$

或
$$2F^- - 2e == F_2$$

$$F_2 + CaO == CaF_2 + \frac{1}{2}O_2$$

正极
$$CaF_2 + SiO_2 + \frac{1}{2}O_2 + 2e == CaSiO_3 + 2F^-$$

或
$$CaF_2 + \frac{1}{2}O_2 == CaO + F_2, \quad F_2 + 2e == 2F^-$$

$$CaO + SiO_2 == CaO \cdot SiO_2$$

电池反应为　　　　　　　　$CaO_{(s)} + SiO_{2(s)} \Longrightarrow CaO \cdot SiO_{2(s)}$

即　　　　　　$CaO_{(s)} + SiO_{2(s)} \Longrightarrow CaSiO_{3(s)}$　　$\Delta G = \Delta G^{\ominus} = -2FE$　　　　(14-3)

在实验上，采取了如下几点措施：

（1）为了避免 CaF_2 电解质可能的消耗，左右电极各加 10% 的 CaF_2 粉末，共压成片。如此，不改变原来电池的电动势。

（2）由于 CaO-SiO_2 体系，由原有相至新相转变得很慢，所以加少许 NaF-KF 熔剂。

（3）为了更易和气相达平衡，加约 0.05% 的 Cr_2O_3 或 $K_2Cr_2O_7$ 作为催化剂。采用标准的叠片式非隔离型的电池组装形式。

由该电池反应所得的为由纯物质 CaO 和 SiO_2 生成 $CaSiO_3$ 的标准生成自由能的变化。电池电动势变动为 ±2mV。

CaO-SiO_2 体系的其他两个平衡相的电池形式分别为

$$Pt, O_2 \mid CaO \mid CaF_2 \mid Ca_3Si_2O_7, CaSiO_3 \mid Pt, O_2 \qquad (II)$$

$$Pt, O_2 \mid CaO \mid CaF_2 \mid Ca_2SiO_4, Ca_3Si_2O_7 \mid Pt, O_2 \qquad (III)$$

电池 II、III 相应的反应分别为

$$CaO_{(s)} + 2CaSiO_{3(s)} \Longrightarrow Ca_3Si_2O_{7(s)}（可看做 3CaO \cdot 2SiO_2）\quad (14-4)$$

$$\frac{1}{2}CaO_{(s)} + \frac{1}{2}Ca_3Si_2O_{7(s)} \Longrightarrow Ca_2SiO_{4(s)}（可看做 2CaO \cdot SiO_2）\quad (14-5)$$

由电池 I 的电动势值和已求得的由氧化物生成 $CaSiO_3$ 的标准生成自由能，可求出 $Ca_3Si_2O_7$ 由相应氧化物生成时的标准生成自由能，依次可求出 Ca_2SiO_4 的标准生成自由能。对复合氧化物的标准生成自由能，必须说明其起始态，也可以换算成由元素生成时的标准生成自由能。

根据 CaO-SiO_2 体系相图，还有 Ca_3SiO_5 化合物，可组成

$$Pt, O_2 \mid CaO \mid CaF_2 \mid Ca_3SiO_5, Ca_2SiO_4 \mid Pt, O_2$$

形式的电池，求其标准生成自由能。

对于这种类型的电池反应研究，复合化合物的准确合成并保证诸相的真正平衡是至关重要的。

R. W. Taylor 和 H. Schmalzried[11] 根据前述的 C. Wagner 等人的工作原理用 CaF_2 电解质电池研究了 CaO-TiO_2 体系 $CaTiO_3$ 和 $Ca_4Ti_3O_{10}$ 的标准生成自由能，用 SrF_2 电解质电池研究了 SrO-TiO_2 体系 $SrTiO_3$、$Sr_4Ti_3O_{10}$ 的标准生成自由能及用 MgF_2 电解质电池研究了 MgO-Al_2O_3 体系 $MgAl_2O_4$ 的标准生成自由能。

所采用的 F^- 导体分别为 CaF_2 单晶，SrF_2 和 MgF_2（分别为粉末压制品）。电池组装采用非隔离型。

王常珍等用 CaF_2 单晶作为固体电解质研究了 $LaAlO_3$ 由氧化物生成的标准生成自由能，实验温度为 1096～1223K。

文献中只有 1400℃ 以上的 Al_2O_3-La_2O_3 体系相图，有 $LaAlO_3$ 和 $LaAl_{12}O_{18}$ 两个化合物。而 1400℃ 以下的相关系不清楚，由预备试验得知，在实验温度下，$LaAlO_3$ 可以和 Al_2O_3 共存；而 $LaAl_{12}O_{18}$ 不能和 Al_2O_3 共存。还发现 La_2O_3 和 LaF_3 可以互相反应生成 $LaOF$。为此，不能完全按常用的方法设计电池，而做了些变换，设计了如下形式电池

$$(-)Pt, O_2 \mid La_2O_3, LaOF \mid CaF_2 \mid LaOF, LaAlO_3, Al_2O_3 \mid O_2, Pt(+)$$

电极反应为

负极
$$La_2O_3 + 2F^- - 2e = 2LaOF + \frac{1}{2}O_2$$

正极
$$Al_2O_3 + 2LaOF + \frac{1}{2}O_2 + 2e = 2LaAlO_3 + 2F^-$$

电池反应为
$$La_2O_{3(s)} + Al_2O_{3(s)} = 2LaAlO_{3(s)} \tag{14-6}$$

$$\Delta G = \Delta G^\ominus = - 2FE$$

此处以此实验为例，说明这一类反应的实验有关问题。

La_2O_3 99.99% 900℃ 煅烧，脱除以 $La(OH)_3$ 形式存在的 H_2O。

Al_2O_3 99.999% 1400℃ 煅烧，脱除水化物或以氢氧化物离子形式存在的 H_2O。

LaF_3 由氢氟酸沉淀法制备。$LaOF$ 由 La_2O_3 和 LaF_3 等物质的量混合于 1000℃ 反应制得。

$LaAlO_3 + Al_2O_3$：按 $LaAlO_3$ 的组成加过量 Al_2O_3，由 La_2O_3 和 Al_2O_3 混合后在 1400℃ 30h 烧成，X 射线衍射分析确证。

CaF_2 单晶（15mm × 5mm）购自中国科学院长春光机所。

电极物质：La_2O_3 和 $LaOF$ 混研压成 15mm × 5mm 片（压力 14.8t/cm²），1000℃，24h 烧成；$LaOF$，$LaAlO_3$ 和 Al_2O_3（约 $n_{LaOF} : n_{AlO_3} : n_{LaAlO_3} = 2 : 2 : 1$）混研，同上压力压片，1000℃，30h 烧成，用 X 射线衍射分析确证。

将参比电极片和待测电极片的表面用绒布抛平，然后将 CaF_2 单晶片，参比电极片，待测电极片和焊有 Pt 丝的 Pt 薄片按非隔离型电池方式装配于石英管内的一端具有豁口的刚玉管上，用弹簧装置压紧。

本研究有氧参与，使钢瓶中的氧依次通过 KOH 柱，两个硅胶柱和两个 P_2O_5 柱以脱除 CO_2 和 H_2O，然后分成两路，经过毛细管流量计和不锈钢微型针阀分别进入炉管内，流经电池的两极，以保证两极的 p_{O_2} 相等。流量控制以不产生冷却效应为准，一般很小。

钢瓶氧含水皆较多，必须充分脱除，以免影响 p_{O_2} 值；另外，在实验温度，如有水蒸气存在，将产生 $CaF_2 + H_2O = CaO + 2HF$ 反应，使 CaF_2 单晶表面生成一层 CaO，破坏预期的电极电位，使实验失败。本研究室所用的气体净化柱中，硬质玻

璃管直径约35mm，长约400mm，内装净化剂。P_2O_5 分散在玻璃毛上使用。

实验用双绕无感应电阻丝炉。Pt-PtRh10% 热电偶，控温精度 ±0.5℃。用 Keithley 610C 固态电位计（$10^{14}\Omega$）配同 Keithley 精密高阻（$10^{11}\Omega$）数字电压表测量电池电动势。对第一个实验点，电动势值约72h达平衡，其余的实验点平衡时间稍短，升温、降温进行实验。电动势误差 ±0.03mV。

用极化法判定平衡是否达到。当电池电动势在误差范围内波动时，进行极化的放电、充电试验。即先将两电极引线短暂短路（约1s），使电动势值偏离平衡值，观察其能否恢复原值；然后，再将电池的正、负极和 3~5 号干电池短暂接触，给待研究电池微弱充电，观察电动势能否恢复原值。如电动势在两种极化试验后能恢复原值，则表示电池已达到平衡，极化情况示例于图 14-5。

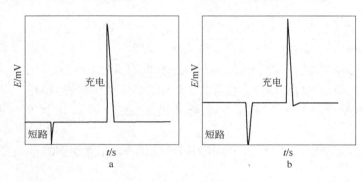

图 14-5 极化情况示例

a—充电电流较大；b—充电电流较小

实验完毕后，观察电解质，未发现电解质和电极物质发生作用。

实验求得 $LaAlO_3$ 由氧化物生成时的标准自由能（J/mol）和温度的关系为

$$\Delta G^{\ominus}_{\alpha LaAlO_3} = 34160 - 37.81T \pm 180J \qquad (1096 \sim 1223\text{K})$$

14.3 CaF_2 单晶在金属体系研究中的应用

含稀土金属的合金总是具有某些特殊性质，引起人们很大的兴趣。近年来发现某些具有 Laves 相结构的稀土 Invar（恒范）合金呈现较高的居里转变温度及低膨胀系数，可望使用于较高温度。国外学者就这类合金的物理性质进行了较多的研究，但缺少合金稳定性的说明。该类合金的热力学稳定性在很大程度上取决于合金中稀土金属的稳定性。

徐建明、王常珍等人借用二元合金的研究方法用 CaF_2 单晶作为固体电解质，组成如下形式的电池[9~15]

$$Mo\,\vert\,RE, REF_3\,\vert\,CaF_2\ 单晶\,\vert\,REF_3, RE\ Invar\ 合金\,\vert\,Mo$$

RE 为(rare earth)稀土金属。

研究了 La(Fe$_x$Al$_{1-x}$)$_{13}$($x=0.58, 0.61, 0.64, 0.72, 0.84$),YFe$_{12-x}V_x$($x=1.6$, $2.0, 2.4, 2.8, 3.2$),SmFe$_{12-x}$V$_x$($x=2.4, 2.8$), La$_2$Fe$_{14}$B,Ce$_2$Fe$_{14}$B 和 Y$_2$Fe$_{14}$B 一系列 Invar 合金中稀土金属的活度及有关的热力学性质。实验温度依体系而异,不超过830℃,以避免电解质挥发和某些可能的副反应。

现以 YFe$_{12-x}$V$_x$ 为例说明研究方法,参考二元合金的研究,构成氟浓差电池,电池形式为

$$(-)\mathrm{Mo} \mid \mathrm{Y}, \mathrm{YF_3} \mid \mathrm{CaF_2}(单晶) \mid \mathrm{YF_3}, \mathrm{YFe_{12-x}V_x} \mid \mathrm{Mo}(+)$$

电极反应为

负极 $$\mathrm{Y} - 3e + 3\mathrm{F}^- === \mathrm{YF_3}$$

正极 $$\mathrm{YF_3} + 3e === [\mathrm{Y}]_{合金} + 3\mathrm{F}^-$$

电池反应为

$$\mathrm{Y} = [\mathrm{Y}]_{合金}$$

反应的 $$\Delta G = \Delta G^\ominus + RT\ln a$$

以纯 Y 作为标准态 $$\Delta G^\ominus = 0$$

所以 $$\Delta G = RT\ln a_\mathrm{Y} = \Delta G_{[\mathrm{Y}]}$$

$$\Delta G = -nFE$$

故由电池电动势可求 a_Y。

金属 Y:纯度大于99.9%,在微磁控炉水冷铜坩埚中重熔处理。其中一个铜坩埚内放 Zr$_{84}$Al$_{16}$作为脱氧剂,抽空,充高纯 Ar 多次,在高纯 Ar 下重熔。

含 Y Invar 合金也在微磁控炉中熔炼,然后在高纯 Ar 的保护下均匀化处理500h,经 X 射线衍射分析确证。

参比极和待测极两种混合粉末(YF$_3$和金属相的质量比为2:8)压片分别用 Mo 箔包裹,在 Ar 气氛下600℃退火24h。用非隔离型方法组装电池。

用双绕电阻炉,控温精度±1℃,用 Keithley 固态电位计(>10^{14}Ω)配同输入阻抗10^{12}Ω 数字电压表测定电动势,1~4 天达平衡,用极化法判断是否平衡。

电池装配示意于图14-6。

实验结果如图14-7、图14-8 所示,说明该合金的热力学稳定性差,Y 活度的变化规律和偏摩尔自由能的变化相似,有一较稳定的组成,即组成-活度曲线

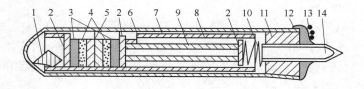

图 14-6   电池装配示意图

1—金属 La；2—刚玉片；3—待测电极；4—CaF$_2$ 单晶；5—参比电极；

6—内电极引线（Pt 或 Ag）；7—石英管；8—刚玉管；9—刚玉顶杆；

10—弹簧；11—塞子；12—密封胶；13—电极引线；14—已熔封玻璃管

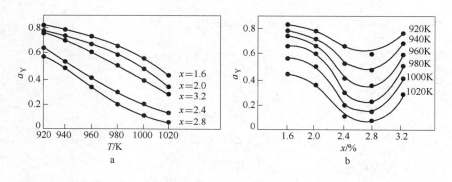

图 14-7   活度与温度的关系（a）及活度与摩尔分数的关系（b）

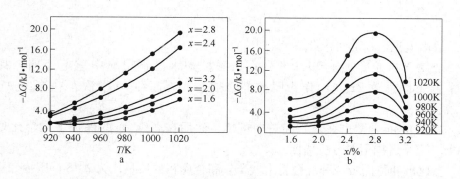

图 14-8   自由能与温度的关系（a）及自由能与摩尔分数的关系（b）

的最低点和相应的组成-ΔG 曲线的最高点。

其他稀土 Invar 合金的研究方法相同。

由实验求得在所研究的 Invar 合金中 La(Fe$_x$Al$_{1-x}$)$_{13}$ ($x = 0.58$) 最稳定，由 983K 至 1086K，a_{La} 从 3.4×10^{-4} 变化至 5.8×10^{-4}。该合金中稀土不易氧化，也即说明该合金稳定。

J. N. Pratt 等人发现 CaF$_2$ 电解质在较高温度下易与电极物质发生作用，所以通常测量都在 1100K 以下进行，T. N. Rezukhina 等人在 1104 ~ 1194K 温度范围内对 LaNi$_5$ 的标准生成自由能进行了测定，温度范围很窄。鉴于 LaNi$_5$，CeNi$_5$ 是重要的贮氢材料，需有准确的热力学数据，为此，肖理生、王常珍等人采用自制的多晶 0.95LaF$_3$ · 0.05CaF$_2$ 作为固体电解质组成如下形式电池，对 LaNi$_5$ 和 CeNi$_5$ 的标准生成自由能进行了研究，电池形式为：

（1）Mo | La，LaF$_3$ | 0.95LaF$_3$ · 0.05CaF$_2$ | LaNi$_5$，Ni，LaF$_3$ | Mo　（903 ~ 1173K）；

（2）Mo | La | 0.95LaF$_3$ · 0.05CaF$_2$ | LaNi$_5$，Ni | Mo　（903 ~ 1173K）；

（3）Mo | Ce，CeF$_3$ | 0.95LaF$_3$ · 0.05CaF$_2$ | CeNi$_5$，Ni，CeF$_3$ | Mo　（873 ~ 1023K）。

电池（1）和（2）的区别在于电池（2）的参比电极中不加 LaF$_3$，而是利用固体电解质中固溶体的 LaF$_3$ 参与电极反应建立相应的电极电位。

如用 RE 表示 La，Ce，则对于电池（1）、（3）

待测极　　　　　　　$REF_3 + 5Ni \Equal 3/2F_2 + RENi_5$

　　　　　　　　　　$3/2F_2 + 3e \Equal 3F^-$

参比极　　　　　　　$3F^- - 3e \Equal 3/2F_2$

　　　　　　　　　　$3/2F_2 + RE \Equal REF_3$

总反应为　　　　　　$RE + 5Ni \Equal RENi_5$

对于电池（2），将 REF$_3$ 写成固溶态的 ［LaF$_3$］即可得到相应的电池反应式。

电池反应的自由能变化为

$$\Delta G = \Delta G^{\ominus}_{RENi_5} = -3FE \tag{14-7}$$

上述反应皆以纯固态物质作为标准态。

LaF$_3$、CeF$_3$ 用氟化氢铵氟化法制备。

固体电解质的制备：按照 $n_{LaF_3} : n_{CaF_2} = 95 : 5$ 的摩尔比将两种粉末混合研磨，用 3000Pa 的压力将混合粉末压成 φ10mm × 3mm 的圆片，置于刚玉舟中密封在石英管中于 1100℃ 下烧结 9h 制成固体电解质，将电解质片表面抛光备用。

LaNi$_5$ 和 CeNi$_5$ 合金的制备：根据 La-Ni 和 Ce-Ni 相图，分别将 La、Ce 和金属 Ni 按 7 : 93 质量比放入真空磁控熔铸电弧炉的坩埚内，在另一坩埚中放 Zr$_{84}$Al$_{16}$ 合金作为吸气剂。降下钟罩抽真空，当真空达到 0.133Pa 后充入高纯 Ar。启动电弧，先熔化 Zr$_{84}$Al$_{16}$，用以进一步降低氧位，再引弧熔化样品。将样品翻转放置，重复以上操作三次，即制得 LaNi$_5$-Ni 和 CeNi$_5$-Ni 两种合金。

将所得合金在甲苯保护下用制样机磨细，由 X 射线衍射分析证明为所需的 LaNi$_5$-Ni 和 CeNi$_5$-Ni 合金。

电极片的制备：参比极；分别将 La 和 Ce 的表面氧化层锉掉，在充 Ar 手套箱中锉成粉末。对于电池（1）和（3），将稀土金属和其氟化物按 9：1 的体积比混合，用玛瑙乳钵研磨，然后将混合粉末与一端绕成圆环的 $\phi 0.3mm Mo$ 丝放入特制的模具中，使 Mo 丝居于粉末中间，压成 $\phi 8mm \times 3mm$ 的圆片，如此可使 Mo 丝与电极物质之间获得良好的电接触效果。对于电池（2），直接用 La 的粉末与 Mo 丝压片。

待测极：方法与上述类似，对于电池（1）和（3），分别用 $LaNi_5$-Ni，$CeNi_5$-Ni 和相应的氟化物的混合粉末与 Mo 丝一起压片，对于电池（2），直接用 $LaNi_5$-Ni 的粉末与 Mo 丝压片。电极片在使用以前将表面抛光。

电池装置示意于图 14-9。

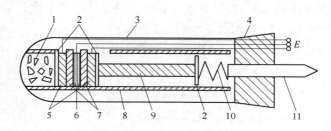

图 14-9　电池装配示意图

1—La 碎块；2—刚玉片，3—石英管，4—塞子；5—待测电极；6—参比电极；
7—固体电解质；8—刚玉管；9—刚玉棒；10—弹簧；11—硬质玻璃管

先将 $\phi 18mm$ 的刚玉管在距一端 10mm 处锯出一长约 30mm 的豁槽，将带引线的两个待测极片，一个参比极片和两个电解质片按图 14-9 所示的位置顺序放入豁槽中，前后用刚玉片挡住，采用 $\phi 8mm$ 的刚玉管作为顶杆，使一端压在刚玉片上，而另一端通过弹簧施加压力，使电极与电解质之间紧密接触。在管前端放置少许 La 碎块以降低管内氧位，防止电极物质氧化。将组装好的电池推入 $\phi 30mm$ 一端密封的石英管中，塞紧塞子，通过玻璃管抽空充 Ar 交替三次，加热至 300℃，半小时后再抽空充 Ar。

在电池装配中放入两个相同的待测极片，进行平行实验。实验用炉为卧式双绕 Fe-Cr-Al 电阻丝炉，测量仪表同上述。

实验结果表示两个平行电极重现性皆在 ±0.15mV，所以取两组数据的算术平均值。

将电动势 E 对温度 T 作图，为直线关系，经回归处理得直线方程。根据 $\Delta G^{\ominus}_{LaNi_5} = -3FE$ 和 $\Delta G^{\ominus}_{CeNi_5} = -3FE$ 关系计算得到各电池反应在不同温度下的 $\Delta G^{\ominus}$ 值及回归方程。

$LaNi_5$ 和 $CeNi_5$ 的标准生成自由能和温度的关系，其值分别为：

$$\Delta G_{\text{La Ni}_5}^{\ominus} = -152590 + 13.143T(\text{误差} \pm 150)$$

$$(\text{电池}(1),(2) \text{的平均值})$$

$$\Delta G_{\text{CeNi}_5}^{\ominus} = -157600 + 25.514T(\text{误差} \pm 150)$$

式中，$\Delta G^{\ominus}$ 的单位为 J/mol。

从研究结果可知 LaNi₅ 比 CeNi₅ 稳定。

误差讨论：实验误差主要由温度测量、电动势测量和仪器精度决定。温度误差根据 *E-T* 关系折合成电动势误差，按三种电池的最大可能误差计算 $\Delta E = \pm 0.08\Delta T$，恒温带和温度控制所造成的温度波动为 ± 1℃，相当于 $\Delta E = \pm 0.08\text{mV}$。总电动势测量误差为 $\pm 0.51\text{mV}$，而算得的自由能数据误差为 ± 148J/mol，接近 ± 150J/mol。

本科研组又用相似的研究方式，以 Sn-SnF₂ 为参比电极，LaF₃（掺杂）单晶作为氟离子导体，求得了 PbF₂ 的标准生成自由能和温度的关系。

又以 LaF₃（掺杂）单晶制得测定气相中氟的传感器测定了包头矿某过程样品中的氟。

氟传感器可以应用于医药行业和含氟制品行业等。

室温工作的固体电解质气相传感器受到重视。室温氟离子导体可用于分析室温气体中的氟、氢、CO 或氧等，但一般响应时间较长，除对氟的分析可用氟浓差解释外，其余的机理尚无定论。B. C. Laroy 等人在研究 LaF₃ 在不同气氛中的电导性质时发现，当在两极间加上端电压时，每一种气体都有一特征电压，在此电压下电池电阻变小。电池电流大小与该种气体的浓度（除 NO₂ 以外）皆呈线性关系，NO₂ 系呈对数关系。利用这种规律可以分析 O₂，CO₂，SO₂ 和 NO₂ 等多种气体，由特征电压进行定性鉴定，利用电解电流给出定量或半定量结果。W. Weppner 论述了薄膜固态电解质气体传感器的发展，新的方向是发展快速响应的室温混合气体的选择性传感器，以用于动力学研究和实际应用。

用 LaF₃（掺杂）作为固体电解质的离子选择电极，主要用于检测溶液中的离子浓度。科学工作者已研究了数十种离子选择电极，多数已得到广泛的应用，其中气敏选择电极可用于检测 NH₃，CO₂，H₂S 等可为水溶液吸收的气体。

在用固态离子导体电动势方法研究二元合金体系时，随着组成的变化，如果电动势值在某组成范围内不变，意味着为两相区。在两相区组元的热力学性质不变，从而可以配合其他方法研究相图。

J. Hertz 等用氟离子导体电动势方法研究了 Ca 与 Cu，Ag，Au，Al，Ni 和 Pt 等的二元相图，Au-Ca 体系相图的研究结果见图 14-10。

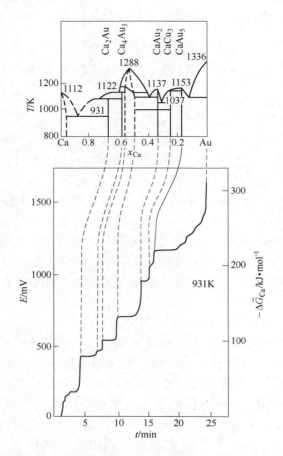

图 14-10　用氟化物固体电解质电池对 Au-Ca 体系的研究结果（913K）

14.4　氟离子导体在碳、硫、硼、磷化合物热力学研究中的应用

　　氟离子导体除了用于含氟介质的测定外，还可用于碳化物、硫化物、硼化物和磷化物等的热力学研究，其测定原理为在氟离子导体两侧加入含氟的化合物，构成氟浓差电池，然后根据测定结果计算待测化合物的热力学量。下面将详细介绍。

14.4.1　碳化物的热力学研究

　　在测定碳化物的热力学性质时，在 CaF_2 固体电解质两侧加入含氟的化合物，构成氟浓差电池，然后计算碳化物的热力学量。例如测定 MnC_x 的标准生成自由能[3]，可用如下形式电池

$$W \mid Mn, MnF_2 \mid CaF_2 \mid MnF_2, C, MnC_x \mid W$$

选用 Mn，MnF_2 作为参比电极，待测电极由 MnC_x，C，MnF_2 混合粉末组成。在一定温度下，电动势由 CaF_2 固体电解质两侧的氟分压所决定，即

$$E = \frac{RT}{nF}\ln\frac{p_{F_2(MnF_2\text{-}MnC_x\text{-}C)}}{p_{F_2(MnF_2\text{-}Mn)}}$$

在温度一定时，$p_{F_2(MnF_2\text{-}Mn)}$ 是已知的，由电池电动势可以求出 $p_{F_2(MnF_2\text{-}MnC_x\text{-}C)}$，进而求出该温度下的 $\Delta G^{\ominus}_{MnC_x}$

即
$$\Delta G^{\ominus}_{MnC_x} = \Delta G^{\ominus}_{MnF_2} + RT\ln p_{F_2(MnF_2\text{-}MnC_x\text{-}C)} \tag{14-8}$$

曾构成如下三种电池：

(1) $(-)W \mid Mn,MnF_2 \mid CaF_2 \mid MnF_2,C,Mn_7C_3 \mid W(+)$

(2) $W \mid Mn,MnF_2 \mid CaF_2 \mid MnF_2,Mn_7C_3,Mn_8C_3 \mid W$

(3) $W \mid Mn,MnF_2 \mid CaF_2 \mid MnF_2,Mn_8C_3,Mn_{23}C_6 \mid W$

分别测得了 Mn_7C_3、Mn_8C_3、$Mn_{23}C_6$ 等碳化物的标准生成自由能。

电池反应分别为：

电池（1）

正极 $\qquad 7MnF_2 + 3C + 14e \Longrightarrow Mn_7C_3 + 14F^-$

负极 $\qquad 7Mn + 14F^- \Longrightarrow 7MnF_2 + 14e$

电池反应 $\qquad 7Mn + 3C \Longrightarrow Mn_7C_3$

将 Mn 和 C 的活度取为 1

$$\Delta G^{\ominus}_{Mn_7C_3} = -14FE$$

电池（2）

正极 $\qquad MnF_2 + Mn_7C_3 + 2e \Longrightarrow Mn_8C_3 + 2F^-$

负极 $\qquad Mn + 2F^- - 2e \Longrightarrow MnF_2$

电池反应 $\qquad Mn + Mn_7C_3 \Longrightarrow Mn_8C_3$

$$\Delta G^{\ominus}_{Mn_8C_3} = \Delta G^{\ominus}_{Mn_7C_3} - 2FE$$

电池（3）

正极 $\qquad 7MnF_2 + 2Mn_8C_3 + 14e \Longrightarrow Mn_{23}C_6 + 14F^-$

负极 $\qquad 7Mn + 14F^- - 14e \Longrightarrow 7MnF_2$

电池反应 $\qquad 7Mn + 2Mn_8C_3 \Longrightarrow Mn_{23}C_6$

$$\Delta G^{\ominus}_{Mn_{23}C_6} = 2\Delta G^{\ominus}_{Mn_8C_3} - 14FE$$

按 Mn-C 相图，测得一个化合物的热力学性质，就可按平衡关系依次研究其他碳化物的热力学。

与含放射性 Th 有关的碳化物，经下列形式的电池进行了研究。

（1）Mo 或 Ta｜Th，ThF$_4$｜CaF$_2$｜ThF$_4$，ThC$_2$，C｜Mo 或 Ta；

（2）Mo 或 Ta｜Th，ThF$_4$｜CaF$_2$｜ThF$_4$，ThC$_2$，ThC｜Mo 或 Ta；

（3）Mo 或 Ta｜Th，ThF$_4$｜CaF$_2$｜ThF$_4$，ThC$_{0.7}$，Th$_\alpha$｜Mo 或 Ta；

（4）Mo 或 Ta｜Th，ThF$_4$｜CaF$_2$｜ThF$_4$，ThC$_{1-x}$｜Mo 或 Ta；

（5）Mo 或 Ta｜Th，ThF$_4$｜CaF$_2$｜ThF$_4$，ThC$_{2-x}$｜Mo 或 Ta。

铬的碳化物的热力学数据为钢铁冶金所需要的，部分 Cr-C 体系相图示于图14-11。用如前述类似的电池形式和装置对 Cr-C 系碳化物的热力学进行了研究，电池形式为[6]

$$Pt｜Cr，CrF_3｜CaF_2｜CrF_3，Cr_3C_2，C｜Pt$$

$$Pt｜Cr，CrF_3｜CaF_2｜CrF_3，Cr_7C_3，Cr_3C_2｜Pt$$

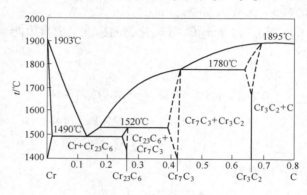

图 14-11　Cr-C 体系相图

生成反应和 $\Delta G^\ominus$ 分别为

$$3Cr + 2C \Longrightarrow Cr_3C_2$$

$$\Delta G^\ominus = -30130 - 33.5T \quad （600 \sim 840℃）$$

$$\Delta G^\ominus = -55650 + 17.36T \quad （610 \sim 825℃）$$

$$7Cr + 3C \Longrightarrow Cr_7C_3$$

$$\Delta G^\ominus = -99370 - 35.6T \quad （650 \sim 705℃）$$

$$\Delta G^\ominus = -123220 - 29.41T \quad （605 \sim 750℃）$$

式中，$\Delta G^\ominus$ 的单位为 J/mol。

14.4.2　硫化物的热力学研究

类似碳化物的研究原理，构成待测极有硫化物和氟化物存在的氟浓差电池，可研究硫化物的热力学性质，有研究者用下列形式的电池研究了 Th-S 体系硫化物热力学。分别为：

（1） Th, ThF_4 | CaF_2 | ThF_4, ThS, Th_α;

（2） Th, ThF_4 | CaF_2 | ThF_4, Th_2S_3, ThS;

（3） Th, ThF_4 | CaF_2 | ThF_4, Th_7S_{12}, Th_2S_3;

（4） Th, ThF_4 | CaF_2 | ThF_4, ThS_2, Th_7S_{12}。

电池（1）中的 Th_α 表示金属 Th 与 ThS 平衡时溶解 S 达饱和。上述电池的电池反应分别为

$$Th + yThS == (1 + y)Th_\alpha + yS$$

$$Th + Th_2S_3 == 3ThS$$

$$Th + Th_7S_{12} == 4Th_2S_3$$

$$Th + 6ThS_2 == Th_7S_{12}$$

实验结果误差较大。

14.4.3 硼化物和磷化物的热力学研究

研究 Th 的硼化物热力学性质，电池形式为：

（1） Ta | Th, ThF_4 | CaF_2 | ThF_4, ThB_6, B | Ta;

（2） Ta | Th, ThF_4 | CaF_2 | ThF_4, ThB_6, ThB_4 | Ta;

（3） Ta | Th, ThF_4 | CaF_2 | ThF_4, ThB_4, Th_α | Ta。

电池反应分别为

$$Th + 6B == ThB_6$$

$$Th + 2ThB_6 == 3ThB_4$$

$$Th + yThB_4 == (1 + y)Th_\alpha + 4yB$$

Th_α 表示被 B 饱和的金属 Th，并与 ThB_4 平衡。电池的电动势值很小，表示 B 在金属 Th 中的溶解度很小。电池电动势和温度的线性关系不好，电池（1）只在 $800 \sim 900℃$ 间产生重现和稳定的电动势值，在高温电动势值衰减明显。电池的平衡时间极长，可能是由于组分间的相互扩散很慢。实验得

$$\Delta G_{ThB_6}^\ominus = (-227.6 \pm 8.37) kJ/mol(Th)$$

$$\Delta G_{ThB_4}^\ominus = -217.6 kJ/mol(Th)$$

作者又用类似以上形式电池研究了 Th 的磷化物热力学

Ta | Th, ThF_4 | CaF_2 | ThF_4, ThP, Th_3P_4 | Ta

Ta | Th, ThF_4 | CaF_2 | ThF_4, $ThP_{0.55}$, Th_α | Ta

实验不是很成功，电池始终得不到稳定值。作者认为是因为发生了如下反应

$$Th_3P_4 \longrightarrow 3ThP + \frac{1}{2}P_{(g)}$$

而 P 的蒸气腐蚀了电极引线 Pt 和 Ta 箔。

　　J. N. Pratt 汇集的[9] 截至 1990 年用固体离子导体电池方法研究的非氧化物。其中用 CaF_2 作为电解质的有：CoF_2, SrF_2, FeF_2, MnF_2, (Sc, Y, La, Ce, Pr, Nd, Gd, Tb, Dy, Ho, Er, Tm, Lu) F_3, Ag_2S, Co_9S_8, Co_4S_{3-x}, CrS, FeS, MnS, Ni_3S_{2-x}, Ni_7S_6, Ni_3S_{2+x}, Ni_7S_6, Ni_3S_{2+y}, NiS_{1+x}, DyOF, ErOF, HoOF, GdOF, SmOF, YOF, YbOF, K_2CoF_4, $KCoF_3$。

　　对和 F 同一主族的 Cl、Br、I 的离子导体研究得少。碱土金属氯化物因吸湿性强，难加工。

　　有实际应用前景的为 $PbCl_2$，有较高的 Cl^- 导电性，易加工成型。$PbCl_2$ 呈现 Schottky 缺陷，Cl^- 的迁移数接近于 1。$PbCl_2$ 中掺杂碱金属氯化物 KCl 后可使电导率增加 10~100 倍。氯离子导体主要是制作 Cl_2 传感器。

参 考 文 献

[1] Sher A, Solomon R, Lee K. Physical Review. 1966, 144(2): 593.

[2] Paster R C, Paster A C, Miller K. Mat. Res. Bull. , 1974(9): 1253.

[3] Sobolev B P, Fedorov P P, Seiranian K B, et al. Journal of Solid State Chemistry, 1976 (17): 201.

[4] Delcet J, Heus R J, Egan J J. J. Electrochem. Soc. , 1978, 125(5): 755.

[5] Reau J M, Lucat C, Campet G. Journal of Solid State Chemistry, 1976(17): 123.

[6] Fedorov P P, Turkina T M, Sobolev B P. Solid State Ionics 1982(6): 331.

[7] Takahashi T, Iwahara H, Ishikawa T. J. Electrochem. Soc. , 1977, 124(2): 280.

[8] Subbarao E C. Solid Electrolytes and Their Applications [M]. New York and London: Plenum Press, 1980.

[9] Pratt J N, Review A. Metallurgical Transactions, 1990(21A): 1223.

[10] Benz R, Wagner C. J. Phys Chem. , 1961(65): 1308.

[11] R W Taylor, Schmalzried H. The Journal of Physical Chemistry. 1964, 68(9): 2444.

[12] Wang Changzhen, Xu Xinguang, Man Hanguan. Inorganica Chimica Acta, 1987(140): 181.

[13] 王常珍, 叶树青, 张鑫. 物理学报, 1985, 34(8): 1017.

[14] Xu Xinguang, Li Guangqiang, Wang Changzhen. Journal of the Less-Common Metals. 1991 (175): 271.

[15] Xu Jianming, Wang Changzhen, Sui Zhitong. Journal of Alloys and Compounds, 1992 (190): L5.

[16] Xu Jianming, Sui Zhitong, Wang Changzhen. Journal of Alloys and Compounds, 1992 (190): L9.

［17］徐建明，王常珍，隋智通．物理化学学报，1994，10(3)：276.

［18］于化龙，徐建明，王常珍．物理化学学报．1995，11(6)：564.

［19］肖理生，李光强，王常珍，等．硅酸盐学报，1994，22(6).

［20］Xiao Lisheng，Yu Hualong，Wang Changzhen et al. Journal of the Rare Earths，1993，11
　　　　(1)：28.

［21］肖理生，王常珍，徐秀光，等．中国稀土学报，1994，12(1)：15.

15 硫、磷、氮、碳、铝、硅传感器

为了实现钢铁生产的自动化和计算机控制以达到高质量、高产量的要求，必须科学控制冶炼过程诸元素的物理化学行为，以达到每个步骤所允许的最佳量。这就要求用诸元素的化学传感器在线、灵敏地监测有关元素的热力学行为活度，有必要时再根据元素之间的相互作用系数计算出元素的含量。现在的钢铁冶金对氧等常见元素已习惯用活度的表示方法。

氧传感器已广泛应用于钢铁冶炼各步骤，其他需监测的重要非金属元素为硫、磷、氮、碳。

硫、磷、氮和碳这四种元素的电负性小于氧的电负性，所以它们和金属的化合物在高温呈现明显的电子导电性，又因为这四种元素和金属的化合物没有氧化物稳定，在高温氧分压较高条件下将被氧化，因此至今尚没合成较为理想的固体电解质。本章将介绍这四种传感器的某些测定，同时讨论 Al、Si 两性金属和半金属的传感器，它们都是主族元素。

15.1 硫离子导体及硫传感器

15.1.1 硫离子导体

由于有硫参与反应的热力学、动力学的理论和生产实践中的需要，研究者们对硫化物固体电解质也进行了若干探讨。S 和 O 皆为 Ⅵ 类 p 主族元素，S 的外层电子排布为 $3s^23p^4$，电负性为 2.5，因此易被氧化。最早被研究的硫化物电解质为 CaS。CaS 易氧化为$CaSO_4$ 或 CaO，对于金属液中的应用，应考虑 CaS 被氧化成 CaO 的问题。需知道其生成的 p_{S_2} 和 p_{O_2} 范围。CaS，CaO，O_2，S_2 之间存在下列平衡关系，按 1873K 估算

$$CaS_{(s)} + \frac{1}{2}O_{2(g)} = CaO_{(s)} + \frac{1}{2}S_{2(g)}$$

$$\Delta G^{\ominus}_{1873K} = -86400J/mol \quad K = p_{S_2}^{\frac{1}{2}}/p_{O_2}^{\frac{1}{2}}$$

按 $\Delta G^{\ominus} = -RT\ln K$ 关系

$$\lg K = \lg p_{S_2}^{\frac{1}{2}} - \lg p_{O_2}^{\frac{1}{2}} = 2.412$$

如果气相中 $p_{S_2}^{\frac{1}{2}}/p_{O_2}^{\frac{1}{2}}$ 太小，CaS 就能被氧化。其图示关系的制作为设不同的 $\lg p_{S_2}$ 值

可得不同的 $\lg p_{O_2}$ 值。另外，根据下列两个反应的标准溶解自由能 $\Delta G^\ominus$（J/mol）

$$\frac{1}{2}O_{2(g)} = [O]_{Fe} \quad \Delta G^\ominus_{[O]} = -117150 - 2.89T$$

$$\frac{1}{2}S_{2(g)} = [S]_{Fe} \quad \Delta G^\ominus_{[S]} = -143550 + 28.41T$$

按照 $\Delta G^\ominus = -RT\ln K$ 关系，$\lg(a_O/p_{O_2}^{\frac{1}{2}}) = 3.418$，$\lg(a_S/p_{S_2}^{\frac{1}{2}}) = 2.520$，设不同的 p_{O_2} 和 p_{S_2} 值，可分别求出相应的 a_O，a_S 值。考虑了元素之间的相互作用系数，可求出熔 Fe 中 CaS 和 CaO 稳定存在区，见图 15-1[1]。

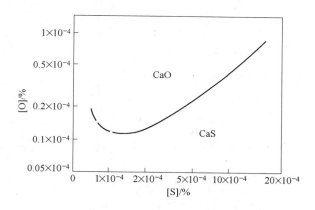

图 15-1　1873K，Fe-Ca-O-S 系中 CaS 和 CaO 稳定存在区

可以算出，当 Fe 中 S 的活度 $a_S = 0.1$ 时，若 Fe 中 $a_O < 0.003$，则 CaS 是稳定的，否则，将逐渐被氧化。将此结果近似推测至钢液，如钢中硫活度在 0.1 ~ 0.001 之间，对应的氧活度必须低于 $(0.09 \sim 3.0) \times 10^{-3}$ 之间。可见只有钢液充分脱氧的情况下 CaS 才稳定。

在 CaS 中，S 离子的半径大于 Ca^{2+} 离子，$r_{S^{2-}} = 0.185nm$，而 $r_{Ca^{2+}} = 0.099nm$，为此，正离子的迁移也须加以考虑。

CaS 经掺杂有三价或四价正离子的硫化物后，可以增加离子电导率，被掺杂的硫化物有 Y_2S_3，La_2S_3，ZrS_2，TiS_2 等，以掺杂 Y_2S_3 为例，通过如下反应可以提高 Ca^{2+} 离子空位的浓度

$$Y_2S_3 + 3Ca_{Ca} = 2Y_{Ca}^{\cdot} + V_{Ca}'' + 3CaS$$

这种假设的正确性被掺杂 1% Y_2S_3 的 CaS 的电导率的测定所证明，电导活化能为 0.45eV。Y_2S_3 掺杂的 CaS 的电导率服从以下方程关系式

$$\sigma = 4.1 \times 10^{-4}\exp(-0.45/kT)$$

纯 CaS 和 CaS（1% Y_2S_3）的电导率与温度和气相 p_{S_2} 的关系分别示于图 15-2 和图 15-3[6]。由图可看出，在 725℃ 下对纯 CaS 在 $p_{S_2} \leqslant 10^{-1}$Pa 或对 CaS(1% Y_2S_3) p_{S_2}

≤1Pa 时，电导率与 p_{S_2} 无关，证明离子导电占优势，而在 p_{S_2} 较高时，则产生电子空位导电。

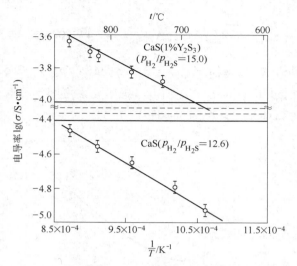

图 15-2　CaS 及 CaS(1% Y$_2$S$_3$)的电导率与温度的关系

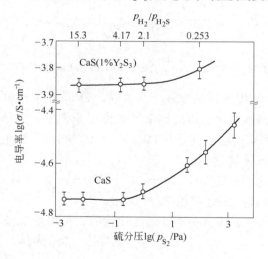

图 15-3　725℃下，CaS 及 CaS(1% Y$_2$S$_3$)的电导率与 p_{S_2} 的关系

可用固体电解质电动势方法求得 CaS 及掺杂后电解质电子空位导电特征分压 $p_{h \cdot (S_2)}$，所依据的计算公式为

$$E = \frac{RT}{F} \ln \frac{(p_{S_2}^{\text{II}})^{\frac{1}{4}} + p_{h \cdot}^{\frac{1}{4}}}{(p_{S_2}^{\text{I}})^{\frac{1}{4}} + p_{h \cdot}^{\frac{1}{4}}}$$

由实验结果知，Ⅳ类 d 副族硫化物掺入 CaS 后，p_h 很小，即电子空位导电性小。以 CaS 为电解质组成了下列硫浓差电池

$$H_2\text{-}H_2S \mid CaS \mid Mo, MoS_2$$

$$Cu, Cu_2S \mid CaS \mid Mo, MoS_2$$

$$Cu, Cu_2S \mid CaS \mid Pb, PbS$$

$$Cu, Cu_2S \mid CaS \mid Fe, FeS$$

15. 1. 2 硫传感器

因为 MnS、FeS 的熔点低等，故硫可以使钢铁材料的性能劣化。高质清洁钢必须为低硫钢。

成田贵一等人[2] 曾用 CaS 或 CaS 分别掺杂 La_2S_3，Cr_2S_3，ZrS_2，HfS_2，TiS_2 等制成硫化物固体电解质，组成如下形式的电池

$$M \mid p_{S_{2(\text{参比})}} \mid \text{硫化物电解质} \mid [S]_{Fe} \mid M$$

测定碳饱和铁液中的 a_S。

高温时电解质的明显电子导电性和易氧化性限制了其应用。

D. Gozzi 等人[3] 用 $Ca\text{-}\beta''\text{-}Al_2O_3 \longleftrightarrow Ca^{2+}$ 离子导电固体电解质和兼含钙与硫的化合物 CaS 组成复合电解质，将硫传感器组装成 Ca 浓差电池，间接测定碳饱和铁中的硫活度。经实验比较，选用 Nb，NbO 作为参比电极较合适，电池形式为

$$M \mid Nb, NbO \mid Ca\text{-}\beta''\text{-}Al_2O_3\text{-}CaS \mid [S]_{Fe} \mid C \mid M$$

在电解质和熔铁界面，钙的化学位被待测定的硫的化学位所固定；在电解质和参比电极界面，钙的化学位被参比电极氧的化学位所固定。电极和电池反应为：

电池左侧界面

$$NbO_{(s)} = Nb_{(s)} + \frac{1}{2}O_2$$

$$Ca^{2+} + 2e + \frac{1}{2}O_2 = CaO(Ca\text{-}\beta''\text{-}Al_2O_3)$$

电池右侧界面

$$CaS_{(s)} = Ca^{2+} + 2e + [S]_{Fe}$$

电池反应为

$$NbO_{(s)} + CaS_{(s)} = Nb_{(s)} + [S]_{Fe} + CaO(Ca\text{-}\beta''\text{-}Al_2O_3)$$

反应的 ΔG 为

$$\Delta G = -2FE = \Delta G^{\ominus} + RT\ln a_{CaO}a_S$$

式中，a_{CaO} 是 $Ca\text{-}\beta''\text{-}Al_2O_3$ 中 CaO 的活度；a_S 为待测 Fe 液中硫的活度，反应的

$\Delta G^{\ominus}$ 可由以下诸反应

$$[Ca]_{Fe} + [O]_{Fe} = CaO_{(s)}$$

$$CaS_{(s)} = [Ca]_{Fe} + [S]$$

$$\frac{1}{2}O_2 = [O]_{Fe}$$

$$NbO_{(s)} = Nb_{(s)} + \frac{1}{2}O_2$$

的 $\Delta G^{\ominus}$ 求得。

　　CaS 在含氧钢液中的稳定性，由以下反应

$$CaS_{(s)} + [O]_{Fe} = CaO_{(s)} + [S]_{Fe}$$

的平衡决定。如果 $a_S/a_O > \exp\left(\dfrac{-\Delta G^{\ominus}}{RT}\right)$，CaS 将要转变成 CaO，见图 15-4，平衡时，a_S/a_O 与温度的方程关系为

$$\lg a_S/a_O = 5692/T - 1.5974$$

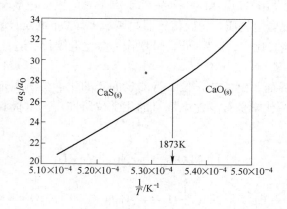

图 15-4　液态 Fe 中 CaO-CaS 的稳定区

由图知，在 1873K，如果铁液中 $a_S/a_O > 27.6$，CaS 是稳定的。据此，在铁液或钢液中使用含有 CaS 的硫传感器以前，必须考虑熔体的 a_O 值，以防止 CaS 被氧化。

　　在所有的情况下，硫分压都位于电解质开始电子空位导电的极限之下。有研究者将 CaS 复合在 Ca-β″Al$_2$O$_3$ 中以期望减缓 CaS 的氧化速度，但其活度仍为 1。

　　Ca-β″-Al$_2$O$_3$ 由纯 CaO 和 Al$_2$O$_3$ 直接合成法制得。与 CaS 粉末混磨后，等静压法压制成片状，封于刚玉管底部。参比电极压成薄片，置于复合电解质片上部，再填充一些 Ca-β″-Al$_2$O$_3$ 及 Nb 和 NbO 混合粉末，再置一层 α-Al$_2$O$_3$ 粉，管

顶部放置一层石墨粉作为氧捕获剂。

实验在碳管炉中 3kg 的碳饱和铁液中进行，实验结果呈现一定规律性。本科研组用 $ZrO_2(MgO)$ 作为底衬材料，上面覆盖一层 $CaS(Y_2S_3)$，用等静压方法压成小管，制得的硫传感器对磷饱和铁液中 a_S 的测定得到规律性的结果。

15.2 磷传感器

W. A. Fischer 和 D. Janke[1] 早在 1966 年就报道了用磷酸钙作为固体电解质的磷传感器，测定了 1650℃下铁熔体中磷的活度，电池形式为

$$Pt \mid Fe-P \text{ 熔体} \mid CaO + 4CaO \cdot P_2O_5 \mid Pt-P \text{ 熔体} \mid Pt$$

假定电池反应为

$$[P]_{Fe-P} == [P]_{Pt-P}$$

又假定 Pt-P 熔体中磷的活度为 1，如此，铁熔体中磷活度可由测得的电动势经下式算得

$$\lg a_{P[Fe-P]} = \frac{5FE}{2.303RT}$$

在磷含量为 0.06%~8% 范围内呈现规律性，但这个电池也可以看做氧浓差电池。进一步又研究了磷酸三钙 $3CaO \cdot P_2O_5(Ca_3(PO_4)_2)$ 作为固体电解质的磷或氧传感器，但没有得到可以用于磷传感器的确证。

D. J. Fray 报道[4] 可用 $Ca-\beta-Al_2O_3$ 作为基体，外涂敷一层 $Ca_3(PO_4)_2$ 构成辅助电极型磷传感器。基于在含磷金属熔体中，$Ca_3(PO_4)_2$ 和熔体中的磷、氧、钙存在以下平衡关系

$$Ca_3(PO_4)_{2(s)} == 3(Ca) + 2[P] + 8[O]$$

$$K = \frac{a_{Ca}^3 a_P^2 a_O^8}{a_{Ca_3(PO_4)_2}}$$

$a_{Ca_3(PO_4)_2} = 1$，K 可由反应的 $\Delta G^\ominus$ 求得，如果固定了熔体中的 a_O，又测得 a_{Ca}，即可计算 a_P。对用某种金属脱氧的金属熔体，待脱氧平衡时，熔体的 a_O 可由热力学数据算出或由氧传感器测得。用这种方法曾研究了铝液和铜液中的磷含量[54]。

康雪、王常珍等分别用 Y，YP 和 Sn-P 合金作为参比电极研究了碳饱和铁液中（工业上为生铁液）磷传感器[5]。

（1）用 Y，YP 作为参比电极。电池形式为

$$Mo \mid Y,YP \mid 4CaO \cdot P_2O_5 + CaO \mid [P]_{Fe} \mid Mo \text{ 金属陶瓷}$$

参比电极 $\quad P_{2(YP)(g)} - 10e == 2P^{5+}$

待测电极 $\quad 2P^{5+} + 10e == P_2([P]_{Fe})_{(g)}$

电池反应 $\qquad$ $P_{2(YP)_{(g)}} = P_2([P]_{Fe})_{(g)}$

电池电动势表示为 $\qquad$ $E = \dfrac{RT}{10F} \ln \dfrac{P_{2(YP)_{(g)}}}{P_2([P]_{Fe})_{(g)}}$

已知 $\quad YP_{(s)} = Y_{(s)} + \dfrac{1}{2} P_{2(g)} \quad \Delta G^{\ominus} = 480740.5 - 95.73T$ （J/mol）

由此根据电动势值可求不同温度下的 $P_{2[P]_{Fe}}$，因为磷在碳饱和铁液中的溶解自由能未见文献报道，所以用 $P_{2(g)}$ 表示 $P_2([P]_{Fe})_{(g)}$。

（2）用 Sn-P 合金作为参比电极。电池形式为

$Mo \mid [P]_{Sn} \mid 4CaO \cdot P_2O_5 + CaO \mid [P]_{Fe} \mid Mo$ 金属陶瓷

参比电极 $\qquad$ $[P]_{Sn} - 5e = P^{5+}$

待测电极 $\qquad$ $P^{5+} + 5e = [P]_{Fe}$

电池反应 $\qquad$ $[P]_{Sn} = [P]_{Fe}$

因为 a_P 和 $[P]$ 的数据关系不知，所以此处用电池电动势 E-5[P] 关系表示。

用 Y，YP 合金作为参比电极的磷传感器的数据出现好的规律性，而用 SnP 的数据稍差。

15.3 氮化物导体和氮传感器

15.3.1 氮化物的性质

氮化物在高温时易氧化。由于组成氮化物的两元素的电负性差小于 2.0，O. Kubaschewski 曾指出 "找到适于电动势测量的氮离子导体的希望是很小的"。

AlN 曾被试用于作为氮离子导体来研究，在高温一定的 p_{O_2} 下 AlN 将按下式发生氧化反应

$$2AlN + \frac{3}{2} O_2 = Al_2O_3 + N_2$$

W. A. Fischer 等人发现 AlN 离子导体电池在通有纯 N_2 的炉子中试验 1h 后，在 AlN 离子导体上可看到厚约 1mm 的白色表面层，说明 AlN 被氧化。AlN-Al_2O_3 相图示意于图 15-5。

15.3.2 氮传感器

在微合金化钢中，用周期表中某些Ⅳ、Ⅴ类副族元素氮化物的高熔点性质作为二次相析出，控制钢的弥散强化，为此需知钢液中氮的含量以决定合金元素的加入量。

洪彦若、李福燊等人[6]用 $\beta Al_2O_3 + \alpha\text{-}Al_2O_3 + AlN$ 三相混合物作为电解质，其组成为 $(1.2 + 0.1x)Na_2O \cdot (11 - 0.5x)Al_2O_3 \cdot xAlN$，$x = 2 \sim 2.6$，用 Mo，MoO

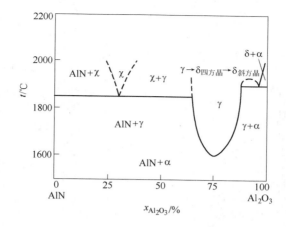

图 15-5　AlN-Al$_2$O$_3$ 相图（略图）[6]

作为参比电极，Mo 金属陶瓷作为钢液电极引线。

电池反应为

$$4AlN_{(s)} + 3MoO_{2(s)} \Longrightarrow 4[N]_{合金} + 2Al_2O_{3(s)} + 3Mo_{(s)}$$

$$E = -\frac{\Delta G^{\ominus}}{12F} - \frac{RT}{3F}\ln a_{[N]}$$

实验求得了合金熔体中氮的活度和温度的关系，呈现较好的规律性。

15.4　碳传感器

由于在高温下碳化物的高电子导电性和易氧化性，所以不能用作固体电解质来制作碳传感器。

在顶底吹转炉吹炼时，当[C] > 0.1% ~ 0.2% 时，可由 C-O 平衡关系推出碳含量

$$[C] + [O] \Longrightarrow CO$$

$$K = \frac{p_{CO}}{a_C a_O}$$

K 由反应的 $\Delta G^{\ominus}$ 求出，如固定 p_{CO} 值，测得 a_O，即可算出 a_C。

D. Janke 等人用塞式 ZrO$_2$(CaO)-ThO$_2$(Y$_2$O$_3$) 双电解质，Cr + Cr$_2$O$_3$ 作为参比电极，纯 CO 作为辅助电极，组成碳-氧传感器，测定了 Fe-O-C 熔体中碳的含量和 a_O 的关系，实验结果呈现较好的规律性。传感探头示意图和实验结果分别见图 15-6 和图 15-7。碳含量的计算公式为

$$[C] = a_O^{-1} E \exp(\Delta G^{\ominus}_{CO}/RT) f_C^{-1} p_{CO}$$

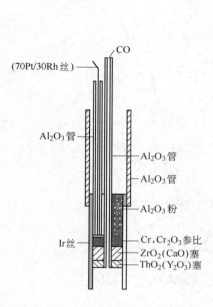

图 15-6　碳-氧传感器示意图

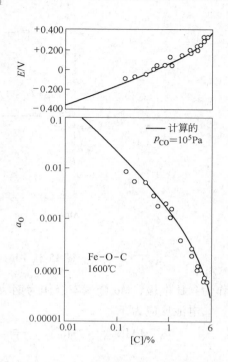

图 15-7　1600℃，用碳-氧传感器对
Fe-O-C 体系的测定结果

应提及的是，利用电池电动势的传感法对元素浓度高的测定常不灵敏，有研究者建议可用库仑电流测量法（该法需用直流电源）。

15.5　硅传感器[7~15]

现代对钢铁冶炼要求高质量、低成本、成分稳定，因此，钢铁冶炼要一体化考虑，在铁水部分要求将 Si 降至一定水平，高炉铁水含硅量一般在 0.3% ~ 1.5% 内。研究和生产经验表明，铁水硅含量在 0.2% ~ 0.4% 内能满足转炉吹炼的热量要求[6]，且渣量少。因此，铁水要进行炉外脱硅的预处理。用 Si 传感器可以准确、快速测出硅含量，以实现脱硅、脱磷过程的连续在线控制。

下面分述几种 Si 传感器。

15.5.1　以 SiO_2-CaF_2 为辅助电极的硅传感器

将辅助电极覆盖在 $ZrO_2(MgO)$ 固体电解质表面，其余步骤和制作氧传感器探头相同。参比电极可采用 Cr，Cr_2O_3 或 Mo，MoO_2，金属熔体电极引线用 Mo 或 Fe，电池形式为

$$Mo \mid Cr, Cr_2O_3 \mid ZrO_2(MgO) \mid SiO_2 \mid [Si]_{Fe}\; Fe \text{ 或 } Mo$$

反应为
$$[Si]_{Fe} + 2[O]_{Fe} \Longrightarrow SiO_{2(s)}$$

$[Si]_{Fe}$ 和 $[O]_{Fe}$ 在固体电解质界面达到平衡，固体电解质界面的 a_O 受 a_{Si} 制约。SiO_2 以纯物质作标准态，活度为 1，所以反应的平衡常数为
$$K = \frac{1}{a_{Si}a_O^2}$$

而
$$\Delta G^\ominus = -RT\ln K$$

a_{Si} 和 a_O 皆以 1% 作为标准态，Si 和 O 的标准溶解自由能可取为

$$Si_{(l)} \Longrightarrow [Si]_{Fe(1\%)} \quad \Delta G^\ominus = -119130 - 25.45T$$

$$\frac{1}{2}O_2 \Longrightarrow [O]_{Fe(1\%)} \quad \Delta G^\ominus = -117040 - 2.88T$$

如此可求得 K_O，根据氧浓差电池电动势可计算 a_O，由上式关系可求出 a_{Si}。

实验发现[7]，如直接将 SiO_2 粉加有机黏结剂的水溶液调成糊状，涂在固体电解质表面并烘干，在使用时，$[Si]_{Fe}$ 和 $[O]_{Fe}$ 之间由于固体电解质的 O^{2-} 离子运动受阻，难以达到平衡，得不到稳定电动势值。

由 SiO_2-CaF_2 相图（见图 15-8）得知，SiO_2-CaF_2 体系在钢铁冶炼温度，有一较宽广的 $SiO_{2(s)}$ + 熔体区，利用此点，可将 SiO_2 粉和一定比例 CaF_2 粉混合，制成涂层，使其在使用温度有液相生成，以有利于 O^{2-} 离子的迁移。涂层制备方法为将混合料加有机黏结剂（如聚乙烯醇水溶液）调成糊状，均匀涂在固体电解质管表面，室温阴干 24h，80℃烘干 48h，1200℃ Ar 气氛下烧 30min 制成。制备好的涂层，表面呈均匀白色。

将 Si 传感器插入铁水后，固体电解质表面按相平衡规律形成 $SiO_{2(s)}$ 和液相，

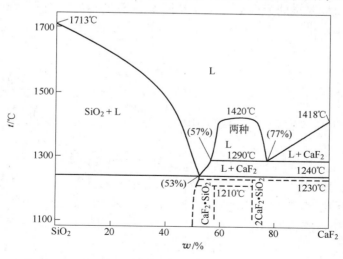

图 15-8 SiO_2-CaF_2 体系相图

因有液相存在，可促进固体电解质界面氧离子迁移，而实现 $[Si]_{Fe} + [O]_{Fe} =$ $SiO_{2(s)}$ 的平衡建立和 Si 的传感。

日本钢铁株式会社[1]和雀部实[8]等测得 SiO_2，CaF_2 辅助电极，含 $CaF_2$15% 的辅助电极，效果最佳。Si 传感器和氧传感器（固体电解质表面未涂 SiO_2 + CaF_2）同时浸入铁液后所得温度、电池电动势和响应时间的图形见图 15-9。两种传感器的响应时间皆在 10s 之内，氧传感探头的电动势值没有 Si 传感探头的电动势值稳定，说明铁液含氧量有微弱波动，而 Si 传感探头测的是在固体电解质界面建立 $[Si]_{Fe} + 2[O]_{Fe} = SiO_{2(s)}$ 平衡关系下的 a_O，所以电动势稳定。

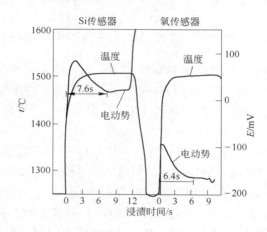

图 15-9　Si 传感器和氧传感器电动势测定图形

（铁水含 Si 0.17%，铁水含 C 4.6%）

用 Si 传感器测定的为由氧活度计算而得的 Si 的活度，而实际操作者需要管理的为 Si 的浓度，所以需要换算。
已知

$$a_{Si} = f_{Si}[Si]$$

$$\lg f_{Si} = e_{Si}^{Si}[Si] + \sum_j (e_{Si}^j[j])$$

式中，e_{Si}^j 为 Si 和溶质元素 j 的相互作用系数。

由 Si 传感器测定的 Si 活度所计算得到的 Si 浓度和用化学分析法测定的 Si 浓度的关系见图 15-10，两者符合得较好，说明 Si 传感器测量准确。

根据回归分析所求得的电池电动势和 [Si] 的关系如下

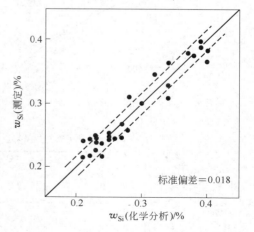

图 15-10　两种方法测定 Si 浓度比较

$$E = -0.0053\lg[Si] + 0.00088T - 0.97$$

Si 传感器在脱硅槽的插入位置如图 15-11 所示。使用 Si 传感器以后,脱硅剂的投射量明显低于使用 Si 传感器以前,比较见图 15-12。使用 Si 传感器后,脱硅剂的减少量为 11.5kg/t 铁水。汤道耐火材料寿命延长,热源得到保障,使继后的脱磷反应效率提高。

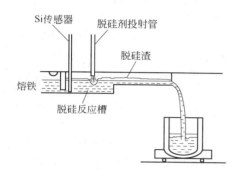

图 15-11　Si 传感器的插入位置

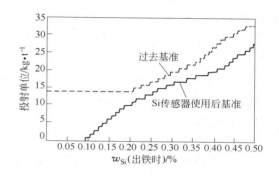

图 15-12　Si 传感器使用前后
脱硅剂的投射基准的比较

下面讨论铬铁中 Si 的传感测定。

用电炉冶炼铬铁时,掌握矿石的还原状况和脱硫处理,需迅速测定 Si 的浓度。测定在熔体流出除渣后进行,温度为 1550 ~ 1640℃ 范围之间。据文献[1]报道,用含 15% CaF_2 的 SiO_2-CaF_2 涂层的硅传感器测得铬铁液中的硅含量也与化学分析结果符合得较好,所测得的硅含量与电动势和温度的关系为

1600℃ 以上　　$\lg[Si] = -0.01139E + 0.00201T - 4.11$

1600℃ 以下　　$\lg[Si] = -0.00977E + 0.00050T - 0.065$

铬铁的化学成分见表 15-1。

表 15-1　铬铁的化学成分

元　素	Cr	Fe	C	Si	S	P
质量分数/%	55 ~ 56	33	7.5 ~ 8.3	1.3 ~ 4.5	0.01 ~ 0.04	0.03

用 SiO_2-CaF_2 作为辅助电极的 Si 传感器为一次性的,用后涂层全部剥落。

15.5.2　以 ZrO_2 + $ZrSiO_4$ 为辅助电极的硅传感器

M. Iwase[9] 研究的 Si 传感器的电池形式为

Mo | Mo,MoO_2 | ZrO_2(9% MgO(摩尔分数)) | ZrO_2 + $ZrSiO_4$ | $[Si]_{Fe}$ | Fe 或 Mo

在 ZrO_2 基电解质,辅助电极和液体铁三相界面有如下反应

$$[Si]_{Fe} + 2[O]_{Fe} = SiO_{2(ZrSiO_4)}$$

$$ZrO_{2(s)} + [Si]_{Fe} + 2[O]_{Fe} = ZrSiO_{4(s)}$$

$$K = \frac{1}{a_{Si}a_O^2}$$

K 可由反应的 $\Delta G^{\ominus}$ 求得，所以测得 Si 传感器的 a_O，即可求得 a_{Si}，使用与 SiO_2 + CaF_2 辅助电极的 Si 传感器同样的方法可求出 Si 的浓度。

测定中所用电解质管的规格为 ϕ（外径）5mm × ϕ（内径）3.5mm × l（长）50mm，m_{Mo} : m'_{MoO_2} 为 4 : 1。辅助电极 ZrO_2 和 $ZrSiO_4$ 按 1 : 1（质量比）混合，加有机黏结剂调成厚糊状，以直径 2 ~ 3mm，厚约 1mm 斑点形式贴在电解质管外表面，覆盖面积约为管面积的 60% ~ 70%，室温阴干后，在 1725K 空气气氛中烧结 20h。

实验熔体为碳饱和铁，实验条件为 1723K，Ar 保护。Si 传感探头插入 Fe-C 熔体后，10 ~ 40s 出现稳定电动势值，3min 后电动势值持续保持稳定。此种传感器曾在几个工厂试用，但使用结果未见报道。

有报道用 ZrO_2（7% MgO（摩尔分数））固体电解质，外涂斑点状 ZrO_2，SiO_2，Na_2O 作为辅助电极，在 1450℃烧 24h。实验在感应炉中进行，Si 传感器插入后，响应时间 15s，提起后冷却，再插入时响应时间缩短。一个 Si 传感探头可使用两次。

洪彦若等人[10]采用 ZrO_2（MgO）固体电解质管，ZrO_2，$ZrSiO_4$ 为辅助电极，斑点涂敷。Mo，MoO_2 为参比电极，Mo 和 Mo-ZrO_2 金属陶瓷分别作为参比电极和金属液中的电极引线，组成 Si 传感器。在实验室中试验的响应时间约 10s；工厂铁水流槽试验，测试成功率达 90% 以上。涂敷斑点的牢固程度为测试是否成功的主要原因。

D. Janke[16]用 ZrO_2 + $ZrSiO_4$ 为辅助电极，采用斑点状涂敷，螺旋状涂敷，实验发现，无论用一般人工涂敷或火焰喷涂，1600℃下 Fe-O-Si 熔体 Si 含量的测定结果，与热力学计算值相比多有偏离。如采用图 15-13 所示的塞式 Si 传感器，将辅助电极材料涂敷在固体电解质棒下端刚玉管的内侧，对 Si 含量的测定结果与热力学计算值很好地符合。1550℃ Fe-O-Si 和 Fe-Cr（10%）-O-Si 熔体的试验结果分别示于图 15-14 和图 15-15。连续添加 Si 时的响应曲线见图 15-16，由图可知曲线呈现很好的灵敏性、稳定性和规律性。

由 D. Janke 的研究结果可知，塞式 Si 传感探头，由于辅助电极涂于刚玉管内部，免除了熔体的冲刷，不脱落，所以能稳定建立电动势值。

K. Gomyo 等人[12]也对用 ZrO_2，$ZrSiO_4$ 辅助电极的硅传感器进行了研究。针对存在的问题，K. Gomyo 和 M. Iwase 等人[13]研究了 ZrO_2，$ZrSiO_4$，$Na_2Si_2ZrO_7$ 为辅助电极的硅传感器，K. T. Jacob 等人研究了 CaO-SiO_2-ZrO_2 体系的相间关系，

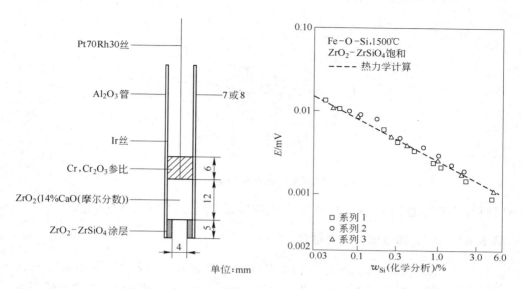

图 15-13 塞式 Si 传感器探头示意图

图 15-14 1550℃，Fe-O-Si 熔体 Si 测定值与热力学计算值的比较

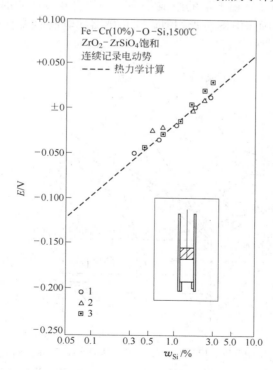

图 15-15 1550℃，Fe-Cr(10%)-O-Si 熔体 Si 测定值与热力学计算值的比较

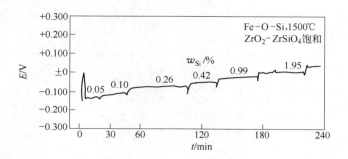

图 15-16　连续添加 Si 时的响应曲线

以便为 ZrSiO₄ 能否与 ZrO₂(CaO)固体电解质处于热力学平衡加以说明。

15.5.3　三相固体电解质硅传感器

A. McLean，M. Iwase 等人[14]根据 ZrO₂(MgO)固体电解质的性质和制作 Si 传感器的要求在配料时掺入 SiO₂。根据 ZrO₂-MgO-SiO₂ 三元相图在钢、铁冶炼温度范围的相关系（见图 15-17）选择成分，因此选择立方型 ZrO₂-MgO 固溶体、四方晶 ZrO₂ 和 Mg₂SiO₄ 三相平衡的组成作为三相固体电解质的成分。电解质管的制备和 ZrO₂(MgO)固体电解质管相似。Si 传感器的电池形式为

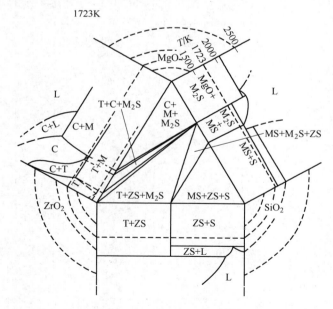

图 15-17　1723K 左右，ZrO₂-MgO-SiO₂ 三元相图

C—Cubic ZrO₂；M₂S—2MgO·SiO₂；M—MgO；MS—MgO·SiO₂；

T—四方晶 ZrO₂；ZS—ZrO₂·SiO₂；S—SiO₂；L—液体

$$Mo \mid Mo, MoO_2 \mid 三相 ZrO_2 基固体电解质 \mid [Si]_{Fe} \mid Mo$$

电解质中三种成分的活度，在一定温度下为一定值。

三相电解质和熔铁界面的平衡关系为

$$2MgO_{(三相电解质)} + [Si]_{Fe} + 2[O]_{Fe} \Longrightarrow 2MgO \cdot SiO_{2(s)} \tag{15-1}$$

$MgO \cdot SiO_2$ 为纯物质，活度为 1，所以反应的平衡常数为

$$K = \frac{1}{a_{MgO}^2 a_{Si} a_O^2} \tag{15-2}$$

K 由反应的 $\Delta G^\ominus$ 可求，a_O 由电池电动势

$$E = \frac{RT}{F} \ln \frac{p_{O_2(参比)}^{\frac{1}{4}} + p_{e'}^{\frac{1}{4}}}{p_{O_2(Fe)}^{\frac{1}{4}} + p_{e'}^{\frac{1}{4}}} \tag{15-3}$$

再结合氧的溶解自由能可求得。如 a_{MgO} 已知，则 a_{Si} 也可求得。

$$lg a_{Si} = lg[Si] + \sum e_{Si}^j [j] \tag{15-4}$$

若 a_{MgO} 不知，可根据 E 和 $lg[Si]$ 关系绘图，由此可由 E 求 $[Si]$。

A. McLean，M. Iwase 等人[14]将这种 Si 传感器用于测定电磁钢熔体中的 Si，钢的化学成分（%）为：C 0.02；Si 0.08 ~ 3.6；Mn 0 ~ 0.7；Ni 0.02；Co 小于 0.02。Si 传感探头不经预热直接插入感应加热的 1873K 电磁钢熔体中，电解质管开裂，说明抗热震性差。为此，研究者改用 ZrO_2（MgO）电解质管，外涂一层三相固体电解质（厚度小于 5μm），制成两层三相固体电解质 Si 传感器，直接插入电磁钢液中，不开裂。实验测得对含 Si 0.37% 的熔体，电动势的重现性为 ± 3mV；对含 Si 2.3% 的熔体，电动势的重现性为 ±2mV。

将此传感器用于 1723K 和 1823K 的高炉铁水（含 4% ~ 5% C，0.15% ~ 1.5% Si），研究者发现硅含量小于 0.2% 时，测定结果有偏差，因为发生电解质中 SiO_2 被 C 还原的反应，反应如下

$$SiO_{2(三相电解质)} + 2[C]_{Fe} \Longrightarrow 2CO + [Si]_{Fe} \tag{15-5}$$

结果使电解质和熔铁相界的 Si 浓度增加，造成误差。但对于电磁钢，一般碳浓度小于 0.1%，所以无此误差，可应用的硅浓度范围为 0.06% ~ 3.6%。

15.5.4　莫来石（mullite）固体电解质硅传感器

ZrO_2 基的 Si 传感器可用于铁水脱硅预处理，控制脱硅剂的加入量等，但需要对固体电解质电子导电性的影响给予修正。由于莫来石含有 SiO_2，且电子导电性远小于 ZrO_2 基电解质，在高温低氧情况下可以不对电子导电进行修正[16]，所以可用于 Si 传感器的固体电解质。

莫来石的分子式用复合氧化物的形式可表示为 $3Al_2O_3 \cdot 2SiO_2$。实际上其化

学组成在一较宽的范围变化（59%～62% Al_2O_3（摩尔分数），依温度而定）。图
15-18 为两种 Al_2O_3-SiO_2 体系相图，两个图在高温区莫来石固溶体范围有差异，
但在钢铁冶炼温度相近。

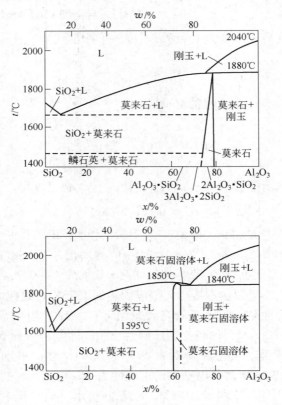

图 15-18　Al_2O_3-SiO_2 体系相图[17]

H. Suito 等人报道了用莫来石固体电解质氧传感器可测定铁液中的低氧活
度[18]，又报道了用莫来石作为固体电解质，可组成 Si 或 Al 传感器测定金属熔体
中硅或铝的活度[19]。硅传感器的电池形式为

$$Mo\,|\,Cr,Cr_2O_3\;或\;Mo,MoO_2\,|\,莫来石电解质\,|\,[Si]_{Fe}\,|\,Mo$$

在含 Si 的金属熔体和莫来石界面建立如下的平衡关系

$$[Si]_{Fe} + 2[O]_{Fe} \Longrightarrow SiO_{2(莫来石)} \tag{15-6}$$

$$K = \frac{a_{SiO_2}}{a_{Si}a_O^2} \tag{15-7}$$

K 可由反应的 $\Delta G^{\ominus}$ 求出，测得 a_O，又知 a_{SiO_2}，就可计算出 a_{Si}，进一步可计
算 $[Si]$，计算方法同上诸例。

对于超过莫来石固溶体区，SiO_2 含量过剩的莫来石，SiO_2 和莫来石共存，$a_{SiO_2} = 1$。对于固溶体区莫来石或 Al_2O_3 过剩的莫来石，可按下面的方法求其中的 a_{SiO_2}。

H. Suito 等人[18] 配制了三种组成的莫来石固体电解质：符合理论组成的，$x_{Al_2O_3}/x_{SiO_2} = 1.50$；$SiO_2$ 过剩的，$x_{Al_2O_3}/x_{SiO_2} = 1.16$；$Al_2O_3$ 过剩的，$x_{Al_2O_3}/x_{SiO_2} = 1.71$，分别用 Cr，$Cr_2O_3$ 作为参比电极，组成 Si 传感器。

实验温度 1823K，用 Fe-Si 合金于具有密封装置的电阻炉中 Ar 气氛下进行熔体的传感测硅试验。将三种组成的几支莫来石 Si 传感探头预先由炉顶塞孔插入，在坩埚上端随炉预热，待达到实验温度，熔体组成均匀后，将三种 Si 传感探头中的一个插入熔体测定电池电动势，待得到稳定值后，提起离开液面，插入第二种 Si 传感探头，测完后再插入第三种 Si 传感探头，循环插入，测定不同 Si 含量的 a_O，以计算 a_{Si}。

a_{SiO_2} 的计算原理和公式为：

（1）对于莫来石富 SiO_2 传感探头，有如下界面平衡反应

$$[Si]_{Fe-Si} + 2[O]_{Fe-Si} = SiO_{2(富SiO_2)}$$

因为 $a_{SiO_2} = 1$，所以

$$K = \frac{1}{a_{Si} a_O^2}$$

（2）对于理论组成莫来石传感探头，界面平衡反应为

$$[Si]_{Fe-Si} + 2[O]_{Fe-Si} = SiO_{2(莫来石)}$$

$$K = \frac{a_{SiO_2(莫来石)}}{a_{Si} a_O^2}$$

（3）对于莫来石富 Al_2O_3 传感探头，界面平衡反应为

$$[Si]_{Fe-Si} + 2[O]_{Fe-Si} = SiO_{2(富Al_2O_3)}$$

$$K = \frac{a_{SiO_2(富Al_2O_3)}}{a_{Si} a_O^2}$$

在同一温度下，K 值相等，Si 含量和 Si 活度相同，得

$$\frac{1}{a_{O(富SiO_2)}^2} = \frac{a_{SiO_2(莫来石)}}{a_{O(莫来石)}^2}$$

所以

$$a_{SiO_2(莫来石)} = \frac{a_{O(莫来石)}^2}{a_{O(富SiO_2)}^2} = \left(\frac{a_{O(莫来石)}}{a_{O(富SiO_2)}} \right)^2$$

同理，得

$$a_{SiO_2(富Al_2O_3)} = \frac{a^2_{O(富Al_2O_3)}}{a^2_{O(富SiO_2)}} = \left(\frac{a_{O(富Al_2O_3)}}{a_{O(富SiO_2)}} \right)^2$$

实验结果见图 15-19。由图 15-19 可知两种电解质中的 SiO_2 活度与待测定熔体中的 Si 含量无关，说明测定方法可信。计算求得，对于莫来石，1823K 时，a_{SiO_2} = 0.75 ± 0.06；对于富 Al_2O_3 的 SiO_2，a_{SiO_2} = 0.52 ± 0.06，符合理论预计，与图 15-19 箭头所示的热力学计算值较好地吻合。

知道莫来石电解质的 a_{SiO_2}，就可以由这种 Si 传感器测定金属熔体中的 a_{Si}，从而计算［Si］。

关于莫来石 Si 传感器的响应时间和电动势曲线的形式，通过对碳饱和 Fe-Si 合金进行测定示例于图 15-20。图中同时给出用塞式 Si 传感器测得的响应曲线以对比，第一次测定，两种探头的响应曲线很好地符合，第三次插入时，塞式探头得不到稳定电动势值，可能是由于辅助电极层有脱落。

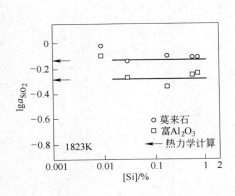

图 15-19 两种电解质中的 a_{SiO_2} 不随熔体硅含量的变化而改变

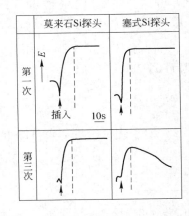

图 15-20 莫来石 Si 传感器对碳饱和 Fe-Si 合金，测定的响应时间曲线示例

实验室研究说明，莫来石 Si 传感探头可能有好的应用前景。只需用莫来石管代替 ZrO_2（MgO）管，其他一切与制作氧传感探头相似，两种管的尺寸也可相同。

15.6 铝传感器

成品钢的清洁度与钢的终脱氧有关，需控制铝的加入量和残余量。铝的快速传感测定很重要，现研究的有三种固体电解质铝传感器。

15.6.1 ZrO_2 基固体电解质铝传感器

用辅助电极法，将 Al_2O_3 涂敷于电解质管的部分表面或用塞式探头。电池形式类似于硅或铬传感探头，根据铝-氧平衡关系计算铝活度。

15.6.2　莫来石固体电解质铝传感器

前曾述及可用莫来石作为电解质制作 Si 传感器，根据相同原理可制作 Al 传感器。李光强、H. Suito 等人[17,18]用莫来石作为固体电解质制作了 Al 传感器，电池形式为

$$\text{Mo} \mid \text{Cr, Cr}_2\text{O}_3 \mid 莫来石电解质 \mid [\text{Al}]_{\text{Fe}} \mid \text{Mo}$$

用于研究 Fe-Ni（小于30%）合金中 Al 的活度，实验温度 1873K。

含 Al 的金属熔体和莫来石界面建立了如下平衡

$$2[\text{Al}]_{\text{Fe}} + 3[\text{O}]_{\text{Fe}} \Longrightarrow \text{Al}_2\text{O}_{3(莫来石)}$$

而界面处

$$\frac{1}{2}\text{O}_2 \Longrightarrow [\text{O}]_{\text{Fe}}$$

所以界面的反应也可表示为

$$2[\text{Al}]_{\text{Fe}} + \frac{3}{2}\text{O}_2 \Longrightarrow \text{Al}_2\text{O}_{3(莫来石)}$$

$$K_{\text{Al}_2\text{O}_3} = \frac{a_{\text{Al}_2\text{O}_3}}{a_{[\text{Al}]_{\text{Fe}}}^2 \, p_{\text{O}_2}^{\frac{3}{2}}}$$

金属熔体中 Al 以1%作为标准态，反应的 $\Delta G^{\ominus}$ 和 T 的关系为

$$\Delta G^{\ominus} = -1554000 + 377.6T$$

式中，$\Delta G^{\ominus}$ 的单位为 J/mol，据此可求出 K。

Al 脱氧钢液的氧浓度或 p_{O_2} 很小，所以在此高温低氧情况下，对莫来石电解质也要考虑电子导电的影响，即电池电动势为

$$E = \frac{RT}{F} \ln \frac{p_{\text{O}_2(参比)}^{\frac{1}{4}} + p_{\text{e}'}^{\frac{1}{4}}}{p_{\text{O}_2(待测)}^{\frac{1}{4}} + p_{\text{e}'}^{\frac{1}{4}}}$$

所使用的莫来石经 H. Suito 等人[18]测得

$$\lg p_{\text{e}'} = 59.33 - 137000/T$$

将有关式联合，得到 $a_{[\text{Al}]}$ 为

$$a_{[\text{Al}]_{\text{Fe}}} = \frac{a_{\text{Al}_2\text{O}_3}^{\frac{1}{2}}}{K_{\text{Al}_2\text{O}_3}^{\frac{1}{2}}} \left[(p_{\text{O}_2(参比)}^{\frac{1}{4}} + p_{\text{e}'}^{\frac{1}{4}}) \exp\left(-\frac{FE}{RT}\right) - p_{\text{e}'}^{\frac{1}{4}} \right]^{-3}$$

$a_{\text{Al}_2\text{O}_3}$ 依莫来石组成而变，按前述方法可求。该实验所用为按理论组成制作的莫来石，$a_{\text{Al}_2\text{O}_3} = 0.79$。

莫来石管(5.0mm × (2.4 ~ 3.0)mm × 40mm)由日本 Nikkato 公司购得，用溶胶-凝胶（sol-gel）方法制粉，等静压成型，1923 ~ 1973K，2h 烧成。化学组成为71.8% Al_2O_3，28.1% SiO_2，0.06% TiO_2，小于 0.01% Fe_2O_3，0.04% Na_2O，0.02% K_2O 和 0.04% ZrO_2。同时用 ZrO_2(9% MgO（摩尔分数）)电解质棒(ϕ4mm × 10mm)制成的塞式探头测定熔体中的 a_O。

实验用炉为 $LaCrO_3$ 棒作为发热体，Al_2O_3 刚玉坩埚，熔体成分为 Fe 15.29%，Ni-Al(0.002% ~ 0.84%)，实验在净化的 Ar 气氛下进行。2 ~ 3 个传感探头先置于熔体上方预热 2 ~ 3min，对于每一系列实验，每个传感探头交替插入熔体 3 ~ 5 次，进行电动势测定。

实验结果呈现出规律性，与取样分析结果符合得较好。

用 Al，Zr 等强脱氧剂脱氧时，实验求得的脱氧常数常大于热力学计算值。此因在极稀溶液时原子间碰撞且成核很难。因此，形成脱氧产物需要一定的过饱和度。为了了解脱氧产物或非金属夹杂物的形成机理，了解脱氧产物析出的过饱和度很重要，几个研究者曾对 Al 脱氧的过饱和度进行了研究。

Fe-O-Al 熔体中 Al_2O_3 析出的临界过饱和度的定义为

$$S_{Al_2O_3}^{\circ} = \frac{(a_{[Al]}^2 a_{[O]}^3)_{测量}}{(a_{[Al]}^2 a_{[O]}^3)_{平衡}} = \frac{(a_{[Al]}^2 a_{[O]}^3)_{测量}}{\dfrac{1}{K_{Al_2O_3}}}$$

式中，$K_{Al_2O_3}$ 为反应 2[Al] + 3[O] == $Al_2O_{3(s)}$ 的平衡常数,因诸研究者所用的 $K_{Al_2O_3}$ 不尽相同,所以所求的 $S_{Al_2O_3}^{\circ}$ 也不同。李光强将其按 $\Delta G_{Al_2O_3}^{\ominus}$ = − 1202000 + 386.3T，$lgK_{Al_2O_3}$ = 13.35 进行统一换算后,得诸研究者的 $S_{Al_2O_3}^{\circ}$ 的值在 (1.58 ~ 6.31) × 10^4 间。李光强通过向 Fe-[O]-0.090% [Al] 熔体表面吹 CO_2 或向 Fe-[O]-0.005% [Al]熔体中添加 Fe-Al 合金,分别用氧传感器和 Al 传感器测定氧活度和 Al 活度的方法,测定了 1873K Al_2O_3 从铁液中析出的临界过饱和度,其值为 $lgS_{Al_2O_3}^{\circ}$ = 3.5,即 $S_{Al_2O_3}^{\circ}$ = 3.16 × 10^3,比诸研究者所得 Al_2O_3 析出过饱和度小。

李光强等人还研究了 Fe-(0.0017% ~ 0.41%)Al-M(M = C，Te，Mn，Cr，Si，Ti，Zr 和 Ce)熔体用 Al 脱氧时,合金元素 M 对 Al_2O_3 析出的临界过饱和度的影响[23,24]。对于 Fe-Al-M 熔体(M = C，Te，Mn，Cr 和 Si),随着合金化元素含量的增加,$S_{Al_2O_3}^{\circ}$ 降低,在[M] ≥ 0.2% ~ 0.5%，$\Delta S_{Al_2O_3}^{\circ}$ 接近于 1;对于 Fe-Al-M 熔体(M = Ti，Zr 和 Ce),合金化元素[Ti] = 1.03%，[Zr] = 0.08% 和 [Ce] = 0.07%，$S_{Al_2O_3}^{\circ}$ 都与合金化元素的含量无关,符合理论推论,因为 Ti，Zr，Ce 皆为强脱氧元素。

15.6.3   β-Al_2O_3 固体电解质铝传感器

热镀锌板由于抗腐蚀性强,在自动车及国民经济很多部门需求量很大。在实现自动化生产中，要求镀锌浴温度及化学成分等稳定才能使镀锌层质量稳定。

当钢板热镀 Zn 时，钢板与锌液接触，少量的 Zn 扩散到 Fe 中，形成 α 相，而在 Fe-Zn 的界面上形成 γ 相，Fe 原子通过 γ 相层的扩散而形成 δ 相，少量的 Fe 原子通过 δ 相扩散后，则形成 ζ 相，最外层为纯 Zn 层，所以钢板表面的镀锌层是由不同的相层构成的。在镀锌层的五个相层中，γ 相和 ζ 相质硬而脆，它们显著地降低镀层的塑性。

当向锌液中加入 0.1% ~ 0.2% Al 时，Al 与 Fe 的亲和力较强，而使 Fe 基体表面形成一层很薄的铁铝合金，它可以阻止铁锌合金层的成长，使镀层减少脆性。为此，准确地监测、控制锌液中的铝含量十分重要。

山口周、武津典彦等人[19]研制了适用于热镀锌的 Al 传感器，用 β-Al_2O_3 作为固体电解质，电池形式为

$$Al_{(s)} \; NaCl_{(s)} \; NaCl\text{-}AlCl_{3(1)} \; | \; \beta\text{-}Al_2O_3 \; | \; Zn\text{-}Al_{(1)} \;, NaCl_{(s)} \;, NaCl\text{-}AlCl_3\text{-}ZnCl_{2(1)}$$

β-Al_2O_3 为 Na^+ 离子导体，电池电动势应为

$$E = \frac{RT}{F} \ln \frac{a''_{Na}}{a'_{Na}}$$

电池右侧有 Zn，Al，Na，Cl 四成分，熔盐、NaCl 固相、熔融金属相三个凝聚相共存。根据相律，自由度为 2，因此，当温度一定时，熔融金属中 Al 的浓度就一定；电池左侧为参比电极，有 Al，Na，Cl 三成分，熔盐、NaCl 固相、纯 Al 固相三个凝聚相共存，自由度为 1，温度一定时，熔盐组成则一定。两极各有下列平衡关系

$$Al + 3NaCl_{(s)} \Longleftarrow\!\!\!\Longrightarrow AlCl_3 + 3Na$$

都被固相 NaCl 饱和，NaCl 的活度为 1；$ZnCl_2$ 在 NaCl-$AlCl_3$ 熔盐中的溶解度很小，所以可认为两极熔盐中 $AlCl_3$ 的活度相等，得 $a_{Al} = Ka_{Na}^3$。在相同温度下，两极反应的 K 值相等，所以

$$a_{Al(待测)} = \frac{a^3_{Na(待测)}}{a^3_{Na(参比)}}$$

已知

$$E = -\left(\frac{RT}{3F}\right) \ln \frac{a''_{Al}}{a'_{Al}}$$

参比电极为固态 Al，其活度为 1，所以电池电动势有下面的关系

$$E = \left(\frac{2.303RT}{3F}\right) \lg w_{Al} + 常数$$

由实验结果可计算 w_{Al}。

Al 传感器的构造示意图见图 15-21。NaCl-$AlCl_3$ 熔盐很易吸收空气中的水分而劣化，所以将电池封入石英管内，在使用前，将石英管底部开口处打开，迅速

插入 Zn 溶池。待测极导线用石墨棒，上接 Cu 引线。计算电动势值时应将 Al-石墨所产生的热电势给予修正。

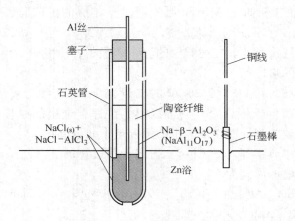

图 15-21   Zn 浴用 Al 传感器的结构示意图

纯 Zn 浴中的 Al 以 Zn-10% Al 合金的形式加入，每添加一次后迅速搅拌，连续测定传感电动势值。对于 Zn-Al 二元系，电动势值随 Al 含量的变化以及电动势与 Al 浓度和温度的关系分别示例于图 15-22 和图 15-23。

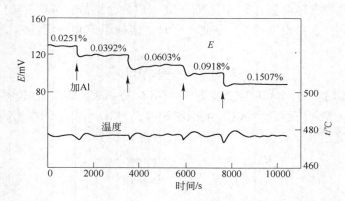

图 15-22   Zn-Al 系的电动势随 Al 含量的变化

450℃时，Fe 在 Zn 液中的最大溶解度为 0.02%，当锌液中 Fe 超过溶解度极限时，Fe 便与 Zn 化合生成 γ，δ 和 ξ 相。

此种 Al 传感器用于新日铁、名古屋热镀锌现场，试验结果和用原子吸收法对 Al 的测定结果相符，一个 Al 探头的寿命约为 7 天。

实验结果说明，该种 Zn 液用的 Al 传感器反应灵敏、稳定，可在线、连续检测 Al 含量和 Al 的热力学行为。

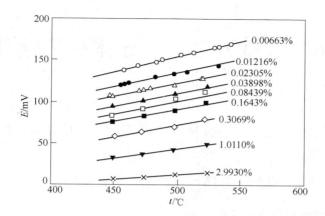

图 15-23 Zn-Al 系的电动势与 Al 浓度和温度的关系

参 考 文 献

[1] Fischer W A, Janke D. 冶金电化学[M]. 吴宣方, 译. 沈阳: 东北工学院出版社, 1991.

[2] 成田贵一, 尾上俊雄, 江上明. 鉄と鋼, 1980(S907): 307.

[3] Gozzi D, Granati P. Metallurgical and Materials Transactions B, 1994(25B): 561.

[4] Fray D J. Solid State Ionics, 1996(86~88): 1045.

[5] 中日钢铁双边会议报告. The 11th China-Japan Symposium on Iron and Steel Technology. Organised by CSM and ISIJ 29~30, 11, 2003, Wuhan.

[6] Hong Y R, Li L S, Li F S. Sensors and Actuators, 1998(53B): 54.

[7] Furuta C, Saito N, et al. Solid State Ionics, 1990(40/41): 796.

[8] 岩崎克博, 妹尾弘己, 雀部实, 等, 日本金屬學會會報, 1988(27): 474.

[9] Iwase M. Scandinavian Journal of Metallurgy, 1988(17): 50.

[10] 黄艳玲, 张千象, 洪彦若. 北京矿冶研究总院学报, 1994(3): 67.

[11] Janke D. Lecture Beijing Universily of Science and Technology, 1990.

[12] Gomyo K, Sakaguchi I. Solid State Ionies, 1990(40/41): 773.

[13] Gomyo K, Sakaguchi I, Iwase M, et al. Iron & Steelmaker, 1991, 18(7): 71.

[14] Gomyo K, McLean A, Iwase M, et al. Solid State Ionies, 1994, 70: 551.

[15] Inoue R, Suilo H. Transactions of the ISS, 1995(4): 51.

[16] Janke D. Solid State Ionies, 1990(40/41): 764.

[17] Li Guangqiang, Inoue R, Suito H. Steel Research, 1996, 12(67): 528.

[18] Li Guangqiang, Suito H. Metallurgical and Meterials Transactions B. 1997(28B): 251.

[19] 山口周, 武津典彦, 木村秀雄. 资源. 素材, 1991 秋季大会 (抽印本): 1~5.

16 氢离子(质子)导体及其应用

本章不讨论含氧酸盐质子导体材料，而讨论钙钛矿型质子导体，其工作温度较高，成型性较好，便于制成器件应用。

16.1 500~1000℃质子导体

16.1.1 发现钙钛矿型质子导体

1981 年 H. Iwahara 等人报道了钙钛矿型(perovskite-type)$SrCeO_3$ 基掺杂 Yb_2O_3 氧化物 $SrCe_{0.95}Yb_{0.05}O_{3-\alpha}$ 在高温含氢或含水蒸气气氛下具有质子导电性，高温质子导电氧化物才被人们所认识。此后，H. Iwahara 等人对这类质子导体氧化物又进行了一系列的研究[1~13]。

最早被研究的氧化物为 $SrCe_{0.95}Yb_{0.05}O_{3-\alpha}$，是将钙钛矿型氧化物 $SrCeO_3$ 中的 5% 的 Ce 用 Yb 取代而成的固溶体。该氧化物是将 CeO_2，$SrCO_3$ 和 Yb_2O_3 三者粉末混合，1300~1450℃空气氛下合成，研磨，再在较高温度烧结而成。

用 $SrCe_{0.95}Yb_{0.05}O_{3-\alpha}$ 作为固体电解质，以不同气体作为电极，Pt 作为电极引线，测定电池电动势。说明只要电极之一或之二有湿气存在，就有明显的电动势值。这用氧离子导电固体电解质的氧浓差电池无法解释，说明 $SrCe_{0.95}Yb_{0.05}O_{3-\alpha}$ 在实验条件下呈现氧离子导电性的可能性极小。$SrCe_{0.95}Yb_{0.05}O_{3-\alpha}$ 作为固体电解质组成电解池。用常压水蒸气供给阳极，Ar 气侧作为阴极，接外电源供给电解池直流电，电流为 0.1~0.8A/cm^2，在 0.4A/cm^2 时直流电压为 0.3V。在 600~1000℃进行电解，用气相色谱仪分析阳极析出气体，证明为氢气，这说明所用的电解质为质子导体。电解池的电流效率为 50%~95%，其值大小取决于电解质的形式和电极情况。电流的损失可能是由电解质的电子空位导电所引起的。

将这种电解池逆向可以作为原电池使用，如水蒸气浓差电池，或组成燃料电池，将 H_2/O_2 的化学能变为电能。

将 $SrCeO_3$ 中分别掺杂 Y，In，Mg，Zn，Nd，Sm 和 Dy 等氧化物制成 $SrCe_{1-x}M_xO_{3-\alpha}$($x=0.05~0.10$)组成的样品，由实验发现和 $SrCeO_3$ 中掺杂 Yb 相似，在高温有水蒸气或氢气存在的情况下皆为质子导体。高于 1000℃将产生质子，氧离子混合导电。用 $BaCeO_3$ 基材料进行实验，也得到相似的结果。两类质子导体可分别用通式 $SrCe_{1-x}M_xO_{3-\alpha}$ 和 $BaCe_{1-x}M_xO_{3-\alpha}$ 表示，式中 M 主要为稀土金属，α 是每一个钙钛矿型氧化物单位晶胞中氧化物离子的空位数。它们的质子电导率在 600～1000℃ 范围为 10^{-3}～10^{-2}S/cm，电导率较高。

SrCeO$_3$ 基和 BaCeO$_3$ 基材料在低于 800℃含 CO$_2$ 的气氛下不稳定，分解为 Sr-CO$_3$ 或 BaCO$_3$ 和 CeO$_2$，这种现象使其在某些方面的实用价值降低。

为了寻求较 SrCeO$_3$ 基和 BaCeO$_3$ 基材料化学稳定性和强度更好的质子导电材料，H. Iwahara 等人进行了一系列的研究，最后发现 CaZrO$_3$ 基用 In，Sc 或 Ga 部分取代 Zr 的固溶体，有质子导电性和较高的化学稳定性及强度。

由阻抗谱的电导率测定实验结果得知，在 CaZr$_{1-x}$M$_x$O$_{3-\alpha}$ 电解质中，在 $x=0.02$～0.10 范围内，材料的电导率随着 x 的增大而增高；在相同 x 值的情况下，掺杂 Sc，In 的材料比掺杂 Ga 的电导率高；在氢气氛下的电导率低于在湿空气气氛下的电导率。

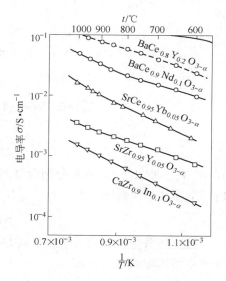

几种钙钛矿型典型的质子导体在氢气氛下电导率的比较示于图 16-1，说明 BaCeO$_3$ 基材料的电导率最高，CaZrO$_3$ 基的最低，但它的优越性在于化学稳定性和机械强度高于前者。CaZrO$_3$ 基陶瓷难溶于强酸中，在 CO$_2$ 气氛下也为稳定的。

最近，A. S. Nowick 和 Du. Yang[14] 报告了一系列新的钙钛矿型质子导体，可用通

图 16-1   几种钙钛矿型质子导体在
氢气氛下的电导率

式 A$_2$(B'B″)O$_6$ 和 A$_3$(B'B″)O$_9$ 表示，式中 A 离子带 2 个正电荷，B′ 和 B″ 对前者带 3 个和 5 个正电荷；对后者带 2 个和 5 个正电荷。例如 Ba$_3$(CaNb$_2$)O$_9$，其导电性和 BaCeO$_3$ 基材料同样高。

16.1.2   钙钛矿型材料产生质子导电的条件

所述的各种产生质子导电的质子导体在原晶格结构中并不含有质子，这些氧化物中的 H$^+$ 离子间接来自于周围的水蒸气或 H$_2$。这些被异价离子掺杂的钙钛矿型氧化物，产生了氧离子空位和电子空位，在有水蒸气或 H$_2$ 存在的情况下，发生了如图 16-2 所示的过程，以 SrCe$_{1-x}$Yb$_x$O$_{3-\alpha/2}\Box_{\alpha/2}$ 为例说明。

在有水蒸气存在的情况下有下列反应的平衡关系存在

$$V_O^{\cdot\cdot} + \frac{1}{2}O_2 \xrightleftharpoons{K_1} 2h^{\cdot} + O_O^x \tag{16-1}$$

$$H_2O + 2h^{\cdot} \xrightleftharpoons{K_2} 2H^+ + \frac{1}{2}O_2 \tag{16-2}$$

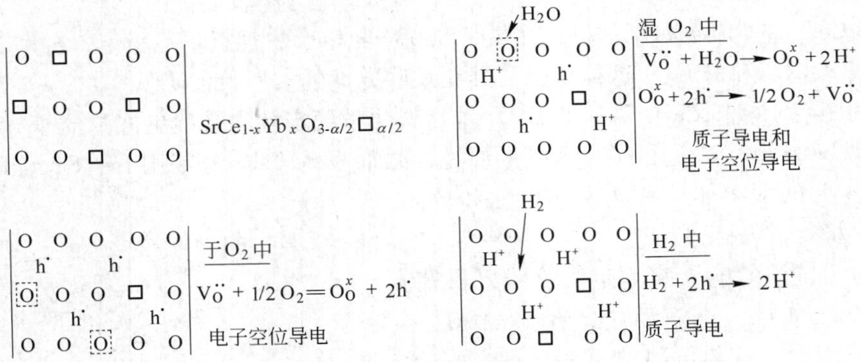

图 16-2　$SrCe_{1-x}Yb_xO_{3-\alpha/2}\square_{\alpha/2}$ 中质子的形成

$$H_2O + V_O^{\cdot\cdot} \underset{}{\overset{K_3}{\rightleftharpoons}} 2H^+ + O_O^x \qquad (16\text{-}3)$$

式中，$V_O^{\cdot\cdot}$，O_O^x，H^+，$h^{\cdot}$ 和 K 分别为氧离子空位、在正常晶格位置的氧离子、质子、电子空位和平衡常数，而

$$K_3 = K_1K_2$$

　　根据热重分析，当质子按上述方程式（16-3）形成时，质子浓度为水蒸气在材料中溶解度的两倍，即

$$[H^+] = 2[H_2O] \qquad (16\text{-}4)$$

测定的质子浓度在 600℃ 时约为 2%～4%（摩尔分数）和 1000℃ 时 0.6%～1.2%（摩尔分数），与用二次离子质谱仪（secondary ion mass spectrometry，SIMS）和 Sieverts 方法测定值相符。

　　以上所讨论的内容可描述质子的溶解机理。假定在 $SrCe_{0.95}Yb_{0.05}O_{3-\alpha}$ 材料中氧离子的活度为 1，按照方程式（16-3），K_3 可表示为

$$K_3 = [H^+]^2/([V_O^{\cdot\cdot}]p_{H_2O}) \qquad (16\text{-}5)$$

考虑了如下的电中性方程

$$[Yb'] = [H^+] + [h^{\cdot}] + 2[V_O^{\cdot\cdot}] \qquad (16\text{-}6)$$

式中，$[Yb']$ 是 Yb 在 Ce 晶格位置上的浓度，如果 $[h^{\cdot}] \ll [H^+]$，则 $[V_O^{\cdot\cdot}]$ 可表示如下

$$[V_O^{\cdot\cdot}] = \frac{1}{2}([Yb'] - [H^+]) \qquad (16\text{-}7)$$

根据实验证明，在空气气氛中仅有少量水蒸气（小于 4×10^3Pa）存在的情况下，$[h^{\cdot}] \ll [H^+]$，将方程式（16-7）中的 $[V_O^{\cdot\cdot}]$ 代入方程式（16-5）中，得到

$$K_3 = [\mathrm{H}^+]^2 / \left[\frac{1}{2} ([\mathrm{Yb}'] - [\mathrm{H}^+] p_{\mathrm{H_2O}}) \right] \quad (16\text{-}8)$$

根据方程式（16-8）计算的 K_3 与实验温度的关系如图 16-3 所示。K_3 随着温度的升高而减小。

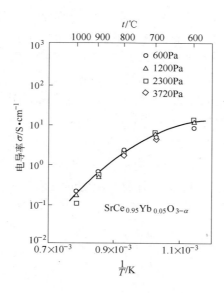

图 16-3 平衡常数 K_3 与温度倒数的关系

根据方程式（16-5），式（16-7）可以计算在一定水蒸气分压下的质子浓度

$$[\mathrm{H}^+] = \frac{1}{2} \left[\frac{1}{2} K_3 p_{\mathrm{H_2O}} + \left(\frac{1}{4} K_3^2 p_{\mathrm{H_2O}}^2 + 2 K_3 p_{\mathrm{H_2O}} [\mathrm{Yb}'] \right)^{\frac{1}{2}} \right] \quad (16\text{-}9)$$

根据 K_3 和方程式（16-2）可以得到不同温度下质子浓度（摩尔分数）和水蒸气分压的关系，如图 16-4 所示。

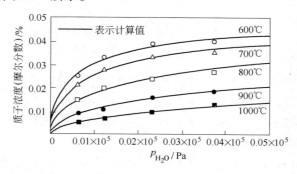

图 16-4 质子浓度（摩尔分数）和水蒸气分压的关系

　　由图 16-4 知，质子浓度随着水蒸气分压的增加而增大，随温度的升高而降低。甚至在 p_{H_2O} < 500Pa 的情况下，H_2O 分子也能进入材料而产生 H^+ 离子，例如，当温度为 600℃，p_{H_2O} 为 200Pa 时，测得的质子含量约为 2%（摩尔分数）。

　　对没有掺杂的 $BaCeO_3$，即使在 p_{H_2O} = 1200Pa 下，质子浓度也非常小。

　　关于掺杂物的正离子半径对质子导电的影响，H. Iwahara 等人[15]用 $BaCe_{0.9}M_{0.1}O_{3-\alpha}$ 作为固体电解质组成如下的简单燃料电池

$$Pt \mid H_2 \mid BaCe_{0.9}M_{0.1}O_{3-\alpha} \mid 空气 \mid Pt$$

研究了掺杂物的正离子半径对质子导电的影响。实验温度为 700℃，1000℃。

　　实验发现，在正、负极均有水蒸气产生，这说明固体电解质呈现出质子和氧离子的混合导电，在 700℃ 质子导电占优势，在 1000℃ 氧离子导电占优势。由两极析出的水蒸气速率可以求出每种离子电流对总电流的比，即离子迁移数

$$t_{H^+} = i_{H^+}/i_{总} \qquad t_{O^{2-}} = i_{O^{2-}}/i_{总}$$

在上述电池情况下，质子和氧离子迁移与温度的关系及在两极上有水蒸气析出的情况分别见图 16-5a 和 b。

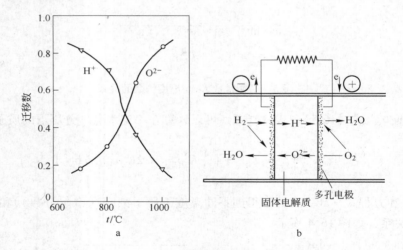

图 16-5　在燃料电池情况下，质子和氧离子迁移数与温度的关系（a）
和在两极上皆有水蒸气析出的示意图（b）

　　实验发现，质子和氧离子的迁移数与掺杂离子的种类（或半径）、掺杂量及温度有关。这些因素皆影响晶格质点的间距，从而对离子迁移的影响也不同。掺杂离子半径对晶格参数的影响见图 16-6。随着掺杂的稀土离子半径的增加，晶格常数 a 增加。温度的影响见图 16-7。

　　H. Iwahara 等人为了较好地了解和比较钙钛矿型氧化物 $SrCeO_3$，$BaCeO_3$，$CaZrO_3$ 和 $SrZrO_3$ 基材料的质子导电性，又采用了温度拟定程序解吸法（tempera-

ture programmed desorption（TPD）method）
进行研究[10]，TPD 方法常用于快速和简
易地研究吸附剂的吸附量和吸附能。

用于研究的烧结氧化物的固溶体为
$SrCe_{0.95}Yb_{0.05}O_{3-\alpha}$，$BaCe_{0.95}Y_{0.05}O_{3-\alpha}$，
$CaZr_{0.9}In_{0.1}O_{3-\alpha}$ 和 $SrZr_{0.95}Y_{0.05}O_{3-\alpha}$，用直
接法合成，X 射线衍射确证为单钙钛
矿相。

TPD 方法用一个热导探测器（thermal
conductivity detector）检测样品在加热过
程中所放出的水蒸气。将样品切成一定厚
度的薄片，置于 TPD 池中，在 600℃于湿
He 气流中加热不少于 10h，然后冷至
200℃，并用干燥的 He 清除残余的水蒸
气。以 10℃/min 的加热速度由 200℃开始

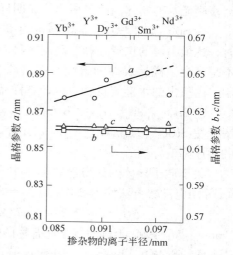

图 16-6　$BaCe_{0.9}M_{0.1}O_{3-\alpha}$中掺杂
离子半径对晶格参数的关系

加热样品，并测定水分析出过程的热导，直至样品中的水分完全析出。TPD 后面
放置一个液氮冷阱以冷凝水蒸气。

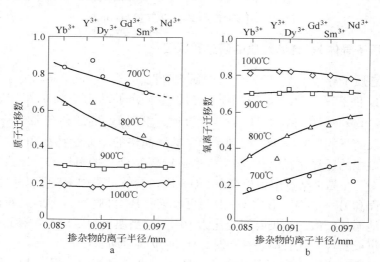

图 16-7　不同掺杂的氧化物在燃料电池情况下，不同温度时
$BaCe_{0.9}M_{0.1}O_{3-\alpha}$的质子（a）和氧离子迁移数（b）与
掺杂物离子半径的关系

研究了几种钙钛矿型氧化物的 TPD 谱，例如 $SrZr_{0.95}Y_{0.05}O_{3-\alpha}$ 的 TPD 谱，
700℃开始析出气体，947℃时量最大，析出气体经过液氮冷阱后，水蒸气凝结。

经检测无其他气体由冷阱析出，说明样品析出的气体完全为水蒸气。

当 $SrZr_{0.95}Y_{0.05}O_{3-\alpha}$ 样品厚度由 0.5mm 分别增至 1.6mm，6.0mm，14.5mm 时，达最高峰的位置逐渐往高温区移动，但受表面积的影响很小，这说明水蒸气不是来自于样品表面的解吸，而是源于固体内的质子扩散，且为晶内的扩散控制。由析出的水蒸气量，可以计算样品中氢的浓度。

由 $SrCe_{0.95}Yb_{0.05}O_{3-\alpha}$，$BaCe_{0.95}Y_{0.05}O_{3-\alpha}$ 和 $CaZr_{0.9}In_{0.1}O_{3-\alpha}$ 的 TPD 算出，质子浓度按 $SrCe_{0.95}Yb_{0.05}O_{3-\alpha}$，$BaCe_{0.95}Y_{0.05}O_{3-\alpha}$，$SrZr_{0.95}Y_{0.05}O_{3-\alpha}$ 和 $CaZr_{0.9}In_{0.1}O_{3-\alpha}$ 的顺序降低。

关于质子导体的热力学数据测定未见报道。对其基体材料的研究有 Yokokawa 等用电动势方法测得 $SrO + CeO_2 = SrCeO_3$ 的生成自由能为

$$\Delta G^{\ominus} = -7200 - 8.9T(kJ/mol) \qquad (298 \sim 1273K)$$

Pratt 收集了 1990 年以前复合化合物的热力学研究，与质子导体有关的有 $BaCeO_3$，$CaZrO_3$，$SrZrO_3$，$BaZrO_3$。Scholten 等用量热法测得 $BaCeO_3$ 的摩尔熵和生成焓为

$$S^{\ominus}(298.15K) = (144.3 \pm 0.3)J/(K \cdot mol)$$

$$\Delta_f H^{\ominus}(298.15K) = -(1686.5 \pm 3.9)kJ/mol$$

求得 $BaCeO_3$ 由元素生成的 $\Delta_f G^{\ominus}$ 为

$$\Delta_f G^{\ominus}(1200K) = -1337997J/mol$$

$$\Delta_f G^{\ominus}(1400K) = -1277504J/mol$$

16.1.3　质子导体 H^+ 迁移性质的研究和原因

在固态质子导体中 H^+ 迁移性质的研究说明[16~32] H^+ 的迁移动力学与材料基体的晶格条件有关。Münch 和 Maier 等用量子分子动力学研究了 $BaCeO_3$ 基、$BaTiO_3$ 基和 $BaZrO_3$ 基材料中 H^+ 的传输机理，发现 H^+ 的迁移与晶格基体 O^{2-} 之间的距离及离子的振幅有关，得到了 O^{2-} 基体晶格的动力学特征和 H^+ 迁移势垒的大小及可能的迁移途径。H^+ 和 O^{2-} 形成微弱结合力的氢键 O—H 进行旋转运动，由于 O^{2-} 在晶格结点中到处存在，O—H 在旋转过程中 H^+ 可以从一个 O—H 中脱离，而和另一个 O^{2-} 形成 O—H，再旋转，H^+ 再脱离，再形成新的 O—H，如此不断地循环扩散，最长时间变化为 $10^{-11}s$。当温度恒定时，这种运动达动态平衡。当组成器件，在有电场存在时，H^+ 将定向运动而导电。

红外光谱分析可确定样品中的 O—H 基。本科研组对 $CaZr_{0.9}In_{0.1}O_{3-\alpha}$，$BaCeO_3$ 几种不同掺杂物，$BaZrO_3$ 及复合钙钛矿型化合物 $Ba_3Ca_{1.18}Nb_{1.82}O_{9-\alpha}$ 等材料进行了红外光谱分析，均在约 3500~3700 波数间得到了 O—H 的特征吸收光谱，意味着 H^+ 沿 O^{2-} 形成的 O—H 不断交替旋转运动，而相当于 H^+ 和几乎等势的各 O^{2-}，交替快速形成各个 O—H，生成、消失，又生成又消失，从红外光谱反映出的是不变的 O—H 峰。近期 A Kruth 等[31]用高分辨率的中子衍射仪结合原子模

型研究了 $Ba_{1-x}La_xCe_{0.9-x}Y_{0.1+x}O_{2.95}$ 材料的质子迁移，也得到相类似的结果。H^+ 的迁移方向和速度与晶格的无序度有关。

2006 年文献报道了[25]法国几个单位联合研究掺杂镧系元素（Ln）的新型质子导体，使用各种拉曼光谱等技术。合成的化合物平均粒径 50nm。控制微结构，避免第二相生成。合成粉料分别用 40MPa 和 1000MPa 压片，制成疏松和微密样品。由拉曼光谱研究得知，掺杂样品吸水后，出现了特征的 O—H 峰。吸水程度和脱水程度不同，拉曼光谱得的 O—H 峰强度不同，反映了材料中的 H^+ 浓度不同，在离子电导率测定中也得到反映，热重分析也得到相同的结论。

16.2 对近期研究最多的几种质子导体的讨论

16.2.1 $BaCeO_3$ 基材料[34~39]

Ba 原子外层电子数为 $6s^2$，电子易失掉。BaO 在 997℃ 发生相变；$BaCO_3$ 在 806℃，918℃ 和 1127℃ 有相变。由此得知，在材料合成和烧结成型过程中有多种可能的相变或滞后过程。虽然已形成化合物，但化合物的基本热力学性质还要受原组分的影响。

铈为镧系（Ln）元素，其外层电子排布为 $4f^15d^16s^2$，4f 和 5d 体层皆有若干空轨道，和氧化合过程又形成杂化轨道。在纯 Ce-O 体系中有一系列非化学计量相[33]，依据环境 p_{O_2} 的不同，各有其稳定的非化学计量相；在气相 p_{O_2} 变化时，非化学计量相随之变化。在 $BaCeO_3$（掺杂）的化合物中，这个基本规律多少也有影响。

$BaCeO_3$（掺 Y）的质子导体 H^+ 导电性高，所以一段时期引起质子导体研究者的兴趣，期望将其用在新型燃料电池中代替 $ZrO_2(Y_2O_3)$ 氧离子导体，既可以应用天然气等 C—H 化合物，又使产物为 H_2O，CO_2，还可使工作温度降低。

研究者用 $BaCeO_3$（掺 Y）作为质子导体，组成燃料电池，操作温度 750℃，用天然气作为燃料极。在电池工作 200h 和 4000h 后，分别用扫描电镜和透射电子显微镜对质子导体材料进行观察，发现基体晶粒分离，沿 {100} 排列的晶面生成板缺陷，而且时间长的这种现象更严重。此外还发现有不定形相侵入晶格缺陷处。这些现象促使燃料电池功率逐渐降低。

研究者用 $BaCeO_3$（掺 Yb，Gd）质子导体组成燃料电池，发现随着时间的延长，燃料电池的功率也逐渐降低。用精细定量广延 X 光谱和电子探针分析，发现大于 4.6% 的 Yb 和大于 7.2% 的 Ga 侵入了 Ce 的位置。

在燃料电池中空气极和燃料极的 p_{O_2} 变化 20 多个数量级，由 $p_{O_2} \approx 0.21atm$ 至 $p_{O_2} < 10^{-20}atm$（1atm = 101.325kPa）。从微观角度考虑，在气相 p_{O_2} 反复变化时，材料的微观质点排列也要反复变化，势必造成质子导体晶粒破裂和相应材料的力

学性质变坏。所以现在已抛弃应用 $BaCeO_3$（掺杂）作为燃料电池质子导体的研究工作。

$BaCeO_3$（掺杂）还是有其他方面的优越性，可用作催化剂和气体分离，因表面有低的质子导电活化能。$BaCeO_3$（掺 Y）也用作传感器，在含 H_2 气氛中可在高于 150℃ 下工作，在 C_2H_4 气氛中可在高于 250℃ 下工作。J Maier[40] 报道了 $BaCeO_3$（掺 7.5% Gd_2O_3）在不同温度下，传导粒子（$h^·$，H^+ 和 e）的电导率与气相 p_{O_2} 的关系，p_{O_2} 从 1atm 至 10^{-25} atm。在高 p_{O_2} 区，材料主要为 $h^·$ 导电，在中间的水平线段，为 H^+ 导电区，在低 p_{O_2} 区为 e' 导电占优势。这个变化约相当于燃料电池两极之间 p_{O_2} 的变化范围，在低 p_{O_2} 处，材料已呈现电子导电，非完全 H^+ 在工作。这种研究要用 $Ar-O_2$，$CO-CO_2$ 或 H_2-CO_2 和 H_2-H_2O 三种不同的混合气体才能完成 p_{O_2} 的控制。

16.2.2 $CaZrO_3$（掺 In）材料[42~44]

$CaZrO_3$ 掺 In 材料虽然 H^+ 导电性较 $BaCeO_3$ 基材料小，但是用作化学传感器在工作温度下要求离子电导率达到约 10^{-5} S/cm 即可，因传感器工作时根据的是两极电极电位差产生的电动势，不允许有电流通过。在 Iwahara 等理论研究的基础上，日本 TYK 公司于 1992 年推出了铝液测氢传感器，可实现在线、快速监测。氢传感法是根据 Sieverts 定律计算氢含量的。熔铝中以原子形式存在的氢和熔铝上方气相中以分子形式存在的氢有平衡关系，其数学关系式为

$$S = k\sqrt{p_{H_2}}$$

生产中沿用的习惯为应用 Sieverts 定律的对数形式

$$\lg s = -\frac{A}{T} + B + \frac{1}{2}\lg p_{H_2}$$

式中，p_{H_2} 用 mmHg 表示，对纯铝 $A = 2760$，$B = 1.356$；对其他铝合金，则对 s 乘以各自的修正值。如用 Pa 作为压力的单位，则 A，B 应变为另外相应的值（1mmHg = 133.322Pa）。熔铝中氢传感器的构造形式示意于图 16-8 约 10s 给出稳定电动势值。

王常珍等人对现场铝液连铸过程中在线、半连续监测氢的试验证明，氢传感器能灵敏地反映出倒炉、脱氢气体的流量变化、扒渣、流槽覆盖与

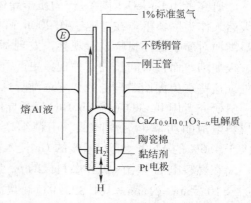

图 16-8   熔铝测氢传感器结构示意图

否等因素对铝液中氢含量的影响, 可为即时的工艺改进提供参考。

用气体作参比电极, 常有不方便之处, 陈威、王常珍等人[45]研究了氢化钇作为参比电极, 选择了氢分压不随组成改变的两相区组成[46~47]。氢化钇易氧化, 应在 Ar 气氛下组装传感探头。

本书作者根据 H_2 在铝液中的溶解度及溶解自由能原理, 采用了类似氧传感器的组装方法组成了氢传感器。如此, 可以省却大量的 Pt 消耗并简化了装置。

本科研组对烧成的 $CaZr_{0.9}In_{0.1}O_{3-\alpha}$ 管曾用 SEM 和电子探针分析证明, 管子成分有时得不到预期的计量比, 有 In 的损失和偏析。In 原子的外层电子排布为 s^2p^1, p 副层电子可能失去而呈现 In^+。федоров п. и[41] 报道了 In_2O_3 在温度高于 1200℃时, 开始离解为 $In_2O + O_2$, In_2O 升华。其离解压和温度的关系为

$$\lg p_{O_2} = 8.49 - 6314/T \quad (1323 \sim 1573K)$$

在 760~800℃, In_2O_3 可以被 H_2、CO 或 C 还原为金属 In。为此, 在制作 $CaZr_{0.9}In_{0.1}O_{3-\alpha}$ 质子导体管时, 在合成和烧结过程中要采取盖罩措施, 既要保证原料碳酸盐分解产生的 CO_2 充分逸出, 又要避免 In_2O_3 的离解损失。

对不同掺 In 量的研究证明, $CaZr_{0.85}In_{0.15}O_{3-\alpha}$ 比 $CaZr_{0.9}In_{0.1}O_{3-\alpha}$ 材料的 H^+ 电导率略高, 再多的掺杂量, 由于簇效应, H^+ 的导电性反而下降。据 J. Maier[40] 报道, 对于固态离子材料, 空穴和运动质点间也相互作用, 反映在自由焓（free enthalpy）和缺陷浓度的关系上先出现极小值, 又出现极大值, 又极小, 服从 Taylor 展开式关系。

16.2.3 $Ba_3Ca_{1.18}Nb_{1.82}O_{9-\delta}$（又称 BCN18）材料[48~51]

此材料属于复合钙钛矿型化合物, 具有与 $BaCe_{0.9}Nd_{0.1}O_{3-\alpha}$ 相当的 H^+ 电导率。

在干燥气氛下, 缺陷反应为

$$\frac{1}{2}O_2 + V_O^{\cdot\cdot} = O_O^X + 2h^{\cdot}$$

$$K = \frac{[O_O^X]h^{\cdot 2}}{p_{O_2}^{\frac{1}{2}}[V_O^{\cdot\cdot}]}$$

在含水蒸气气氛下, $[H^+] = 2[H_2O]$。700℃时得到

对应 H^+ 导电 $\qquad \sigma_{H^+} = 0.003 p_{H_2O}\beta$

对应 $h^{\cdot}$ 导电 $\qquad \sigma_{h^{\cdot}} = 0.0015 p_{O_2}^{1/4}\beta$

对应 O^{2-} 导电 $\quad \sigma_{O^{2-}} = 1.6 \times 10^{-4} - 6.62 \times 10^{-5}(p_{H_2O}^{1/2} + 9.1 \times 10^{-4}p_{O_2}^{1/4})\beta$

此处 $\quad \beta = 4.8 + (p_{H_2O}^{1/2} + 9.1 \times 10^{-4}p_{O_2}^{1/4})^2 - (p_{H_2O}^{1/2} + 9.1 \times 10^{-4}p_{O_2}^{1/4})$

求得　　　　　$\varepsilon_a(O^{2-}) = 0.54eV$；　$\varepsilon_a(h^{\cdot}) = 0.84eV$

发现 H_2O 进入晶格使晶格常数增加，低于300℃，材料中 H_2O 不易析出，相当于 H^+ 被冻结，H^+ 导电占优势，高于300℃，随着温度的升高，H^+ 浓度下降。

本科研组组成 $Ba_3Ca_{1.18}Nb_{1.82}O_{9-\delta}$、$H^+$ 传感器，测定了室温下固态钢和固态铝中的氢（以 p_{H_2} 表示）。反应灵敏，重现性好，但其材料强度低于 $CaZr_{0.9}In_{0.1}O_{3-\alpha}$。

16.2.4　其他高温质子导体材料

新的 H^+ 导电材料，要求兼具 H^+ 导电性高和强度好的优点。已报道 $KTaO_3$、$SrZrO_3$、$BaZrO_3$、$SrTiO_3$、$CaTiO_3$ 等掺杂及混合掺杂材料在 500～1000℃都有较高的 H^+ 导电性。Islam 等用量子模拟方法算得 $AZrO_3(A = Ca, Ba)$ 和 $LaMO_3(M = Sc, Ga)$ 等材料的质子进入晶格时所需要的能量，得出结论：对于 $BaZrO_3$，Y^{3+} 是最好的掺杂物。Iwahara 等研究了用 Zr 取代部分 $BaCeO_3$ 中 Ce 的 $BaZrO_3$ 材料，发现随着 Zr 含量的增加，H^+ 的导电性逐渐降低。$BaZrO_3$ 基材料疏松，需要高成型压力和更高温度烧成。

16.3　高温质子导体的制备

可以运用陶瓷的制备方法，如直接合成法、共沉淀法、溶胶-凝胶法等，最常用的方法为直接合成法。制备工艺概括为：将分析纯的碳酸盐或氧化物粉料在行星式玛瑙球罐或稳定的 ZrO_2 球罐与无水乙醇混磨，至粉料平均粒度小于 $5\mu m$。待乙醇挥发后，将混合粉料松压成圆片，空气气氛下约1450℃合成，再将块压碎，混磨至粒度平均粒径 $2\mu m$ 左右，用等静压或热压铸方法成型，1600～1650℃烧结成制品，也可在1550～1600℃烧成，两者时间不同。

烧成为生坯在高温下的微密化过程，在热力学上是表面能降低的过程。用收缩率、气孔率、体积密度、强度等表征。

Ca、Sr、Ba 等氧化物易吸水和吸收 CO_2，所以质子导体制备的原料多采用碳酸盐，另外，在加热过程中分解，新生态的氧化物更具有活性，有利于组分间的作用。

16.4　质子导体材料的应用

16.4.1　质子膜燃料电池中应用

$BaCeO_3$ 基质子导体在高温燃料电池条件下热力学性质不稳定，易分解难以应用。而质子膜质子导体燃料电池上的有机膜作为固体电解质可在室温工作，且因为塑料膜可以大面积成卷使用，可产生大功率。

芬兰 Kelsinki 大学的研究者使用 Accelrgs 公司的分子模拟软件对聚合物 PEO 磺酸类燃料电池进行了研究，得到了燃料电池中各物种的扩散速率和迁移数，并找到了各物种之间的相互作用关系，从而通过调整各物种的相对浓度，使燃料电池性能达到最优。

Nafion 是主要被应用于燃料电池的质子交换膜，其分子结构式如下

$$\left[I\!-\!CF_2\!-\!CF_2 \right]_x \left[-\!CF_2\!-\!CF \right]_Y \right]_n$$
$$\left[O\!-\!CF_2\!-\!CF \right]_2\!-\!O$$
$$CF_3 \qquad CF_2$$
$$CF_3$$
$$SO_3H$$

研究的主要问题在两个方面，一是提高质子电导率，其电导率和膜中含 H_2O 量的关系；另一问题是改善膜的热学、化学和力学的稳定性。使用 Materials Studio 60 多尺度的分子模拟技术可以预测交换膜在不同水浓度下的形貌和各种性能。

16.4.2　质子导体用于催化合成

Panagos 和 Stoukides 等于 1996 年提出可将高温质子导体用于氨的合成，并提出了理论模型，1998 年用 $SrCe_{0.95}Y_{0.05}O_{3-\alpha}$ 膜在实验室实现了电催化合成氨，在 570℃和常压下，电化学供给的质子中大约 80% 转化为氨气，开辟了一条新的合成氨方法。他们又进一步研究单电极室和双电极室的氨的合成。该反应体系消除了传统合成氨反应所需的高压力，反应速率由电流控制。

新疆大学王吉德等将此方法应用于常压电化学合成氨，氨的产率提高了 1~2 个数量级。此法还可应用于有机催化合成等。

16.4.3　质子导体氢泵用于铝液脱氢

航空航天、高速运输、潜海、航母等装置为减轻重量尽量不用钢铁件，皆需高强、高韧、质轻致密的铝合金。氢可致铝材和铝合金脆裂，所以铝工业在熔铝合金铸造成型以前，需用石墨转子 Ar 携带设备对铝熔体进行脱气净化处理。作者在几个铝厂熔铸车间试验氢传感器时看到计算机显示用这种方法脱氢只能使 H_2 含量降至 0.15mL H_2/100g Al 左右，这已经可以满足家电制品外壳的需要，但如果要满足军需及诸特殊用途的需要，需将溶铝或铝合金的氢降至 0.08mL H_2/100g Al 以下。国外普遍采用真空处理，而国内几个厂家是在流槽中加氯、氟化物，如 CCl_4 等，如用罐炼铝合金也是采用氯化物除氢，严重损害车间人员的健康，并污染环境，腐蚀设备，由此想到用质子导体氢泵法脱氢。先进行实验室探

索性研究。

氢泵对铝液的脱氢原理为：

对于原电池，失电子极为负极，得电子极为正极，如 H_2 传感器；

对于电解池，得电子极为阴极，失电子极为阳极，如铝液脱氢。

氢泵对铝液脱氢相当于电解。通电施加一定电压（不要超过质子导体的分解电压，一般最高为 2.5V），铝熔体中的氢在阳极失去电子变成 H^+ 而进入质子导体，在电场作用下，H^+ 穿过质子导体在阴极界面得到电子变成氢原子，而氢原子不稳定要结合成 H_2 分子，可用真空泵或气流携带法使 H_2 逸入大气中，达到铝液脱 H_2 的目的。

铝原料不能用生铝而用铸造以前的铝，其中 H_2 含量已达 0.15mL H_2/100g Al。质子导体选用 $BaCe_{0.9}Sm_{0.1}O_{3-\alpha}$，其有电子导电性，不适合用作 H_2 传感器，但却适合氢泵用。有自由电子存在，可在氢泵中起短路作用。对直流电解脱氢有加强作用。

用热压铸方法制备大、小两种规格的管子，1620～1650℃烧结后，测试密度、透气性、强度、断面结构、均匀性等，合格的管子用于铝液脱氢。同时制片测定质子电导率。用 $CaZr_{0.9}In_{0.1}O_{3-\alpha}$ 质子导体管制作 H_2 传感器，用于监察铝液脱氢过程中 H_2 含量的变化。

经不同条件实验，氢泵法脱氢可使铝液中氢含量达到 0.05～0.08mL H_2/100g Al。

实验发现如在铝液脱氢过程中，熔体上方不断用 Ar 气流保护，甚至用 $CaZr_{0.9}In_{0.1}O_{3-\alpha}$ 的质子导体脱氢也可达到 0.8mL H_2/100g Al 的效果。此因熔体中的 H_2 和气相中的 H_2 也有交换，由此联想到如生产中在流槽上面有一盖形状置，内充 Ar，就可以提高脱氢效果。

此方法如在生产中流槽上应用，需解决大型质子导体管制备和串、并联的问题，需厂、学、所结合才能解决。

16.4.4　混合气体中氢的分离

H. Iwahara 等人发现，$SrCeO_3$、$BaCeO_3$、$CaZrO_3$ 等基的钙钛矿型质子导体可用于混合气体氢的分离，其分离原理见图 16-9，可将质子导体制成固体膜，用于气体反应系的选择性反应控制，实现对碳氢化合物气体的脱氢或加氢反应[9~12]，反应原理示于图 16-10；也可用于水蒸气分离制氢或从 H_2S 中分离氢[13]，其原理见图 16-11。H. Iwahara 等人[2]

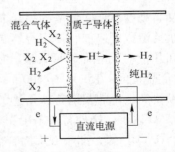

图 16-9　用质子导体分离氢示意图

用 $SrCe_{0.95}Yb_{0.05}O_{3-\alpha}$ 作为固体电解质，于 800℃ 由水蒸气分离得到了很纯的干氢气，露点约 $-30℃$。氢的生成速度约 $3L/h$，可满足某些实验研究的需求。

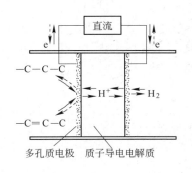

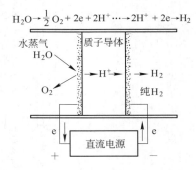

图 16-10　用质子导体实现有机物气体的脱氢、　　图 16-11　用质子导体对水蒸气电解示意图
加氢反应示意图（折线表示逆反应）

由实验发现，在高于 1000℃ 时，钙钛矿型质子导体将呈现质子-氧离子混合导电性[14]或成为氧离子导体。欲开发质子导体的应用，需知道质子导电性与氢位、氧位和温度的关系，即需了解质子导电的优势区图。N. Kurita，N. Fukatsu 等人基于空位模型，用放射性同位素和阻抗谱技术研究了最有开发前景的 $CaZr_{0.9}In_{0.1}O_{3-\alpha}$ 质子导体[16]的各种导电形式的优势区与 p_{H_2}、p_{O_2} 及温度的关系，与 p_{H_2}、p_{H_2O} 及温度的关系以及与 p_{H_2O}、p_{O_2} 及温度的关系，分别见图 16-12 ～ 图 16-14。

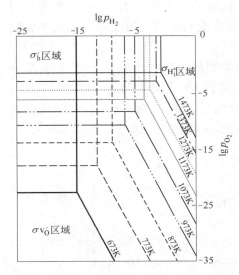

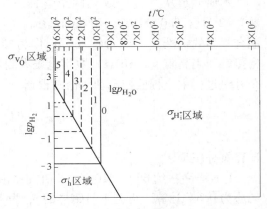

图 16-12　$CaZr_{0.9}In_{0.1}O_{3-\alpha}$ 的各种导电形式的
优势区与 p_{H_2}、p_{O_2} 及温度的关系

图 16-13　$CaZr_{0.9}In_{0.1}O_{3-\alpha}$ 的各种导电形式的
优势区与 p_{H_2}、p_{H_2O} 及温度的关系

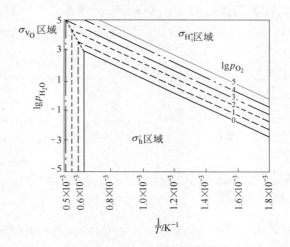

图 16-14 $CaZr_{0.9}In_{0.1}O_{3-\alpha}$ 的各种导电形式的优势区与

p_{H_2O}，p_{O_2} 及温度的关系

16.4.5   监测样品热处理过程中 H_2 的行为

当熔融金属凝固时，氢在金属中的溶解度急剧下降，从金属中析出，直至金属凝固，仍有氢不断析出。直至有一定的溶解度，呈动态平衡。

样品在凝固过程中，在晶格缺陷或位错间隙处，好像原子氢的陷阱，当 H 原子运动至此处时，落入陷阱，在陷阱中，氢原子结合成氢分子，随着更多的 H 原子变成 H_2 分子，压力逐渐增加，使金属晶格受到张力，当此张力超过金属断裂强度或破裂强度时，金属将断裂或脆裂[53~56]。

本研究组从某钢厂取得两个含钛不同的钢样，1 号含 Ti 0.13%（质量分数），2 号含 Ti 0.001%。用 $CaZr_{0.9}In_{0.1}O_{3-\alpha}$ 质子导体管以含 H_2 1.16% 的 Ar、H_2 混合气体的标准氢（购自特气厂）作为参比电极，组成测氢探头，使与钢样紧密接触，用高阻（$>10^9\Omega$）数字电压表测量电池电动势，通过计算机采集数据，在升温过程中全程监控电动势值，根据

$$E = \frac{RT}{2F}\ln\frac{p_{H_2}^{I}}{p_{H_2}^{II}}$$

计算氢分压量。

1 号样品在约 $660 \sim 710℃$，E 值突然由负值增至 $0.57 \sim 0.6V$，按 $710℃$，电动势为 $0.6V$ 计算，得到 1 号钢样的 p_{H_2} 为 $16490atm(1atm = 10^5 Pa)$。

炉子降温冷却后，发现钢样表面全部爆皮，而钢样的另一面却依然光滑，与理论相符，2 号钢样实验没有这种现象。

由此启发可用此法监察金属部件的质量。早在 1940 年我国学者李薰在对英国失事飞机的自行断裂钢轴进行研究时就发现是氢致钢材断裂，我国某水电站的不锈钢叶片穿晶断裂[4]，铁路某辙叉钢脆断等也都是由钢中氢引起的。

为了降低钢材的氢含量，常采用脱氢热处理工艺，传统方法是采用坑埋法缓慢冷却或者将钢样置于炉中热处理，使钢中氢逸出，传统取样分析，过程长、复杂，且信息滞后。因此用 H_2 传感法在线监察氢含量变化的方法明显具有优越性。

16.4.6　监测室温金属样品的氢含量

钙钛矿型 H^+ 导体的缺陷结构及 d 副族元素与氧易形成 π 键而具催化特性预示着 $Ba_3Ca_{1.18}Nb_{1.82}O_{9-\delta}$ 可能由于催化特性而用于金属样品室温下 H_2 分压的测定。本科研组用 $Ba_3Ca_{1.18}Nb_{1.82}O_{9-\delta}$ 和 ZrO_2（掺 Y_2O_3）电解质管分别组成传感探头，对室温下两种钢样多个点的 p_{H_2} 进行了对比测定，数据相符，并配用 LaF_3（掺杂）单晶传感器测定，三者数据相符。这三种传感器皆可单独应用于现场，操作方便。

16.4.7　最新报道[57]的氢传感器

M Breedon，N Miara 用 $ZrO_2(Y_2O_3)$ 作为固体电解质，在涂 Pt 的电极上加上金网，作为氢传感器。实验发现，明显提高了对氢的响应特性，对 CO，CH_4，C_3H_6，C_3H_8，NO 和 NO_2 的灵敏性很低。对氢有特别好的选择性和稳定性。在湿空气中，氢含量为 $(10\sim400)\times10^{-6}$，550℃下，可以稳定工作 3 个月。

参 考 文 献

[1] Iwahara H，Esaka T，Uchida H，et al. Solid State Ionics，1981(3~4)：359.

[2] Uchida H，Maeda N，Iwahara H. Solid State Ionics，1983(11)：117.

[3] 武津典彦，山下晃市，大橋照男．日本金属学会志，1987(51)：848.

[4] Iwahara H. Solid State Ionics，1988(28/30)：573.

[5] Iwahara H. Singgapore：Proceedings of the International Seminar Solid State Ionic Devices，1988(18~23)：289.

[6] Iwahara H，Uchida H，Ono K，et al. J. Electrochem. Soc.，1988，135(2)：530.

[7] Uchida H，Yoskikawa H，Iwahara H，et al. Solid State Ionics，1989(36)：89.

[8] Yajima T，Kageoka H，Iwahara H，et al. Solid State Ionics，1991(47)：271.

[9] Yajima T，Suzuki H，Iwahara H，et al. Solid State Ionics，1992(51)：101.

[10] Hibino T，Mizutani K，Iwahara H. Solid State Ionics，1992(57)：303.

[11] Hibino T，Mizutani K，Iwahara H，et al. Solid State Ionics，1992(58)：85.

[12] Yugami H，Chiba Y，Ishigame M. Solid State Ionics，1995(77)：201.

[13] Iwahara H. ISSI Lett.，1992，3(3)：11.

[14] Nowick A S, Du Yang. Solid State Ionics, 1995(77): 137.

[15] Iwahara H, Yajima T, Ushida H. Solid State Ionics, 1994(70,71): 267.

[16] He T, Kreuer K D, Baikoy Y M. Solid State Ionics, 1997(95): 301.

[17] Münch W, Kreuer K D, Seifert G, et al. Solid State Ionics, 2000(136~137): 183.

[18] Knight K S. Solid State Ionics, 2000(127): 43.

[19] Matsushita E. Solid State Ionics, 2001(145), 445.

[20] Fleig J. Solid State Ionics, 2002(150), 184.

[21] Song S J, Wachsman F D, Stenhen E D, et al. Solid State Ionics, 2002(149): 1.

[22] Higuchi T, Tsukamoto T, Matsumoto H, et al. Solid State Ionics, 2005(176), 2967.

[23] Wu J, Webb S M, Brennan S, et al. Journal of Applied Physics, 2005, 97(5): 5410.

[24] Wu J, Davies R A, Islam MS, et al. Chemistry of Materials, 2005, 17(4): 846.

[25] Sala B, Willmins S, Lacroix O, et al. WHEC, 2006, 16(13~16).

[26] Münch W, Kreuer K D, Maier J. Solid State Ionics, 1997(97): 39.

[27] Cherry M, Islam M S, Gale J D, et al. J. Phys. Chem., 1995,99(40): 4614.

[28] Islam M S, Slater P R, Tolchard J R, et al. The Royal Society of Chemistry, Dalton Trans., 2004: 3061.

[29] Ahmed I, Eriksson S G, Ahlberg E, et al. Solid State Ionics, 2007(178): 515.

[30] Kendrick E, Kendrick J, Knight K S, et al. Nature Materials, 2007(6): 871.

[31] Kruth A, Davies K A, Islam M S, et al. Chem. Mater., 2007(19): 1239.

[32] Münch W, Seipert G, Kreuer K D, et al. Solid State Ionics, 1997(97): 39.

[33] Matvei Zinkevich, Dejan Djurovic, Fritz Aldinger. Solid State Ionics, 2006, 177: 989.

[34] Higuchi T, Tsukanoto T. Matsumtoto H, et al. Solid State Ionics, 2005, 176: 2967.

[35] Tomita A, Hibino T, Suzuki M, et al. Journal of Materials Science, 2004, 39(7): 2493.

[36] HashimoTo A, Suzuki M, Sano M. Journal of Physical Chemistry B, 2001, 105: 11399.

[37] Zhong D, Steffee E D, Coors W G. Key Engineering Materials. Euro Ceramics Ⅷ, 2004, 264~268: 1141.

[38] Wu J, Davies R A, Islam M S, et al. Chemistry of Materials, 2005, 17: 846.

[39] Wakamura K, Yoshida K. Solid State Ionics, 2003, 162~163: 7.

[40] Maier J. Physical Chemistry of Ionic Materials. Ions and Electronsin in Solids[M]. London: John Wiley & Sons, Ltd, 2004.

[41] федоров пи. 锢化学手册[M]. 张启运, 徐克敏, 译. 北京: 北京大学出版社, 2000.

[42] Han Jinduo. Wen Zhaoyin, Chao Jing, et al. Solid State Ionics, 2008, 179: 1108.

[43] Li Ying, Ding Yushi, Wang Changzhen. Materials Science Forum, 2010, 654~656: 2014.

[44] 厉英, 逯圣路, 王常珍. 无机材料学报, 2012, 27(4): 427.

[45] 陈威, 王常珍, 刘亮. 金属学报, 1995, 31(7): B306.

[46] Yannopoulos L N, Edwards R K, Wahlbek P G. The Journal of Physical Chemistry, 1965, 69(8): 2510.

[47] Lundin C E, Blackledge J P. Journal of the Electrochemical Society, 1962, 109(9): 838.

[48] Animitsa I, Neiman A, Kochetova N, et al. Solid State Ionics, 2003, 162~163: 63.

[49] Wang WenSheng, Anil V Virkar. Journal of the Electrochamical Society, 2003, 150（1）: A92.

[50] Wang WengSheng, Anil V Virkar. Journal of the Electrochamical Society, 2004, 151（10）: A1565.

[51] 王东, 刘春明, 王常珍. 金属学报, 2009, 45(3): 345.

[52] Mokundan R. Davies P K, Worrell W L. J. Electrochem. Soc., 2001, 148(1): 82.

[53] Robertson I M. Engineering Fracture Mechanics, 2001, 68: 671.

[54] 刘宗昌, 杨慧, 李文学, 等. 金属热处理, 2003, 28(3): 51.

[55] 郑春雷, 张福成, 吕博, 等. 材料热处理学报, 2008, 29(2): 71.

[56] 高贤明, 牛超. 东方电机, 2007, 1: 13.

[57] Breedon M, Miura N. Sensors and Actuators, 2013, 182: 40.

17 碱金属离子导体和银离子导体及应用

17.1 碱金属离子导体

碱金属 Li，Na，K，Rb，Cs 中只有半径小的 Li^+ 导体得到广泛的研究和应用[1~8]。Na^+ 离子导体次之。

除 β-Al_2O_3 以外，Li，Na 离子导体主要以各种含氧酸盐或复盐形式存在，可以通式 A_nBX_m 表示。β-Al_2O_3 的发现和应用，促进了其他快离子导体的研究，以求应用于室温各种用途的电池。

高的离子电导率与材料本身的结构特性有关，而不是由掺杂来增加离子空位引起的。

固态离子导体的力学性质决定了它在实际应用中的可能性。Li_2SO_4 的高电导高温相，温度每增加 1℃，体积增加是低温相的 2~4 倍，难以保证好的力学性质。

A_2BO_4 化合物的共同现象是高温相的"蜡化"，即材料的压结片在高温相受压情况下将发生塑性变形；在低温下同样的压力却使片破裂。Na_2WO_4 和 Na_2MoO_4 的力学性质可以通过添加少于 1%（摩尔分数）的合适掺杂物，如 Na_2SO_4，Li_2WO_4，Na_2SiO_3 而改善，但对电导率却不产生影响。

广泛地研究了 Ag，Pt 和 Au 电极与 Na_2WO_4，Na_2MoO_4 和 Na_2SO_4 的界面电学性质。用 Ag 电极在 Ag/A_2BO_4 界面发生 $Ag \rightleftharpoons Ag^+ + e$ 反应，此反应由 A_2BO_4 点阵中的 Ag^+ 离子扩散所控制。假设 Ag^+ 离子占据 A_2BO_4 点阵中的阳离子部分位置，因而，由于电解，电解质在高温下形成 Na_2WO_4 和 Ag_2WO_4 的混合晶体相。在阴极，氧被还原，在电极和电解质界面之间，形成绝缘的 Na_2O 层，在空气中与 CO_2 反应生成 Na_2CO_3。

用 Pt 或 Au 电极，发生如下反应

阳极 $\qquad (n+1)Na_2WO_4 = 2Na^+ + (Na_2WO_4)_nWO_3 + \frac{1}{2}O_2 + 2e$

阴极 $\qquad 2Na^+ + 2e + \frac{1}{2}O_2 = Na_2O$

由于电极的界面问题，目前 ABO_4 型化合物主要局限于浓差电池中的应用。

在对碱金属离子导体的广泛探索中，发现了一些重要的电解质。这些电解质大多数为 A_nBO_4 或 $AA'BO_4$ 型的 Li^+ 离子导体，其中一些高温电导率远高于 Li-β-Al_2O_3。有研究者对 Li_4SiO_4，Li_4GeO_4，$LiAlSiO_4$，Li_5AlO_4 和 Li_5GaO_4 电解质进行了论述。Li_4SiO_4 有两个多型相，约在 825~1000K 之间转变。低温相晶体结构含有分离的 SiO_4 四面体，它们由 $LiO_n(n=4,5,6)$ 多面体联结起来，锂离子占据各种不同的位置。单胞中含有 8 个 Li^+ 离子，分布在总数为 18 个的 4-配位、5-配位和 6-配位位置上。Si—O 平均原子间距为 0.1632nm，不同配位位置的 Li—O 间距的平均值为 0.198nm（4-配位），0.2099nm（5-配位），0.225nm（6-配位）。高温相 Li^+ 离子位置有一定程度的变化，异价离子可以取代高温型或低温型结构中的 Li^+ 离子。四价离子也可取代 Si^{4+}，如 Ti、Ge 取代 Si。

Li_4GeO_4 的结构转变为渐变，α-β 转变发生在 970~1020K 之间。高温相与 Li_4SiO_4 的高温构型相同，低温相由 GeO_4 四面体构成，由 LiO_4 四面体连接起来，Ge—O 平均原子间距为 0.177nm，Li—O 间是 0.198nm。在 Li_4GeO_4 中所有具有四配位的锂位置全被占据。Li_4SiO_4 和 Li_4GeO_4 低温相可相互固溶，而在高温下形成完全固溶体。

Li_2O-Al_2O_3-SiO_2 体系中的正硅酸锂铝 $LiAlSiO_4$（锂霞石），线膨胀系数很低，但离子电导率很高。结构的特征是网格管道走向平行于 c 轴，是由四面体 SiO_4 和 AlO_4 网格沿 c 轴交替堆积构成的。它们为单胞中的三个 Li^+ 离子提供了六个位置。在 β-锂霞石中，在 300~675K 范围内有弛豫现象，这是由于运动离子与网格管道中不同位置的相互作用。^7Li 的核磁共振谱研究表明，点阵中存在两个物理上的非等效位置，大约在 675K 时，Li^+ 离子变成在所有管道位置上作随机分布。按时间平均，每个位置具有 50% 的占有率，似乎表明在大约 675K 时 Li^+ 更加静态分布。

在大约 875K 以上，Li_5AlO_4 和 Li_5GaO_4 都在力学上变软，并容易变形。

Li_4SiO_4 加入 Li_3PO_4，在 300~600K 范围内电导率可以得到改善。对 Li_4SiO_4-Li_3PO_4 固溶体的电导率和组成关系的研究，没有得到电导率与 Li^+ 离子空位之间的简单关系，对离子迁移机制尚难说明，即便如此，该电解质仍为中、低温有希望的候选材料。

通式为 ABX_4·A_2BX_5 和 A_3BX_6 的氟铝酸盐结晶分别呈层状、管道和网格结构。氟铝酸盐和氯铝酸盐中，不含容易被还原的原子类，所以电子电导很小，在常温下，$LiAlCl_4$，$KAlCl_4$ 和 $NaAlCl_4$ 的电子迁移数分别小于 10^{-2}，4×10^{-2} 和 3×10^{-3}。

上述的各种材料，认为都满足作为离子电导率高的条件，各种新的材料不断被合成。

17.2　骨架结构

固体中快离子导体的发现，推动了三方面的研究活动：（1）改进；（2）理论描述；（3）根据结构原则的探索。J. B. Goodenough[9]概述了根据结构原则的探索程序。

除了由高的电导率条件所加的结构限制外，还必须满足由特定应用所提出的化学要求。

当设计具有高电导率的固体时，先考虑的是隧道结构，而且碱金属离子占据隧道位置。可以预期碱金属离子会通过扩散，跳跃到近邻的空位置，离子电导率为

$$\sigma = ne\mu = \gamma(Ne^2/kT)c(1-c)Za^2\nu_0\exp(\Delta S/k)\exp(-\varepsilon a/kT) \quad (17\text{-}1)$$

式中，电荷 e 的载流子浓度是 $n = Nc$，N 是沿着隧道碱金属离子可得到的位置密度，c 是这些位置的碱金属离子浓度；γ 是因子；离子迁移率 $\mu = eD/kT$，D 为扩散系数，$D = D_0\exp(\Delta G/kT)$，ΔG 为跳跃的自由能，具有熵分量 $T\Delta S$ 和热焓分量 $\Delta H = \varepsilon_a$。根据随机跳动理论，扩散系数 $D_0 = \gamma(1-c)Za^2\nu_0$，式（17-1）中$(1-c)Z$ 是未被占据的最近邻数，a 是到最近邻的跳跃距离，ν_0 是试跳频率。决定幂前系数大小的主要因子是 c 和 ν_0。为了使乘积 $c(1-c)\neq0$，需要 n 个碱离子位置部分的占有率，$\nu_0 < 10^{13}\text{s}^{-1}$ 的上限是点阵剩余频率。激活能是运动离子从一个位置跳跃到另一个位置必须克服的势垒的能量。点阵有时在任何给定的离子位置附近弛豫，其方式与一个可动的小极化子相同。因子 γ 随离子运动的维数和相继跳跃相互联系的程度而变化。离子跳跃通过近邻位置之间的共同界面仍然存在活化能量。如果从这个界面的中心到边界负离子的距离小于负离子和可运动正离子半径的总和，则正离子必须使界面变形才能通过。形变能也包括在激活能 ε_a 中。

一维隧道很易被陶瓷中晶粒边界的失配所堵塞，也容易被杂质或堆垛层错所堵塞。为此，要寻找具有三维连通的交叉隧道结构的材料，立方 $KSbO_3$ 就是三维隧道结构。共有棱的 SbO_3 八面体形成刚性网络，在此刚性网络中沿〈111〉方向的隧道在原点和体心立方相交，在相交位置之间的隧道段是由三个共面八面体所组成的，它们沿隧道轴被压扁，以致产生大面积界面，从原点到体心位置是由负离子所围成的。

研究表明，具有化学式 $A^+(M_2X_6)^-$ 的氧化物、氟化物、氟氧化物，只要 A^+ 大到足以稳定在相适应的位置，就可以制备成缺陷-烧绿石结构。此结构暗示只要调节立方点阵参数适应 A^+ 离子尺寸，而使其位置的能量适应就可以出现三维快速 A^+ 离子迁移。

通常硅酸盐结晶成框架结构，使其成为有希望的一类固体电解质。例如，磷硅酸钠 $Na_{1+3x}Zr_2(P_{1-x}Si_xO_4)_3$ 的骨架为四面体与八面体共角。开始制备

$NaZr_2(PO_4)_3$是为了寻找一种骨架结构，其中 P—O 共价键为 σ 键，可以把阴离子电荷极化到骨架内部，Zr^{4+}离子具有空 4d 轨道。$NaZr_2(PO_4)_3$ 的 Na^+ 离子导电率并不高，因为 Na^+ 离子仅占据少数的 A^+ 离子位置。$Na_4Zr_2(SiO_4)_3$ 的骨架和 $NaZr_2(PO_4)_3$ 相同，但其所有 A^+ 离子位置都被占满。如将这两种化合物组成固溶体，让这两种 A^+ 离子位置都被部分占据，就可能成为优良的 Na^+ 离子导体，使其电导率在300℃下能超过 0.3S/cm，即比同温度下的 β″-Al_2O_3 的电导率更高一些。$Na_4Zr_2(SiO_4)_3$-$NaZr_2(PO_4)_3$ 中具有组成为 $Na_3Zr_2Si_2PO_{12}$ 的固溶体，为骨架结构并稍有扭曲的六方结构，在300℃以上时，电导率比 β″-Al_2O_3 高，是具有三维通道的 Na^+ 离子导体，其热膨胀为各向同性。此离子导体常被称为NASICON（Na 的 Si 酸盐导体）。在 $Na_5MSi_4O_{12}$ 系列的化合物中（式中 M 为 Fe，Sc，Y 和某些 Ln 系元素），存在可与 $Na_3Zr_2Si_2PO_{12}$ 相比拟的 Na^+ 离子导电。这些化合物具有大的三方单位细胞，其中包含平行于由八面体 M^{3+} 离子组成的基本平面 $Si_{12}O_{36}$ 环。其中一部分 Na^+ 离子稳定在硅酸盐骨架中，一部分在硅酸根组成的环间通道中运动。

在研究 $LiSiO_4$-Li_3PO_4 体系电导率的基础上，又研究了 $Li_{1-x}(Li_{3-x}Mg_xSiO_4)$ 型体系，发现对 Li^+ 导电不足处。用结构知识指导，分别用 Zn 和 Ge 代替了 $Li_{1-x}(Li_{3-x}Mg_xSiO_4)$ 中的 Mg 和 Si，合成了 $Li_{1-x}(Li_{3-x}Zn_xGeO_4)$ 型化合物，在 $x=0.25$ 时为 $Li_{14}Zn(GeO_4)_4$，300℃下测得 Li^+ 离子电导率为 0.13S/cm，这是第一个达到 Na-β-Al_2O_3 导电水平的 Li^+ 离子导体，被称为 LISICON。

P. G. Bruce 和 A. R. West 详细研究了 $Li_{2+2x}Zn_{1-x}GeO_4$ 固溶体的离子导电性[10]，$Li_{14}Zn(GeO_4)_4$ 是 $Li_{2+2x}Zn_{1-x}GeO_4(0.36<x<0.89)$ 固溶体中的一个组成，高于300℃分解，因而限制了其用途。在 $x=0.45\sim0.55$ 组成范围出现稳定的组成，但在退火时或在室温发生老化现象，电导率发生不可逆的降低。

固体中的离子电导受结构性质影响，其迁移性与一系列能量因素有关。固体的网络结构包括几何配位关系、配位数、空位数、共用晶面的位置、"自由体积"、通道瓶颈尺寸（bottleneck size）和晶格无序等因素；一些非结构因素也会影响离子迁移，如离子迁移激活能，离子间相互作用，键的特性，邻近离子的振幅，晶格的可压缩性或弹性，离子半径，正、负离子的极化性，迁移离子的电子层排布，离子的转动，复合离子的振动频率等。综合考虑这些因素，设计、合成高导相，并通过实验证明。E. A. Secco 和 M. G. Usha[11]研究了 Na_2SO_4 基、Li_2SO_4 基等材料的电导率，用同价的不同离子半径的正、负离子及异价的正、负离子掺杂，考虑了结构的和非结构的各种因素。主要研究 Na_2SO_4 基材料，基于 Na_2SO_4 在某些方面类似于 Na-β-Al_2O_3 和通式为 $Na_xM_y(PO_4)_3$ 的 NASICON，例如 SO_4^{2-} 四面体的网络骨架类似于 PO_4^{3-}。研究结果说明，掺杂物对 Na^+ 离子的电导率和晶体相变有影响，并已从掺杂量、离子半径、激活能、离子的外层电子配置等多方面进行了理论分析。

最近 J. B. Goodenough[9] 对固体电解质的设计原理从电子能量、网络结构等方面进行了论述，包括 NASICON。

17.3   非晶态电解质

非晶态物质为无定形体，为过冷液体。玻璃即为非晶态物质之一。

非晶态为高缺陷结构，其中有足够多的空位，利于离子迁移。某些非晶态的成分常可连续改变，可提供较宽广的组成范围，以供探索具有最佳组成的离子导体。非晶态为各向同性，均匀，克服了由各向异性、晶界、镶嵌结构等所带来的缺点，同时具有易于加工的优点，所以非晶态离子导体的研究和应用受到重视。

某些材料熔化后自然冷却就成为非晶态，例如玻璃，但更多的非晶态材料需将熔体速冷才能成为非晶态。硅酸盐玻璃的结构单元是硅氧四面体(SiO_4)，Si—O 间为共价键，硅氧四面体共顶点连接，形成网络结构，如果这种共顶点连接为规则的，便形成晶态，如为非规则的，则成为非晶态。在非规则连接中，Si—O—Si 键角可变，导致网络中出现较大的空隙。一般来讲，Al_2O_3，B_2O_3，GeO_2，P_2O_5 等和 SiO_2 共熔得到的物质，基本上不改变 Si—O—Si 之间的网络结构性质，而一价、二价的金属氧化物的掺入，将破坏部分 Si—O—Si 键，使基中的氧原子只和一个硅原子相连接，成为非"桥式氧"而带负电，与金属离子之间形成离子键。

由熔融盐经快速淬火形成的玻璃，包括碱金属的铌酸盐、钽酸盐、钨酸盐、钼酸盐、锆酸盐、镓酸盐、铋酸盐、锌酸盐等。

非晶态快离子导体由所组成盐的性质可知，仅在短程上有一定结构，而非长程有序。

一般来讲，用于晶体结构的研究方法都可应用于非晶态的研究。通过 X 射线衍射、电子衍射、中子衍射这一类方法可以得到一维相关函数；通过核磁共振、电子自旋共振、红外光谱、散射光谱等方法可以知道结构单元的不同原子的对称性质。从示差热分析可以测得表征非晶态材料的特征温度 T_g 和 T_c，在进行示差分析时，将样品从室温加热，测定其热效应和温度的关系。如果样品为非晶态，则加热到温度 T_g 时，由于样品软化而吸热，曲线将开始稍有下降，之后，到晶化温度 T_c，由于结晶放出热量，曲线上将出现放热峰，此后，再出现相变，也为放热，为小峰。因此，从材料 T_g 至 T_c 的曲线形式就知是非晶态。

同一种材料由于制备条件不同，可得到晶态或非晶态。晶态常是从玻璃态再结晶而获得。对于同一组成的材料，非晶态常比晶态的电导率高 2～3 个数量级，激活能小。由于速冷技术的发展，有些材料经速冷后成为有实用价值的固体电解质。例如，$LiNbO_3$ 在 700℃ 电导率仅为 10^{-5} S/cm，经过双辊轧机速冷制成的非晶态材料，室温电导率达 2×10^{-6} S/cm，比晶体材料的室温电导率提高了 20 个数量级。其他碱金属的非晶态材料也类似此情况。一般地，非晶态碱金属离子导体的室温电导率可达 10^{-5} S/cm。

17.4 非晶态银的快离子导体

部分研究结果见表 17-1。

表 17-1　AgI 含氧酸银盐非晶态离子导体[5]

体　系	玻璃区成分 AgI/%	25℃时 σ/S·cm^{-1}
$AgI\text{-}Ag_2O\text{-}B_2O_3$	$10 \sim 80 (w_{Ag_2O}/w_{B_2O_3}=1)$	$5.4 \times 10^{-6} \sim 3.5 \times 10^{-2}$
$AgI\text{-}Ag_2O\text{-}P_2O_5$	$32 \sim 40 (w_{Ag_2O}/w_{P_2O_5} \leqslant 3)$	$2.5 \times 10^{-3} \sim 2.2 \times 10^{-2}$
$AgI\text{-}Ag_2O\text{-}MoO_3$	$35 \sim 75 (w_{Ag_2O}/w_{MoO_3} \leqslant 1)$	约 1×10^{-2}
$AgI\text{-}Ag_2MoO_4$	$75 \sim 80$	0.6×10^{-2}
$AgI\text{-}Ag_2CrO_4$	$75 \sim 80$	1.5×10^{-2}
$AgI\text{-}Ag_2Cr_2O_7$	$75 \sim 85$	1.7×10^{-2}
$AgI\text{-}Ag_2SeO_4$	约 75	3.0×10^{-2}
$AgI\text{-}Ag_2AsO_4$	约 80	$1.2 \times 10^{-2} (20℃)$
$AgI\text{-}Ag_2TeO_4$	约 75	0.9×10^{-2}

这些非晶态 Ag^+ 导体的电导率在室温都达到 1×10^{-2} S/cm 数量级。$AgPO_3\text{-}CdI_2$（$<19\%$ CdI）和 $AgPO_3\text{-}PbI_2$（$<19\%$ PbI_2）的室温离子电导率都达到 10^{-2} S/cm。

对于一般非晶态材料，其电导率比同组分的晶态材料高 $1 \sim 2$ 个数量级，但若晶态材料已是好的离子导体的，晶态和非晶态的电导率差不多，有的反而降低。例如，对于 $AgI\text{-}Ag_2P_2O_7$，当 $w_{AgI} > 80\%$，样品中含有部分非晶态时，室温电导率反而降低。因为对于本征快离子导体，离子导带有很多传导离子，在外电场下可作定向迁移，成为非晶态后，结构的无序性增加了传导离子在电场下迁移的无序性，反而增加了电阻，使电导率降低。

非晶态为热力学上的不稳定状态，常处于介稳态，介稳程度的大小依材料而异，很多材料在室温下还是比较稳定的。是否吸水，依材料的化学性质而定。

17.5 聚合物电解质

聚乙烯氧化物 poly ethylene oxide(PEO) 是一种优越的无水溶剂，可以溶解一系列的无机盐，生成似乎介于液态和固态之间的一种固体电解质。PEO 是聚合物的一种，有低的玻璃转变温度（T_g）和高的介电常数。其他曾应用的聚合物有 poly propylene oxide(PPO) 和聚乙烯胺 poly ethylene amine 等。一些盐可以溶于这些聚合物中达很高的浓度，PEO 的相对分子质量高达 5000000，PPO 为 100000。这两种高聚物固体电解质的离子导电机理不同，前者是金属离子在电解质中的跳跃扩散，与非晶态物质中的电导机理相似；后者属于离子交换型，与沸石的电导机理相近。由于这些高聚物为一种塑料，易于制成薄膜，所以只要电导率不低于 $10^{-4} \sim 10^{-5} S/cm$，便有实用价值。

17.6   银离子导体的结构特征

卤化银的特征是 Ag^+ 离子半径和阴离子半径的比值较小，使 Ag^+ 离子容易迁移。

AgCl 和 AgBr 具有 NaCl 型结构，形成间隙 Ag^+ 和 Ag^+ 离子空位的 Frenkel 型缺陷。AgI 有三种结晶形式：室温有面心立方晶和六方晶，何种晶型与制备方法有关，在 147℃ β-AgI 转变为 α-AgI，离子电导率增加 1000 倍。添加 5% 摩尔分数，α-β 转变可降至 100℃，由 XRD 研究得知，Ag^+ 在大量可移动的位置上作无序随机的分布，这种准熔体状态构成了 Ag^+ 的高传导性。在 α-AgI 中 Ag^+ 分布的无序性可以通过减少单位晶胞中的阳离子数而增加，从而增加 Ag^+ 的导电性，转变温度也随之降低。单晶和多晶电导率在同一数量级。

研究发现某些含有机基的 Ag-I 型化合物在室温时有很高的电导率，还有 Ag-I 型的某些无机复合物也具有很高 Ag^+ 电导率。概括各种 Ag^+ 导体结构特征，共同特点是在许多低配位位置存在的阳离子无序。当电导离子形成四面体中心，而近邻位置包含四面体共享面以提高连续路径时，就有利于 Ag^+ 的迁移。

从热力学角度看，Ag^+ 导体有大的组态熵和高的热容。

由实验发现，AgCl，AgBr，AgI 等加入 Al_2O_3 对 Ag^+ 电导起了两相增强效应，使离子电导率提高，这些改进性质的离子导体是将第二相分散到第一相中，第一相为基体。有研究报道，$AgI-Al_2O_3$ 的电导率比 AgI 增加将近 2500 倍。

17.7   碱金属离子和银离子导体在电池中应用示例

17.7.1   微功率电池

微功率电池为低能使用的电池，例如小于 $1mA/cm^2$ 的电流密度，在室温离子电导率达到 $10^{-5} \sim 10^{-6} S/cm$ 便可应用。

微功率电池可用于手表、心脏起搏器、自动曝光照相机及电子仪器中。要求体积小、质量轻、电压稳定、寿命长，能以微安级电流工作。这种电池曾被研究的阳离子导体有：Ag^+ 离子、Cu^+ 离子和 Li^+ 离子导体。整个电池为全固体物质。

Ag^+ 离子导体是以 α-AgI 为基掺杂的材料，例如以下形式的电池

$$Ag \mid Ag_4RbI_5 \mid RbI_3$$

为了避免电极极化，将 RbI_3 与固体电解质混合在一起，电池反应为

$$4Ag_{(s)} + 2RbI_{3(s)} =\!=\!= 3AgI_{(s)} + Rb_2AgI_{3(s)}$$

该电池已作为产品出售。开路电压 0.66V，能量密度为 $4\sim8W\cdot h/kg$，输出电流可达到约 $40mA/cm^2$。

曾被研究的以 AgI 为基的化合物有几十种。高效 Ag^+ 导体电池正在开发中。

以 Cu^+ 离子导体为固体电解质的电池价格便宜，但据文献报道，性能不如 Ag^+ 离子导体的固体电解质电池。

最有成效的是 Li^+ 离子导体电池，由于 Li 的电负性小，所以，以 Li 为负极的电池比能高，又由于 Li 的相对原子质量小，密度小，且由于与有机物的复合及薄膜技术的发展，所以国内外对 Li 电池的研究皆给予很大的重视。

1972 年锂碘电池首次作为心脏起搏器植于人体，此后产量与日俱增，据 1986 年统计，世界上发达国家和发展中国家共将心脏起搏器植入人体 24 万余只，其中 90% 以上由锂碘电池供电。

我国自 1979 年以来就能生产锂碘电池，至 1988 年提供给各起搏器厂家的各种锂碘电池就超过 3000 只，尚无一例因电池问题而使起搏器失效。

锂碘电池以锂为负极，聚 2-乙烯基吡啶与碘的配合物为正极，正负极接好后，自然生成的碘化锂为电解质，电池反应为

负极 $\qquad\qquad\qquad Li - e =\!=\!= Li^+$

正极 $\qquad\qquad\qquad \frac{1}{2}I_2 + e =\!=\!= I^-$

电池反应为 $\qquad\qquad\qquad Li + \frac{1}{2}I_2 =\!=\!= LiI$

开路电压为 2.80V。

锂碘电池、外壳与盖子材料均为 OCr18Ni9 不锈钢，盖子上极柱由陶瓷绝缘子封接，电池组装后用激光焊将壳盖焊住。

电池性能为（对于不同锂碘电池）：容量 $1.6\sim2.5A\cdot h$，工作电流 $1\sim100\mu A$。质量 $20\sim32g$，体积 $6.4\sim10.1cm^3$，比能 $190\sim223J/kg$，自放电 10 年内小于 5%，密封性不大于 $2\times10^{-3}Pa\cdot mL/s$，贮存温度 $-40\sim+50℃$。

近年来由于材料结构和工艺的改进，锂碘电池可在较大的电流密度下放电，是小功耗，长时间工作的电子仪器设备的优良候选电源。

据报道，用锂钴合金作为负极，非石墨型碳作为正极的锂离子电池，可产生很高的能量，比镍镉电池和镍氢电池容量大，使用寿命长。单体操作电压 3.6V。可达到小型化要求，可长时间循环充电使用。此种电池 1990 年由 Sony 公司首先开发为产品，广泛应用于手机、便携式电脑、摄像机等多种通讯、计算机及音视频产品上。1999 年 6 月 Sony 与北京合资成立公司生产该种电池，初期生产规模

为月产 1 万块。

17.7.2　高能量密度电池

发展高能量密度的固体电解质电池，是为了替代铅蓄电池等作为电气车辆和公共汽车的电源。

20 余年以前，美国福特汽车公司利用 $Na-\beta-Al_2O_3$ 作为固体电解质组装了第一台 $Na-S$ 电池，此后美、德、日、英、法都开始研究 $Na-S$ 电池。我国中国科学院上海硅酸盐研究所也于 20 世纪 80 年代开始研究。

$Na-S$ 电池是非全固态型的电池，电池的负极和正极分别用液态的 Na 和 S，电池形式为

W 或 $Mo \mid Na_{(1)} \mid \beta-Al_2O_{3(s)}$ 或 $\beta''-Al_2O_{3(s)} \mid S_{(1)} \mid W$ 或 Mo（工作温度 $300 \sim 350℃$）

关于固体电解质，福特汽车公司经过广泛的测定以后，采用了 $8.85\% \ Na_2O$-$0.76\% \ Li_2O$-$90.4\% \ Al_2O_3$ 的成分，具有较好的电导率和烧结性能。

在 $Na-S$ 电池工作过程中，存在于 $\beta''-Al_2O_3$ 中的杂质 Si、K 或 Ca 等易在固体电解质周围产生沉积物（尤其是负极区），界面中富 Ca 层的形成，引起电池充放电电阻的不对称性，使局部电流密度增加，使电解质管表面剥落，而影响电池寿命。K^+ 离子杂质易与电解质中的 Na^+ 离子交换，使电解质电阻增加。

$Na-S$ 电池用熔融钠作为负电极，硫作为正电极。钠中的碱金属杂质等会影响电池的寿命。当固体电解质表面平滑时，液体钠和电解质之间会迅速建立起平衡；反之，如固体电解质表面粗糙，液体由于张力问题，只与电解质突出部分接触，从而损失电容量。

电极引线丝可插入或沉没在 Na 液体中。

关于硫正极，由图 17-1 所示的 Na_2S-S 相图可以了解 $Na-S$ 电池放电过程中硫相的反应[20]。电池在放电的第一阶段形成化合物 Na_2S_5，根据相律，电池电压在所有的硫都转变为 Na_2S_5 以前一直保持恒定。进一步放电时，形成 Na_2S_x（$3 < x < 5$），随着 x 逐渐减小，电池电压逐渐降低。在 x 约为 2.7 时，形成固体化合物 Na_2S。相图表明，$Na-S$ 电池的操作温度应在 $285℃$ 以上，否则将形成固态的多硫化物。

由于液态硫的电导率低，为了收集电流，在硫中混有石墨或浸透碳毡。在多数 $Na-S$ 电池设计中把石墨或碳毡压在 $\beta''-Al_2O_3$ 上。研究发现，以用石墨碳纤维毡为佳，不宜用石墨，原因是 $70\% \sim 80\%$ 的 S 和 $20\% \sim 30\%$ 的石墨混合物电阻率太高。

在 $\beta''-Al_2O_3$、熔融多硫化物和石墨毡三相接触处发生电化学反应。在电池放电初期，逐渐形成 Na_2S_5 小滴分散在液态硫中，在进一步放电过程中，当 Na_2S_5 积累至一定量时，情况发生转变，而使硫成为小滴分散在液态 Na_2S_5 相中。石墨

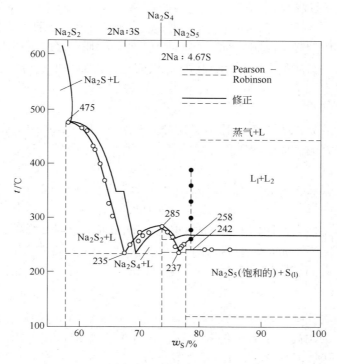

图 17-1　Na₂S-S 相图

毡的存在也阻碍液流的流动，使电化学过程更加复杂。

在再充电过程中，在石墨毡的周围容易形成绝缘层，而使电导率降低，并观察到极化电压增加。

液体硫和多硫化物有强腐蚀性，为此，不锈钢容器内表面需涂层保护。实验证明，导电氧化物(Cr_2O_3)，SiC，FeB 等可被采用。

关于封接问题，在 Na-S 电池中为了防止熔融钠和硫的泄漏，需要在陶瓷对陶瓷，陶瓷对金属，金属对金属部位很好地封接。

陶瓷对陶瓷部分，可用硼硅酸盐玻璃封接，其热膨胀性质与基体相适。在金属容器和陶瓷管之间可用 α-Al_2O_3 环连接，α-Al_2O_3 有绝缘作用。

对于 Na-S 电池，因工作温度需高于300℃，另外，由于反应过程复杂和液态硫及硫化物的腐蚀性，所以有一系列技术问题。其他固体电解质高能量电池正在研究中。

17.7.3　在电化学器件中的应用

电子管等是利用电子的受控运动，而离子器件是利用离子的受控运动。电化学元件就是利用电化学原理设计并制作各类信息传输、变换、放大和控制元件[28]。电化学元件利用离子在外电场或浓度梯度下的定向运动规律和定量关系制成各种化学传感器、存贮器（记忆元件）、积分元件和其他计算元件。

由于固体电解质可以制成薄膜，所以，可使元件质量轻，体积小。

使用固体电解质的电化学元件主要是积分元件，如微库仑计和计时元件等。制作这些元件的共同要求是，充放电可逆性好和充放电结束时有明显的终点信号。

最早的积分元件为水溶液作为电解质。1973 年 J. H. Kennedy 等人制作了体积小，性能良好的固体电解质积分元件和计时元件，电池形式为

$$Ag \mid AgBr \mid Au$$

固体电解质为膜状，电导率为 0.25S/cm。日本三洋公司的计时元件电池形式为

$$Ag \mid Ag_2S, \; Ag_2HgI_4 \mid Au$$

电显色作用使人们能用电化学方法驱动和调节光的透射和反射，可以用作电显色玻璃（electrochromic window，EW）。电显色作用的重要用途之一为控制辐射能的转变。一种固态层状的聚合电解质电显窗的电显色基于如下反应

$$Li_yNiO_x + WO_3 \rightleftharpoons Li_{y-x}NiO_x + Li_xWO_3$$

聚合物电解质为 PEO-LiClO$_4$。此种电显色需在 60℃ 工作，低于此温度不显色，克服方法之一为用高离子导电的聚合物，如链聚合物和 LiClO$_4$ 的复合物。其离子导电性比 PEO-LiClO$_4$ 复合物高几个数量级，可在室温工作。可利用各种高导电性的聚合物 Li 盐发展高性能的固态多层电显色玻璃。

参 考 文 献

[1] Bruce P G, West A R. Mat. Res. Bull. , 1980(15)：379.

[2] Bruce P G, West A R. Journal of Solid State Chemistry, 1982(44)：354.

[3] Thackeray M M, Johnson P J, Picciotto L A. Mat. Res. Bull. , 1984(19)：179.

[4] Mizushima K. Solid State Ionics. 1981(3-4)：171.

[5] Bruce P G, West A R. J. Electrochem. Soc. , 1983, 130(3)：662.

[6] Thackeray M M, Dayid W I F, Bruce P G. Mat. Res. Bull. , 1983(18)：461.

[7] Smith R I, Tana P Quin, West A R. Transition. ISSI. Lett. , 1990, 1(2)：7.

[8] Benrabah D, Sanchez J Y, Armand M. ISSI Lett. , 1993：4(4)：15.

[9] Goodenough J B. Solid State Ionics, 1997(94)：17.

[10] Secco E A, Usha M G. Solid State Ionics, 1994(68)：273.

18 稀土金属、碱金属、碱土金属 传感器和锑传感器

稀土金属包括钪、钇、镧系 17 个元素，为周期表第ⅢB 类金属。左侧和碱土金属相邻。其外层电子排布为 21 号 Sc $3d^14s^2$；39 号 Y $4d^15s^2$；57 号 La $5d^16s^2$；…；71 号 Lu $4f^{14}5d^16s^2$。

因为稀土元素原子的最外层 S 电子和次外层 d 电子易丢失，所以化学性质活泼。因 d 副层和 f 副层的电子有多个空轨道可以和其他元素呈多种形式的轨道杂化，而使材料具有了多种不同的性质，因而元素和化合物具有广泛的用途。我国稀土储量为世界之最，得天独厚，但应用得并不好。日本连我们白云鄂博矿的墙土都要，以分离出各单一的稀土元素，再合成各种具有奇异性的化合物。

18.1 稀土金属传感器

稀土元素在冶金中应用具有其独特性。理论和实践证明，将微量稀土元素加入钢、铸铁和有色金属及其合金中，如果加入量和加入方法得当，将改善这些材料的多种性能。稀土元素的净化、变质及细化晶粒作用，国内外已有较多的研究。近年来的研究证明，按热力学平衡规律或动力学因素，余留在金属中的以原子形式存在的微量稀土元素尚可起到合金化作用。虽然对稀土元素的作用进行了多方面的研究，但由于溶解态稀土的活度不知道，所求的各种热力学数据、固溶稀土问题以及稀土元素加入熔体后的变化规律等，始终未得到一致的结论，而在生产条件下加入稀土元素以后的变化规律更是不清楚。现在国内外对金属中微量稀土元素含量的确定所采用的方法，流程长，影响因素多，难以得到准确值，而生产中对冷却样品进行分析得到的为滞后信息。

王常珍等人首先研究了稀土传感器。针对高温熔体的不同温度情况，分别研究了 La-β-Al$_2$O$_3$ 和 REF$_3$（ + CaF$_2$）两种类型的固体电解质稀土传感器[1~8]，下面进行分述。

18.1.1 La-β-Al$_2$O$_3$ 固体电解质的制备和性质

在本书前面曾叙述了 β-Al$_2$O$_3$ 的结构、特征，其理想分子式为 Na$_2$O·11Al$_2$O$_3$，具有六方对称性，单胞是由一个镜面所分开的两个尖晶石块所组成的。这些块由四层氧离子在 c 方向堆集而成，而各层由分布在八面体或四面体位置上

的 Al^{3+} 离子分开。分隔尖晶石块的非致密平面间，是由钠离子和氧离子组成的疏松钠氧层。β-Al_2O_3 中的 Na^+ 离子可以被一价、二价正离子或某些三价稀土元素离子全部或部分交换。但 La^{3+} 离子由于离子半径大，交换后材料产生微观裂纹，Ce^{3+} 离子交换材料也如此，所以 La-β-Al_2O_3 和 Ce-β-Al_2O_3 不能由 β-Al_2O_3 用离子交换法制备。

β-Al_2O_3 或被其他离子交换的 β-Al_2O_3，对单晶而言，离子的传导平面间距约为 1.1nm；在多晶 β-Al_2O_3 中，晶格被扭曲，由于小晶粒多或少地随机取向，所以传导路程被加长，但研究证明，多晶的电导率与单晶的电导率相比差别极小，因而文献资料认为只要使得多晶晶粒间的电阻很小，就可以使用多晶材料。由图 18-1 所示 La_2O_3-Al_2O_3 体系相图得知，La_2O_3 可与 Al_2O_3 形成 La_2O_3·$11Al_2O_3$ 即 La-β-Al_2O_3 相。La_2O_3·$11Al_2O_3$ 与 Na_2O·$11Al_2O_3$ 相相似，都是六方晶系结构，存在着非致密的导电层。根据化学元素的电负性，La 也与 Na 相似，因而可以设想在 La-β-Al_2O_3 中存在着自由的 La^{3+} 离子，可以迁移而导电，故笔者等通过直接合成方法制备 La_2O_3·$11Al_2O_3$。

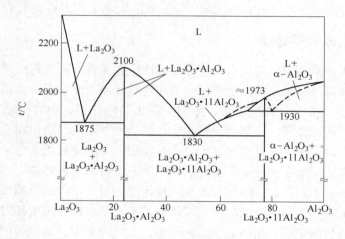

图 18-1　La_2O_3-Al_2O_3 体系相图

将分析纯的 La_2O_3 和 Al_2O_3 分别经 900℃ 和 1400℃ 煅烧脱水处理。按 Al_2O_3-La_2O_3 相图选定组成。混合料在玛瑙球磨机加无水乙醇混磨、干燥、压型，1550℃ 预合成，X 射线衍射分析证明为所期望的相；再粉碎、研磨，等静压法成片，热压铸方法制管，1650~1700℃ 烧成。烧成物致密，呈陶瓷化。

将片状样品进行涂铂处理，使不同测点间的电阻小于 1Ω。用 Solartron1255HF 频率响应分析仪配同 1286 电化学接口，计算机处理，测量样品的阻抗谱，计算电导率。频率范围 4×10^{-3}~1×10^6Hz，温度范围 800~1500℃，阻抗谱呈现出典型多晶电解质相所具有的特点。La-β-Al_2O_3 的电导率随温度的升高而增大，由 800℃的 10^{-7}S/cm 增至 1500℃的 10^{-4}S/cm 数量级，符合作为传感器的要求。组成的变化对电导率的影响不大，当 La_2O_3 含量从 15% 变化到 22.01% 时，电导率仅有极小的增加，分析其原因可能是 La^{3+} 离子半径较大，在 La-β-Al_2O_3 结构的导电层中通过氧离子间隙较困难。不同组成的样品，电导激活能在 1.96～2.06eV 之间。

为了确定在 La-β-Al_2O_3 电解质中 La^{3+} 为导电正离子，分别用原电池电动势法和库仑滴定抽 La 法进行了验证。

对于原电池法，采用 La-β-Al_2O_3 片为固体电解质，以 $LaNi_5$，Ni 混合物粉末为参比电极，$LaNi_5$ 的标准生成自由能已由笔者等人由实验求得。[8]，$\Delta G^{\ominus}_{f,LaNi_5} = -152590 + 13.143T \pm 150J(903 \sim 1173K)$，可外延至一定温度使用。以 $La(Fe_xAl_{1-x})_{13}$ Invar 合金为待测电极，组成如下电池

$$Mo \mid LaNi_5，Ni \mid La\text{-}β\text{-}Al_2O_3 \mid La(Fe_xAl_{1-x})_{13} \mid Mo$$

电极反应为

待测极 $$[La]_{Invar} - 3e === La^{3+}$$

参比极 $$La^{3+} + 5Ni_{(s)} + 3e === LaNi_{5(s)}$$

电池反应为 $$[La]_{Invar} + 5Ni_{(s)} === LaNi_{5(s)} \tag{18-1}$$

电池反应的自由能变化 ΔG 为

$$\Delta G = \Delta G^{\ominus} + RT\ln\frac{1}{a_{La(Invar)}} = -3FE \tag{18-2}$$

实验温度为 1146～1235K，在 La 的熔点以上，所以以液态 La 为标准态，则

$$\Delta G^{\ominus} = \Delta G^{\ominus}_{LaNi_5}$$

所以 $$\ln a_{La(Invar)} = \frac{3FE + \Delta G^{\ominus}_{LaNi_5}}{RT} \tag{18-3}$$

由上式可知，只要测得某温度下的电池电动势，便可求出合金中的 a_{La}。在组装电池时采取了避免氧的干扰措施，因而电池电动势仅由两端 La 的化学位差所决定。实验求得 Invar 合金中 La 的活度分别为 $2.23 \times 10^{-5} \sim 3.51 \times 10^{-5}$，符合热力学估计值，因而证实了 La-β-$Al_2O_3$ 固体电解质中 La^{3+} 离子的导电性。

对于库仑滴定抽 La 法，采用自制的 La-β-Al_2O_3 管构成如下电池

$$Mo \text{ 金属陶瓷} \mid Sn_{(1)} \mid La\text{-}β\text{-}Al_2O_3 \mid [La]_{Sn} \mid Mo$$

当对电池两端施以直流电压时，则发生电解作用，反应为

阳极 $$[La]_{La\text{-}Sn} - 3e === La^{3+}$$

阴极 $$La^{3+} + 3e === [La]_{Sn}$$

电池反应为　　　　　　　　　　$[La]_{La-Sn} \rightleftharpoons [La]_{Sn}$　　　　　　　　　　(18-4)

当反应进行时，La-Sn 合金中的 La 将通过电解质被抽到 Sn 液中，实验温度 1200℃。

实验用 Sn 纯度大于 99.999%，Sn-La 合金（La5%）在微型磁控真空充 Ar 电弧炉水冷铜坩埚熔炼制得，钼金属陶瓷（$m_{Mo粉}：m_{ZrO_2(CaO)} = 1：1$）在真空碳管炉中烧制而成。电解质管半电池组装及实验均在高纯 Ar 气氛下进行，实验用炉为具有密封水套的 $MoSi_2$ 炉，坩埚为经预处理的光谱纯石墨车制而成，用精密恒电位仪施加直流电压。由计算机连接的 Solartron7071 高阻（$10^{11}\Omega$）数字电压表配同打印、绘图给出每次抽 La 前后的电池电动势。抽取试样进行电子探针分析，证明 La-Sn 合金中的 La 通过固体电解质被抽至纯 Sn 中，10 个点的分析结果以 Sn 中含 La 量（原子分数）计算从 0.001 至 0.011 不等。实验温度仅为 1200℃，此时，La-β-Al_2O_3 的电导率较低，在更高温度下，抽 La 效果应当更明显。此研究再次证明了 La-β-Al_2O_3 固体电解质中 La^{3+} 离子的可迁移性。从元素电负性和结晶化学考虑，La-β-Al_2O_3 固体电解质的电子导电性可忽略。

用 HTC1800 型 Seteram 高温量热计对合成的 La-β-Al_2O_3 进行了示差热分析实验，在 500~1600℃ 温度范围内没有任何热效应，说明 La-β-Al_2O_3 的热性质是稳定的。用等静压法和热压铸法制备的 La-β-Al_2O_3 管经约 0.2MPa 的 Ar 气检验，证明不漏气。

以上诸试验说明在 1100℃ 以上 La-β-Al_2O_3 可用于制作 La 传感器的固体电解质。而后，D. J. Fray 等人[9] 和洪彦若等人[10] 分别对 $LaAl_{11}(O_3)_{18}$ 和 La-β-Al_2O_3 的 La^{3+} 离子的导电性也给予了证明。

18.1.2　La-β-Al_2O_3 固体电解质稀土传感器

用 La-β-Al_2O_3 管作为电解质，纯 La 作为参比电极（可避免氧的干扰），以钼丝和钼金属陶瓷分别作为参比电极和待测电极引线，组成 La 传感探头，测定三种不同铁液中 La 的活度，电池形式为

$$Mo \mid La_{(l)} \mid La\text{-}\beta\text{-}Al_2O_3 \mid [La]_{金属熔体} \mid Mo\,金属陶瓷$$

电极反应为

参比电极　　　　　　　　$La_{(l)} - 3e \rightleftharpoons La^{3+}$

待测电极　　　　　　　　$La^{3+} + 3e \rightleftharpoons [La]_{金属熔体}$

电池反应为　　　　　　　　$La_{(l)} \rightleftharpoons [La]_{金属熔体}$　　　　　　　(18-5)

实验温度下 La 为液态，所以以液态 La 作标准态，得

$$\Delta G = -nFE = -RT\ln a_{La} \tag{18-6}$$

由此可求出熔体中 La 的活度。

同时组装氧传感探头测定铁液中氧的活度，用 Cr(99.999%)，Cr_2O_3（光谱纯）作为参比电极，用 Mo 金属陶瓷作为金属液的电极引线。电池形式为

$$Mo \mid Cr, Cr_2O_3 \mid ZrO_2(MgO) \mid [O]_{金属熔体} \mid Mo \text{ 金属陶瓷}$$

假定 Cr_2O_3 分解产生氧的化学位高于金属熔体中氧的化学位，则电极和电池反应为

参比电极　　　　　　　　$$\frac{2}{3}Cr_2O_{3(s)} + 4e \Longrightarrow \frac{4}{3}Cr_{(s)} + 2O^{2-}$$

待测电极　　　　　　　　$$2O^{2-} - 4e \Longrightarrow 2[O]_{金属熔体}$$

电池反应为　　　　　　　$$\frac{2}{3}Cr_2O_{3(s)} \Longrightarrow \frac{4}{3}Cr_{(s)} + 2[O]_{金属熔体} \qquad (18\text{-}7)$$

反应的自由能变化为　　　$$\Delta G = \Delta G^{\ominus} + RT\ln a_O^2 \qquad (18\text{-}8)$$

而　　　　　　　　　　　$$\Delta G = -nFE = \Delta G^{\ominus} + RT\ln a_O^2 \qquad (18\text{-}9)$$

$$a_O = \exp\left(\frac{-4FE - \Delta G^{\ominus}}{2RT}\right) \qquad (18\text{-}10)$$

式中，a_O 为金属熔体中氧的活度。

对于 Cr_2O_3 的标准生成自由能（单位为 J/mol），采用日本学术振兴会推荐的数据[1]，原因如前所述，$\Delta G^{\ominus}_{Cr_2O_3} = -1115750 + 250.45T + 1255$。

氧在碳饱和铁液中的溶解自由能数据的选用目前尚无统一认识，此处用与 $[O]_{金属熔体}$ 相平衡的氧分压值表示熔体中氧的化学位，根据

$$\frac{1}{2}O_{2(g)} \Longrightarrow [O]_{金属熔体} \qquad (18\text{-}11)$$

$$p_{O_2} = \exp\left(\frac{-4FE - \Delta G^{\ominus}}{RT}\right) \qquad (18\text{-}12)$$

在三种不同铁熔体中 La 传感器的测定情况为：

（1）碳饱和铁液中 La 活度的测定。将纯 Fe（大于 99.95%）置于铺有光谱纯石墨粉并预处理的光谱纯石墨坩埚中，在具有密封水套的 $MoSi_2$ 炉中于净化高纯 Ar 气氛中熔化，升至 1450℃，用光谱纯石墨搅拌铁液达到饱和，然后将经处理的金属 La（大于 99.9%）在较大的 Ar 气流下，沿预充 Ar 的石英管投入熔体中，迅速搅拌，将在坩埚上端预热的组合在一起的 La 和氧传感探头同时插入熔体中，用前述高阻（$10^{11}\Omega$）精密数字电压表配同计算机测量两传感器的电动势。每隔 6s 自动取值。达到预定时间后，提起传感探头于液面上，取样，然后再加 La，重复上述操作。各步骤皆在充氩密闭条件下进行，以避免稀土的氧化。

实验发现，当传感探头插入熔体后约 10s 即可得稳定电动势值，电动势波动 ±2~3mV，探头提起后不再记录。

图 18-2 和图 18-3 分别表示经计算所得的 a_{La}-[La] 和 p_{O_2}-[La] 关系曲线，因炉管内氧位很低，La 按加入量计算。由图可见，三次实验所得的 La 的活度变化呈现规律性，随着熔体中 La 含量的增加，a_{La} 增大，p_{O_2} 减小。

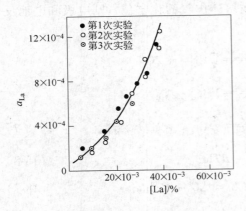

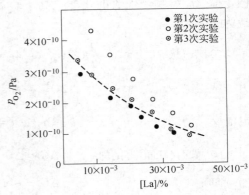

图 18-2 a_{La}-[La] 关系曲线   图 18-3 p_{O_2}-[La] 关系曲线

几次实验后，La 传感探头仍完好。

（2）铸铁液中 La 活度测定。实验在 50kg 1000Hz 的中频感应炉中镁砂坩埚内进行，工业生铁料，温度 1450℃，炉口敞开，不用保护气氛。第一炉插入深度 2cm，传感探头静置不动，电动势和活度值反映的是熔体加入稀土后表面层附近稀土活度变化，实验结果见图 18-4 和图 18-5。

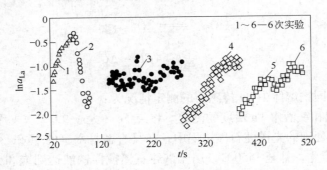

图 18-4 $\ln a_{La}$ 与时间的关系

由实验结果可知，铸铁熔体第一次加 La 后，由于 La 逐渐熔化，活度值渐增；第二次加 La 后，随着时间的延长，表面层内 La 逐渐向熔体内部扩散和氧化及脱氧，La 的活度值逐渐降低；第三和第四次加 La 后，La 的变化规律相似。由于 La 主要在熔体表面内分布，所以 La 活度在一定范围内变化；第五、第六次加 La 后，将传感探头往熔体深处稍插，反映出 La 的活度变小，然后由于 La 逐渐向

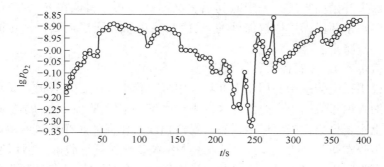

图 18-5 $\lg p_{O_2}$ 与时间的关系

熔体内部扩散，La 的活度逐渐增加。在整个添加 La 的过程中，La 的活度大约在 0.08 ~ 0.36 之间变化，说明加入的 La 基本聚集在熔体表面层内部附近，扩散较慢。氧传感探头所测得的为与氧活度相对应的 p_{O_2} 值，在 5×10^{-10} ~ 1.2×10^{-9} Pa 范围内变化，说明 La 起到脱氧作用。由于敞口熔炼，表面暴露在大气中，所以 p_{O_2} 值始终未达到 La 脱氧平衡的热力学应有值。

第二炉试验，加入混合稀土金属，采用的是用混合稀土金属作为参比电极的 La 传感探头。试验时，每次混合稀土金属加入后皆立即搅拌。

由于搅拌，混合稀土金属的扩散加强，其活度值约在 1×10^{-2} ~ 1×10^{-3} 之间变化，但由于搅拌范围有限，稀土的活度值在测定的范围内仍较大。当将传感探头由原测定点逐渐往熔体深度插入时，稀土金属的活度值明显减小，且熔体四周稀土金属的分布也不均匀，离稀土加入区越远的部位，稀土的活度值越小。在浇铸过程中稀土金属又进一步氧化。该实验说明用稀土投入法，无保护熔炼，收得率极低。实验后，La 和混合稀土传感探头完好。

（3）球墨铸铁液中 La 活度的测定。为了探讨稀土传感器在生产稀土球墨铸铁中的应用，在某大型铸管厂进行了现场测试。每包铁水重约 2.3t，温度（1300 ±10）℃，先向铁水包加稀土镁硅铁合金（合金成分视批号不同略有变化），主要合金元素的平均值约为 RE 18.1%，Si 40.6%，Mg 8.4%，Ca 2.2%，然后由冲天炉注入铁水。由于 Mg、RE、Ca 等的氧化、燃烧，冒出大量白亮烟。除渣后，加入适量稀土硅铁作为孕育剂，此时将稀土和氧传感探头在熔体上方略预热，插入熔体，E 值皆由专用的高阻（大于 $10^8 \Omega$）数字电压表测量，至一定时间停止测定，将铁水进行离心浇铸。

共进行了三个铁水包试验，每包用一个新的传感探头，由于探头开始插入不深，所以稀土金属的活度值基本为熔体表面层内的变化值。随着稀土向熔体内部扩散或氧化、脱氧，稀土的活度值渐渐减小，与之相对应的 p_{O_2} 值则渐渐增大，说明稀土起到脱氧作用。

传感探头开始插入浅，一定时间后，又深插一些，表现在 a_{La} 和时间关系曲线上明显出现了两段，熔体较深处的 a_{La} 值明显小于表面层内处，一定时间后活度值又进一步减小。

试验后观察 La 传感探头，探头完好，未被腐蚀。

试验说明稀土传感探头用于生产规模中测定稀土活度是可行的。试验结果说明由上部加入稀土或稀土合金的方法，由于密度和溶解度以及动力学扩散速度的影响，稀土主要聚集在表面层内附近，易烧损或氧化损失。在浇铸或离心浇铸过程中，稀土分布可进一步均匀化，同时对熔体进行脱氧、脱硫，但因和空气接触，熔体表面稀土元素也进一步氧化。因而所谓的回收率低是与加稀土的工艺过程未采取气氛保护措施，工艺不连续等有关的。

混合稀土金属含 La 25% 左右，含 Ce 45% 左右，余为其他稀土金属，因价廉广被采用。但因结晶构造，Ce、Nd 等元素有变价等，难制备混合稀土金属氧化物的 β-Al_2O_3 固体电解质。此处，用混合稀土金属作为参比电极，仅因熔体加入的是混合稀土金属或合金，但电极过程是多种稀土共同参与，还是仅有 La，尚待进一步证明。必须用以纯 La 作为参比电极的传感器和以混合稀土作为参比电极的两种传感探头在完全相同的条件下，进行对比试验并配合物相观察等方法以及阻抗谱技术对界面研究才能确定。

尽管对用混合稀土金属作为参比电极的电极过程不清楚，但仍可采用，取其相对值，或用纯 La 作为参比电极，也取相对值。

18.1.3　$REF_3(CaF_2)$ 固体电解质的制备和性质

MF_2-LaF_3（M = Ca,Sr,Ba）体系中有 MF_2 基和 LaF_3 基两种固溶体，CaF_2 型固溶体 $M_{1-x}RE_xF_{2+x}$ 和 LaF_3 型固溶体 $RE_{1-x}M_xF_{3-x}$。这两种非化学计量相都存在异价同晶置换，有大量的 F^- 离子空位，使这两种结构的固溶体均可能成为良好的固体电解质。CaF_2 型固溶体研究得较多，而 LaF_3 型固溶体研究较少。制作稀土传感器需要 LaF_3 型的固溶体。

$LaF_3(LaF_2)$ 多晶固体电解质的制备和性质。用氟化氢铵氟化法制备 LaF_3，其中残余的 NH_4F 在高纯氩气氛下，在 500℃ 灼烧除去。800℃ 煅烧 CaF_2（分析纯）除去吸附水。

根据 LaF_3-CaF_2 体系相图选择 5 种不同 CaF_2 含量的组成制备固体电解质片，为防止 LaF_3 在高温时氧化为 LaOF，试样在具有密封装置的高纯氩气氛中烧结，条件为 1100℃，9h。烧成后，样品致密光洁，X 射线衍射证明，各成分样品均为 LaF_3 型固溶体。

用前述频率响应分析仪配同电化学接口对样品进行离子导电性测定，频率范围 $10^{-2} \sim 1 \times 10^6$Hz，实验温度 424～829K。

　　图 18-6 为在实验范围内所得的典型阻抗谱。对于不同 CaF_2 含量的试样，其不同温度下的阻抗谱均为一段与实轴相交的弧线，只是弧线的弯曲程度及其与实轴的交点位置不同。

　　根据已知的阻抗谱理论，可判定电池的阻抗特性是近似阻塞的电极过程，即电极与电解质界面很难发生电荷的迁越过程，界面阻抗主要由双层电容所决定。另外，在实验的温度范围内，$La_{1-x}Ca_xF_{3-x}$ 的晶粒和晶界的阻抗特性未加以区分，这是由于在较低的温度下 F^- 离子只能限制在晶粒本体内迁移，难以越过晶界。图 18-7 所示的等效电路表示电池的阻抗特性。其中 R 为 $La_{1-x}Ca_xF_{3-x}$ 的体电阻；C 为电极的双层电容；r 为电极界面的电荷迁越电阻，其值很大。

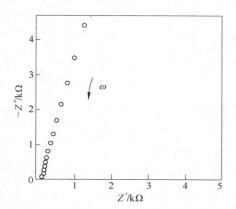

图 18-6　实验所得的典型阻抗谱形式

（以 $La_{0.93}Ca_{0.07}F_{2.93}$ 为例，540K）

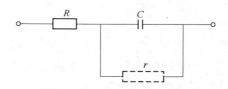

图 18-7　$La_{1-x}Ca_xF_{3-x}$ 样品的等效电路

　　根据阻抗谱中弧线与实轴的交点，可求得不同组成样品在不同温度下的电导率，数值在 $10^{-4} \sim 10^{-2}$ S/cm 之间。

　　将 $\ln\sigma T$ 对 $1/T$ 作图，得到一组折线，见图 18-8。这表明 $La_{1-x}Ca_xF_{3-x}$ 的离子电导率与温度的关系是分区间符合 Arrhenius 定律的。直线的斜率由电导激活能 E_a 决定。不同成分的 $La_{1-x}Ca_xF_{3-x}$ 在不同温度区间的电导激活能见表 18-1。由图 18-8 可以看到，含 1% ~ 9% CaF_2（摩尔分数）的 $La_{1-x}Ca_xF_{3-x}$ 的离子电导率比纯

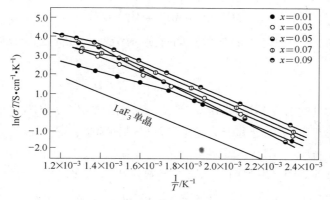

图 18-8　$La_{1-x}Ca_xF_{3-x}$ 的电导率与温度的关系

LaF_3 单晶[36]增大约 10 倍，最高电导率的组成为 CaF_2 含量 5%。

表 18-1 多晶 $La_{1-x}Ca_xF_{3-x}$ 的电导激活能

x	E_a/eV	温度范围/K
0.01	0.40	425 ~ 576
	0.25	576 ~ 777
0.03	0.40	425 ~ 670
	0.29	670 ~ 766
0.05	0.40	428 ~ 731
	0.22	731 ~ 829
0.07	0.41	424 ~ 654
	0.19	654 ~ 766
0.09	0.46	432 ~ 719
	0.22	719 ~ 769

$La_{1-x}Ca_xF_{3-x}$ 的离子电导率与温度的关系之所以出现直线斜率的转变，可能与 La 的多晶转变有关，根据文献[11]，α-La 的稳定温度为 $-271 \sim 310℃$，β-La 为 $310 \sim 861℃$，γ-La 的稳定温度大于 $861℃$。$La_{1-x}Ca_xF_{3-x}$ 材料的电导率转折点对不同组成材料不同，可能是由晶体结构的晶格参数不同所引起的。

对 CaF_2 含量超过 5% 时电导率逐渐下降的原因可根据有关的缺陷模型和理论作如下解释：

对于非化学计量相 $M_{1-x}RE_xF_{2+x}$，有以下缺陷反应

$$REF_3 \Longrightarrow RE'_M + mF'_{i,1} + nF'_{i,2} + V_F^{\cdot} + F_F^X \tag{18-13}$$

式中，$m + n = 2$；$F'_{i,1}$ 和 $F'_{i,2}$ 表示两种不同位置的间隙 F^- 离子。对于非化学计量相 $RE_{1-x}M_xF_{3-x}$ 有以下缺陷反应

$$MF_2 \Longrightarrow M'_{RE} + V_F' + 2F_F^X \tag{18-14}$$

在 $RE_{1-x}Ca_xF_{3-x}$ 固溶体中存在异价同晶置换，因此当 CaF_2 掺入 LaF_3 后有如下的缺陷反应

$$CaF_2 \Longrightarrow Ca'_{La} + V_F^{\cdot} + 2F_F^X \tag{18-15}$$

从而产生了大量的 $V_F^{\cdot}$，其浓度比 LaF_3 本身固有的大很多，因而电导率也升高很多。而空位或 F^- 离子的迁移能力随温度的升高而增强，导致 $La_{1-x}Ca_xF_{3-x}$ 的电导率随温度的升高而增加。

对于任何离子的导电材料，其电导率 σ 均可表示为

$$\sigma = \sum_i n_i e_i \mu_i \tag{18-16}$$

式中，n_i 是 i 种导电离子的数目；e_i 是离子的电荷；μ_i 是离子迁移率。对于 F^- 离子导体，导电主要是 F^- 离子空位的移动所产生的，因此 $La_{1-x}Ca_xF_{3-x}$ 的电导率可表示为

$$\sigma = n_F e_F \mu_F$$

当 CaF_2 的掺杂量在 5% 以下时，F^- 离子空位数 n_F 随 x 增大而增加，而迁移率 μ_F 基本不变，从而电导率 σ 按 $x = 0.01$，0.03，0.05 的顺序递增。但当 CaF_2 的掺杂量超过 5% 时，随 x 继续增大，$[V_F]$ 和 $[Ca'_{La}]$ 越来越大，以至于邻近位置或次邻近位置的 V_F 与 Ca'_{La} 之间容易因近程吸引作用形成缺陷簇，即 V_F/Ca'_{La} 对。这样，V_F 在可能移动之前，必须首先获得使它们能从缺陷簇中解离出来所需的附加能量，因此 V_F 的活动能力降低，迁移率 μ_F 变小。而且这种作用超过了由 x 增加而使空位数增加的作用，从而导致 $x = 0.07$，0.09 的 $La_{1-x}Ca_xF_{3-x}$ 的电导率降低。各种组成的 $La_{1-x}Ca_xF_{3-x}$ 在不同的温度区间有不同的电导激活能。在低温区的激活能较大，对于不同 x 值的 $La_{1-x}Ca_xF_{3-x}$，其值均为 0.40eV 左右；在高温区的激活能较小，且随 x 值不同而略有不同，其数值在 0.19～0.29eV 之间。低温区的激活能大，可解释为：在较低温度下自由的 $[V_F]$ 较低，因为空位复合或形成缺陷簇，从而解离这些空位并使其成为自由空位所需的能量增加。

18.1.4　CeF₃(CaF₂) 固体电解质的性质

用与制备 LaF_3 掺杂 CaF_2 固体电解质相似的方法制备了 CeF_3 掺杂 5% CaF_2（摩尔分数）的固体电解质，用相同的方法和设备研究了其阻抗谱，温度范围 657.6～1178.2K，求得电导率为 1.2×10^{-3}～1.5×10^{-1}S/cm，电导激活能为 0.20eV，比同温度、同组成的 LaF_3 掺杂 CaF_2 固体电解质的电导率高，电导激活能低，与 T. Takahashi 等人[12]的研究结果相近。

将 CeF_3 和 CaF_2 的混合粉末置于 HTC1800 型 Seteram 高温量热计中进行示差热分析研究，温度范围为 573～1523K，实验发现在 1023K 左右产生一个小峰，可能是由 CeF_3 和 CaF_2 的固溶化过程造成的，最终生成了稳定的固溶体，该种电解质强度较差。

18.1.5　YF₃(CaF₂) 多晶固体电解质的制备和性质

钪、钇和镧系元素同属稀土元素，钇在重稀土元素中含量丰富，为 $4s^2 3d^1$ 外层电子层排布，只有一种价态的离子 Y^{3+}。YF_3 掺杂固体电解质从结构上考虑可用于制作钇传感器。笔者等人研究了 $Y_{1-x}Ca_xF_{3-x}$ 固体电解质（$x = 0.05$，0.25，0.27，0.29）的导电性能。

采用氢氟酸沉淀法制备 YF_3。将 YF_3 中配入适当的氟化氢铵，在净化的氩气

氛中于500℃脱水并驱赶氟化氢铵。经 X 射线衍射证明，得到没有其他氟化物杂质的无水 YF₃。800℃灼烧 CaF₂（分析纯）除去吸附水。

将五种配比的 YF₃、CaF₂ 混合物，分别混磨、压片，在防止高温氧化和水解的条件下于1100℃烧结。烧结后样品洁白致密、表面光滑、陶瓷化。X 射线衍射证明已固溶化。

用与测定 $La_{1-x}Ca_xF_{3-x}$ 固体电解质电导率同样的方法和设备测定了诸 $Y_{1-x}Ca_xF_{3-x}$ 的电导率，试验结果见图 18-9。不同组成、不同温度的电导率在 674 ~ 1032K 的温度范围内为 10^{-5} ~ 10^{-2} S/cm，电导激活能为 1.15 ~ 1.40eV，电导率较小，电导激活能较大，比纯 $Y_{1-x}Ca_xF_{3-x}$ 材料应具有的电导率值小[13]。完成阻抗谱测量后，选经实验的试样进行 X 射线衍射分析，发现试样内除有 CaY_4F_{14} 相以外，还存在大量 YOF 相。出现此相的主要原因是在涂铂后，900℃灼烧时未经纯氩保护，部分 Y_2O_3 被氧化。YOF 也属于电导率较高的物质，从理论上讲氟氧化物也可作为 F⁻ 离子导体。

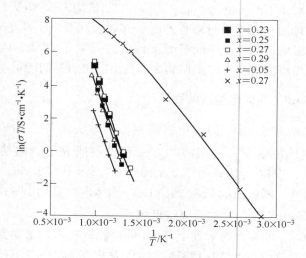

图 18-9　$Y_{1-x}Ca_xF_{3-x}$ 的电导率与温度的关系

在阻抗谱的测定中，上述变化也得到反映。低温下，氟氧化物的电导率较低，因为在氟氧化物中可能存在氧离子对氟离子迁移的干扰。这种相组成的不均匀性以及两相结构和传导特性的差别可部分地阻碍氟离子的传导，导致电流的不均匀性。因而阻抗谱中在低温和高频下氟化物和氟氧化物表现出与体电阻并联的电容特性。随着温度的升高，氟氧化物电导率增大，使氟离子在两相间的传导较容易，电流的不均匀性减小，使得体阻抗的电容性质随之减弱。当温度达到600℃时，电容特性减弱至一定程度，体阻抗在高频下就更多地表现出电阻特性。

由图 18-9 可以看出，对于掺杂 x = 0.05%（摩尔分数）的试样，电导率较低，原因是该物质的结构属于 β-YF$_3$ 型结构，该结构不利于氟离子传导，因此，它的电导率数值明显低于其他试样。另外，由于氟氧化物的介入，试样电导率值的影响因素增加，导致组成和电导率的关系复杂化。

18.1.6　LaF$_3$(CaF$_2$)镧传感器

用等静压方法制备了 La$_{0.95}$Ca$_{0.05}$F$_{2.95}$ 固体电解质管，烧结在严格控制极低 p_{O_2} 的情况下进行，以避免氟氧化物的生成。在以下几种情况下使用镧传感器对熔体中 La 的活度进行了测定。

18.1.6.1　以 LaNi$_5$-Ni 合金作为参比电极的镧传感器对熔铝中镧的热力学性质研究

用能够提供稳定 La 化学位的物质作为参比电极，使电解质两边形成 La 的化学位差，这种 La 的化学位差可在电解质两边的界面上转化为氟的化学位差，从而实现 a_{La} 的测定。

根据 La-Ni 相图[14]可知，当 Ni 的含量大于 7%，温度在 1250℃ 以下时，存在 Ni 和 LaNi$_5$ 的两相区。在此两相区内，La 的化学位只是温度的函数，与组成无关，即 LaNi$_5$ 合金在温度一定时可提供一个恒定不变的 La 位。因此，选择 LaNi$_5$，Ni 合金作为稀土传感器的参比电极之一，用 Mo 丝作为电极引线，组成如下形式的电池

$$Mo \mid LaNi_5,\ Ni \mid La_{0.95}Ca_{0.05}F_{2.95} \mid\ [La]_{Al} \mid Mo$$

待测极　　　　$[LaF_3]_{电解质} + 3e \Longrightarrow [La]_{Al} + 3F^-$

参比极　　　　$LaNi_5 + 3F^- - 3e \Longrightarrow [LaF_3]_{电解质} + 5Ni$

电池反应为　　　　　　$LaNi_5 \Longrightarrow [La]_{Al} + 5Ni$

电池反应的自由能变化为

$$\Delta G = \Delta G^{\ominus} + RT\ln a_{La} = -3FE_{La} \tag{18-17}$$

以纯液态 La 为标准态，则上式中的 $\Delta G^{\ominus}$ 为

$$\Delta G^{\ominus} = -\Delta G^{\ominus}_{LaNi_5} \tag{18-18}$$

由上述两式得

$$a_{La} = \exp[(-3FE_{La} + \Delta G^{\ominus}_{LaNi_5})/RT] \tag{18-19}$$

肖理生、王常珍等人曾测得

$$\Delta G^{\ominus}_{LaNi_5} = -152590 + 13.143T + 150J \tag{18-20}$$

因此只要测得某温度下的 E_{La}，便可由上式算出 a_{La}。由 $a_{La} = \gamma_{La}x_{La}$ 关系可算出 γ_{La}。

由于 Al 液中存在 La 的脱氧平衡：$2[La]_{Al} + 3[O]_{Al} = La_2O_{3(s)}$，$a_{La}$ 和 a_0 遵从脱氧常数 $K = a_{La}^2 a_0^3$ 关系，所以用氧传感探头同时测定 Al 液中氧浓差电动势的变化规律来验证稀土传感探头的准确性。氧传感探头的电池形式为

$$Mo \mid Cr, Cr_2O_3 \mid ZrO_2(MgO) \mid [O]_{Al} \mid Mo$$

由于氧在 Al 液中的溶解自由能尚未见准确报道，所以此处由氧传感探头测定的 E_0 来反映 a_0 的变化规律，从而验证 a_{La} 的变化是否遵从 La 的脱氧平衡规律。

根据 La-Ni 相图，制备 $LaNi_5$-Ni 合金时，将 La 和 Ni 按照 $m_{La} : m_{Ni} = 7 : 93$ 的质量百分比在磁控真空小型电弧炉带有冷却水套的铜坩埚内熔炼而成。将所得合金在甲苯保护下用小型制样机磨细，经 X 射线衍射分析证明为 $LaNi_5$-Ni 合金。

镧传感探头的组装类似氧传感探头组装。

实验在具有密封顶盖的 $MoSi_2$ 炉内进行，金属 Al(99.99%) 置于光谱纯石墨坩埚内，在经过净化的高纯 Ar 保护下于 750℃ 熔化，La 用铝箔包紧沿石英管加入熔池，恒温 2h，将在熔体上方预热的 La 和氧探头插入熔体，分别测定两传感电动势值，电动势值用 Keithley 高内阻（$10^{14}\Omega$）固态电位计连接 Solartron 数字电压表测量，由计算机自动取值绘图、打印，一定时间后提起传感探头离开液面，取样，然后再往熔体内加 La，重复以上操作。试样中溶解态 La 的含量采用低温无水电解分离夹杂，再结合 ICP 进行分析。

实验发现，La 传感探头插入熔体后 3~5s 即可得到稳定电动势值，其最大平均波动 ±2mV，测值可持续稳定 2min 以上。可能由于极化作用，长时间后，E 值将逐渐衰减，但探头从熔体内提起后再插入又可重新获得稳定的电动势。实验完毕，观察 La 传感探头，完好，无腐蚀或开裂现象。

实验得到的 E_{La}-[La] 关系和 E_0-[La] 关系见图 18-10。

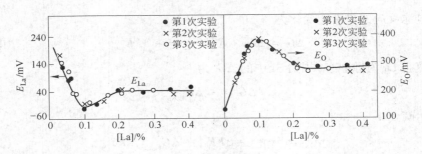

图 18-10 E_{La}-[La] 关系图和 E_0-[La] 关系图

由此求得的 $\ln a_{La}$、$\ln \gamma_{La}$ 与 x_{La} 的关系见图 18-11。

由图 18-10 看出，镧传感器和氧传感器的测定结果皆呈现规律性，在大约 [La] = 0.1 处，曲线同时出现极值，这符合活泼金属脱氧规律。说明随着镧浓度

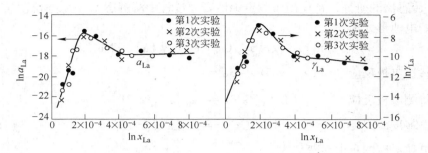

图 18-11 $\ln a_{La}$-x_{La}关系图和 $\ln \gamma_{La}$-x_{La}关系图

的增加，熔体中镧原子和氧原子的相互作用关系在改变，需考虑二阶相互作用系数。

将图 18-11 中 $\ln \gamma_{La}$ 和 x_{La} 关系曲线外延至 $x_{La}=0$ 处，求得 $\ln \gamma_{La}^{\circ}=-14.35$，即 $\gamma_{La}^{\circ}=5.85 \times 10^{-7}$。若 $[La]_{Al}$ 取 1% 溶液作标准态。则

$$La_{(s)} = [La]_{1\%} \tag{18-21}$$

按照金属熔体稀溶液理论[10]，La 在 Al 液中的标准自由能为

$$\Delta G_{La}^{\ominus} = RT\ln(\gamma_{La}^{\circ} M_{Al}/100M_{La}) = -175.2(kJ/mol) \tag{18-22}$$

由于铝中溶解态镧的浓度很小（本实验中 $x_{La}<8 \times 10^{-4}$），因此可以将 Al-La 溶液视作规则溶液，则

$$\varepsilon_{La}^{La} = -2\ln\gamma_{La}^{\circ} = 28.7 \tag{18-23}$$

$$e_{La}^{La} = (M_{Al}/230M_{La}) \varepsilon_{La}^{La} = 0.024 \tag{18-24}$$

上述数据在文献中尚未见报道。由于 La 与 Ce 具有很大的相似性，杜挺等人[16]对 Al-Ce 体系得到的数据可用来作为参考。他们由化学平衡法得出 $\gamma_{Ce(1)}^{\circ}$（700℃）$= 7.64 \times 10^{-6}$，E. W. Dewing 等人用平衡法得出 $\gamma_{Ce(1)}^{\circ}$（700℃）$= 3.89 \times 10^{-8}$，本工作的结果是 $\gamma_{La(s)}^{\circ}$（750℃）$= 5.85 \times 10^{-7}$，可见 γ° 的数据很相近。同样，根据 $\gamma_{La(s)}^{\circ}$ 计算出来的 $\Delta G_{La}^{\ominus}$、ε_{La}^{La}、e_{La}^{La} 等数据与 Al-Ce 体系相应的数据也是非常接近的。

实验结果说明，本研究的 La 传感探头是可信的。

实验过程中 Al 液表面可能有少量 Al_2O_3 生成，根据笔者等人的研究，Al_2O_3 和 La_2O_3 在该实验温度下难以生成 La_2O_3-Al_2O_3，因此，Al_2O_3 的存在并不影响测定结果。传感定氧探头的 ZrO_2(MgO) 固体电解质管未发现与铝液和 La 发生相互作用，表面依然光滑。

18.1.6.2 以纯 La 作为参比电极的 La 传感器对熔 Al 中 La 的活度研究

为了避免氧对参比电极的干扰和降低成本，又进行了以纯 La 作为参比电极

的 La 传感器的研究，首先用于测定铝液凝固过程中溶解态 La 活度随温度的变化规律。电池形式为

$$\text{Mo} \mid \text{La}_{(s)} \mid \text{La}_{0.95}\text{Ca}_{0.05}\text{F}_{2.95} \mid [\text{La}]_{Al} \mid \text{Mo}$$

参比电极反应　　　　$\text{La}_{(s)} + 3\text{F}^- - 3\text{e} \Longrightarrow [\text{LaF}_3]$

待测电极反应　　　　$[\text{LaF}_3] + 3\text{e} \Longrightarrow [\text{La}]_{Al} + 3\text{F}^-$

电池反应　　　　　　　　　　　　$\text{La}_{(s)} \Longrightarrow [\text{La}]_{Al}$　　　　（18-25）

电池反应的自由能变化为

$$\Delta G = \Delta G^{\ominus} + RT\ln a_{La} = -3FE_{La} \qquad (18\text{-}26)$$

采用纯固态 La 为标准态，则 $\Delta G^{\ominus} = 0$

　　所以

$$a_{La} = \exp(-3FE_{La}/RT) \qquad (18\text{-}27)$$

同时配用氧传感探头。

　　实验用炉充 Ar 保护，测试设备和方法皆同上。不同的是将经在熔体上方预热的 La 和氧传感探头同时插入后，搅拌，恒温一定时间后，测定 Al 液的 a_{La}、p_{O_2} 和 Al 液凝固过程中 a_{La} 和 p_{O_2} 随温度和时间的变化。电动势测定误差小于 $\pm 1\text{mV}$。

　　由实验知，724℃时铝液中的相应 p_{O_2} 值约为 10^{-25}Pa 以下，说明炉管内的氧分压很低，所以 La 不易氧化，因此按加入量计算镧含量。三次不同镧含量下测得的电动势值，分别经换算得到的 $\lg a_{La}\text{-}T$ 和 $\lg p_{O_2}\text{-}T$ 关系曲线示于图 18-12 和图 18-13。

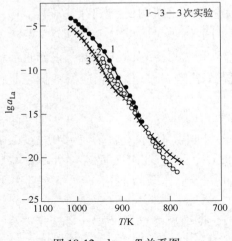

图 18-12　$\lg a_{La}\text{-}T$ 关系图

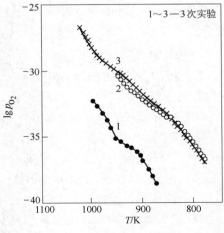

图 18-13　$\lg p_{O_2}\text{-}T$ 关系图

由图 18-12 和图 18-13 可知，随着温度降低，铝液在凝固过程中，镧的脱氧常数逐渐变小，所以镧的脱氧继续进行，a_{La} 和 p_{O_2} 均逐渐减小。当温度由 750℃降至约 500℃时，a_{La} 由 10^{-6} 降至 10^{-21} 左右，说明了固溶稀土的存在。

镧传感探头插入铝液后，响应时间 2～3s。在实验条件下，镧传感探头在升温、降温过程中可连续使用。实验后，观察探头无被侵蚀现象。

18.1.6.3 以纯 La 作为参比电极的 La 传感器对碳饱和铁液中 a_{La} 的测定

用 $La_{0.95}Ca_{0.05}F_{2.95}$ 管作为固体电解质，组成 La 传感探头，分别研究了碳饱和铁中 a_{La} 与浓度的关系以及凝固过程中 a_{La} 的变化。用金属陶瓷棒作为待测极电极引线。电池形式如下

$$Mo \mid La_{(1)或(s)} \mid La_{0.95}Ca_{0.05}F_{2.95} \mid [La]_{碳饱和铁} \mid Mo_{金属陶瓷}$$

电池反应形式同前，La 的传感探头组装、实验用炉、测量仪表和实验方法皆如上节所述。

在 1300℃进行平衡实验，在不同 La 浓度下测定 E_{La}、E_O。计算得到的 a_{La}-[La] 和 p_{O_2}-[La] 关系曲线如图 18-14 所示。不同符号表示不同组实验数据。因炉管内氧位很低，所以 La 按加入量计算。

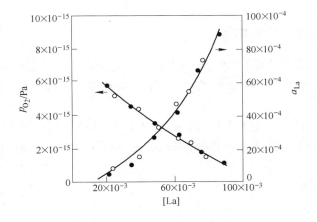

图 18-14　a_{La}-[La] 和 p_{O_2}-[La] 关系曲线

由图 18-14 可知，实验呈现规律性，对于平衡实验，随着熔体中 La 含量的增加，a_{La} 逐渐增大，p_{O_2} 逐渐减小，符合低浓度范围 La 的脱氧规律。

实验表明，传感探头插入熔体 2～3s，即可得到稳定电动势值，误差值小于 ±2mV，可连续测定，直至探头提起，再加入 La，再插入探头，可连续使用多次。

在凝固过程中 $\lg a_{La}$ 与温度的关系如图 18-15 所示。随着熔体温度的降低，$\lg a_{La}$ 逐渐减小。碳饱和铁的凝固温度为 1147℃，在凝固过程和凝固后直至约

400℃，La 传感器都有响应，原理与固态合金热力学研究相似。数据的差异在误差范围内，La 传感探头在实验条件下可使用多次，实验后观察发现电解质管未被腐蚀，表面光滑。

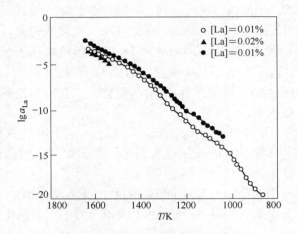

图 18-15   在凝固过程中 $\lg a_{La}$ 与温度的关系

18.1.7 $YF_3(CaF_2)$ 钇传感器

我国南方江西等省蕴藏着丰富的以钇为主的重稀土矿。前人实验证明微量钇加入铝中可以得到比加 La 等性能更优越的材料。鉴于此，又研究了钇传感器[13]。

根据 $YF_3(CaF_2)$ 的电导率研究，选择了掺杂 25% CaF_2（摩尔分数）的 YF_3 作为固体电解质。电解质管在严格控制低 p_{O_2} 的情况下烧成。电解质管明亮，呈陶瓷化。

钇传感器的电池形式为

$$Mo \mid Y_{(s)} \mid Y_{0.75}Ca_{0.25}F_{2.75} \mid [Y] \mid Mo$$

待测极 $\qquad [YF_3]_{电解质} + 3e \Longrightarrow [Y] + 3F^-$

参比极 $\qquad Y + 3F^- - 3e \Longrightarrow [YF_3]_{电解质}$

电池反应 $\qquad Y \Longrightarrow [Y]$ $\qquad\qquad$ (18-28)

$$\Delta G = \Delta G^\ominus + RT\ln a_Y = -3FE_Y \qquad (18\text{-}29)$$

式中，a_Y 表示铝液中溶解态 Y 的活度，以纯固态 Y 为标准态，则 $\Delta G^\ominus = 0$，代入上式得

$$a_Y = \exp\left(\frac{-3FE_Y}{RT}\right) \qquad (18\text{-}30)$$

实验方法同前所述。钇以钇-铝合金的形式加入铝液，钇传感探头的响应时间3~5s，电动势波动小于 ±2mV，可长时间稳定，直至将探头提起。在累计添加钇-铝合金过程中，钇传感探头可连续使用。用后，钇传感探头完好，未出现侵蚀现象。

实验结果示于图 18-16 和图 18-17，$\ln a_Y$-[Y] 曲线和 $\lg p_{O_2}$-[Y] 曲线皆出现最小和最大极值，说明钇添加至铝液中遵循一般活泼金属的脱氧规律。随着钇的加入，钇原子和氧原子的相互作用关系在改变，需考虑二阶和三阶相互作用系数。

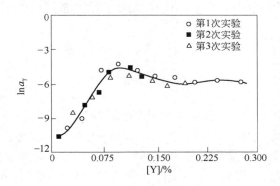

图 18-16　$\ln a_Y$-[Y] 关系图

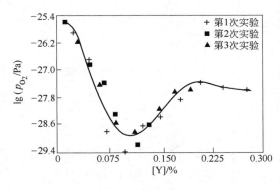

图 18-17　$\lg p_{O_2}$-[Y] 关系图

用 $CeF_3(CaF_2)$ 制成的固体电解质管，表面欠光滑，组成传感探头插入金属液中易开裂，这可能与铈有变价且 CeF_3 的化学稳定性差有关。

18.2　碱金属、碱土金属传感器

Li 为很轻的金属，可改善 Al 合金的性能，加百分之几的 Li 至 Al 中，在保证良好性能的情况下，可降低质量约 15%。Na 可应用于除去 Zn 和 Pb 中的 As 和 Sb，除去 Cu 中的 As、Sb 和 O，除去 Fe 中的 P；加入 Pb 中可改善 Pb 的性质，加至 Al-Si 合金中，可改变合金的微观结构，提高机械性质。Mg 是 Al 合金的主要合金化元素，是球墨铸铁球化剂的主要成分。Sr 是 Al-Si 合金的结构改良剂等。

这些碱金属和碱土金属的共同特点是化学性质活泼，加入金属熔体和取样过程中容易氧化损失或部分挥发，研究和开发这类金属的化学传感器，在线连续检测其热力学行为和含量，为确定最佳轻合金制备过程和有效利用合金化元素具有重要意义[19~22]。

β-Al_2O_3 和 β″-Al_2O_3 是高 Na^+ 离子导体，是制作 Na 传感器的理想电解质，在大多数金属熔体中是稳定的。β-Al_2O_3 制备容易，常用于制作 Na 传感器。电池形式可表达为

$$M \mid Na' \mid β\text{-}Al_2O_3 \mid Na'' \mid M$$

$$E = \frac{RT}{F} \ln \frac{a''_{Na}}{a'_{Na}} \qquad (18\text{-}31)$$

如果 a'_{Na} 已知，则可根据电动势值，求出待测的 a''_{Na}。

Na 的沸点较低，为 889℃，易挥发，即 Na 的蒸气压较高，所以用金属 Na 和 Na 的金属间化合物作为参比电极，在高温应用时长时间测定会使电池不稳定。一个可供选择的方法是用既含有 Na_2O 又含有其他氧化物的体系。例如，根据相律，可选 $5Na_2O \cdot 8Fe_2O_3$（$Na_{10}Fe_{16}O_{29}$）和 Fe_2O_3 混合物，α-Al_2O_3 和 β-Al_2O_3 混合物或 β-Al_2O_3 和 β″-Al_2O_3 混合物等作为 Na 参比电极。这三个体系，在一定温度下都各有一定的 Na_2O 活度。在已知气相氧分压的情况下，Na_2O 中 Na 的活度由以下平衡关系确定

$$[Na_2O]_{参比电极} \Longrightarrow 2Na + \frac{1}{2}O_2$$

$$K = \frac{a^2_{Na} p^{\frac{1}{2}}_{O_2}}{a_{Na_2O}}$$

K 可由反应的 $\Delta G^{\ominus}$ 求出，p_{O_2} 可由空气或含氧混合气体或已知准确热力学数据的金属-金属氧化物来固定，如又知道 a_{Na_2O}，则 a_{Na} 可求。

参比电极中 Na_2O 的活度，可利用已知 a_{Na} 的物质与待选参比电极组成电池，对比求得。例如，对于 α-Al_2O_3 和 β-Al_2O_3 参比电极，A. D. Pelton 等人曾将其与金属钠组成电池，在 325~550℃ 求得了不同温度下的 a_{Na_2O}，又与钠活度已知的 W + WS_2 + Na_2S 混合物组成电池在 600~900℃ 求得了 a_{Na_2O}。

α-Al_2O_3 和 β-Al_2O_3 混合物参比电极可同时兼为 β-Al_2O_3 固体电解质。将 α-Al_2O_3 和 β-Al_2O_3 粉按 20%∶80% 质量比混合，加乙醇（或其他溶剂）研磨，将泥浆浇铸成管，1550℃ 烧成。将管内外涂铂，用刚玉管接长电解质管，用硅铝酸盐玻璃粉（58% SiO_2，23% Al_2O_3，7% CaO，6% MgO，5% B_2O_3 和 1% Na_2O）作

为黏结剂，1200℃烧封。用 Pt 丝作电极引线，管内通空气或使管敞口，用空气中的 p_{O_2} 固定 α-Al$_2$O$_3$ + β-Al$_2$O$_3$ 电极的 p_{O_2} 值。

实验求得的 α-Al$_2$O$_3$ + β-Al$_2$O$_3$ 电极的 β-Al$_2$O$_3$ 中 Na$_2$O 的活度与温度的关系示于图 18-18，其方程关系为

$$lga_{Na_2O} = \frac{-11.49 \times 10^3}{T} - 0.03$$

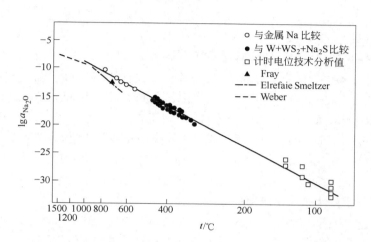

图 18-18 α-Al$_2$O$_3$ + β-Al$_2$O$_3$ 电极的 β-Al$_2$O$_3$ 中 Na$_2$O 的活度与温度的关系

这个数值可以作为采用 α-Al$_2$O$_3$ + β-Al$_2$O$_3$ 和空气参比电极时应用。

用纯 Na 作为 α-Al$_2$O$_3$ + β-Al$_2$O$_3$ 和空气参比电极的对比电极时，得到的电动势值为 $E^{\ominus}$。

α-Al$_2$O$_3$ + β-Al$_2$O$_3$ 和空气参比电极曾被用于测定和固体 NaF、固体冰晶石处于平衡的 Al 液中的 a_{Na}，电池形式为

$$Pt \mid O_{2(空气)} \mid \begin{array}{c} α\text{-}Al_2O_3 \\ + β\text{-}Al_2O_3 \end{array} \mid Al_{(l)}, \ NaF_{(s)}, \ Na_3AlF_{6(s)} \mid M$$

求得在 788℃ Al 液中，$a_{Na} = 0.1168$，878℃ Al 液中 $a_{Na} = 0.1643$。有研究者用气相迁移蒸气压法测得该两温度下的 a_{Na} 值分别为 0.1077 和 0.1630。两者的数据符合得很好，说明 Na 传感法的可信性，精度可至百万分之几。

用 α-Al$_2$O$_3$ + β-Al$_2$O$_3$ 和空气参比电极时，需注意湿度的影响，水蒸气存在或 α-Al$_2$O$_3$ + β-Al$_2$O$_3$ 表面的水化物将改变高温时电极的 p_{O_2} 值，使结果产生偏差。为此，参比电极兼固体电解质的管需 600℃脱水，干燥器中保存，空气需通过净化剂。

如果管子的致密性好，该种 Na 传感器可用于 Al 合金连铸时 Al 液中 a_{Na} 的连续测定。

　　用熔盐离子交换法制得的 Li-β-Al$_2$O$_3$ 作为电解质，可制得 Li 传感器，电池电动势为

$$E = \frac{RT}{F}\ln \frac{a''_{Li}}{a'_{Li}} \tag{18-32}$$

知道参比电极的 a_{Li}，则可求待测极 a_{Li}。

　　测定浓度范围从小于 0.0001% 至 x%（$1 \leqslant x < 10$）。

　　有研究者用实验证明可用 β-Al$_2$O$_3$ 作电解质组成 Li 传感器，测定液态 Al 合金中的 Li，而不必用 Li-β-Al$_2$O$_3$ 电解质制作，如此，可降低制作成本。其依据为，当把 β-Al$_2$O$_3$ 电解质 Li 传感探头插入液态 Al-Li 合金中时，在电解质界面发生了 Na$^+$ 离子被 Li$^+$ 离子置换的反应，形成 Na$^+$ 离子和 Li$^+$ 离子混合导体，而 Li$^+$ 离子则起着 Li$^+$ 离子电解质的作用，形成 Li 的传感；如果液态 Al 合金中同时含有 Na 和 Li，则电池产生混合电极电位，其值取决于合金中 Na 和 Li 的活度比。

　　β-Al$_2$O$_3$ 中 Na$^+$ 离子被 K$^+$ 离子交换，在 KNO$_3$ 熔盐中进行得较完全，但由于 K$^+$ 离子半径大于 Na$^+$ 离子，会造成电解质的开裂。在 KCl 蒸气中交换，交换率只达 50% 左右。为此，K-β-Al$_2$O$_3$ 可用直接合成法制备，原料可用 K$_2$CO$_3$ 和 Al$_2$O$_3$，制备方法类似于 β-Al$_2$O$_3$ 的制备。

　　含碱土金属离子（Mg^{2+}，Ca^{2+}，Sr^{2+}）的 β-Al$_2$O$_3$，由于碱土金属离子的迁移难，所以电解质的导电性很低，在液态铝合金的温度下（约 750℃），传感探头对欲测元素无响应。

　　β''-Al$_2$O$_3$ 的 Na$^+$ 离子电导率高于 β-Al$_2$O$_3$，但电解质不稳定，如在制备时添加少量的 Li$_2$O 或 MgO，使其成为 Na$_{1+x}$Li$_{x/2}$Al$_{11-x}$O$_{17}$ 或 Na$_{1-x}$Mg$_x$Al$_{11-x}$O$_{17}$，可增加稳定性。

　　S. Larose 等人[21]制作由 Li$_2$O 稳定的 β''-Al$_2$O$_3$ 管的方法为：将原料配比为 8.3% Na$_2$O，0.75% Li$_2$O，90.45% Al$_2$O$_3$ 的混合粉末球磨 55h，用泥浆浇铸法制模，在 MgO 坩埚内埋入 β''-Al$_2$O$_3$ 粉中加热，经 6h 至 1575℃，保温 5min，然后在 5min 内降至 1470℃，保温 45min，随炉冷却至室温。烧成管致密，X 射线衍射分析证明存在 β-Al$_2$O$_3$ 和 β''-Al$_2$O$_3$ 两种相。

　　由于 Li 传感器可以直接用 β-Al$_2$O$_3$ 作电解质，所以 S. Larose 等人试用 β''-Al$_2$O$_3$ 作为固体电解质不经离子交换直接组成碱金属传感器，测定液态铝中的碱金属，实验结果呈现一定规律性。当 Al 液中同时含有 Na 和某种碱土金属时，电动势反映的为混合电位的结果，重现性少。

　　徐秀光、王常珍等人用直接合成法制备了 Ca-β''-Al$_2$O$_3$ 固体电解质，原料为 CaCO$_3$、Al$_2$O$_3$，分别经脱水预处理后，于玛瑙球磨机内与无水乙醇介质混磨。电解质片和管（8mm×5mm×20mm）的烧成温度为 1650℃，时间为 2h。

　　于 1073 ~ 1523K，1×10^{-2} ~ 1MHz 频率范围内，测定 Ca-β''-Al$_2$O$_3$ 电解质的

阻抗谱，求得电导率为 $10^{-6} \sim 10^{-5} S/cm$。

用 Ca-β″-Al$_2$O$_3$ 作为固体电解质，以 Sn-Ca 合金为参比电极，组成钙传感器，电池形式为

$$Mo \mid Sn\text{-}Ca \mid Ca\text{-}β''\text{-}Al_2O_3 \mid [Ca]_M \mid Mo \text{ 金属陶瓷}$$

测定 1560℃铁液中钙的活度。电极和电池反应为

参比极 $$[Ca]_{Sn} - 2e = Ca^{2+}$$

待测极 $$Ca^{2+} + 2e = [Ca]_{Fe}$$

电池反应为 $$[Ca]_{Sn} = [Ca]_{Fe} \qquad (18\text{-}33)$$

电池反应的自由能变化为

$$\Delta G = \Delta G^\ominus + RT \ln a_{[Ca]_{Fe}} / a_{[Ca]_{Sn}} = -2FE \qquad (18\text{-}34)$$

实验温度 1560℃高于钙的沸点 1484℃，所以 Sn-Ca 合金中采取 0.1MPa 气态钙为标准态，因此 $\Delta G^\ominus_{[Ca]_{Sn}} = 0$。$\Delta G^\ominus_{[Ca]_{Fe}}$ 为钙在 Fe 液中的标准溶解自由能，采取 1%为标准态，其值为 $\Delta G^\ominus = -395000 + 49.4T$（见附录）。1833K 时 $\gamma_{Ca} = 0.0028$，已知 Sn-Ca 合金中 Ca 的质量分数为 20.56%，换算成摩尔分数为 $x_{Ca} = 0.43\%$，所以，1833K 时，$a_{[Ca]_{Sn}} = 1.20 \times 10^{-3}$，由此，根据电池电动势值，可计算 $a_{[Ca]_{Fe}}$。

实验在具有密封套炉内氩气氛下进行，用 CaO 坩埚。配同氧传感探头同时测量 a_0，Ca 传感探头的响应时间为几秒。在累计添加 Si-Ca 或纯 Ca（以薄纯铁皮包裹）过程中，Ca 传感探头可连续使用，使用之后电解质管依然光滑，没有被侵蚀现象。

测量结果呈现一定的规律性和重现性，有在生产中应用的可能。

18.3 锑传感器

锑传感器和稀土传感器的制备有相似性，所以续之讨论。

锑是铜、锌火法冶炼过程中形成的杂质元素，希望在连续精炼过程中尽量除去或控制在一定限量内，为此研究锑传感器。

D. J. Fray 等人[22]用 β-Al$_2$O$_3$ 作为固体电解质，用 NaSbO$_3$ 作为辅助电极，不采用涂敷法，而将 NbSbO$_3$ 作为掺杂加入到固体电解中，组成如下形式的电池

$$Fe\text{-}Cr \mid Na_{(参比)} \mid β\text{-}Al_2O_3 + NaSbO_3 \mid Sb_{(熔体中)} \mid Mo \text{ 金属陶瓷}$$

β-Al$_2$O$_3$ 由无水 Na$_2$CO$_3$ 和 γ-Al$_2$O$_3$ 按摩尔比 1:9 混合合成；NaSbO$_3$ 用无水 Na$_2$CO$_3$ 和 Sb$_2$O$_3$ 按摩尔比 1:1 混合合成。将 β-Al$_2$O$_3$ 和 NaSbO$_3$ 按摩尔比 9:1 混合，研磨，用静压法在 250MPa 下压制成管，于 1800K 烧成复合电解质管（4mm×2mm×15mm），X 射线衍射证明为两种相。

参比电极采用 α-Al$_2$O$_3$ + β-Al$_2$O$_3$ 或 Fe$_2$O$_3$ + NaFeO$_2$，用空气中氧与其平衡，

以固定其中钠的活度。

对于稀熔体，实验求得的 a_{Sb} 可认为是

$$a_{Sb} = \overset{\circ}{\gamma}_{Sb} x_{Sb} \tag{18-35}$$

式中，$\overset{\circ}{\gamma}_{Sb}$ 为常数，所以电池电动势和锑的摩尔分数的关系可表示为

$$E = E^{\ominus} - \frac{RT}{nF}\ln x_{Sb} \tag{18-36}$$

在一定温度下，$E^{\ominus}$ 为常数，所以 E 和 $\ln x_{Sb}$ 呈线性关系，$-\frac{RT}{nF}$ 为斜率。

用 Sb 传感器分别对 Sn-Sb、Zn-Sb 和 Cu-Sb 稀合金中的 Sb 进行了传感测定。对于 Sn-Sb 合金，测定温度为 733K，用 α-Al_2O_3 + β-Al_2O_3 两相混合物作为钠参比电极，约 10min 才达平衡，此因该种参比电极电子的导电性差，且实验温度低。用 Fe_2O_3，$NaFeO_2$ 两相混合物作参比电极，响应时间约 1min。对于 Zn-Sb 合金，测定温度 793K，用 Fe_2O_3，$NaFeO_2$ 作参比电极，响应时间更短，电动势和 $\ln X_{Sb}$ 呈现线性关系。对于 Cu-Sb 合金，测定温度 1443K 和 1473K，Fe_2O_3、$NaFeO_2$ 两相混合物部分熔化且和固体电解质管发生反应，而用 α-Al_2O_3 + β-Al_2O_3 参比电极则较适合，响应时间 30s，电动势和 x_{Sb} 呈现线性关系，但长时间浸在 Cu-Sb 溶液中，Cu 将与固体电解质反应。

J. W. Fergus[24] 用 ZrO_2 基电解质，用 $ZrSb_2$ 作为辅助电极，采用双传感探头法测定了热镀锌液中 Sb 的活度，电池形式为

$$Mo \mid Zn\text{-}Sb_{(1)}, ZrSb_{2(s)} \mid ZrO_2 \text{ 基电解质} \mid Zn_{(1)} \mid ZrO_2 \text{ 基电解质} \mid Sb_{(s)}, ZrSb_{2(s)} \mid Mo$$

如果双探头同时插入熔体又处于同一温度，因为纯 Sb 活度为 1，所以双电池电动势与锑活度的关系可表示为

$$E = -\frac{RT}{2F}\ln a_{Sb(合金)} \tag{18-37}$$

实验发现，该种锑传感器只能短时间用于一定浓度的热镀锌液中。

参 考 文 献

[1] Xu Xiuguang, Wang Changzhen, Li Guangqiang. The Sixth Japan-China symposium on Science and Technology of Iron and Steel，千葉，Japan，日本鐵鋼协会，1992：26~31.

[2] Wang Ping, Wang Changzhen, Xu Xiuguang, et al. 第一次中-日钢铁科技学术会议. 中国海南，中国金属学会，1995：120~123.

[3] 邹开云，王常珍，赵乃仁. La 传感器及碳饱和铁液中 La 活度测定的研究[J]. 金属学报. 1995，31(5B)：195.

[4] 肖理生，李光强，王常珍，等. 硅酸盐学报，1994(22)：553.

[5] 肖理生，隋智通，王常珍. 金属学报，1993(29)：B335.

[6] 王平，王常珍. 物理化学学报，1996，12(3)：272.

[7] Wang Ping, Wang Changzhen, Xu Xiuguang. Solid State Ionics, 1997(99): 153.

[8] 肖理生，于化龙，王常珍，等. 中国稀土学报，1994，12(1): 15.

[9] Warner T E, Fray D J, Davies A. Solid State Ionics, 1996(92): 99.

[10] 金从进，洪彦若. 硅酸盐学报，1998，26(2): 217.

[11] 中山大学金属系. 稀土物理化学常数[M]. 北京：冶金工业出版社，1978.

[12] Takahashi T, Iwahara H, Ishikawa T. J. Electrochem. Soc., 1997, 124(2): 280.

[13] Nagel L E, O'keefe M. Fast Ion Transport in Solids[M]. Amsterdan: North-Holland Publishing Company, 1973.

[14] Smithells C J. Metals Reference Book[M]. 5th ed. Equilibrium Diagram. Buttesworths London & Baston, 1976: 680.

[15] Lupis C H P. Chemical Thermodynamics of Materials[M]. New York, Amsterdam, Oxford: North-Holland Publishing Company, 1983.

[16] 杜挺，韩其勇，王常珍. 稀土碱土等元素物理化学及在材料中的应用[M]. 北京：科学出版社，1995.

[17] Wang Changzhen, Xu Xiuguang, Man Hauyan. Inorganica Chimica Acta, 1987(140): 181.

[18] 杨勇杰，徐秀光，王常珍. 中国稀土学报——冶金过程物理化学专辑，1998(16): 474.

[19] Fray D J. Metallurgical Transactions B, 1977(8B): 153.

[20] Rivier M, Pelton A D. J. Electrochem. Soc., 1978(125): 1377.

[21] Larose S, Dubreuil A, Pelton D. Solid State Ionics, 1991(47): 287.

[22] Fray D J. Solid State Ionics, 1996(86~88): 1045.

[23] Kale G M, Davidson A J, Fray D J. Solid State Ionics, 1996(86~88): 1101.

[24] Fergus J W, Hwl S. J. Electrochem. Soc., 1996, 143(8): 2499.

19 辅助电极传感器测定副族金属的活度

为了提高钢质量，开发新的品种，实现用数学模型结合计算机有效地控制生产过程中有关元素的热力学行为，需迅速测定其活度或浓度及其变化，为此，需研究除氧传感器以外其他元素的传感器，统称成分传感器。

19.1 需要研究的成分传感器

仅以钢铁生产为例，需要研究和应用的成分传感器就有 20 种之多，见表 19-1。

表 19-1　除氧以外的成分传感器（按英文字母顺序）[1]

元　素	主要使用场所	主要使用目的
[Al]	二次精炼（SSM），AOD，VOD，LF	酸可溶 Al 控制
(Al)	SSM，连续中间包	夹杂物控制
碱度	AOD，LF，BOF，SSM	渣-金间反应控制 终点成分控制
[C]	SSM，BOF，AOD，VOD	极低 C 的脱 C 控制
[Ca]	VOD，AOD，LF	脱 S 控制 不锈钢精炼
[Cr] (Cr)	转　炉 EF，BOF，VOD，AOD	不锈钢精炼 Cr_2O_3 还原期的 Cr 控制，不锈钢精炼
(Fe)	BOF，SSM	终点成分控制，脱 S 控制
[H]	SSM，AOD，LF，EF	真空脱 H 控制
(H)	LF	真空脱 H 控制
{H_2}	RH 真空槽内空间	真空脱 H 控制
[Mn]	BOF，SSM	转炉终点成分控制
[N]	SSM，CC，LF，VOD，AOD	脱 N，加 N 控制，氮化物生成元素控制
{N_2}	连铸中间包	连铸时防止吸氮和再氧化
[P]	熔　铁 熔　钢	脱磷控制 转炉终点的 [P] 控制，迅速出钢

续表 19-1

元　素	主要使用场所	主要使用目的
[Pb]	连铸中间包	Pb 快削钢熔炼时 Pb 的控制
[RE]	钢包、连铸、铸造、球墨铸铁	含稀土钢的稀土量控制和了解稀土行为
[S]	炼　铁 炼钢 BOF，SSM	脱 S 控制，减小脱 S 剂用量 转炉终点控制，迅速出钢
[Si]	炼铁（铸床中），熔铁锅 VOD	预脱 Si 控制，预脱 P 控制不锈钢 精炼还原期控制
[Ti]	VOD	Ti 的热力学行为和用量控制
[V]	合金钢	V 的热力学行为和用量控制
[Zr]	合金钢	Zr 的热力学行为和用量控制

有色金属中需要研究和应用的成分传感器有 Li、Na、Ca、Sr、Al、As、Cu、Cr、Fe、Ga、H、Ni、Si、RE、Sb、P、S、N 等传感器。

d 副族金属的氧化物，如 Cr_2O_3、MnO 在高温时具有明显的电子导电性，不能用作离子导体电解质材料，但是在不锈钢精炼过程，必须了解和控制 Cr 的行为。Mn 为钢中主要元素之一，炼钢过程和转炉终点必须控制锰的含量。为此，要研究辅助电极型成分传感器。

19.2　辅助电极型（auxiliary electrodes）成分传感器

将固体电解质部分表面涂敷兼含有待测元素和电解质导电元素的化合物，形成辅助电极，组成电池时能产生有待测元素参与的化学反应，从而可测定金属熔体中待测元素的活度，此种传感器可称为辅助电极型成分传感器。

此种类型传感器是依据液态或固态合金组元活度测定的原理而发展成的。研究者们曾利用如下形式的电池

$$M \mid A, AO \mid ZrO_2 \text{ 基电解质} \mid (B - C), BO \mid M$$

测定了一系列液态或固态合金中组元的活度，例如，用以下形式的电池

$$Pt \mid Ni, NiO \mid ZrO_2(CaO) \mid (Ag + Pb), PbO_{(s)} \mid Ir$$

测定了 Ag-Pb 二元液态合金中 Pb 的活度。Ni，NiO 为参比电极，待测极中（Ag + Pb）与固相 PbO 共存。PbO 即可视为辅助电极，其与待测（Ag + Pb）液态合金中的 Pb 有下列平衡关系

$$[Pb]_{Ag\text{-}Pb} + \frac{1}{2}O_2 \Longrightarrow PbO_{(s)} \tag{19-1}$$

$$K = \frac{1}{a_{Pb} p_{O_2}^{\frac{1}{2}}} \tag{19-2}$$

由电池电动势可求出待测极的平衡 p_{O_2} 值，由 $PbO_{(s)}$ 的标准生成自由能可求出 K，从而可求得 a_{Pb}。

如将此例中的 Ag 换为 Fe，Pb 换为钢铁液中的待测成分，PbO 换为含有待测成分和氧的氧化物或复合氧化物，只要符合相律关系，即可组成某成分传感器[1]。

三相辅助电极型成分传感器是将含有待测元素的化合物掺入到固体电解质的一侧中，烧成后成为独立相，构成三相固体电解质（对 ZrO_2 基固体电解质而言）。组成电池时，固体电解质中待测元素的氧化物能参与有待测元素参加的化学反应，从而可计算待测元素的活度。三相辅助电极型成分传感器与辅助电极型成分传感器的测定原理相似，只是将待测元素化合物以粉末形式掺入到电解质的一侧中，如此，可避免辅助电极在熔体中脱落，且各相成分接触良好，使响应速度加快。但要注意，不是将基体中电解质两侧都掺，否则仍然传导电子流。

以下介绍有关的 Cr、Mn 成分传导器。

19.2.1 辅助电极型 Cr 传感器

对于不锈钢冶炼，当精炼至 [C] < 0.1% ~ 0.2% 的低碳区时，需迅速测定 Cr 含量来进行控制；另外，也需要了解还原期渣中（Cr_2O_3）和钢中 [Cr] 的分配比。

辅助电极型电池形式可表示为

Mo | Cr,Cr_2O_3 或 Mo,MoO_2 | ZrO_2(MgO) | Cr_2O_3(辅助电极) | [Cr]$_{Fe}$ | Mo 或 Mo 陶瓷

在 ZrO_2(MgO) 管的内部为参比电极，由前述知 Cr，Cr_2O_3 混合物及 Mo，MoO_2 混合物在一定温度下的平衡 p_{O_2} 值皆可准确计算。而辅助电极端 Cr_2O_3(辅) = 2[Cr]$_{Fe}$ + 3[O]$_{Fe}$ 反应有另一平衡 p_{O_2} 值，因此 Cr 传感器的两个电极的电极电位不同，当与高阻数字电压表（内阻 $> 10^9\Omega$）相连时，则有电池电动势 E 产生，据此可计算钢液中 Cr 的活度。

当把 Cr 传感器插入含铬钢中时，Cr 传感器和金属熔体界面建立下面的平衡关系

$$2[Cr] + 3[O] \Longrightarrow Cr_2O_{3(s)(辅助电极)} \tag{19-3}$$

Cr_2O_3 为纯物质，活度为 1，所以反应的平衡常数为

$$K = \frac{1}{a_{Cr}^2 a_O^3} \tag{19-4}$$

由反应的标准生成自由能和 Cr 及 O 在 Fe 液中的溶解自由解，可以计算 a_{Cr}，根据 $a_{Cr} = f_{Cr}[Cr]$ 关系及元素之间相互作用系数可求得 [Cr]。钢液中 1600℃ 元素之间相互作用参数可从本书附录中查得，其他温度下的数据尚未见报道，一般皆以 1600℃ 数据代之。

含 Cr 金属熔体，温度高、氧含量低，需对基体 ZrO_2（MgO）的电子导电性给予修正，表征电子导电性的 p_e 值多自行测定，也可由厂家给出。

日本学术振兴会制钢传感器小委员会的 Cr 传感器研究组组织了学校、研究所和工厂共同参加，各负责其熟悉的工作和提供条件，共 11 个组进行了研究和现场测定，现将部分情况提供于表 19-2[1]。

表 19-2   日本的 Cr 传感器的研究情况概括[1]

Cr 传感器名称	电解质组成（摩尔分数）	辅助电极组成（摩尔分数）/%	涂敷方法	涂层厚度/mm	参比电极	参比电极引线	熔钢引线	使用后有无剥离	使用前的 X 射线分析	使用后的 X 射线分析
00	9% MgO	Cr_2O_3 + SiO_2 + CaF_2 75　　10　　15	涂敷，干燥	0.05	Cr + Cr_2O_3	Mo	Mo	有	Cr_2O_3，SiO_2，CaF_2	不明
E1	8% Y_2O_3	Cr_2O_3 100	气体溶射	0.10	Cr + Cr_2O_3	Mo	Fe	有	Cr_2O_3	不明
01	9% MgO	Cr_2O_3 + SiO_2 + CaF_2 85　　10　　5	涂敷，干燥	0.05	Cr + Cr_2O_3	Mo	Mo	有	Cr_2O_3，SiO_2，CaF_2	不明
02	9% MgO	Cr_2O_3 + SiO_2 + CaF_2 70　　20　　10	涂敷，干燥	0.05	Cr + Cr_2O_3	Mo	Mo	有	Cr_2O_3，SiO_2，CaF_2	不明
03	9% MgO	Cr_2O_3 + SiO_2 + CaF_2 50 ~ 93　3 ~ 4.5　5 ~ 15	涂敷，干燥	0.05	Cr + Cr_2O_3	Mo	Mo	有	Cr_2O_3，SiO_2，CaF_2	不明

诸 Cr 传感器的研究结果表明，辅助电极的设计应符合高温相平衡关系，确保存在 Cr_2O_3 独立相。另外，辅助电极在固体电解质表面必须能良好地附着，个别传感器的辅助电极组成及高温处理方法值得推荐。

徐秀光、王常珍等人[2]用 Cr_2O_3 + $CaSiO_3$ 作为辅助电极，Cr，Cr_2O_3 作为参比电极，Mo-ZrO_2 陶瓷作为金属熔体电极引线，于 1753K 测定了碳饱和铁液中 Cr 的活度，Cr 含量小于 1.2%，实验结果呈现规律性，响应时间 2 ~ 3s，持续稳定 2min 以上，然后辅助电极脱落。

涂敷或等离子溶射法制成的辅助电极易剥落是 Cr 传感探头的缺点，因此，D. Janke[3]对 Cr 传感探头采用塞式结构，将 Cr_2O_3 加黏结剂涂敷于刚玉管底部的内表面制成，如图 19-1 所示。用此种 Cr 传感器研究了 1550 ~ 1650℃ Fe-O-Cr 体系[Cr]与 a_O，[O]的关系，1550℃ Fe-O-Ni-Cr 体系[Cr]与[O]的关系等，如图

19-2 所示。Cr 传感探头的响应时间为 3~5s，电动势稳定时间较长。

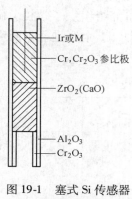

图 19-1　塞式 Si 传感器
探头示意图

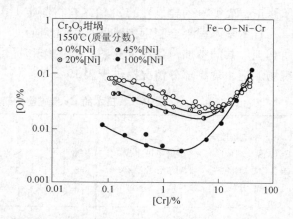

图 19-2　Fe-O-Ni-Cr 体系 [Cr] 与 [O] 的关系

根据研究结果，D. Janke 等人计算了 Fe 液和 Ni 液中 Cr 和 O 的一阶和二阶相互作用系数与温度的关系，关系如下

$$e_O^{Cr}(Fe) = -\frac{270}{T} + 0.103 \tag{19-5}$$

$$r_O^{Cr}(Fe) = \frac{1.8}{T} - 0.00081 \tag{19-6}$$

$$e_O^{Cr}(Ni) = \frac{-2250}{T} + 0.0040 \tag{19-7}$$

$$r_O^{Cr}(Ni) = \frac{6.6}{T} - 0.0022 \tag{19-8}$$

D. Janke 的工作实验次数多，得到的数据点密集，可信性高。

19.2.2　辅助电极型 Mn 传感器

近年来涂敷式辅助电极型 Cr 传感器的开发，也促使用此种方法研究和制作辅助电极型 Mn 传感器。

根据铁液中 Mn 和氧的平衡关系

$$[Mn]_{Fe} + [O]_{Fe} \Longrightarrow MnO_{(s)} \tag{19-9}$$

制备 Mn 传感器。不同的钢种对锰含量的要求不同，一般在 0.08%~16.5% 的范围内，无磁钢、耐磨钢等高锰钢要求较高的锰含量，而硅钢要求锰含量低于 0.04%。锰来源于高炉原料，它参与了整个炼钢反应过程，其物理化学行为与钢种、碳含量、气氛氧分压、炉渣成分及温度有关。

根据铁液中锰和氧的平衡关系

$$[Mn]_{Fe} + [O]_{Fe} \Longrightarrow MnO(s) \tag{19-10}$$

设计如下形式的电池

$$Mo \mid Cr, Cr_2O_3 \mid ZrO_2(MgO) \mid MnO_{(辅助电极)} \mid [Mn]_{Fe} \mid Mo$$

电极反应为

参比极
$$\frac{2}{3}Cr_{(s)} + O^{2-} \Longrightarrow \frac{1}{3}Cr_2O_{3(s)} + 2e$$

待测极
$$MnO_{(s)} + 2e \Longrightarrow [Mn]_{Fe} + O^{2-}$$

电池反应为
$$\frac{2}{3}Cr_{(s)} + MnO_{(s)} \Longrightarrow [Mn]_{Fe} + \frac{1}{3}Cr_2O_{3(s)}$$

上式的标准自由能变化为

$$\Delta G^{\ominus} = \Delta G^{\ominus}_{[Mn]} + \frac{1}{3}\Delta G^{\ominus}_{Cr_2O_3} - \Delta G^{\ominus}_{MnO} \tag{19-11}$$

式中，$\Delta G^{\ominus}_{[Mn]}$ 为锰在铁液中的标准溶解自由能；$\Delta G^{\ominus}_{Cr_2O_3}$ 为 Cr_2O_3 的标准生成自由能；$\Delta G^{\ominus}_{MnO}$ 为 MnO 的标准生成自由能，皆由文献可查或见本书前面或附录所述。

根据 $\Delta G = -nFE$ 关系，由电池电动势 E 即可求出钢液中 Mn 的活度。

对于 Fe-Mn-i-j-m 体系，有

$$\lg f_{Mn} = e^{Mn}_{Mn}[\%Mn] + e^i_{Mn}[\%i] + e^j_{Mn}[\%j] + \cdots + e^m_{Mn}[\%m] \tag{19-12}$$

根据锰在钢中的相互作用参数 e^i_{Mn}，可求出锰的活度系数 f_{Mn}。

$$a_{Mn} = f_{Mn}[\%Mn] \tag{19-13}$$

由上式进一步可求出锰含量 $[\%Mn]$。

厉英、王常珍指导邓文卓、卢刚用涂覆烧结法在挖槽的 $ZrO_2(+MgO)$ 管表面制备了 MnO 辅助电极层，厚约 150μm，XRD 确证。SEM 和 EDS 分析表明，辅助电极和基体结合紧密。以 Cr，Cr_2O_3 混合粉末作为参比电极，制备了锰传感器，测定了实验室条件下，1600℃ 纯 Ar 气氛下工业纯铁液中锰的活度。响应时间约 3s，稳定电动势可保持 7s 左右。锰活度值随锰浓度的增加而增大，与理论相符。

参 考 文 献

[1] 制鋼センサ小委員会. 制鋼用センサの新しい展開—固体電解質センサを中心として [C]. 日本學術振興会制鋼第19委員会制鋼センサ小委員會，平成元年.

[2] 徐秀光，王常珍，于化龙. 金属学报，1997，33(9)：959.

[3] Janke D. Lecture Beijing University of Science and Technology, 1990.

附　　录

附录1　元素周期表

元素周期表见本书最后一页。

附录2　原子的电子能级[1]

原子中电子运动的各种可能的状态的能量由主量子数 n 和角量子数 l 决定，$(n+0.7l)$ 越大则能级越高。

附录3　无机化合物的颜色和离子的电子层结构等因素的关系

1　颜色的产生

白光照射在物质上，物质如完全吸收这种不同波长的光则呈现黑色，如果对所有波长的吸收程度相差不多则呈现灰色，而如果吸收某些波长的光，而另外对某些波长的光强烈地散射，它就呈现相应的这种散射光的颜色。例如，HgS 吸收紫色和蓝色，强烈地散射橙黄色光，所以 HgS 是橙黄色的。物质吸收光的波长与呈现的颜色的关系示例于附表1。

附表1　吸收光的颜色和观察到的颜色

吸　收　光			观察到的颜色
波长/nm	频率/cm^{-1}	颜　色	
400	25000	紫	绿黄
425	23500	深蓝	黄
450	22200	蓝	橙
490	20400	蓝绿	红
510	19600	绿	玫瑰
530	18900	黄绿	紫
550	18500	橙黄	深蓝
590	16900	橙	蓝
640	15600	红	蓝绿
730	13800	玫瑰色	绿

由附表1可知，凡能吸收可见光某些波长的物质，都能呈现出颜色，吸收光的波长越短，呈现的颜色越浅；而吸收光的波长越长，呈现的颜色越深。物质吸收光时，就从基态跃至激发态，所以只要基态和激发态的能量差等于可见光的能

量（13800～25000cm^{-1}），它就呈现颜色。基态与激发态的能量差越小，呈现的颜色就越深；基态与激发态的能量差大于 25000cm^{-1}，就没有颜色。

2　离子的颜色和离子的电子层结构的关系

含有自旋平行的电子的离子，如 d^1～d^9 结构的离子和 f^1～f^{13} 结构的离子，它们的激发态和基态的能量比较接近，一般只要可见光就可使它们激发，所以这类离子一般是有颜色的。具有 d^{10} 结构的离子则无颜色，具有 d^0 结构的 V^{5+}、Cr^{6+} 和 Mn^{7+} 本应无颜色，但这三种离子在晶体中实际上是不存在的，而为 VO$_3^-$、CrO$_4^{2-}$ 和 MnO$_4^-$，由于金属离子和 O^{2-} 离子之间的强烈极化作用，形成复杂络离子而使电子能量发生改变，产生颜色。

具有 f^1～f^{13} 结构的离子一般是有颜色的，但因 f^7 半充满稳定，不易激发，所以 Gd^{3+}（f^7）是无色的。另外，接近 f^0 的 f^1 和接近 f^{14} 的 f^{13} 也是无色的，而 f^x 和 f^{14-x} 的颜色大致相似。

3　离子极化和无机化合物颜色的关系

离子有颜色，它的化合物就有颜色，但有时无色的离子也能形成有色的化合物。例如，Ag$^+$ 和 I$^-$ 都是无色的，但 AgI 却是黄色的，这是离子极化所致。极化以后，电子能级发生改变，使激发态和基态的能量差变小，因而能吸收可见光而变为有色。

附录 4　元素的电负性[2]

电负性是原子在分子中吸引电子的能力，因此与原子的有效核电荷有关。由于在化合物中不同元素原子吸引电子的能力不同，因而轨道电子云重叠的程度不同，吸引电子能力强的元素，其侧电子云密度大；反之，电子云密度小。

Pauling 指定最活泼的非金属元素氟的电负性等于 4，然后通过比较得到其他元素的电负性数值，叫做元素的相对电负性。Allred-Rechow 根据原子核对电子的静电引力也算出一套电负性数据，与 Pauling 的数据很接近。Pauling 和 Allred-Rechow 的电负性见附表 2（上面一行数据是 Pauling 的电负性，下面一行数据是 Allred-Rechow 的电负性）。

从元素的相对电负性数值，可以大致判断两种元素的原子互相结合时，生成的电子对在分子中偏移的程度。

附录 5　离子半径[2]

离子半径是决定离子间作用力的主要因素之一，一些元素的离子半径见附表 3。

附表 2　化学元素的相对电负性

IA	IIA	IIIB	IVB	VB	VIB	VIIB	VIII	VIII	VIII	IB	IIB	IIIA	IVA	VA	VIA	VIIA	0
H 2.1																	He
Li 1.0 / 0.97	Be 1.5 / 1.47											B 2.0 / 2.01	C 2.5 / 2.50	N 3.0 / 3.07	O 3.5 / 3.50	F 4.0 / 4.10	Ne
Na 0.9 / 1.01	Mg 1.2 / 1.23											Al 1.5 / 1.47	Si 1.8 / 1.74	P 2.1 / 2.06	S 2.5 / 2.44	Cl 3.0 / 2.83	Ar
K 0.8 / 0.91	Ca 1.0 / 1.04	Sc 1.3 / 1.2	Ti 1.5 / 1.32	V 1.6 / 1.45	Cr 1.6 / 1.56	Mn 1.5 / 1.60	Fe 1.8(II) 1.9(III) / 1.64	Co 1.8 / 1.7	Ni 1.8 / 1.75	Cu 1.9(I) 2.0(II) / 1.75	Zn 1.6 / 1.66	Ga 1.6 / 1.82	Ge 1.8 / 2.02	As 2.0 / 2.20	Se 2.4 / 2.48	Br 2.8 / 2.74	Kr
Rb 0.8 / 0.89	Sr 1.0 / 0.99	Y 1.2 / 1.1	Zr 1.4 / 1.22	Nb 1.6 / 1.23	Mo 1.8 / 1.30	Tc 1.9 / 1.36	Ru 2.2 / 1.42	Rh 2.2 / 1.45	Pd 2.2 / 1.35	Ag 1.9 / 1.42	Cd 1.7 / 1.46	In 1.7 / 1.49	Sn 1.8(II) 1.9(IV) / 1.72	Sb 1.9 / 1.82	Te 2.1 / 2.01	I 2.5 / 2.21	Xe
Cs 0.7 / 0.86	Ba 0.9 / 0.97	La 1.1 / 1.08～1.14	Hf 1.3 / 1.23	Ta 1.5 / 1.33	W 1.7 / 1.40	Re 1.9 / 1.45	Os 2.2 / 1.52	Ir 2.2 / 1.55	Pt 2.2 / 1.44	Au 2.4 / 1.42	Hg 1.9 / 1.44	Tl 1.8 / 1.44	Pb 1.8 / 1.55	Bi 1.9 / 1.67	Po 2.0 / 1.76	At 2.2 / 1.90	Rn

附表 3　离子半径表

（nm）

稀有气体	IA	IIA	IIIB	IVB	VB	VIB	VIIB	IB	IIB	IIIA	IVA	VA	VIA	VIIA
										B^{3+} 0.020	C^{4+} 0.015	N^{5+} 0.011		
He (0.093)	Li^+ 0.060	Be^{2+} 0.031												
Ne (0.112)	Na^+ 0.095	Mg^{2+} 0.065								Al^{3+} 0.050	Si^{4+} 0.041	P^{5+} 0.034	S^{6+} 0.029	Cl^{7+} 0.026
Ar (0.154)	K^+ 0.133	Ca^{2+} 0.099	Sc^{3+} 0.081	Ti^{4+} 0.068	V^{5+} 0.059	Cr^{6+} 0.052	Mn^{7+} 0.046	Cu^+ 0.095	Zn^{2+} 0.074	Ga^{3+} 0.062	Ge^{4+} 0.053	As^{5+} 0.047	Se^{6+} 0.042	Br^{7+} 0.039
Kr (0.169)	Rb^+ 0.148	Sr^{2+} 0.113	Y^{3+} 0.093	Zr^{4+} 0.080	Nb^{5+} 0.070	Mo^{6+} 0.062	Tc^{7+}	Ag^+ 0.126	Cd^{2+} 0.097	In^{3+} 0.081	Sn^{4+} 0.071	Sb^{5+} 0.062	Te^{6+} 0.056	I^{7+} 0.050
Xe (0.190)	Cs^+ 0.169	Ba^{2+} 0.135	La^{3+} 0.115	Hf^{4+} 0.081	Ta^{5+} 0.073	W^{6+} 0.067	Re^{7+} 0.068	Au^+ 0.137	Hg^{2+} 0.110	Tl^{3+} 0.095	Pb^{4+} 0.084	Bi^{5+} 0.074		

负离子半径：

	IVA	VA	VIA	VIIA
H^- 0.208				
	C^{4-} 0.260	N^{3-} 0.171	O^{2-} 0.140	F^- 0.136
	Si^{4-} 0.271	P^{3-} 0.212	S^{2-} 0.184	Cl^- 0.181
	Ge^{4-} 0.272	As^{3-} 0.222	Se^{2-} 0.198	Br^- 0.195
	Sn^{4-} 0.294	Sb^{3-} 0.245	Te^{2-} 0.221	I^- 0.216

注：部分常见的过渡元素低价离子半径：Mn^{2+} (0.030)，Fe^{2+} (0.076)，Co^{2+} (0.074)，Ni^{2+} (0.069)。

镧系元素（除 La 外）的离子半径（nm）[3]：

Ce^{3+} 0.1034	Pr^{3+} 0.1013	Nd^{3+} 0.0995	Sm^{3+} 0.0964	Eu^{3+} 0.0950	Gd^{3+} 0.0938	Tb^{3+} 0.0923	Dy^{3+} 0.0908	Ho^{3+} 0.0894	Er^{3+} 0.0881	Tm^{3+} 0.0869	Yb^{3+} 0.0858	Lu^{3+} 0.0848
Ce^{4+} 0.092	Pr^{4+} 0.090			Eu^{2+} 0.112		Tb^{4+} 0.0840					Yb^{2+} 0.113	

附录6　常用的几种化学位[4]

在研究高温冶金反应时，常需建立或使用氧、硫、氮、碳和氯的化学位，为了预先做出了解，下面分别给出某些氧化物、硫化物、氮化物、碳化物和氯化物的标准生成自由能。

1　氧化物的标准生成自由能和温度的关系图

前曾叙述，可以利用 H_2-$H_2O_{(g)}$ 混合气体获得一定的氧位，另外，也可以利用 CO-CO_2 混合气体或 CO_2 分解来得到所需的氧位。以 CO-CO_2 混合气体为例，反应为

$$2CO_{2(g)} = 2CO_{(g)} + O_{2(g)} \qquad \Delta G^{\ominus} = -RT\ln K$$

$$K = \frac{p_{O_2} p_{CO}^2}{p_{CO_2}^2} \qquad p_{O_2} = K\left(\frac{p_{CO_2}}{p_{CO}}\right)^2$$

氧化物的标准生成自由能和温度的关系图附有 p_{O_2}，p_{H_2}/p_{H_2O} 及 p_{CO}/p_{CO_2} 的专用标尺，见附图1。

附图1的应用：为了便于相互比较，在确定各种氧化物的生成反应的 $\Delta G^{\ominus}$-T 关系式时，通常都是基于 1mol 氧进行计算的。在同一温度下，图中位置越低的氧化物，其稳定性也越大。

由图中周边标出的专用标尺可直接读出有关平衡反应在图中所标的任何温度下的平衡氧分压以及相应的 p_{H_2}/p_{H_2O} 和 p_{CO}/p_{CO_2} 的平衡比值。

这些专用标尺的使用方法如下：

（1）求反应的平衡氧分压 p_{O_2} 时：某反应在某温度下的平衡氧分压可以直接从 p_{O_2} 标尺上读出，方法是经过该温度下该反应的 $\Delta G^{\ominus}$-T 曲线上的点与左边边缘线的"Ω"点相连成一直线，将直线延长与右边 p_{O_2} 标尺上相交之点即为所欲求的该反应在此温度下的平衡氧分压。

（2）求反应的 p_{H_2}/p_{H_2O} 或 p_{CO}/p_{CO_2} 时：在氧化物生成反应的 $\Delta G^{\ominus}$-T 图上标出比值 p_{H_2}/p_{H_2O} 和 p_{CO}/p_{CO_2} 的专用标尺，能由图直接读出反应 $2H_2 + O_2 = 2H_2O$ 和反应 $2CO + O_2 = 2CO_2$ 平衡时的 p_{H_2}/p_{H_2O} 和 p_{CO}/p_{CO_2} 的值。这两种专用标尺的用法类似于 p_{O_2} 专用标尺。不同的是，是以左边边缘线上的点"H"和点"C"作为起点。例如确定 Cr_2O_3 的生成反应 $\frac{4}{3}Cr_{(s)} + O_{2(g)} = \frac{2}{3}Cr_2O_{3(s)}$ 或 $\frac{4}{3}Cr_{(s)} + 2H_2O_{(g)} = \frac{2}{3}Cr_2O_{3(s)} + 2H_{2(g)}$ 在 1600℃ 下的 p_{H_2}/p_{H_2O} 平衡比值，可以从"H"点通过反应 $\frac{4}{3}Cr_{(s)} + O_{2(g)} = \frac{2}{3}Cr_2O_{3(s)}$ 的 $\Delta G^{\ominus}$-T 线上相当于 1600℃ 处画一直线，并延长至 $p_{H_2}/$

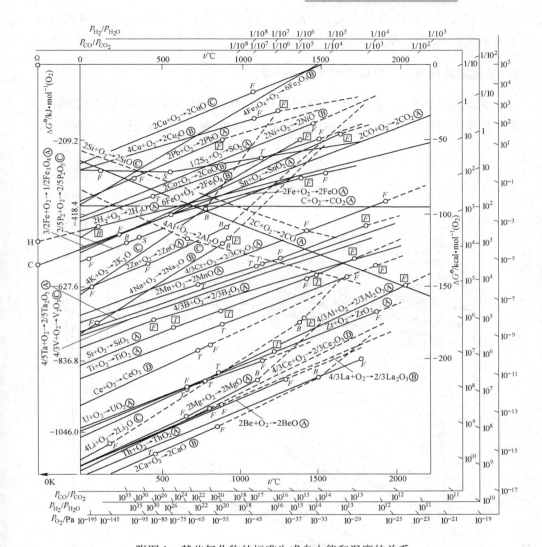

附图1　某些氧化物的标准生成自由能和温度的关系

（在25℃时的大致精度：（Ⓐ±4.18）kJ；（Ⓑ±12.56）kJ；（Ⓒ±41.8）kJ；（Ⓓ>±41.8）kJ；
相变点：熔点 F；沸点 B；升华点 S；多晶形转变点 T；画方框者代表氧化物的
相变点；未画方框为元素的相变点，1cal=4.184J）

p_{H_2O} 标尺，由直线与标尺相交之点即可读出 p_{H_2}/p_{H_2O} 值。p_{CO}/p_{CO_2} 标尺用法类似。

（3）求 p_{O_2} 和 p_{H_2}/p_{H_2O}（或 p_{CO}/p_{CO_2}）关系时：由此图可求出在图中温度范围内在某温度下和任一 p_{O_2} 值相对应的 p_{H_2}/p_{H_2O} 或 p_{CO}/p_{CO_2} 值。例如欲求1600℃下和 $p_{O_2}=10^{-9}$ Pa 相对应的 p_{H_2}/p_{H_2O} 值时，可自"Ω"点至 p_{O_2} 标尺上的 $p_{O_2}=10^{-9}$ Pa 处连一直线，然后自"H"点和直线上1600℃处连另一直线并外延至 p_{H_2}/p_{H_2O} 专用

标尺，相交点的值即为所求的 p_{H_2}/p_{H_2O} 值（约为 10^3）。用类似方法可求出和 p_{O_2} 值相对应的 p_{CO}/p_{CO_2} 值。

2 硫化物的标准生成自由能和温度的关系图

硫位在一个很宽广的范围内可以利用 H_2 和 H_2S 气体直接混合的办法来控制，为此，硫化物的标准生成自由能和温度的关系图附有 p_{S_2}，p_{H_2}/p_{H_2S} 标尺，见附图 2。

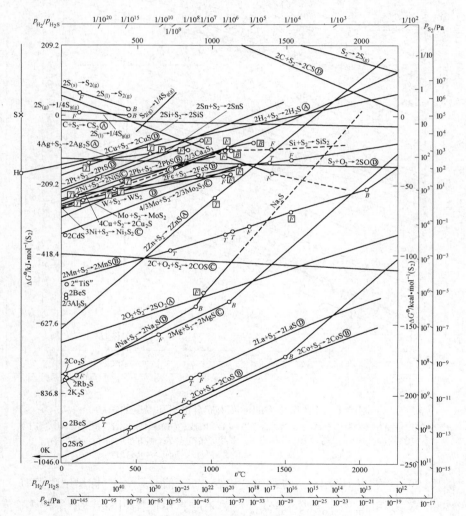

附图 2 硫化物的标准生成自由能和温度的关系

（在 25℃ 时的大致精度：(Ⓐ ± 4.18) kJ；(Ⓑ ± 12.56) kJ；(Ⓒ ± 20.9) kJ；(Ⓓ > ± 41.8) kJ；
相变点：熔点 F；多晶形转变点 T；沸点 B；画方框者代表硫化物的
相变点；未画方框为元素的相变点，1 cal = 4.184J）

3　氮化物的标准生成自由能和温度的关系图

当氮的分压低于 101325Pa 时，可将 N_2 气用 Ar 稀释的办法制得。若反应低于 600℃，用氨-氢混合气体可以得到一定的氮位，基于

$$\frac{1}{2}N_{2(g)} + \frac{3}{2}H_{2(g)} = NH_{3(g)} \qquad \Delta G^{\ominus} = -RT\ln K$$

$$K = \frac{p_{NH_3}}{p_{H_2}^{\frac{3}{2}} p_{N_2}^{\frac{1}{2}}} \qquad p_{N_2} = \frac{p_{NH_3}^2}{K^2 p_{H_2}^3}$$

附有 p_{N_2}，$p_{NH_3}^2/p_{H_2}^3$ 标尺的氮化物的标准生成自由能和温度的关系见附图 3。

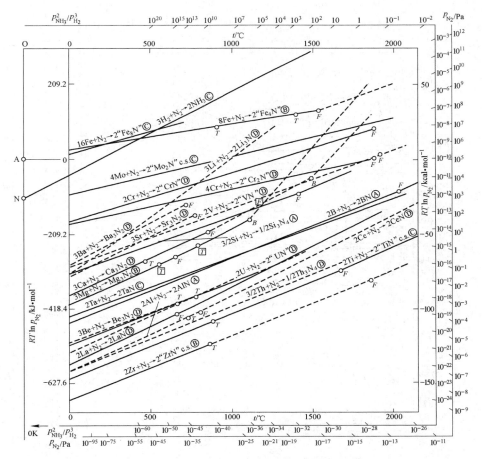

附图 3　氮化物的标准生成自由能和温度的关系

（在 25℃ 时的大致精度：（Ⓐ ± 4.18）kJ；（Ⓑ ± 12.56）kJ；（Ⓒ ± 41.8）kJ；（Ⓓ > ± 41.8）kJ；

相变点：熔点 F；多晶形转变点 T；沸点 B；画方框者代表氮化物的

相变点；未画方框为纯元素的相变点，1cal = 4.184J）

4 碳化物的标准生成自由能和温度的关系图

气体的碳位可以用 CO-CO$_2$ 或 CH$_4$-H$_2$ 的混合气体来控制。如果体系要求的氧位很低，则不能用 CO-CO$_2$ 混合气体，而需采用 CH$_4$-H$_2$ 混合气体来控制，这两种混合气体都有一定的限制。在低温时，CO 按反应 $2CO_{(g)}$ ═ $CO_{2(g)}$ + $C_{(s)}$ 沉积碳；在高温时，CH$_4$ 按反应 $CH_{4(g)}$ ═ $2H_{2(g)}$ + $C_{(s)}$ 沉积碳，根据所需碳位的高低和温度可选择和调节气体的成分。

附有 a_C，p_{CO}^2/p_{CO_2}，$p_{CH_4}/p_{H_2}^2$ 标尺的碳化物的标准生成自由能和温度的关系见附图4。

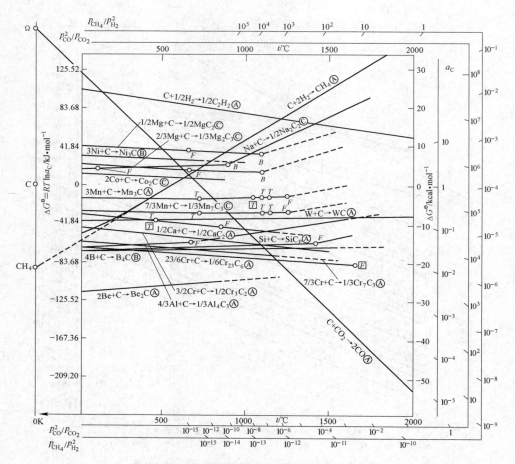

附图 4 碳化物的标准生成自由能和温度的关系

(在25℃ 时的大致精度:(Ⓐ ± 4.18)kJ;(Ⓑ ± 12.56)kJ;(Ⓒ ± 41.8)kJ;(Ⓓ > ± 41.8)kJ;

相变点：熔点 F；多晶形转变点 T；沸点 B；画方框者代表碳化物的

相变点；未画方框为元素的相变点，1cal =4.184J)

5 氯化物的标准生成自由能和温度的关系图

可使 H_2 通过一定温度的浓 HCl 溶液携带出 HCl 气体得到 H_2-HCl 混合气体。附有 p_{Cl_2}，p_{HCl}^2/p_{H_2} 标尺的氯化物的标准生成自由能和温度的关系见附图5。

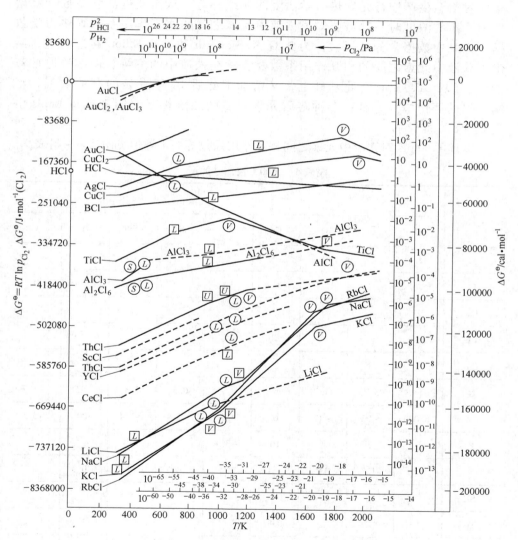

附图5 氯化物的标准生成自由能和温度的关系

(1cal = 4.184J)

□—在金属中的相变；○—在氯化物中的相变；

U—结晶转变；L—熔点；V—沸点；S—升华点

附录7　C. H. P. Lupis 等人对铁液中元素之间
相互作用系数的推荐值

在用固体电解质电动势方法对钢铁冶金反应进行理论研究或制成化学传感器对冶金生产进行元素热力学活度的在线测定，从而通过活度系数计算熔体中元素的浓度时，都需要知道铁液中元素之间的相互作用系数等热力学数据。文献中数据常分歧很大，为此 G. K. Sigworth 和 J. F. Elliott 通过精选，给出了铁液中元素之间的相互作用系数及元素在铁液中的溶解自由能等的推荐值[6]。C. H. P. Lupis 在此基础上，又精选了此后 10 年发表的有关数据，汇编于他的著作中[7]，其中多种溶质元素对氮的二阶相互作用系数是 Lupis 由文献 [8] 推导的。

C. H. P. Lupis 对铁液中元素之间相互作用系数等的推荐值见附表 4 ~ 附表 9。

附表 4　1600℃液态铁的 ρ_i^j

i	j								
	Al	B	C	Cr	P	S	Si	Ti	V
Al	-2.8		0				0		
C			11.6	-0.4	12		8.8		0
Ca	0		0				0		
Cr				0	15		0		
Cu							0		
N		3.7	11.7	5	2.7	0.5	2.8	-15	-1.7
O	8600	-93	-17	-0.6	4.1	-7.4	-7.4	500	-5.5
P				16	-3.1		0		
S	6.9	12	11		6.2	-8.6	14	0	0
Si							-5.5		
Ti				0.8				-1.4	
V							0		-1.6

注：$\rho_i^j = \dfrac{1}{2}(\partial^2 \ln\gamma_i / \partial X_j^2)_{X_1 \to 1}$。

附表5　1600℃液态铁的 ε_i^j

i \ j	Ag	Al	As	Au	B	C	Ca	Ce	Co	Cr	Cu	Ge	H	La	Mg	Mn	Mo	N	Nb	Nd
Ag	-19	-8.4				11.5				-2										
Al	-8.4	5.6				5.3	-7.5						2.0					2.6		
As						12.9	0											5.2		
Au																				
B					2.5	11.7							3.0					5.0		
C	11.5	5.3	12.9		11.7	6.9	-15.8		1.8	-5.1	4.1	2.1	3.8		8	-2.7	-4.0	5.86	-23.7	
Ca		-7.5				-15.8														
Ce													-1.5							
Co						1.8			0.5	0.0	4.0		0.4					2.6		
Cr	-2					-5.1			-4.6	4.0	6.0		-0.4				0.0	-10		
Cu						4.1												2.2		
Ge						2.1						1.9	2.7							
H		2.0			3.0	3.8		-1.5	0.4	-0.4	0.0	2.7	1.0	-17		-0.3	0.1		-1.5	
La													-17	-17						-24
Mg						8														
Mn						-2.7							-0.3			0.0		-8.1		
Mo						-4.0				0.0			0.1					-4.9		
N		-2.6	5.2		5.0	5.86			2.6	-10	2.2					-8.1	-4.9	0.8	-26	
Nb						-23.7							-1.5					-26	-0.7	

续附表 5

i	j																			
	Ag	Al	As	Au	B	C	Ca	Ce	Co	Cr	Cu	Ge	H	La	Mg	Mn	Mo	N	Nb	Nd
Nd													-24							
Ni						2.9	-10.7		1.9	0.0			-0.1					1.5		
O		-433		-6.6	-115	-22				-8.5	-3.5		-12			-4.7	0.7	4.0	-54	
P						7.0				-6.3	6.0		1.9			0.0		6.2		
Pb		2.9				4.1			-0.1	4.4	-7.5					-5.2	-0.7			
Pd													1.8							
Pt																				
Rh												4.0	2.5						-5.8	
S		4.4	0.9	0.9	6.8	6.5			0.6	-2.2	-2.3		1.5			-5.9	0.4	1.4		
Sb																		3.2		
Se											3.6		3.6					1.5		
Si		7.0			9.5	9.7	-10.7			0.0			1.5			0.5		5.9		
Sn						19				3.3								2.3		
Ta						-17.7							-17					-29		
Te										11.9								36		
Ti													-3.6					-105		
U		7.1																		
V						-16.1							-1.5					-19		
W						-6.6							1.4					-3.4		
Zr																		-238		

续附表5

i	j																		
---	Ni	O	P	Pb	Pd	Pt	Rh	S	Sb	Se	Si	Sn	Ta	Te	Ti	U	V	W	Zr
Ag																			
Al		-433		2.9				4.4			7.0					7.1			
As								0.9											
Au		-6.6						0.9											
B		-115						6.8			9.5								
C	2.9	-22	7.0	4.1				6.5			9.7	19	-17.7				-16.1	-6.5	
Ca											-10.7								
Ce	-10.7																		
Co	0.0	1.9		-0.1				0.6				3.3			11.9				
Cr		-8.5	-6.3	4.4				-2.2			0.0								
Cu		-3.5	6.0	-7.5				-2.4			3.6								
Ge								4.0											
H	-0.1	-12	1.9		1.8		2.5	1.5				1.5	-17		-3.6		-1.5	1.4	
La																			
Mg																			
Mn		-4.7	0.0	-5.2				-5.9			0.5								
Mo		0.7		-0.7				0.4											
N	1.5	4.0	6.2					1.4	3.2	1.5	5.9	2.3	-29	36	-105		-19	-3.4	
Nb		-54						-5.8											-238

续附表 5

i \ j	Ni	O	P	Pb	Pd	Pt	Rh	S	Sb	Se	Si	Sn	Ta	Te	Ti	U	V	W	Zr
Nd																			
Ni	0.2	1.4	0.0	-4.7				-0.1			1.2								
O	1.4	12.5	9.4		-4.9	1.1	8.1	-17	-13		-15	-6.6			-118		-63	4.2	
P	0.0	9.4	8.4	6.6				4.1			14.2	5.1							
Pb	-4.7		6.6					-42			6.1	27						-2.3	
Pd		-4.9			0			4.7											
Pt		1.1																	
Rh		8.1																	
S	-0.1	-17	4.1	-42	4.7				0.7		7.8	-3.3	-2.4	-14			-3.3	5.1	-20
Sb		-13						0.7											
Se																			
Si	1.2	-15	14.2	6.1				7.8				7.1							
Sn		-6.6	5.1	27				-3.3			7.1	-0.3							
Ta								-2.4											
Te								-14											
Ti		-118													2.7				
U																9.4			
V		-63						-3.3											
W		4.2		-2.3				5.1											
Zr								-20											

注：$\varepsilon_i^j = \left(\dfrac{\partial \ln r_i}{\partial x_j}\right)_{x_1 \to 1} = \varepsilon_j^i$。

附表6　1600℃液态铁的 e_i^j

j

i	Ag	Al	As	Au	B	C	Ca	Ce	Co	Cr	Cu	Ge	H	La	Mg	Mn	Mo	N	Nb	Nd
Ag	-0.04	-0.08				0.22				-0.01										
Al	-0.017	0.045	0.043			0.091	-0.047						0.24					-0.058		
As			0.043			0.25												0.077		
Au																				
B					0.038	0.22							0.49		0.07			0.074		
C	0.028	0.043	0.043		0.24	0.124	-0.097		0.0076	-0.024	0.016	0.008	0.67			-0.012	-0.0083	0.089	-0.06	-0.038
Ca		-0.072				-0.34	-0.002													
Ce													-0.60					0.032		
Co	-0.002					0.021			0.0022	-0.022	0.016		-0.14							
Cr						-0.12			-0.019	-0.0003	0.018		-0.33				0.0018	-0.18		
Cu						0.066				0.018	0.023		-0.24					0.026		
Ge						0.03						0.007	0.41							
H		0.013			0.05	0.06		0	0.0018	-0.0022	0.0005	0.01	0	-0.027		-0.0014	0.0022		-0.0023	
La													-4.3							
Mg						0.15							-0.31			0		-0.15		
Mn						-0.07				-0.0003										
Mo						-0.097				-0.0003			-0.20					-0.10		
N		-0.028	0.018		0.094	0.103			0.011	-0.046	0.009		-0.61			-0.036	-0.0011	0	-0.067	
Nb						-0.49							-6					-0.47	0	
Nd																				

续附表6

i \ j	Ag	Al	As	Au	B	C	Ca	Ce	Co	Cr	Cu	Ge	H	La	Mg	Mn	Mo	N	Nb	Nd
Ni						0.042	-0.067						-0.25					0.013		
O		-3.9		-0.005	-2.6	-0.45		-0.03	0.008	-0.04	-0.013		-3.10	-5.00		-0.021	0.0035	0.057	-0.14	
P						0.13				-0.03	0.024		0.21			0		0.094		
Pb		-0.021				0.066			0	0.02	-0.028					-0.023	0			
Pd													0.20							
Pt																				
Rh													0.37							
S		0.035	0.004	0.004	0.13	0.11			0.0026	-0.011	-0.0084	0.014	0.12			-0.026	0.0027	0.01	-0.013	
Sb																		0.043		
Se																		0.014		
Si		0.058			0.20	0.18				-0.0003	0.014		0.64			0.002		0.09		
Sn						0.37				0.015			0.12					0.27		
Ta						-0.37							-4.40					-0.52		
Te																		0.60		
Ti										0.055			-1.10					-1.80		
U		0.059																		
V						-0.34							-0.59					-0.35		
W						-0.15							0.088					-0.072		
Zr																		-4.1		

续附表6

i	j																		
---	Ni	O	P	Pb	Pd	Pt	Rh	S	Sb	Se	Si	Sn	Ta	Te	Ti	U	V	W	Zr
Ag																			
Al		-6.60		0.0065				0.030			0.0056					0.011			
As		-0.11						0.0037											
Au								0.0037											
B		-1.80						0.048			0.078						-0.077	-0.056	
C	0.012	-0.34	0.051	0.0079				0.046			0.08	0.041	-0.021						
Ca	-0.044										-0.097								
Ce																			
Co	0.0002	0.018		0.003				0.0011			-0.0043	0.009			0.059				
Cr		-0.14	-0.053	0.0083				-0.020											
Cu		-0.065	0.044	-0.0056				-0.021			0.027								
Ge								0.027											
H	0	-0.19	0.011		0.0062		0.0063	0.008			0.027	0.0053	-0.02		-0.019		-0.0074	0.0048	
La																			
Mg											0								
Mn		-0.083	-0.0035	-0.0029				-0.048											
Mo		-0.0007		0.0023				-0.0005											
N	0.0063	0.05	0.045					0.007	0.0088	0.006	0.047	0.007	-0.036	0.07	-0.53		-0.093	-0.0015	-0.63
Nb		-0.83						-0.047											
Nd																			

续附表6

i	Ni	O	P	Pb	Pd	Pt	Rh	S	Sb	Se	Si	Sn	Ta	Te	Ti	U	V	W	Zr
Ni	0.0009	0.01	-0.0035	-0.0023				-0.0037			0.0057								
O	0.006	-0.20	0.07		-0.009	0.0045	0.014	-0.133	-0.023		-0.131	-0.0111			-0.60		-0.30	-0.0085	-3.00
P	0.0002	0.13	0.062	0.011				0.028			0.12	0.013							
Pb	-0.019	-0.084	0.048					-0.32			0.048	0.057						0	
Pd					0.002														
Pt		0.0063						0.032											
Rh		0.11																	
S	0	-0.27	0.29	-0.046		0.0089		-0.028	0.0037		0.063	-0.0044	-0.0002		-0.072		-0.016	0.0097	-0.052
Sb		-0.20						0.0019											
Se																			
Si	0.005	-0.23	0.11	0.01				0.056			0.11	0.017					0.025		
Sn		-0.11	0.036	0.035				-0.028			0.057	0.0016							
Ta								-0.021											
Te																			
Ti		-1.80						-0.11							0.013				
U																0.013			
V		-0.97						-0.028			0.042						0.015		
W		-0.052		0.0005				0.035											
Zr								-0.16											

注：$e_i^j = \left(\dfrac{\partial \lg f_i}{\partial [j]}\right)_{[i]\to 0,\,[j]\to 0}$。

附表7　液态铁 γ_i° 和标准态的变化（1600℃）

i	γ_i°	$\Delta G^\ominus(\mathrm{J})$ 对 $M=[M]$ （以纯物质为标准态，无限稀为参考态）	$\Delta G^\ominus(\mathrm{J})$ 对 $M=[M]$ （以假想1%溶液为标准）
$\mathrm{Ag}_{(1)}$	200	82425	$82430-43.77T$
$\mathrm{Al}_{(1)}$	0.029	$-63180+4.31T$	$-63180-27.91T$
$\mathrm{B}_{(s)}$	0.022	$-65270+2.97T$	$-65270-21.55T$
$\mathrm{C}_{(gr)}$	0.70	$22590-15.06T$	$22590-40.59T$
$\mathrm{Ca}_{(v)}$	2240	$-39460+84.9T$	$-39460+49.37T$
$\mathrm{Co}_{(1)}$	1.07	1004	$1004-38.74T$
$\mathrm{Cr}_{(1)}$	1.0	0	$-37.70T$
$\mathrm{Cr}_{(s)}$	1.14	$19250-9.16T$	$19250-46.86T$
$\mathrm{Cu}_{(1)}$	8.6	33470	$33470-39.37T$
$1/2\mathrm{H}_{2(g)}$			$36490+30.46T$
$\mathrm{Mn}_{(1)}$	1.3	4080	$4080-38.16T$
$\mathrm{Mo}_{(1)}$	1	0	$-42.80T$
$\mathrm{Mo}_{(s)}$	1.86	$27610-9.58T$	$27610-52.38T$
$1/2\mathrm{N}_{2(g)}$			$3600+23.89T$
$\mathrm{Nb}_{(1)}$	1.0	0	$-42.68T$
$\mathrm{Nb}_{(s)}$	1.4	$23010-9.62T$	$23010-52.3T$
$\mathrm{Ni}_{(1)}$	0.66	$-20920+7.53T$	$-20920-31.05T$
$1/2\mathrm{O}_{2(g)}$			$-117150-2.89T$
$1/2\mathrm{P}_{2(g)}$			$-122170-19.25T$
$\mathrm{Pb}_{(1)}$	1400	$212550-53.14T$	$212550-106.27T$
$1/2\mathrm{S}_{2(g)}$			$-135060+23.43T$
$\mathrm{Si}_{(1)}$	0.0013	$-131500+15.23T$	$-131500-17.24T$
$\mathrm{Sn}_{(1)}$	2.8	15980	$15980-44.43T$
$\mathrm{Ti}_{(1)}$	0.037	-46440	$-46020-37.03T$
$\mathrm{Ti}_{(s)}$	0.038	$-31130-7.95T$	$-31130-44.98T$
$\mathrm{U}_{(1)}$	0.027	-56070	$-56070-50.21T$
$\mathrm{V}_{(1)}$	0.08	$-42260+1.55T$	$-42260-35.98T$
$\mathrm{V}_{(s)}$	0.1	$-20710-8.08T$	$-20710-45.61T$
$\mathrm{W}_{(1)}$	1	0	$-48.12T$
$\mathrm{W}_{(s)}$	1.2	$31380-15.27T$	$31380-63.60T$
$\mathrm{Zr}_{(1)}$	0.037	-51050	$-51050-42.38T$
$\mathrm{Zr}_{(s)}$	0.043	$-34730-7.62T$	$-34730-49.99T$

附表 8　1600℃液态铁的 η_i^j

(kJ)

$i \backslash j$	Al	B	C	Cr	Mn	Mo	N	Nb	Ni	O	S	Si	Ta	Ti	V
Al	58.6						795			-19037					
B							342.7								
C			62.8				90.0					156.1			
Cr							-292				-167.8				
Mn							-251								
Mo							-108.0								
N	795	342.7	89.96	-292	-251	-108.0		-824	16.7			130.5	-631.8	-6694	-610.9
Nb							-824								
Ni							16.74								
O	-19037									-954					
S				167.8							256.1				
Si			156.1				130.5					33.5			
Ta							-631.8								
Ti							-6694.4								
V							-610.9								

注：$\eta_i^j = \left(\dfrac{\partial H_i^E}{\partial X_j}\right)_{X_1 \to 1} = R\partial\varepsilon_i^j/\partial(1/T) = \eta_j^i$。

附表 9 1600℃液态铁的 h_i^j

(J)

i	Al	B	C	Cr	Mn	Mo	N	Nb	Ni	O	S	Si	Ta	Ti	V
Al	1210						31715			-665260					
B							13680								
C			2930				3598					3096			
Cr							-11630				-2920				
Mn							-10000								
Mo							-4310								
N	16440	17700	4184	-3140	-2552	-628		4937	159			2594	-1950	-78030	-6694
Nb							-32840								
Ni				-1800			670								
O	-394130									-33310					
S											4460				
Si			7238				5190					670			
Ta							-25100								
Ti							-266940								
V							-24350								

注: $h_i^j = \left(\dfrac{\partial H_i^E}{\partial [j]}\right)_{[i]\to 0,\,[j]\to 0} = 2.303 \times R\partial e_i^j/\partial(1/T) = (M_i/M_j)h_j^i$。

附录8　　G. K. Sigworth 和 J. F. Elliott 等人对稀液态铜合金的热力学数据的精选值

由于电子材料和各种新材料的发展，对高纯铜和铜合金的要求日益增加，为了有效地控制产品质量和实现过程的自动化，需了解氧、氢、硫等元素在铜液中的热力学行为。几十年来这方面的文章发表得很多，采用的研究方法和浓度的表示多不同，给使用者带来困难。为此，G. K. Sigworth 和 J. F. Elliott 将数据进行了精选和条理化、清晰化，并发表了文章[9]。日本大石敏雄和小野腾敏在 G. K. Sigworth 和 J. F. Elliott 精选的数据的基础上又将 1973 年至 1986 年发表的关于铜液的热力学数据一起进行了总的汇编，并发表了文章[10]，请参阅。

附录9　　偏摩尔性质和过剩热力学性质[7]

1　偏摩尔性质

在固态或液态溶液中，各组元质点所处的条件与组元以纯物质存在时不同。设有一个由组元 $1，2，3，\cdots，i$ 组成的溶液，令 G 代表体系的总自由能，则 G 应是温度、压力以及溶液中各组元物质的量的函数，即

$$G = f(T, p, n_1, n_2, \cdots, n_i, \cdots)$$

则溶液中组元 i 的偏摩尔自由能为

$$G_i = \left(\frac{\partial G}{\partial n_i}\right)_{p, T, n_j} = \mu_i$$

式中，右下标 n_j 表示除 i 之外的其他组元的物质的量不变。

同理，溶液中组元 i 的偏摩尔热焓、偏摩尔熵可表示为

$$H_i = \left(\frac{\partial H}{\partial n_i}\right)_{p, T, n_j}$$

$$S_i = \left(\frac{\partial S}{\partial n_i}\right)_{p, T, n_j}$$

体系总的自由能为溶液中各组元自由能之和，即

$$G = G_1 n_1 + G_2 n_2 + \cdots = \Sigma G_i n_i$$

或用组元的偏摩尔分数表示，则

$$G = G_1 x_1 + G_2 x_2 + \cdots = \Sigma G_i x_i$$

2 偏摩尔混合性质

令 $G_i^{\ominus}$ 表示 i 组元的摩尔自由能，G_i 表示溶液中 i 组元的偏摩尔自由能，ΔG_i 表示 i 组元的相对偏摩尔自由能，则对 $1\,\mathrm{mol}$ i 组元有

$$\Delta G = G_i - G_i^{\ominus} \tag{1}$$

ΔG_i 又称为 i 组元的偏摩尔溶解自由能，也即在定温定压下，下列溶解过程的自由能变化值为

$$i = [i]_{溶液} \quad \Delta G_i = G_i - G_i^{\ominus} = RT\ln a_i \tag{2}$$

ΔG_i 又称为偏摩尔混合自由能，常用 ΔG_i^{M} 表示。

对于 $1\,\mathrm{mol}$ 溶液，其自由能为

$$x_1 G_1 + x_2 G_2 + x_3 G_3 + \cdots = \Sigma x_i G_i \tag{3}$$

而在形成溶液之前，各组元自由能之和为

$$x_1 G_1^{\ominus} + x_2 G_2^{\ominus} + x_3 G_3^{\ominus} + \cdots = \Sigma x_i G_i^{\ominus} \tag{4}$$

在恒温、恒压混合过程中自由能变化值为

$$\Delta G_i^{M} = \Sigma x_i G_i - \Sigma x_i G_i^{\ominus}$$

$$= \Sigma x_i \Delta G_i = x_1 \Delta G_1 + x_2 \Delta G_2 + \cdots \tag{5}$$

ΔG_i^{M} 又称为摩尔混合自由能。

混合热力学性质之间有下述关系

$$G^{M} = H^{M} - TS^{M} \tag{6}$$

$$S^{M} = -(\partial G^{M}/\partial T)_p \tag{7}$$

$$H^{M} = [(\partial G^{M}/T)/\partial(1/T)]_p \tag{8}$$

对于 i 组元而言

$$G_i^{M} = H_i^{M} - TS_i^{M} = RT\ln a_i \tag{9}$$

$$S_i^{M} = -(\partial G_i^{M}/\partial T)_p = -R\ln a_i - RT(\partial\ln a_i/\partial T)_p \tag{10}$$

$$H_i^{M} = R[\partial\ln a_i/\partial(1/T)_p] \tag{11}$$

3 过剩热力学性质

实际溶液对理想溶液的偏差程度，通常用活度系数 γ_i 来表示。在热力学研

究中也常用过程热力学函数来表示实际溶液对理想溶液的偏差程度。与形成 1mol 溶液前各纯组元热力学性质的比较得到自由能的关系为

$$G - \sum x_i G_i^{\ominus} = G^{id} - \sum x_i G_i^{\ominus} + G^E \tag{12}$$

$$\Delta G = \Delta G^{id} + G^E$$

$$G^E = \Delta G - \Delta G^{id} \tag{13}$$

对于溶液中某组元 i，其过剩自由能为

$$G_i^E = G_i - G_i^{id} \tag{14}$$

$$G_i^E = RT\ln a_i - RT\ln x_i = RT\ln \gamma_i \tag{15}$$

根据热力学数据之间的一般关系，得

$$G^E = H^E - TS^E, \quad S^E = -(\partial G^E / \partial T)_p \tag{16}$$

$$G_i^E = H_i^E - TS_i^E, \quad S_i^E = -(\partial G_i^E / \partial T)_{p,x_i} \tag{17}$$

$$\ln \gamma_i = H_i^E / RT - S_i^E / R \tag{18}$$

$$S_i^E = S_i^M + R\ln x_i = -R\ln \gamma_i - RT(\partial \ln \gamma_i / \partial T)_p \tag{19}$$

$$H_i = H_i^M = R\left[\partial \ln \gamma_i / \partial \ln(1/T)\right]_p \tag{20}$$

又

$$G^E = x_1 G_1^E + x_2 G_2^E + \cdots = \sum x_i G_i^E \tag{21}$$

所以

$$x_1 dG_1^E + x_2 dG_2^E + \cdots = \sum x_i dG_i^E = 0 \tag{22}$$

附录 10　　正规溶液（或规则溶液）[7]

理想溶液的混合自由能 $\Delta G_i = RT\ln x_i$，对 T 求偏导数，可得理想混合熵

$$\Delta G_i^{id} = -\left(\frac{\partial \Delta G_i}{\partial T}\right)_p = -RT\ln x_i \tag{23}$$

如果形成一稀溶液混合热不为零，但混合熵等于理想的混合熵，即元素原子在三度空间作完全无序的分布，该种溶液称为正规溶液（regular solution），高温金属熔体的稀溶液多数符合正规溶液性质，正规溶液的特征可概括为：

（1）$S_i^E = 0$ 或 $\Delta S^E = 0$，没有过剩熵。

（2）G_i^E，G^E 与温度无关，即

$$\left(\frac{\partial G_i^E}{\partial T}\right)_p = -S_i^E = 0 \tag{24}$$

根据 $\Delta G_i^{\mathrm{E}} = RT\ln\gamma_i$ 关系，得

$$\ln\gamma_i \propto \frac{1}{T} \tag{25}$$

由此，若知道某一温度下的 γ_i 值，即可求出另一温度下的 γ_i 值。

（3）ΔH_i 与温度无关，即

$$H_i^{\mathrm{E}} = G_i^{\mathrm{E}} + TS_i^{\mathrm{E}} = G_i^{\mathrm{E}} \tag{26}$$

所以

$$H_i^{\mathrm{E}} = RT\ln\gamma_i \tag{27}$$

又

$$\Delta H_i = H_i - H_i^{\ominus} = H_i^{\mathrm{E}} \tag{28}$$

（4）ΔH^{M} 与 G^{E} 及 α 函数。

由定义

$$\alpha_i = \frac{\ln\gamma_i}{(1 - x_i)^2} \tag{29}$$

对二元系有

$$\alpha_1 = \frac{\ln\gamma_1}{(1 - x_1)^2} = \frac{\ln\gamma_1}{x_2^2},\ \ln\gamma_1 = \alpha_1 x_2^2 \tag{30}$$

$$\alpha_2 = \frac{\ln\gamma_2}{(1 - x_2)^2} = \frac{\ln\gamma_2}{x_1^2},\ \ln\gamma_2 = \alpha_2 x_1^2 \tag{31}$$

对一般溶液

$$\alpha_1 \neq \alpha_2$$

对正规溶液

$$\alpha_1 = \alpha_2 = \alpha$$

所以 $\ln\gamma_1$-x_2 的关系和 $\ln\gamma_2$-x_1 的关系是对称的，因此，二元正规溶液的 ΔH^{M}，G^{E}，ΔG^{M} 与浓度的关系也是对称的。

$$\Delta H^{\mathrm{M}} = x_1 H_1^{\mathrm{E}} + x_2 H_2^{\mathrm{E}} = x_1 RT\ln\gamma_1 + x_2 RT\ln\gamma_2$$
$$= RT(x_1 \alpha x_2^2 + x_2 \alpha x_1^2) = \alpha RT x_1 x_2 \tag{32}$$

令 $\Omega = \alpha RT$，则

$$\Delta H^{\mathrm{M}} = \Omega x_1 x_2 \tag{33}$$

在温度一定时，Ω 是常数，由于 $\Delta H_i^{\mathrm{E}} = H_i^{\mathrm{E}} = G_i^{\mathrm{E}}$，所以 $\Delta H^{\mathrm{M}} = G^{\mathrm{M}} = \Delta G^{\mathrm{M}}$，即 $G^{\mathrm{E}} = \Omega x_1 x_2$，$\Omega$ 与相互作用能有关。

对二元系溶液，设 $\varepsilon_{\mathrm{AA}}$、$\varepsilon_{\mathrm{BB}}$、$\varepsilon_{\mathrm{AB}}$ 分别代表元素 A、B 的自身原子对和相互原

子对之间的作用能，若 1mol 溶液总原子数是 N，而溶液中总的原子对的数目是 $\frac{1}{2}NZ$，则

$$\Omega = NZ\left[\varepsilon_{AB} - \frac{1}{2}(\varepsilon_{AA} + \varepsilon_{BB})\right] \tag{34}$$

式中，Ω 称为混合能，因此，$\Delta H^{M} = \Omega x_A x_B$，推广至多元系为

$$G^{E} = \Delta H^{M} = \sum_i \sum_j \Omega_{ij} x_i x_j \tag{35}$$

其中

$$\Omega_{ij} = \frac{NZ}{2}(2\varepsilon_{ij} - \varepsilon_{ii} + \varepsilon_{jj}) \tag{36}$$

附录 11　标准态的转换[8~11]

　　文章中对组元浓度（或称组成坐标，composition coordinate）有三种表示方法，即摩尔分数（x），原子分数（a/o）和质量分数 m 或 w（%）（w 即文献中的重量百分数，wt%）。附表 10 示出这三种浓度表示方法通常所用的参考态（reference state）和标准态（standard state），同时列出活度系数（activity coefficient）及其定义。活度系数 γ 是用纯物质作标准态，浓度用摩尔分数 x 表示。f 也为活度系数，是用无限稀溶液作参考态，1% 或假想的（hypothetical）1% 作为标准态。假想的标准态为该溶质在某溶剂中的浓度至饱和时也达不到 1% 的水平，故称假想。例如氧在铁中的溶解度达不到 1%。为了和其他元素有统一的标准，故提出假想的 1%。此概念也适用于铜溶液及其他有色金属如 Ni、Co、Zn、Sn 等溶液，其始于钢铁而可推广应用至所有金属溶剂及所有的溶质行为。

　　溶质在某溶剂中的热力学化学位在一定温度和一定浓度为一定值，与所选用的标准态无关，为此，可进行标准态之间的转换。可根据以下关系式

$$i(\xi_i') = i(\xi_i'')$$

$$\Delta G_i^{\ominus} = \mu_i^{\ominus''}(\xi_i'') - \mu_i^{\ominus'}(\xi_i') \tag{37}$$

式中，ξ_i' 和 ξ_i'' 为要互相转化的两种组成坐标；$\mu_i^{\ominus'}(\xi_i')$ 和 $\mu_i^{\ominus''}(\xi_i'')$ 是这两种标准态的化学位。为此，在溶液中，某溶质元素的化学位 μ_i 可表示为

$$\mu_i = \mu_i^{\ominus'} + RT\ln a_i' = \mu_i^{\ominus''} + RT\ln a_i'' \tag{38}$$

式中，a_i' 和 a_i'' 是溶液中分别用两种标准态表示的溶质 i 的活度，所以

$$\mu_i^{\ominus ''} - \mu_i^{\ominus '} = RT\ln a_i''/a_i' \qquad (39)$$

根据习惯，理论研究一般都采用摩尔分数 x 表示浓度，用纯物质作参考态和标准态；实际应用一般都采用质量分数 m 或 w 表示浓度，用无限稀溶液作参考态，1% 和假想的 1% 作标准态，故此，G. K. Sigworth 和 J. F. Elliott 将用原子分数所表示的浓度或其他表示方法如附表 10 中的（2）和（3）全转化为习惯表示法，以免使用不便和混淆。

附表10　文献中采用的参考态和标准态

组元浓度	参考态	标准态	活度系数
（1）摩尔分数,x_i	$\lim\limits_{x_i \to 1} \dfrac{a_i}{x_i} = 1$	$a_i = 1, x_i = 1$	$\dfrac{a_i}{x_i} = \gamma_i$
（2）摩尔分数,x_i	$\lim\limits_{x_i \to 0} \dfrac{a_i}{x_i} = 1$	$a_i = 1, x_i = 1$[①]	$\dfrac{a_i}{x_i} = f_i(x)$
（3）原子分数,a/o	$\lim\limits_{a/o \to 0} \dfrac{a_i}{a/o_i} = 1$	$a_i = 1, a/o_i = 1$[①]	$\dfrac{a_i}{a/o_i} = f_i(a/o)$
（4）质量分数,w_i	$\lim\limits_{w_i \to 0} \dfrac{a_i}{w_i} = 1$	$a_i = 1, w_i = 1$[①]	$\dfrac{a_i}{w_i} = f_i(w)$

①假想的。

标准态转换的方程列于附表 11。

附表11　标准态转换的方程

变　化	标准自由能变化, $\Delta G_i^{\ominus}$
（1）$i(x, \text{pure } i \text{ ss}) \to i(x, \text{i. d.})$	$RT\ln\gamma_i^{\circ}$
（2）$i(x, \text{pure } i \text{ ss}) \to i(a/o, \text{i. d.})$	$RT\ln[\gamma_i^{\circ}/100]$
（3）$i(x, \text{pure } i \text{ ss}) \to i(w, \text{i. d.})$	$RT\ln\gamma_i^{\circ} M_1/[100 M_i]$
（4）$i(x, \text{i. d.}) \to i(w, \text{i. d.})$	$RT\ln M_1/[100 M_i]$
（5）$i(a/o, \text{i. d.}) \to i(w, \text{i. d.})$	$RT\ln[M_1/M_i]$

注：ss—standard state; i. d. —infinite dilution（无限稀）; M_1—溶剂的相对分子质量; M_i—溶质 i 的相对原子质量。

参 考 文 献

［1］徐光宪. 物质结构[M]. 北京：高等教育出版社，1959.

［2］尹敬执，申泮文. 基础无机化学[M]. 北京：人民教育出版社，1980.

［3］中山大学金属系. 稀土物理化学常数[M]. 北京：冶金工业出版社，1978.

[4] 王常珍. 冶金物理化学研究方法[M]. 北京：冶金工业出版社，1992，2013.

[5] Rapp R A. Physicochemical Measurements in Metals Research，Part I [M]. New York，London，Sydney，Toronto：Interscience Publishers，1970(Ⅳ).

[6] Sigworth G K，Elliott J F. The Thermodynamics of Liquid Dilute Iron Alloys[J]. Metal Science，1974(8)：198~310.

[7] Lupis C H P. Chemical Thermodynamics of Materials[M]. New York，Amsterdarc，Oxford：North-Holland Elsevier Science Publishing Co. Inc，1983.

[8] Wada H，Pehlke R D. Met. Trans.，1977(8B)；679；1978(9B)441；1979(10B)；409；1980(11B)：51.

[9] Sigworth G K，Elliott. J F. The Thermodynamics of Dilute Liquid Copper Alloys[J]. Canadian Metallurgical Quarterly，1973，13(3)：455~461.

[10] 大石敏雄，小野騰敏. 銅液的熱力學數拠[J]. 日本金属学会会報，1986，25(4)：291~299.

[11] 魏寿昆. 活度在冶金物理化学中的应用[M]. 北京：中国工业出版社，1964.

[12] 徐光宪，王祥云. 物质结构[M]. 北京：科学出版社，2010.

主要符号表

A　面积，cm^2

a　活度

a_i　溶解物质 i 的活度

c　浓度（concentration）的一般统称

c_i　物质 i 在溶液中的浓度

D　Fick 扩散系数，cm^2/s

D_i^*　i 类粒子的自扩散系数，cm^2/s

d　直径，cm 或 mm

E　电池电动势（EMF），V

$E^{\ominus}$　原电池电动势的标准值，V

ε_a　扩散激活能，eV

e　电子单位电荷（1.6×10^{-19}C）

e'　过剩电子

e_i^j　金属溶液中第三元素 j 对溶质 i 的一阶活度相互作用系数（以质量分数为 1% 的溶液为标准态，日本学者称 e 为相互作用子系数）

$e_i^{j,k}$　一阶交叉相互作用系数

F　法拉第常数（96487C/mol，近似 96500C/mol）

f_i　溶质 i 在溶液中的活度系数，质量分数为 1% 的溶液标准态

f_i^j　溶液中第三元素 j 对溶质 i 的活度系数的影响（以质量分数为 1% 的溶液为标准态）

f　频率，Hz

G　自由能

ΔG　反应的自由能变化，J/mol

$\Delta G^{\ominus}$　反应的标准自由能变化，J/mol

$\Delta G_{溶或i}^{\ominus}$　i 组分的标准溶解自由能变化（由纯物质至溶解态，生成 1% 溶液的自由能变化），简称 i 组分的溶解自由能

G_i　偏摩尔自由能，J/mol

G^M　混合自由能，J/mol

（g）　气态

H　摩尔焓，J/mol

$\Delta H^{\ominus}$　反应的标准焓变，J/mol

h　普朗克常数（6.626×10^{-34}J·s）

$h^{\cdot}$　电子空位

I　电流强度，A

J_i　i 类粒子的流量密度，$mol/(cm^2 \cdot s)$

K　平衡常数

k　玻耳兹曼常数（8.616×10^{-5}eV/K）

l　长度，cm

（1）　液态

M　相对原子质量，相对分子质量

N（或 N_A）　阿伏伽德罗常数（6.023×10^{23} mol^{-1}）

N　晶格中的位置数

N_i　物质 i 的摩尔分数，与 x_i 意义相同

p　总压力，Pa（1atm = 101325Pa ≈ 10^5Pa ≈ 0.1MPa）

p_i　物质 i 的分压力，Pa

Q_a　电导激活能，eV

R　电阻，Ω

R　气体常数（8.314J/(mol·K)）

r　半径，cm 或 mm，离子半径，nm

r_i　二阶活度相互作用系数

r_i^j　金属溶液中第三元素 j 对溶质 i 的一

阶活度相互作用系数

$r_i^{j,k}$ 二阶交叉相互作用系数

S 面积，cm^2

S° 过饱和度

(s) 固态

ss 固溶体

T 绝对温度，K

t 时间，s，min 或 h

t_i i 类粒子的迁移数

u_i i 类粒子的电迁移率（每单位场强的粒子速度）

V 体积，cm^3 或 mm^3 等

x 物质的摩尔分数

Z_i 离子 i 的电荷数

[ ] 溶在金属中

( ) 溶在渣中

{ } 在气相中

γ 活度系数，用于摩尔分数浓度（例如 $a = \gamma x$ 中的 γ），纯物质标准态

γ_i 物质 i 在溶液中的活度系数，纯物质标准态

γ_i° 溶质 i 在1%浓度溶液或无限稀溶液中按拉乌尔定律计算的活度系数

ε_i^j 第三元素 j 对溶质 i 的活度相互作用系数（纯物质标准态）日本学者称 ε 为相互作用母系数

ρ 密度，kg/m^3

ρ_i^j 二阶活度相互作用系数（纯物质标准态）

$\rho_i^{j,k}$ 二阶交叉活度相互作用系数（纯物质标准态）

σ 电导率，S/cm

ν 频率

索　引

B

β''-Al_2O_3 电解质　76，94，187，219
β-Al_2O_3 电解质　76，94，187，219
Bi_2O_3 基电解质　92
标准生成自由能图　339
标准态的转换　360
不锈钢冶炼　166，176，330

C

$CaZrO_3$ 基电解质　91
CO_2 传感器　225，226
参比电极　94，143，185，256
掺杂缺陷　12
长寿命氧传感器　180
抽氧法　34，35

D

氮传感器　256
等静压成型　74，270
等效电路　31，311
电磁波　38，150
电导激活能　18，92，305，313
电导率　17，57，88，181，311
电动势　20，57，197，240，316
电荷迁移　11，16，198
电化学器件　301
电极引线　45，56，107，143，208
电显色　302
电显色材料　302

电子空位　10，82，219
电子-离子导体　69，230
电子缺陷　10，17
动力学研究　202，212，243，280

F

Fick 第一定律　13，202
Fick 第二定律　14，205
Frenkel 缺陷　10，298
非化学计量化合物　17，109
非晶态电解质　296
沸石　298
氟离子导体　232　248
浮氏体　215
辅助电极型成分传感器　329，330
复合氧化物热力学　104

G

Gibbs-Duhem 方程　106，118
钙传感器　325
钢液连铸　178
共沉淀法　73，284
共存相参比电极　49
骨架结构　294，295
硅传感器　258，265
过剩电子导电　13，20，47，66
过剩热力学性质　119，356，358

H

合金热力学　62，117，146，320

核磁共振法　232

化学位　13，68，155，253，305，338

J

碱金属传感器　324

碱金属离子导体　292，297

碱土金属传感器　321

键能　153

金属硅化物　116，117

金属间化合物　117，119，322

金属模成型　74

晶体化学数据　84

晶体中的扩散　16

聚合物电解质　297，302

K

抗热震性　79，121，265

空燃比　183

库仑滴定法　91，110，111

扩散的热力学解释　14

扩散系数　10，59，202，211，294

L

La-β-Al$_2$O$_3$ 固体电解质　303，305

LaF$_3$(CaF$_2$)固体电解质　315，316

镧传感器　315

离子迁移数　18，32，84，278

连铸中间包　174，185，328

磷传感器　255，256

零位法　52，125

流延成型　75

硫传感器　250，255

硫化物热力学　247

硫离子导体　250

炉渣活度　153，161

炉渣结构　149

铝传感器　268，269

氯离子导体　248

M

锰传感器　333

莫来石电解质　266，268，269

N

NO$_x$ 传感器　221，223，225

能带　10，13，38

P

偏摩尔性质　356

Q

气孔率　67，78，284

气体氧传感器　183，184，188

汽车尾气控制　193

氢泵　191，285，286

氢传感器　282，285，289

球墨铸铁　179，309，312，329

缺陷和电导率　17

R

燃料电池　32，84，195，284

热力学函数　43，358

热压铸成型　75

溶胶-凝胶法　73，74，284

S

Schottky 缺陷　11，232，248

SO$_x$ 传感器　219，221

三相固体电解质　264，265，330

三元催化　183，194，195

砷传感器　229

水蒸气传感器　218，219

T

ThO_2 基电解质 91，92

碳传感器 257

特征氧分压 19，87，146，180

锑传感器 325，326

提拉法 234

W

微功率电池 298

无机化合物的颜色 334

X

稀土传感器 303，306，309，310，325

相互作用系数 127，173，344

Y

压延辊成型 75

氧泵 43，94，191，229

氧传感器 166，180，193，229，260

氧浓差电池 20，84，184，255，274

银离子导体 298

元素的电负性 82，250，304

元素间相互作用系数 173

元素周期表 334

Z

$ZrO_2(CaO)$ 电解质 86，143

$ZrO_2(Ln_2O_3)$ 电解质 90

$ZrO_2(MgO)$ 电解质 86

$ZrO_2(Y_2O_3)$ 电解质 87

直流极化法 34

质子导体 34，219，274，284

质子-氧离子混合导电 287

元素周期表

注：
1. 相对原子质量摘自 IUPAC1995 年提供的五位有效数字相对原子质量，以 12C=12 为基准。
2. 稳定元素列较重要的同位素：天然放射性元素选列较重要的同位素；人造元素只列半衰期最长的同位素并能表示态的移同质异能素。不列激发素。

图例说明：

原子序数 —— 19
元素符号 —— K（红色指人造元素）
元素名称 —— 钾
稳定同位素的质量数：底线指丰度最大的同位素
放射性同位素质量数
相对原子质量 —— 39.098
外围电子的构型 —— 4s¹

α —— α 衰变
β —— β 衰变
ε —— 轨道电子俘获
φ —— 自发裂变

周期	族 IA	IIA	IIIB	IVB	VB	VIB	VIIB	VIII			IB	IIB	IIIA	IVA	VA	VIA	VIIA	0
1	H 氢 1.0079																	He 氦 4.0026
2	Li 锂 6.941	Be 铍 9.0122											B 硼 10.811	C 碳 12.011	N 氮 14.007	O 氧 15.999	F 氟 18.998	Ne 氖 20.180
3	Na 钠 22.990	Mg 镁 24.305											Al 铝 26.982	Si 硅 28.086	P 磷 30.974	S 硫 32.066	Cl 氯 35.453	Ar 氩 39.948
4	K 钾 39.098	Ca 钙 40.078	Sc 钪 44.956	Ti 钛 47.867	V 钒 50.942	Cr 铬 51.996	Mn 锰 54.938	Fe 铁 55.845	Co 钴 58.933	Ni 镍 58.693	Cu 铜 63.546	Zn 锌 65.39	Ga 镓 69.723	Ge 锗 72.61	As 砷 74.922	Se 硒 78.96	Br 溴 79.904	Kr 氪 83.80
5	Rb 铷 85.468	Sr 锶 87.62	Y 钇 88.906	Zr 锆 91.224	Nb 铌 92.906	Mo 钼 95.94	Tc 锝 97.907	Ru 钌 101.07	Rh 铑 102.91	Pd 钯 106.42	Ag 银 107.87	Cd 镉 112.41	In 铟 114.82	Sn 锡 118.71	Sb 锑 121.76	Te 碲 127.60	I 碘 126.90	Xe 氙 131.29
6	Cs 铯 132.91	Ba 钡 137.33	La—Lu 镧系	Hf 铪 178.49	Ta 钽 180.95	W 钨 183.84	Re 铼 186.21	Os 锇 190.23	Ir 铱 192.22	Pt 铂 195.08	Au 金 196.97	Hg 汞 200.59	Tl 铊 204.38	Pb 铅 207.2	Bi 铋 208.98	Po 钋 208.98	At 砹 209.99	Rn 氡 222.02
7	Fr 钫 223.02	Ra 镭 226.03	Ac—Lr 锕系	Unq 261α	Unp 262α	Unh 263α	Uns 264.12	Uno 265.13	Une (268)	Uun (269)	Uuu (272)	Uub (277)						

镧系

57 La 镧 138.91	58 Ce 铈 140.12	59 Pr 镨 140.91	60 Nd 钕 144.24	61 Pm 钷 144.91	62 Sm 钐 150.36	63 Eu 铕 151.96	64 Gd 钆 157.25	65 Tb 铽 158.93	66 Dy 镝 162.50	67 Ho 钬 164.93	68 Er 铒 167.26	69 Tm 铥 168.93	70 Yb 镱 173.04	71 Lu 镥 174.97

锕系

89 Ac 锕 227.03	90 Th 钍 232.04	91 Pa 镤 231.04	92 U 铀 238.03	93 Np 镎 237.05	94 Pu 钚 244.06	95 Am 镅 243.06	96 Cm 锔 247.07	97 Bk 锫 247.07	98 Cf 锎 251.08	99 Es 锿 252.08	100 Fm 镄 257.10	101 Md 钔 258.10	102 No 锘 259.10	103 Lr 铹 262.11

电子层	K	L	M	N	O	P
0族电子数	2	8	18	18	8	2